U1019095

陈庆锋 著

关联分析技术及其在生物信息学中的应用

广西教育出版社
·南宁·

图书在版编目（CIP）数据

关联分析技术及其在生物信息学中的应用 / 陈庆锋著. -- 南宁 : 广西教育出版社, 2024.5
ISBN 978-7-5435-9395-4

Ⅰ. ①关… Ⅱ. ①陈… Ⅲ. ①统计分析-应用-生物信息论 Ⅳ. ①Q811.4

中国国家版本馆CIP数据核字(2024)第078464号

策　　划：廖民锂
责任编辑：张振华　　　　装帧设计：李浩丽
责任校对：何　云　陆嫣澄　　　　责任技编：蒋　媛

出 版 人：石立民
出版发行：广西教育出版社
地　　址：广西南宁市鲤湾路8号　　邮政编码：530022
电　　话：0771-5865797
本社网址：http://www.gxeph.com
电子信箱：gxeph@vip.163.com
印　　刷：广西壮族自治区地质印刷厂
开　　本：787mm×1092mm　1/16
印　　张：28.75
字　　数：424千字
版　　次：2024年5月第1版
印　　次：2024年5月第1次印刷
书　　号：ISBN 978-7-5435-9395-4
定　　价：88.00元

如发现图书有印装质量问题，影响阅读，请与出版社联系调换。

•前言•

20世纪90年代末，生物信息学在人类基因组计划的推动之下迅速发展。大量多样化的生物学数据中必然蕴含着重要的生物学规律，人们需要寻求一个强有力的工具去协助人脑完成这些分析工作。关联分析是数据挖掘中一项既基础又重要的技术，是一种在大型数据库中发现变量之间关系的技术方法。对这种技术方法的研究将极大地帮助提升关联分析的潜力，使之从这些数据集中发现新的知识，并解决重要的生物信息学问题。

学科交叉融合是当前科学技术发展的重大特征，是未来科学发展的必然趋势，是加速科技创新的重要驱动力，是培养复合型创新人才的有效路径，是经济社会发展的内在需求。党中央、国务院高度重视交叉学科发展，习近平总书记多次指出，“厚实学科基础，培育新兴交叉学科生长点”，“要下大气力组建交叉学科群”，“鼓励具备条件的高校积极设置基础研究、交叉学科相关学科专业”，“用好学科交叉融合的‘催化剂’”。因此，进行交叉学科研究十分迫切、很有必要。

本书由关联分析、复杂网络、计算语言学与生物序列、非编码RNA功能与结构预测、非编码RNA与疾病关系、蛋白质结构预测、基因序列组装和应用、生物学通路识别、多模态医学影像的融合与放射组学研究、基于进化计算的生物信息学研究、基于复杂网络的关系预测等内容组成，将理论与实验相结合，系统阐述关联分析技术的理论、最新进展、发展趋势及其在生物信息学中的应用。具体分为13个章节：

第1章，绪论。本章描述了生物信息学的概念、发展简史以及研究工具等。

第2章，关联分析。本章先对关联分析方法的基本概念和算法进行介绍，再对常见的不同类型的关联模式进行概述，最后总结运用多种新的技术手段进行关联分析的方法。

第3章，复杂网络。本章首先介绍了图论的相关背景知识和网络的统计量、结构相似性，并梳理了主要网络模型；然后描述了复杂网络的动力学传播理论知识和复杂结构；最后总结了复杂网络在生物学科中的应用。

第4章，计算语言学与生物序列。本章首先介绍了计算语言学的概念，以及结合生物信息学展开研究将会带来的新的应用和突破；然后介绍了形式语法的相关定义、类型，并对形式语言理论应用的主要领域，以及特定语言理论在识别DNA序列中的基因问题上的应用进行讨论总结。

第5章，非编码RNA功能与结构预测。本章梳理了非编码RNA的概念、种类和功能，分别对非编码RNA二级结构、三级结构预测进行介绍与分析。

第6章，非编码RNA与疾病关系。本章详细介绍了网络传播、矩阵填充、机器学习和深度学习等非编码RNA-疾病预测方法，并利用这些方法对三种非编码RNA（lncRNA、miRNA和circRNA）与疾病关系进行预测，总结了几种预测RNA疾病相关性的计算方法。

第7章，蛋白质结构预测。本章介绍了蛋白质的相关概念，同时对目前比较知名的蛋白质结构数据库和蛋白质结构预测方法展开论述，主要介绍了模板建模法、从头预测法以及基于深度学习的蛋白质预测方法。此外，扩展了一些蛋白质相互作用热点预测的研究成果。

第8章，基因序列组装和应用。本章首先描述基因序列组装的重要性和面临的挑战；其次详细介绍自第一个DNA测序方法发展以来，基因序列组装的算法的关键发展及应用；最后结合最新前沿技术讨论组装方法的发展方向。

第9章，生物学通路识别。本章主要对基于多组学数据的癌症驱动通路识别问题展开研究，首先介绍了通路识别的概念，其次总结了基于关联网络通路拓扑结构的通路识别方法、单驱动通路识别方法和协同驱动通路识别方法，最后介绍了富集分析方法、常见信号通路分析方法。

第10章，多模态医学影像的融合与放射组学研究。本章详细介绍了频率融合、空间融合、决策层融合、深度学习融合、混合融合和稀疏表示融合等方法及应用研究。同时讨论了如何利用多模态融合技术进行疾病预测的工作，可以给今后的研究人员提供参考，帮助其选择最佳影像融合方法，进一步开发合适的影像模型来诊断疾病。

第11章，基于进化计算的生物信息学研究。本章聚焦于进化算法，介绍了进化计算的概念以及进化算法在生物信息学中的应用。

第12章，基于复杂网络的关系预测。本章聚焦于复杂网络的链接预测问题，从多个不同的观点出发，提出了多种不同的方法来解决复杂网络的链接预测问题。

第13章，总结与展望。对全书内容做总结，并分析目前关联分析等技术在生物信息学中应用存在的挑战，对未来可以开展的研究工作进行展望。

本书介绍了关联分析技术及其在生物信息学中的应用，内容丰富，涵盖生物信息学的各个方面，研究视角广泛，内容契合当下交叉学科研究的需求，可供科研工作者、医药行业从业人员以及生物学、医学、计算机科学等专业的学生进行参考。同时，作为一本交叉学科普及读物，本书既可为工作在生物学、医学领域却不熟悉计算机技术的读者介绍生物信息学主要使用的计算机分析技术，又可为没有生物学、医学知识背景的计算机科学及人工智能领域的读者拓宽视野。

·目 录·

1 ／ 第1章 绪论

1.1 生物信息学的概念 …………1

1.2 生物信息学发展简史 …………2

1.3 信息融合与关联分析 …………5

1.4 研究工具 …………7

9 ／ 第2章 关联分析

2.1 关联规则 …………10

2.2 序列模式 …………19

2.3 子图模式 …………25

2.4 非频繁模式 …………31

2.5 桥接模式 …………32

2.6 词向量 …………36

2.7 随机游走 …………44

2.8 知识推理 …………50

2.9 本章小结 …………58

59 ／ 第3章 复杂网络

3.1 图论概述 …………60

3.2 网络的统计量和结构相似性 …………67

3.3 主要网络模型 …………76

3.4 复杂网络的动力学传播 …………86

3.5 复杂网络的复杂结构 …………97

3.6 复杂网络的应用 …………107

3.7 本章小结 …………129

131 / 第4章 计算语言学与生物序列
4.1 计算语言学 ············132
4.2 形式语言理论 ············133
4.3 生物序列与关联分析 ············141
4.4 语言理论的计算应用 ············153
4.5 核酸的结构语言学 ············158
4.6 生物序列的功能语言学 ············166
4.7 进化语言学 ············168
4.8 本章小结 ············171

172 / 第5章 非编码RNA功能与结构预测
5.1 非编码RNA概述 ············173
5.2 非编码RNA的分类 ············173
5.3 常见非编码RNA的功能 ············174
5.4 非编码RNA结构预测 ············183
5.5 本章小结 ············190

191 / 第6章 非编码RNA与疾病关系
6.1 非编码RNA-疾病关系几种嵌入模型 ············192
6.2 非编码RNA-疾病关系预测 ············200
6.3 本章小结 ············219

220 / 第7章 蛋白质结构预测
7.1 蛋白质结构概述 ············220
7.2 蛋白质数据库 ············225
7.3 蛋白质结构预测 ············229
7.4 蛋白质相互作用热点预测 ············245
7.5 本章小结 ············252

253 ／ 第8章 基因序列组装和应用

8.1 基因测序 …………254

8.2 基因序列组装算法及应用 …………256

8.3 基因组的比对与组装 …………270

8.4 其他技术 …………276

8.5 基因组序列组装方法面临的挑战及其展望 …………279

8.6 本章小结 …………279

281 ／ 第9章 生物学通路识别

9.1 通路识别定义 …………282

9.2 生物学通路识别方法 …………288

9.3 疾病相关的信号通路富集分析方法 …………305

9.4 信号通路分析方法 …………308

9.5 本章小结 …………315

316 ／ 第10章 多模态医学影像的融合与放射组学研究

10.1 多模态医学影像 …………317

10.2 多模态影像融合方法 …………320

10.3 多模态医学影像融合在疾病诊断的研究 …………327

10.4 多模态医学影像的放射组学 …………330

10.5 本章小结 …………340

342 ／ 第11章 基于进化计算的生物信息学研究

11.1 进化算法 …………343

11.2 基于演化规则的进化算法 …………344

11.3 群体智能优化算法 …………353

11.4 本章小结 …………372

374 ／ 第12章 基于复杂网络的关系预测
12.1 基于相似性度量的链接预测方法 …………375
12.2 基于协同过滤的链接预测方法 …………377
12.3 基于复杂网络社区结构的链接预测方法 …………379
12.4 基于社区结构和节点拓扑结构的链接预测方法 …………379
12.5 基于社区链接指数的链接预测方法 …………382
12.6 本章小结 …………385

387 ／ 第13章 总结与展望
13.1 总结 …………387
13.2 展望 …………389

参考文献 …………394
名词解释 …………440
资源库 …………446

后 记 …………449

第 1 章

绪论

1.1 生物信息学的概念

生物信息学是传统生物学和现代信息技术相结合的产物，与传统的统计学方法不同，生物信息学代表了一个新的、不断发展的交叉学科领域，它是采用数学和计算机技术来存储和分析生物学数据的一门综合性交叉学科，使用计算方法对海量的生物学数据进行挖掘、加工、归纳，旨在解决复杂的生物学问题，发现其庞大数据下隐藏的内在联系和规律。生物信息学作为一门交叉学科，包括了统计学、生命科学、计算机科学、数学和化学等多学科的理论知识。该学科发展的动力主要源于快速增长和不断积累的生物学和医学数据，包括核酸序列、蛋白质序列、蛋白质三维结构信息、甲基化、重要功能位点等在内的一系列多源、高维、复杂数据[1]。生物信息学是非常重要且有前景的学科，它引领了新的生命科学技术的革命。

生物信息学在生物学数据采集和预处理、序列比对、微阵列数据分析、非编码RNA结构—功能关系预测、蛋白质结构预测、交互作用、蛋白质交互网络、药物设计和靶标发现等应用上已显示出其独特的优势。生物信息学的应用也进一步促进了生物医药的发展，例如利用生物信息学进行药物研制比用传统的方法研发周期更短、成本更低。随着新的实验技术和方法的应用，大量的生物学和医学数据被我们发现，如何有效

[1] LESK A M. Introduction to bioinformatics［M］. Oxford：Oxford University Press，2014：137-214.

地发现和揭示隐含在这些海量生物学数据中的生物知识及生物规律，成为生物学的一个研究热点。由于生物信息学在处理海量复杂生物学数据上具有无法比拟的优势，越来越多的国家开始重视生物信息学的研究和发展。

1.2 生物信息学发展简史

生物信息学最早出现在20世纪50年代早期，当时台式计算机还是一种假设，DNA还不能被测序。在20世纪50年代，人们对脱氧核糖核酸（DNA）分子的排列方式知之甚少，当时它作为遗传信息载体的地位仍存在争议，人们普遍认为蛋白质才是遗传信息的载体。20世纪50年代末，科学界在通过晶体学确定蛋白质结构方面取得重大进展，德国科学家弗雷德里克·桑格（Frederick Sanger）还破译了胰岛素的序列，即氨基酸链排列顺序，这是人类首次完全破译的一种蛋白质序列。这一重大进展终止了关于蛋白质多肽链排列的争论。

玛格丽特·戴霍夫（Margaret Dayhoff）是美国物理化学家，她开创了将计算方法应用于生物化学领域的先河。Dayhoff对这一领域的贡献非常重要，以至于美国国家生物技术信息中心（National Center for Biotechnology Information，NCBI）的前主任大卫·J. 利普曼（David J. Lipman）称她为“生物信息学之母和生物信息学之父”[1]。1960年，Dayhoff就尝试将计算资源用于生物医学问题，开发了COMPROTEIN，这是一个运行在IBM 7090大型机的完整的计算机程序，旨在利用Edman肽的测序数据确定蛋白质的一级结构。这个完全用Fortran语言在穿孔卡片机上编码的软件。

20世纪60年代初，将计算方法应用于蛋白质序列分析（特别是新的

[1] GAUTHIER J，VINCENT A T，CHARETTE S J，et al. A brief history of bioinformatics [J]. Briefings in Bioinformatics，2019，20（6）：1981-1996.

序列组装、生物序列数据库和替换模型）奠定了生物信息学的基础。随着分子生物学方法的平行发展，出现了DNA分析；同时，计算机科学的发展也使得越来越小型化和功能更强大的计算机，以及更适合处理生物信息学任务的新型软件得以开发，使得DNA分析以及测序更容易实现。在20世纪80年代后期，计算机技术进入快速发展时期，此后的互联网以更快的速度在全球铺展开来。与此同时，一项庞大的人类基因组计划及其他的生命体基因组研究也已全面展开。

基因组，从生物学的角度指特定生物（包括人类、动植物、病毒等）全部染色体的遗传物质的总和，然而从信息学角度上说是基于数据和信息的基因序列，因此计算机科学对于生物学和医学研究来说都是必不可少的手段和工具。近年来，随着高通量测序技术的发展，组学研究不断深入。除了基因组学，表观基因组学、转录组学、蛋白质组学、代谢组学、微生物组学等共同构成了多组学（multi-omics）研究，探索共同影响生物系统的表型和性状的多种物质之间相互作用的方法和技术。计算机科学不仅为各式各样的生物大数据提供了处理和存储数据的能力，还提供了分析和挖掘这些数据所需的与计算相关的复杂理论和方法。

在基因组计划中，人们更关注基因的核酸序列。早在1995年，基因组研究所（The Institute for Genomic Research，TIGR）就对流感嗜血杆菌进行了首次完整的基因组测序。然而，直到21世纪初人类基因组的公布[1]，才开启了基因组研究的重要转折。在获取基因序列并揭开其中的生物信息的过程中，生物信息学是重要的分析工具。20世纪90年代至21世纪，测序技术的重大进步以及成本的大幅度降低，使数据指数级增长。互联网技术的快速发展和大数据时代的到来对数据挖掘技术和数据管理方法提出了新的挑战，要求计算机科学向该领域提供更多的专业知

[1] GAUTHIER J，VINCENT A T，CHARETTE S J，et al. A brief history of bioinformatics [J]. Briefings in Bioinformatics，2019，20（6）：1981-1996.

识和解决复杂计算的方法和理论，尤其是这些数据蕴含的各式各样的关联模式或特征，例如序列片段之间的关联、结构—功能关系、生物大分子之间调控、药物—靶点关系等。随着计算机算力的不断增强和生物信息学算法性能的提升，处理各种复杂生物计算的软件和工具数量也不断增多，生物学大数据对生物信息学结果的再现和预测能力产生了深远的影响。

蛋白质作为一种生物大分子，对于生物体的生命活动具有重要的意义，它参与了机体中每个细胞、组织的形成过程，没有蛋白质就没有生命。因此，对于蛋白质的研究一直是生物学领域的重要方向之一，主要研究如何运用蛋白质对应的属性实现对传统问题的突破。目前，生化实验发现蛋白质的结构仍然是被普遍采用的可靠性和准确度最高的研究方法，然而传统的生化实验方法对于时间和经济的成本要求相对较高。先进实验设备和手段的应用产生的蛋白质序列信息呈指数级增长，仅仅依靠生化实验手段很难满足实际应用和发展的需求。近年来，随着人类基因组计划的推进，大量蛋白质序列数据被研究人员成功发现，基于序列信息的相关蛋白质研究也逐渐成为蛋白质组学研究的前沿领域。随着相关研究的深入，研究人员发现虽然已经掌握了基因和蛋白质序列组成，但对相关序列组成结构和功能的映射关系仍然知之甚少。只有掌握蛋白质的结构和功能，才有可能应用其相应的属性特征为传统问题的解决提供新思路。

蛋白质对于生物的运转必不可少，从运输氧气的血红蛋白到人眼中的感光蛋白，从运输离子的运输蛋白到肌肉中的肌肉蛋白，它们的存在造就了生命的发展。理解蛋白质的结构和损坏机理能够让我们对疾病的分子学机理有更好的了解，能帮助我们找到更好的方式对抗疾病。蛋白质除了是维持生命的必要物质，还是生产各种抗体和疫苗的重要原料，同时我们还可以通过个性化改造蛋白质让细菌具有分解废物的能力，生产具有去污功效的酶。如果能够更深入地理解蛋白质，更多的新功能就可以被不断开发出来，从而造福人类。随着BERT等自然语言模型取得突破性进展，人们逐渐认识到大模型可以在无标签数据上学习语言的强大表示。这些表示可以有效用于编码语义和句法。在自然语言被成功处理的启发下，研究蛋白质的专家也在尝试着将自然语言处理的技术和方法应用于蛋白质的结构预测中。

如果通过监督学习的方式来解决这一问题，我们就需要对数据进行标签化处理，而且是数量庞大的数据标签。针对蛋白质的空间构型预测，我们需要对蛋白质分子中的每一个氨基酸进行空间坐标位置标记。对一个蛋白质分子进行标记已经是很复杂的工作，更何况是标记如此巨大数量的蛋白质。人工标记的速度远远落后于新蛋白质产生的速度。虽然无法标记数量巨大的数据集，但是好消息是我们目前拥有大量的无标签蛋白质序列数据集，如果我们可以从中抽取出有用的信息，这将为我们提供重要的信息源。

1.3　信息融合与关联分析

1.信息融合

随着互联网时代的到来，通过组合或融合不同来源的信息，即信息融合（Information Fusion，IF），涌现出大量的生物学数据，以促进我们对复杂系统的理解，从而提供无法从任何单独的数据源中获得的见解[1]。本书认为，有必要在生物信息学研究中应用IF方法，因为生物信息学的目的是使用许多不同的数据源来理解复杂的生物系统，提供对系统的互补性观点。随着数据源的日益丰富，人们也越来越认识到多信息融合的必要性，这种认识在生物信息学中也变得越来越广泛，大量可用的数据来源一直是生物信息学巨大发展背后的强大驱动力。多种大规模异质数据，例如基因组学、表观遗传学、转录组学、不同病理阶段的临床数

[1] OLSSON B，NILSSON P，GAWRONSKA B，et al. An information fusion approach to controlling complexity in bioinformatics research ［C］// 2005 IEEE Computational Systems Bioinformatics Conference-Workshops（CSBW'05）. IEEE，2005：299-304.

据，使得我们可以从更深层次、更多视角来探索肿瘤病变的动力学机制。多个数据集的集成使得癌症阶段相关的生物标志物识别成为可能。这些生物标志物的形式不仅包括癌症相关基因，还包括染色体区域、网络模块或生物通路。通过多组学数据发现癌症相关标志物，不仅可以提高识别精度，还可以提高对癌变机理的生物学解释的有效性和准确性。

生物信息学研究通常对异构数据进行分析，使用多种不同的分析方法，可以对复杂的生物系统有更好的理解。例如，为了了解疾病发展过程中涉及的分子和细胞，研究人员通常利用各种工具来分析DNA和蛋白质序列数据、基因表达数据、蛋白质结构数据、临床诊断和预后数据以及模拟结果数据。此外，通常可以利用信息融合方法来整合结果、消除歧义、解决矛盾，并对从各种方法得到的知识产生一个统一的模型。

计算方法已成为生物学研究不可或缺的一部分。生物信息学是应用计算技术大规模分析与生物分子相关的信息的学科，最初是为分析生物序列而开发的，随着人类基因组计划中测序部分工作基本完成，进入后基因组时代，生物信息学进一步涵盖了结构生物学、基因组学和基因表达研究等广泛的学科领域。应用生物信息学对基因和蛋白质结构与功能的探索也成为相关领域的研究热点，包括基因组学和蛋白质组学。作为分子生物学中经典中心法则，如今，生物信息学面临着多种挑战，如复杂大数据分析、发现数据中隐藏的有意义的关联模式和确保结果的可重复性。

2.关联分析

关联分析（association analysis）是数据挖掘中应用最广泛的数据分析方法之一，用于发现隐藏在大型数据集中的令人感兴趣的联系，所发现的模式通常用关联规则（association rule）或频繁项集（frequent itemset）的形式表示。除了大家熟悉的购物篮（market basket）数据外，关联分析也可以应用于生物信息学、医疗诊断、网页挖掘、自然语言处理等领域。考虑到不同环境下数据分布的特征和具体场景，由此衍生出许多其他关联模式的挖掘技术，包括负关联模式和桥接关联模式等。为了在密集的高维数据上进行判别性模式挖掘，有效利用类标签信息进行修剪是至关重要的。将基于关联分析的方法扩展到有效利用现有的类标签信息来寻找低支持度的判别模式是未来研究的一个方向。在为复杂的生物数据集及其相关问题设计新的关联分析技术方面，存在很大的研究空间，包括与最新的深度学习技术——图挖掘技术的结合。这种技术方法的研究将极大地帮助提升关联分析的潜力，帮助我们从这些数据集中发现新的知识，并解决重要的生物信息学问题[1]。

关联分析在生物信息学的应用已经显著推动了这一领域的发展，产生了许多成果，包括非编码RNA与疾病关联预测、生物复杂网络关系预测、生物序列分析等，这不仅让科学界对一些疾病的机理有了新的认识，也为新疗法、新药物的研究奠定了理论基础。关联分析在生物信息学中的应用十分有意义，能够带来经济效益和社会效益，是能够为人类带来福祉的分析方法和技术。相信在不远的未来，关联分析依然能够在生物信息学领域大放异彩，继续为人类创造更多价值。无论是科研工作者、医药行业从业人员还是相关专业的学生，关联分析都是非常有必要了解和掌握的方法和技术。

1.4　研究工具

为了帮助读者更好地了解和学习关联分析技术，在此提供一些工具供读者学习使用。

1. 常用编程语言

Python：由荷兰计算机程序员吉多·范罗苏姆（Guido van Rossum）设计的一种免费、开源的计算机编程语言，语法简单，非常易于上手，有丰富的标准库和第三方软件包，深受软件开发人员喜爱。当前，

[1] KARIMIAN M，BEHJATI M，BARATI E，et al. CYP1A1 and GSTs common gene variations and presbycusis risk：a genetic association analysis and a bioinformatics approach [J]. Environmental Science and Pollution Research，2020，27（34）：42600-42610.

Python已经成为最流行的编程语言。

R：一种免费、开源的计算机编程语言，拥有完整体系的数据分析工具，可为数据分析和显示提供强大的图形功能，常被用于专业的统计计算与统计绘图，受到众多科研工作者青睐。

2. 常用软件包

Apyori：一个Python软件包，实现了Apriori算法。

Orange：一个基于Python和C/C++的数据挖掘与机器学习软件平台，提供了一系列的数据探索、可视化、预处理和建模组件。

NumPy：一个用于科学计算和数据分析的Python软件包。

Matplotlib：一个用于统计绘图的Python软件包。

arules：一个用于频繁项集和关联规则挖掘的R软件包。

arulesViz：arules的扩展包，用于关联规则的可视化。

第 2 章

关联分析

1993年，Agrawal等人[1]开创了在大型数据库的项目集中挖掘关联规则的理论，用来在购物篮数据事务（market basket transaction）中寻找各项目之间的有趣联系。购物篮数据事务是运用关联分析的典型例子，通过分析顾客的购物行为数据，发现其购物习惯，进而帮助商家了解哪些商品频繁地被顾客同时购买，以此制定更好的营销策略、更新商品库存等。

关联分析方法用于在大型数据集中发现隐藏着的有价值的关联和规律。关联分析方法所发现的关联可以用频繁项集或关联规则来表示[2]。近三十年来，研究人员已定义了多种不同类型的关联模式，如序列模式、子图模式、非频繁模式、桥接模式、词向量、随机游走和知识推理等。本章首先介绍关联规则的相关概念，然后对常见的不同类型的关联模式进行概述。

---

[1] AGRAWAL R，IMIELIŃSKI T，SWAMI A. Mining association rules between sets of items in large databases［C］//Proceedings of the 1993 ACM SIGMOD International Conference on Management of Data. 1993：207-216.

[2] 陈封能，斯坦巴赫，库玛尔. 数据挖掘导论：完整版［M］. 范明，范宏建，等译. 北京：人民邮电出版社，2011：201-303.

2.1 关联规则

2.1.1 关联规则的概念

本小节将对关联规则的基本概念进行简单介绍，包括项集（itemset）与事务（transaction），以及描述关联规则强度、有用性和可靠性的三个属性：支持度（support）、置信度（confidence）和提升度（lift）。

1. 项集与事务

设包含购物篮数据中所有项的集合为$I=\{i_1,i_2,\cdots,i_m\}$，其中m是项的总数，则I称为一个项集。项集中的项可以是0个或多个，有k个项的项集称为k–项集，不包含任何项的项集称为空集。超市购物数据中的每一笔交易都可以称为一个事务t_i，用$T=\{t_1,t_2,\cdots,t_n\}$表示所有事务的集合，某一个事务中出现的项的个数用事务的宽度来表示[1]。

表2-1为一个简单的购物篮数据，其中行数据的集合代表事务，列数据的集合代表项集。表2-1中的项集是一个5–项集，I=\{牛奶，面包，啤酒，尿布，茶\}。

表2-1 一个简单的购物篮数据

事物序号	牛奶	面包	啤酒	尿布	茶
1	1	1	0	0	1
2	0	1	1	1	0
3	1	0	1	1	1
4	0	1	1	1	0
5	1	1	0	1	1
6	0	1	1	0	1

如果项集X是事务t_i的子集，则称事务t_i包含项集X。例如在表2-1中，第4个事务包含项集\{啤酒，尿布\}，但不包含项集\{牛奶，面包\}。

[1] AGRAWAL R，SRIKANT R. Fast algorithms for mining association rules［C］//Proceedings of the 20th International Conference on Very Large Data Bases.VLDB，1994，1215：487-499.

2.关联规则

关联规则是一种蕴含表达式，形如$X \rightarrow Y$，其中X和Y是不相交的项集，左侧的项集X是先决条件，右侧的项集Y是关联结果，这样的蕴含表达式显示了数据内潜在的关联性。需要注意的是，这种蕴含表达式不能看作简单的因果关系，例如购物篮数据中的经典案例“尿布→啤酒”不能解释为“因为买了尿布，所以要买啤酒”，其真正的含义是“购买了尿布的消费者一般同时购买啤酒这一商品”，找到这样的规则对于交叉营销非常有价值。

关联规则的强度、有用性和可靠性通常是由支持度、置信度和提升度进行度量。

（1）支持度[1]

支持度是关联规则强度和有用性的一个重要度量，用于衡量挖掘出的关联规则在给定数据集中出现的频繁程度。如果关联规则的支持度很低，那么说明该规则很可能是偶然出现的。对于购物篮数据，从商业经营的角度分析，支持度很低的关联规则一般不能帮助决策，因为针对很少有顾客同时购买的多种商品进行促销并不能显著地提高收益。

支持度（s）度量的形式定义如下：

$$s(X \rightarrow Y) = \frac{\sigma(X \cup Y)}{N} \tag{2-1}$$

式中，$\sigma(X \cup Y)$表示事务中同时含有项集X和Y的事务数量；N表示事务的总数。

支持度有两个重要的作用，一是用来排除无意义、益处较小的规则；二是用于发现有效的关联规则。支持度通过用户提前设定的最小支持度阈值（min_sup）筛选并去除偶然出现的关联规则，保留数据集中出现得相对频繁的项集，这些项集称为频繁项集，这个过程也是关联规则挖掘任务中的第一个主要的子任务——产生频繁项集。

---

[1] 韩家炜，坎伯，裴健. 数据挖掘：概念与技术（第3版）[M]. 范明，孟小峰，译. 北京：机械工业出版社，2012：157-210.

（2）置信度[1]

置信度是衡量关联规则可靠性的一个重要的度量标准，用于确定关联规则的后件Y在包含前件X的事务中出现的频繁程度。

置信度（c）度量的形式定义如下：

$$c(X \to Y)=\frac{\sigma(X \cup Y)}{\sigma(X)} \tag{2-2}$$

式中，$\sigma(X \cup Y)$表示事务中同时含有项集X和Y的事务数量；$\sigma(X)$表示事务中含有项集X的总数。对于给定的一条规则，置信度越高，说明规则后件Y在前件X中出现的概率越大。

根据置信度计算式（2-2），可以从频繁项集中挖掘关联规则，首先应剔除置信度不超过用户设定的最小置信度阈值（*min_conf*）的规则，提取置信度计算结果高的规则，这些规则称为强规则（strong rule），这个过程是关联规则挖掘任务中的第二个子任务——挖掘关联规则。

（3）提升度[2]

提升度说明含有项集X的条件下含有项集Y的可能性，与不含项集X的条件下含有项集Y的概率之比。也就是在项集Y自身出现的基础上，项集X的出现对于项集Y的出现的提升程度。

提升度（l）度量的形式定义如下：

$$l(X \to Y)=\frac{c(X \to Y)}{P(Y)} \tag{2-3}$$

式中，$c(X \to Y)$表示关联规则$X \to Y$的置信度；$P(Y)$表示项集Y自身出现的概率。提升度与置信度都可以用来衡量关联规则的可靠性，可以看作是与置信度这一衡量标准互补的一个指标。

2.1.2 关联规则的分类

关联规则按照不同角度可以进行不同的分类：按照规则所处理的数

[1] 陈封能，斯坦巴赫，库玛尔. 数据挖掘导论：完整版［M］. 范明，范宏建，等译. 北京：人民邮电出版社，2011：201-303.

[2] 陶建辉. 数据挖掘基础［M］. 北京：清华大学出版社，2018：63-88.

据的类型可以划分为布尔型关联规则和数值型关联规则；按照规则中数据的抽象层次可以划分为单层关联规则和多层关联规则；按照规则中处理数据的维数可以划分为单维关联规则和多维关联规则。

1. 按照处理数据类型划分

如果关联规则描述的是某一个项是否出现，则为布尔型关联规则。如果规则描述的是某一个项经量化后的具体值，则为数值型关联规则。

对于数值型关联规则，需要特别注意关联规则本身并不能对连续的数值进行描述和处理，因此需要进行一些预处理，如将该变量的值划分范围设置为类别变量。

2. 按照数据抽象层次划分

数据挖掘需要将现实中的事务抽象成数据来进行处理，而现实事务或事务间的关系并非简单的单层关系，现实事务的抽象层次对数据挖掘结果的呈现有不同的效果。如果在关联规则中，所有的项都不考虑数据之间的层次关系，则为单层关联规则；如果所考虑的数据之间具有多层关系，则被视为多层关联规则。

3. 按照规则中处理数据的维数划分

关联规则中的数据按照维数划分可以分为单维关联规则和多维关联规则。如果关联规则中的数据只涉及一个维度，则为单维关联规则，例如“尿布 → 啤酒”这条经典的购物篮数据关联规则中只涉及购买商品的单一维度；而在多维的关联规则中，要处理的数据会涉及多个维度，例如在考虑用户可能购买的商品时，可以包含该用户的年龄、性别、职业和收入等多个维度。

2.1.3 关联规则挖掘经典算法

关联规则的挖掘可以分为两个步骤：第一步是找出所有的频繁项集，这是形成关联规则的基础，每一个项集出现的次数应当至少与提前设定的最小支持度阈值相同，所要寻找的频繁项集是支持度需要大于或者等于最小支持度阈值的项集；第二步是从寻找到的频繁项集中产生强关联规则，在这一过程中，需要对所有可能生成的关联规则及其对应的支持度和置信度逐个进行计算和筛选。

1. Apriori算法

Apriori算法[1]是最早被提出也是最著名的关联规则挖掘算法，它能够挖掘产生布尔型关联规则所需的频繁项集。Apriori算法是一种使用逐层搜索的迭代方法，它使用k–项集来探索（k+1）–项集。首先找出频繁1–项集的集合，记做L_1，然后使用L_1找出频繁2–项集的集合L_2，再通过集合L_2找出频繁3–项集L_3，逐步迭代，直到没有满足条件的频繁k–项集为止。每找出一个L_k都需要对整个事务数据库进行一次扫描，这会导致算法的搜索空间巨大且复杂度高。

如前所述，逐层搜索并产生相应频繁项集的效率较低，为了改善这个问题，Apriori算法应用了一个重要性质来帮助尽可能缩小频繁项集的搜索空间。

Apriori性质：如果某个项集是一个频繁项集的子集，那么该项集也是频繁项集。如果一个项集I不满足最小支持度阈值，则I不是频繁项集。如果在项集I中增加一个项A，则增加后的新项集($I \cup A$)也不是频繁项集，因为$I \cup A$在整个事务数据库中所出现的次数不可能多于原项集I出现的次数。根据逆反公理可以确定Apriori性质成立。

Apriori算法的优点在于算法本身易于理解、易于实现，同时对数据的要求也比较低，然而Apriori算法也存在一定的缺点。

第一，在每一步产生候选项集时，循环迭代产生的组合过多，没有提前排除不应该参与组合的元素。

第二，在每次计算项集的支持度时，都需要扫描数据库中的全部数据并进行比较，在数据库本身规模已经非常大的情况下，这种频繁的全局扫描会极大地消耗计算机系统的计算资源，并且随着数据库数据量的增加，计算机系统的计算资源消耗将呈指数级增加。因此迫切地需要对

[1] AGRAWAL R，SRIKANT R. Fast algorithms for mining association rules［C］// Proceedings of the 20th International Conference on Very Large Data Bases.VLDB，1994，1215：487-499.

Apriori算法进行改进，以降低计算资源的消耗。

针对Apriori算法的不足，目前已经有了几种改进和优化的方法。

（1）基于划分的方法

Savasere等人[1]提出了一个在Apriori算法的基础上大幅度降低计算机系统的计算资源消耗的高效算法，该算法基于划分（partition）的思想，首先将数据库从逻辑上划分为互不相交的块，每次考虑一个单独的块，生成它对应的所有频繁项集；其次将所有划分出的块中产生的频繁项集合并，用来生成所有可能的频繁项集；最后计算所有项集的支持度。在划分块的阶段，要考虑分块的大小以使每个分块都可以被放入主存中，每个分块只需被扫描一次。每一个可能的频繁项集都需要满足“至少在某一个分块中是频繁的”这一条件，由此来保证基于划分的算法的正确性。

基于划分思想的算法是高度并行的，可以为划分出的每一个分块分别分配给不同的处理器，并行进行生成频繁项集的过程。每一次循环产生频繁项集结束后，处理器之间彼此进行通信，汇总得到全局的候选项集。基于划分的算法的主要时间成本在于多个处理器之间的通信过程所消耗的时间，以及每个独立的处理器生成频繁项集所消耗的时间，这两点也是阻碍该算法效率继续提升的主要瓶颈。但通过基于划分的方法，已经能够在Apriori算法的基础上大幅提升算法的执行效率。

（2）基于Hash的方法

Apriori算法主要是基于一些启发式方法来挖掘大型数据集中的频繁项集，启发式方法本身对于关联规则挖掘算法的性能至关重要，最初几次迭代过程的处理决定了总体算法的执行成本，因此，采用高效方式生成初始的候选项集，是提升关联规则挖掘算法性能的关键。Park等人[2]

---

［1］SAVASERE A，OMIECINSKI E，NAVATHE S. An efficient algorithm for mining association rules in large databases［C］//Proceedings of the 21st International Conference on Very Large Data Bases. VLDB，1995：432-444.

［2］PARK J S，CHEN M S，YU P S. An effective hash-based algorithm for mining association rules［J］. Acm Sigmod Record，1995，24（2）：175-186.

基于哈希（hash）和剪枝（pruning）提出了一个高效产生频繁项集的DHP算法，通过使用哈希技术和有效的剪枝技术逐步减小事务数据库的大小，在迭代初期生成较小的候选项集，显著降低后续迭代的计算成本。经过大量实验验证和评估，DHP算法的性能优于Apriori算法。

（3）基于采样的方法

Mannila等人[1]提出了一种基于采样（sampling）的改进算法，通过对先前迭代得到的候选项集进行仔细的组合分析，避免在寻找关联规则的过程中考虑很多不必要的候选项集。该算法的基本思想是：先使用从数据库中抽取出来的采样得到一些在整个数据库中可能成立的规则，然后使用数据库的剩余部分验证这个结果。这个算法的思想非常简单且易于实现，同时能够显著地减少计算机系统的计算资源消耗。但是这种基于采样的算法有一个很大的缺点是产生的结果不够精确，即存在数据倾斜问题，分布在同一页面上的数据时常是高度相关的，但是同一个页面上的数据并不能代表整个数据库中关联模式的分布情况，因此会导致采样5%的交易数据所花费的代价与扫描一遍完整数据库的代价相近。

2. FP-growth算法

由于Apriori算法的固有缺陷，迭代生成候选项集的代价高昂，导致即使已有很多算法在Apriori算法的基础上进行改进，改进后的算法效率仍然不能令人满意。Han等人[2]提出了一种基于频繁模式树（Frequent Pattern Tree，简称为FP-tree）的频繁模式挖掘算法FP-growth，其中频繁模式树是一种扩展的前缀树结构，用于存储关于频繁模式的压缩关键信息。FP-growth算法是通过增加模式片段来挖掘完整的频繁模式集，通过扫描两次事务数据库，把每个事务所包含的频繁项目按其支持度降序压缩存储到频繁模式树中。在之后的频繁模式挖掘的过程中，不需要再次

[1] MANNILA H，TOIVONEN H，VERKAMO A I. Effcient algorithms for discovering association rules［C］//KDD-94：AAAI Workshop on Knowledge Discovery in Databases. AAAI，1994：181-192.

[2] 韩家炜，坎伯，裴健. 数据挖掘：概念与技术（第3版）［M］. 范明，孟小峰，译. 北京：机械工业出版社，2012：157-210.

扫描事务数据库，只需要在频繁模式树中进行查找，并通过递归调用FP-growth的方法，增加模式片段，直接产生频繁模式，在整个执行过程中不需要产生候选模式。该算法克服了Apriori算法中存在的问题，将大型数据库压缩为精简的、较小的数据结构——频繁模式树，避免了昂贵且重复的数据库扫描。采用分而治之的方法将频繁模式挖掘任务分解为一组较小的任务，用于在条件数据库中挖掘受限模式，极大地缩小了搜索空间，在执行效率上也明显高于Apriori算法。

3.粗糙集算法

粗糙集理论最早是由Pawlak[1]在20世纪80年代早期提出的。粗糙集理论是一种用于处理具有模糊性、不确定性和不完全性数据的数学方法。这种方法可以通过对数据的分析和推理来发现隐含的知识、揭示数据中潜在的规律，对于人工智能和认知学科的发展至关重要。

在粗糙集理论中，知识或信息被看作是一种分类的对象，其核心在于利用等价关系（也称为不可区分关系）对对象集合中的元素进行分类。粗糙集理论的主要思想是，等价关系通常与一组属性相关联[2]，举例来讲，医生在对患者进行疾病诊断时，通过患者的各项检查结果和症状将其归类为某种疾病的某种严重程度。将医生诊断决策的信息以信息表（也称为决策表）的形式展示，如表2-2所示，对于一组属性“头痛”和“肌肉痛”，P1和P2的取值均为“是”，此时P1和P2为等价关系，也就是不可区分关系。

表2-2 医生诊断决策信息表

患者	属性			决策
	头痛	肌肉痛	体温	患流感
P1	是	是	正常	否

[1] PAWLAK Z. Rough sets [J]. International Journal of Computer and Information Sciences, 1982, 11 (5): 341-356.

[2] PAWLAK Z, GRZYMALA-BUSSE J, SLOWINSKI R, et al. Rough sets [J]. Communications of the ACM, 1995, 38 (11): 88-95.

续表

患者	属性			决策
	头痛	肌肉痛	体温	患流感
P2	是	是	高	是
P3	是	是	很高	是
P4	否	是	正常	否
P5	否	否	高	否
P6	否	是	很高	是

粗糙集理论给出属性的约简方法，在保留基本属性的同时，保证在对象的分类能力不变的基础上，消除重复、冗余的属性和属性值，对属性进行压缩和提炼。其操作步骤是：(1) 对条件属性进行约简，即从决策表中消去某些列；(2) 消去重复的行和属性的冗余值。通过这样的处理可以从表2-2中归纳出以下规则：

(体温，正常) → (患流感，否)

(头痛，否) + (体温，高) → (患流感，否)

(头痛，是) + (体温，高) → (患流感，是)

(体温，很高) → (患流感，是)

粗糙集理论最主要的特点是：它不依靠对知识或数据的主观评价，仅通过删除冗余信息并对不完备的知识进行比较。同时，知识不完备的程度可以用粗糙度来衡量，粗糙度是界定属性之间依赖性和重要性的依据。此外，粗糙集理论还发展出了一些其他的不确定性度量，例如下近似质量和上近似质量等。

使用粗糙集理论可以解决的主要问题包括：数据简化（即消除冗余数据）、发现数据相关性、评估数据重要性、基于数据生成决策（控制）算法、数据的近似分类、发现数据中的相似性或差异、发现数据的模式以及发现因果关系等。粗糙集理论在医学、药理学、商业、银行业、市场研究、工程设计、气象学、振动分析、切换功能、冲突分析、图像处理、语音识别、并发系统分析、决策分析、字符识别等领域中均有广泛的应用[1]。

2.2 序列模式

关联分析方法主要用于挖掘关联模式，其中一种经典的结构模式是序列模式。前面所提到的频繁项集和关联规则主要是在分析数据，并没有考虑到事务发生的顺序。如果将基础的关联规则挖掘技术直接应用于具有时间或顺序信息的数据集中，有极大可能会导致无法发现数据中真正有效的重要模式，因为它们忽略了事件或元素中的顺序关系。

在许多领域中，事件发生或元素出现的顺序都很重要。例如，在对文本进行分析时，通常需要考虑句子中词的顺序；在网络入侵检测中，事件发生的顺序也十分重要[2]。为了解决上述问题，研究人员提出了序列模式挖掘方法来分析序列数据，它包括在一组序列中发现有价值的子序列，其中子序列的价值程度可以根据其出现频率和长度等各种标准来衡量。

序列模式挖掘在现实生活中有许多应用，在生物信息学、电子学习、购物篮分析、文本分析、智能家居节能和网页点击流分析等许多领域中，数据都被自然而然地编码为符号序列。此外，当数据预处理步骤中执行了离散化的操作时，序列模式挖掘也可以应用于时间序列数据（例如股票数据）。本节对序列模式的基本概念与相关的算法进行介绍。

2.2.1 序列模式挖掘

序列模式挖掘（sequential pattern mining）问题最早是由 Agrawal 和 Srikant 提出的，用于在一组序列中挖掘考虑事件发生顺序的有关联的子

[1] PAWLAK Z，GRZYMALA-BUSSE J，SLOWINSKI R，et al. Rough sets [J]. Communications of the ACM，1995，38（11）：88-95.

[2] FOURNIER-VIGER P，LIN J C W，KIRAN R U，et al. A survey of sequential pattern mining [J]. Data Science and Pattern Recognition，2017，1（1）：54-77.

序列[1]。序列模式挖掘是数据挖掘中的一个重要研究方向。数据挖掘中的序列数据有两种类型：时间序列和事件序列，这两种类型的序列都被广泛应用于许多领域。例如，时间序列通常用于表示股票价格、温度读数和电力消耗读数等数据，而事件序列则用于表示文本中的句子（词序列）、消费者在零售店购买的商品序列、用户访问的网页序列等数据。因此，序列模式挖掘也在很多领域都有实际的应用价值，例如客户购买行为模式分析、疾病诊断、DNA序列分析、Web访问模式预测、自然灾害预测等[2]。序列模式挖掘问题需要输入一个序列数据集，其中每一行数据记录的是特定对象关联的事件出现的时刻。表2-3为一个简单的序列数据库。

表2-3 一个简单的序列数据库

对象	事件	时刻
A	2, 3, 6	7
A	5, 1	10
A	2	11
B	5, 4, 7	20
B	3, 7	24
B	8, 2, 6	12
C	4, 8	5
C	3	26

2.2.2 序列模式挖掘算法

序列模式挖掘也可以称为序列模式发现，序列模式挖掘的基本任务是在序列数据库中找出能够满足用户定义的最小支持度阈值的所有序列的集合。序列模式挖掘问题的重点在于揭示给定序列生成的基础规则，

[1] AGRAWAL R, SRIKANT R. Mining sequential patterns [C] // Proceedings of the Eleventh International Conference on Data Engineering. IEEE, 1995: 3-14.

[2] 王虎，丁世飞.序列模式挖掘研究与发展 [J].计算机科学，2009，36（12）：14-17.

以便能够进行合理的预测。例如，给定一个数字构成的序列，预测出下一个数字，这其中蕴含的规则就是序列模式。序列模式挖掘的任务是解决一个枚举问题，它旨在枚举所有支持度不低于用户设置的最小支持度阈值的模式（子序列）。因此，对于序列模式挖掘问题，总是存在一个正确的答案。

然而找出挖掘序列模式中的正确答案是一个困难的问题，为了解决这个问题，最直接的方法是计算序列数据库中所有可能的子序列的支持度，然后只输出满足用户指定的最小支持度阈值约束的那些子序列。这种方法虽然简单，但是效率极为低下，因为子序列的数量可能非常大，序列数据库中包含q个项目的序列最多可以有（2^q-1）个不同的子序列。因此，对于大多数现实生活中的序列数据库来说，用最直接的方法来解决序列模式挖掘问题是不现实的，我们有必要设计高效简洁的算法来避免在所有可能子序列的搜索空间中搜索正确答案。

序列模式挖掘算法有以下几种类型：基于Apriori性质的算法、基于垂直格式的算法、基于投影数据库的模式增长算法、基于内存的算法，以及其他类型的算法。下面分别进行介绍。

1.基于Apriori性质的算法

早期的序列模式挖掘算法都是基于经典的Apriori算法发展而来，它满足一条重要的性质，即所有频繁模式的子模式也是频繁的。此类算法能够有效地发现频繁模式的完全集。由于Apriori算法本身需要多次扫描数据库并且会产生大量的候选集，因此基于经典的Apriori算法发展而来的序列模式挖掘算法也存在这样的缺点，并且当支持度阈值较小或频繁模式较长时这个问题会更加突出。

序列模式挖掘概念的提出者还提出了3个基于Apriori算法改进的新算法：AprioriAll、AprioriSome和DynamicSome。他们将序列挖掘算法分为5个阶段：排序阶段、寻找大项集阶段、转换阶段、查找序列阶段、最大序列阶段。AprioriAll、AprioriSome和DynamicSome是在查找序列阶段采用两种不同的计数策略而提出的算法，AprioriAll是全计数算法，对所有大序列进行计数，包括非最大序列，非最大序列在后面的最大序列阶段必须被修剪掉；AprioriSome和DynamicSome分别是基于Apriori的部分计数算法和动态部分计数算法。之后，Agrawal和Srikant又提出了GSP算法[1]，GSP算法是一种广度优先搜索算法，它加入了时间限制、放宽了交易的定义、加入了分类等条件，从而提升了AprioriAll算法的效率，使序列模式挖掘更符合实际需要。GSP算法是最典型的类Apriori算法，也是应用最广泛的序列模式挖掘算法。后续研究者又相继提出了MFS算法[2]和PSP算法[3]，这些算法进一步提升GSP算法的执行效率[4]。

2.基于垂直格式的算法

基于垂直格式的算法的基本思想是：首先把序列数据库转换成垂直数据库格式，然后利用格理论和简单的连接方法，在垂直数据库中挖掘频繁序列模式。基于垂直格式的算法中最突出的算法是SPADE算法[5]。SPADE算法是一种深度优先搜索（Depth First Search，DFS）算法，它从包含单个项目的序列开始，使用这些序列之一递归扩展生成更大的序列，当序列不能再扩展时，该算法回溯以使用其他序列生成其他模式。SPADE算法最大的优点是大幅减少了扫描数据库的次数，仅需扫描3次数据库就能完成整个挖掘过程，比GSP算法更高效。但是，SPADE算法的缺点是需要把水平格式的数据库转换成垂直格式，这个过程需要额外的计算时间和存储空间。

---

[1] SSRIKANT R，AGRAWAL R. Mining sequential patterns：generalizations and performance improvements［C］//International Conference on Extending Database Technology. Berlin，Heidelberg：Springer Berlin Heidelberg，1996：1-17.

[2] ZHANG M H，KAO B，YIP C L，et a1. A GSP-based efficient algorithm for mining frequent sequences［C］//Proceedings of International Conference on Artificial Intelligence. 2001：497-503.

[3] MASSEGLIA F，CATHALA F，PONCELET P. The PSP approach for mining sequential patterns［C］// Proceedings of the 2nd European Symposium on Principles of Data Mining and Knowledge Discovery. Berlin，Heidelberg：Springer Berlin Heidelberg，1998：176-184.

[4] 王虎，丁世飞. 序列模式挖掘研究与发展［J］. 计算机科学，2009，36（12）：14-17.

[5] ZAKI M J. SPADE：an efficient algorithm for mining frequent sequences［J］. Machine Learning，2001，42（1/2）：31-60.

3.基于投影数据库的模式增长算法

类Apriori算法由于需要对数据库进行多次扫描并产生大量的候选集，因此在挖掘较长的序列模式时缺陷明显。为了解决这个问题，一些研究者提出了基于投影数据库的模式增长算法，采取分而治之思想，利用投影数据库缩小搜索空间，从而提高算法性能。基于投影数据库的模式增长算法中比较典型的算法有FreeSpan算法[1]和PrefixSpan算法[2]。FreeSpan算法是PrefixSpan算法的早期版本，FreeSpan算法包括5个阶段：生成频繁项、构建频繁项矩阵、生成序列长度为2的序列模式项、进行重复项标记、生成投影数据库。PrefixSpan算法的全称是Prefix-Projected Pattern Growth，即为前缀投影的模式挖掘，前缀的含义是序列数据前面部分的子序列。PrefixSpan算法从长度为1的子序列开始挖掘序列模式，在对应的投影数据库进行搜索，寻找并得到长度为1的前缀对应的频繁序列，然后递归挖掘长度为2的子序列所对应的频繁序列，直到不能挖掘到更长的频繁序列，迭代结束。PrefixSpan模式增长算法的优点是只寻找出现在数据库中的模式，缺点在于运行时重复扫描数据库和创建数据库投影的成本可能很高。

4.基于内存的算法

基于内存的算法中典型的算法是MEMISP算法[3]。MEMISP算法是一种用于快速序列模式挖掘的内存索引方法，整个过程中，MEMISP算法只扫描一次序列数据库，将数据序列读入内存，它不产生候选序列也不产生投影数据库，能够极大地节约CPU资源、提高内存利用率。

---

[1] HAN J W，PEI J，MORTAZVI-ASL B，et al. FreeSpan：frequent pattern-projected sequential pattern mining［C］//Proceedings of the 6th ACM SIGKDD International Conference on Knowledge Discovery and Data Mining. Association Computing for Machinery，2000：355-359.

[2] HAN J W，PEI J，MORTAZAVI-ASL B，et al. PrefixSpan：mining sequential patterns efficiently by prefix-projected pattern growth［C］//Proceedings of the 17th International Conference on Data Engineering. IEEE，2001：215-224.

[3] LIN M Y，LEE S Y. Fast discovery of sequential patterns by memory indexing［C］//Proceedings of the 4th International Conference on Data Warehousing and Knowledge Discovery. Berlin，Heidelberg：Springer Berlin Heidelberg，2002：150-160.

MEMISP算法递归地寻找构成频繁序列的项，构造一个紧凑的索引集，用来指示需要进一步探索的数据序列集。通过有效的索引推进，序列模式的长度不断增加，MEMISP算法中需要处理的数据序列变得越来越少，可以估计所需总内存的最大值。实验结果表明，MEMISP算法优于GSP算法和PrefixSpan算法，具有良好的扩展性。当数据库太大，无法一次性放入内存中时，可以将数据库分区，在每个分区中挖掘序列模式，并进行第二遍数据库扫描和验证。因此，MEMISP算法可以有效地挖掘任何大小的数据库。

5.其他类型的算法

除了上述几类序列模式挖掘算法，还有一些其他类型的序列模式挖掘算法。例如，基于改进的FP树的STMFP算法[1]，它通过改进FP树的结构，使得树的每个节点可以存储一个项集。在扫描一次数据库后，STMFP树可以存储所有的序列信息。此外，该算法提出了一种新的挖掘方法，使其可以找到STMFP树中每条路径上从叶节点到根节点所有的组合，从而更有效地挖掘出序列模式。STMFP算法的最大优点是在整个挖掘过程中只需要扫描一次数据库，提高了挖掘效率。然而，当序列数据库较大时，构建STMFP树的代价也会增大。

此外，序列模式挖掘算法还包括闭合序列模式挖掘算法，增量式序列模式挖掘算法，多维序列模式挖掘算法，基于约束的序列模式挖掘算法，并行序列模式挖掘算法，周期序列模式挖掘算法，分布式序列模式挖掘算法，挖掘序列模式图算法等。

经过二十余年的发展，序列模式挖掘研究取得了丰富的成果和较大的进展，但仍然存在一些问题，例如支持度阈值的设定还没有很好的评判方法，与相关领域知识的结合不够，以及针对海量数据的挖掘效率较低等，这些问题都需要后续研究者继续钻研解决。

---

[1] SUI Y，SHAO F J，SUN R C，et al. A sequential pattern mining algorithm based on improved FP-tree [C] // 2008 Ninth ACIS International Conference on Software Engineering，Artificial Intelligence，Networking，and Parallel/Distributed Computing. IEEE，2008：440-444.

2.3 子图模式

现实生活中存在大量可以用图表示的数据，例如化学学科中的各种化合物、生物中的蛋白质3D结构、计算机网络拓扑结构、人际关系社交网络、树状结构的XML文档等。在这种图结构类型的数据上进行数据挖掘的具体任务是在图结构中发现一组公共子结构，称为频繁子图挖掘（Frequent Subgraph Mining）。图论已经被众多数学学者研究多年，取得了众多的理论突破，这些重要理论成果使得基于图的数据挖掘虽然提出时间不久，但是研究发展迅速并且应用广泛，例如在化学领域中通过频繁子图挖掘算法寻找构成有毒物质的分子结构，以及通过对网站浏览日志的挖掘分析，得出用户最频繁的浏览模式等[1]。

Inokuchi等人[2]最早提出了基于Apriori算法思想的频繁子图挖掘算法，由此引起诸多研究者对频繁子图挖掘算法的研究。Yan等人[3]首先将FP-growth思想应用到挖掘子图模式中，使得频繁子图挖掘算法快速发展。Huan等人[4]提出了FFSM算法，该算法是在FP-growth算法的基础上进一步改进。子图模式挖掘算法具有广泛的应用，Chen等人[5]将子图模式挖掘算法用于探索RNA二级结构，提出了一种基于标记图的算法RNAGraph，以揭示经常出现的RNA子结构模式。RNAGraph算法将属

---

[1] 陈封能，斯坦巴赫，库玛尔. 数据挖掘导论：完整版［M］. 范明，范宏建，等译. 北京：人民邮电出版社，2011：201-303.

[2] INOKUCHI A，WASHIO T，MOTODA H. An apriori-based algorithm for mining frequent substructures from graph data［C］// Proceedings of the 4th European Conference on Principles of Data Mining and Knowledge Discovery. Berlin Heidelberg：Springer Berlin Heidelberg，2000：13-23.

[3] YAN X F，HAN J W. gSpan：graph-based substructure pattern mining［C］// Proceedings of the 2002 IEEE International Conference on Data Mining. IEEE，2002：721-724.

[4] HUAN J，WANG W，PRINS J. Efficient nining of frequent subgraphs in the presence of isomorphism［C］// Third IEEE International Conference on Data Mining. IEEE，2003：549-552.

[5] CHEN Q F，LAN C W，CHEN B S，et al. Exploring consensus RNA substructural patterns using subgraph mining［J］. IEEE/ACM Transactions on Computational Biology and Bioinformatics，2016，14（5）：1134-1146.

性数据和图数据相结合，分别描述了不同的子结构及其之间的相关性。此外，还开发了一个top-k图模式挖掘算法，通过整合频率和相似度来提取有价值的子结构模式。实验结果表明，RNAGraph算法不仅有助于构建复杂的RNA二级结构，还可以识别隐藏的RNA子结构模式。

2.3.1 子图模式基本概念

图是一种表示实体集之间联系的复杂的数据结构，它由若干给定的点及连接两点所生成的边构成，其中点代表事物，连接两点的边表示相应两个事物间具有某种关系。图结构具有拓扑性质[1]，在拓扑图中，顶点的位置是灵活可变的，而且顶点与顶点之间的边没有绝对的位置和长度，可以任意拉伸。因此，顶点之间的连接不会因顶点位置或边的长度变化而改变。由于图的这种拓扑性质，两个看起来完全不同的图也可能是同一个图。

频繁子图挖掘的目的是找出在图结构的集合中频繁出现的子图[2][3]。如果图 *G'* 中所有的顶点集、边集都是另一个图 *G* 的顶点集、边集的子集，则称图 *G'* 是图 *G* 的子图。

频繁子图挖掘的步骤包括：对频繁（k–1)–子图进行合并，扩展得到候选的 k–子图；在候选 k–子图中进行剪枝，去掉含有非频繁（k–1)–子图的部分；计算每个候选 k–子图的支持度，如果候选 k–子图的支持度小于给定的最小值支持度阈值，则需要舍弃该候选 k–子图，合并剩余符合条件的子图得到最终的频繁子图[4]。

---

[1] VANETIK N，GUDES E，SHIMONY S E. Computing frequent graph patterns from semi-structured data［C］// 2002 IEEE International Conference on Data Mining. IEEE，2002：458-465.

[2] HU H Y，YAN X F，HUANG Y，et al. Mining coherent dense subgraphs across massive biological networks for functional discovery［J］. Bioinformatics，2005，21（suppl_1）：i213-i221.

[3] FATTA G D，BERTHOLD M R. High performance subgraph mining in molecular compounds［C］// International Conference on High Performance Computing and Communications. Berlin Heidelberg：Spring Berlin Heidelberg，2005：866-877.

[4] HU H Y，YAN X F，HUANG Y，et al. Mining coherent dense subgraphs across massive biological networks for functional discovery［J］. Bioinformatics，2005，21（suppl_1）：i213-i221.

有两种方式可以将子图扩展得到候选图：一种方式是将两个子图合并进行连接；另一种方式是给图添加一条边或一个结点进行扩展。对于生成候选图的第一种方式，若没有任何约束则会造成混乱，会导致两个图随意地进行连接，因此在进行连接时需要加上约束条件：两个$(k-1)$-子图必须有相同的$(k-2)$-子图，才可进行连接，这样保证了两个图的相互连接能够井然有序地进行，并且能够减少搜索空间[1]。

挖掘频繁子图的过程中，支持度的计算会耗费很多的时间，既要返回图库搜索整个数据库，又要与其他图进行匹配，判断其他图是否含有与其相同的子图，也就是能够满足子图同构[2]，子图同构检查非常复杂。为了提高算法效率，应避免一些子图同构的检查以及避免返回整个图库进行搜索。

2.3.2 子图模式挖掘算法

常见的子图模式挖掘算法包括：基于最小描述长度原则的近似频繁子图挖掘算法、基于Apriori算法的频繁子图挖掘算法和基于模式增长的频繁子图挖掘算法。下面分别进行介绍。

1. 基于最小描述长度原则的近似频繁子图挖掘算法

SUBDUE系统[3]是采用了基于最小描述长度（Minimum Description Length，DML）原则且基于图的学习系统。SUBDUE系统是将简单图或者图集输入到系统中，简单图或图集可以带标识也可以不带标识，然后根据最小描述长度原则，通过扩展节点来增长单个顶点，在扩展时要查看是否满足约束条件，若不满足则继续扩展，若满足约束条件且是最好的子结构模式，那么输入图就会被重写，在下一次算法过程中，重写的图就被作为新的输入图继续进行算法的迭代，由此挖掘出近似的频繁子

[1] 张伟.频繁子图挖掘算法的研究［D］.秦皇岛：燕山大学，2011.

[2] WASHIO T，MOTODA H. State of the art of graph based data mining［J］. ACM SIGKDD Explorations Newsletter，2003，5（1）：59-68.

[3] COOK D J，HOLDER L B. Substructure discovery using minimum description length and background knowledge［J］. Journal of Artificial Intelligence Research，1994：231-255.

图结构模式，并将这些模式精确表示出来。该系统采用了约束搜索的方法，约束条件即为最小描述长度。该系统使用的算法根据最小描述长度原则，能输出最好的压缩输入集的子图模式，迭代过程中能保证算法每次只能得到一个子图模式。

2.基于Apriori算法的频繁子图挖掘算法

Apriori算法思想的两个核心行为是产生候选项集和剪枝。基于Apriori算法思想的频繁子图挖掘算法与基于Apriori思想的频繁项集的挖掘算法类似。频繁子图的搜索始于小规模图，按自底向上的方式产生含有附加路径、顶点或边的候选子图。首先用（k-1)-频繁子图扩展生成k-子图。如果k-子图有一个（k-1)-子图是非频繁的，那么k-子图一定就是非频繁的。其次进行剪枝操作，生成k-候选子图，然后对输入数据库进行扫描，判断所得的候选子集中哪些是频繁的。按照此过程循环，直到不能找到频繁子集为止。基于Apriori算法思想的频繁子图挖掘算法包括AGM算法、FSG算法和基于模式增长的频繁子图挖掘算法等。

（1）AGM算法

AGM算法是由Inokuchi等人[1]提出的高效计算算法，能够找到全部满足某一最小支持度阈值的频繁子图，它与基于Apriori的频繁项集挖掘的算法相似，都是采用逐步扩展节点的方式来产生候选子图。

在AGM算法中，一个图由邻接矩阵$\boldsymbol{M}$表示。由于遍历每个图的开始顶点以及遍历策略有所不同，所以每个图可以用多个邻接矩阵来表示。但为了算法的统一性，同时保证算法的成功，我们选择其中编码最小的一个邻接矩阵作为对应图的邻接矩阵，它的矩阵编码作为图的规范标识。这样保证了图的唯一性，再进行图同构检测就会方便很多。编码大小的比较采用字典序一一进行。

实现AGM算法的步骤如下：首先，根据Apriori思想，查找频繁结

---

［1］INOKUCHI A，WASHIO T，MOTODA H. An apriori-based algorithm for mining frequent substructures from graph data ［C］// Proceedings of the 4th European Conference on Principles of Data Mining and Knowledge Discovery. Berlin Heidelberg：Spring Berlin Heidelberg，2000：13-23.

点作为输入，判断两个频繁k–子图是否有相同的核，若有，则进行合并连接，生成（k+1）–候选子图；其次，进行剪枝操作；最后，计算候选子图的支持度，返回整个图集，从整个图集中找出包含该候选子图的原图，计算其个数，通过最小支持度阈值确定该候选子图是否频繁。

以递归统计为基础的AGM算法思路比较简单，可以挖掘出所有频繁子图。由于该算法在核的判断及规范标识生成上很费时间，而且每次通过添加一个结点扩展来产生候选子图会产生许多冗余，因此，该算法效率不是很高。

在剪枝过程中，要判断（k+1）–候选子图的所有k–子图是否都是频繁的，这个过程需要消耗大量的时间。剪枝后的候选子图的数量仍然较大，因此需要重复扫描整个图集数据库来计算候选子图的支持度，这也导致了该算法会占用大量的内存空间和CPU处理时间，很难发现较大规模的子图模式，使得AGM算法的执行效率比较低。

AcGM算法[1]是在AGM算法的基础上提出的。这两个算法的主要区别在于AcGM算法旨在发现连通的频繁子图，引入了半连通图的概念以提高性能，同时还应用了规范化标识发现和k树等技巧来提高算法性能。

（2）FSG算法

Kuramochi等人[2]提出的FSG算法采用与AGM算法完全不同的找寻方法挖掘频繁子图。在他们的算法中采取每次添加一条边的策略，而不是每次添加一个顶点，并加强了候选子图的剪枝，在计算候选子图的支持度时采用事务序号列表加快计算速度，使得执行效率较AGM算法有所提高。

FSG算法适用于具有多条边和多个顶点标识的图的数据集，而且运行时间的多少依赖于被发现的频繁子图的大小。

---

[1] INOKUCHI A，WASHIN T，NISHIMURA K，et al. A fast algorithm for mining frequent connected subgraphs［J］. IBM Research Report，2002.

[2] KURAMOCHI M，KARYPIS G. Frequent subgraph discovery［C］//Proceedings of the 2001 IEEE International Conference on Data Mining. IEEE，2001：313-320.

3.基于模式增长的频繁子图挖掘算法

模式增长主要的思想是利用一些限制条件和数据结构，向k–频繁项集添加一条边，从而得到（k+1)–候选集。FP-growth算法是在一个频繁模式树FP-tree中，用存储图的关联信息对模式树进行扩展和分析，从而产生频繁子集。在频繁子图挖掘领域中，gSpan[1]、CloseGraph[2]和FFSM[3]等算法都是基于模式增长的，这些算法都通过逐步扩展频繁边来得到频繁子图。

gSpan算法首次提出利用DFS（深度优先搜索）的遍历方式生成频繁子图，而且在遍历生成频繁子图的过程中还应用了两个技术：DFS词典序和最小DFS编码。在gSpan算法中需要对每个图建立一个DFS词典序，并通过比较得到每个图的最小DFS编码。因为每个图都有且仅有一个最小DFS编码，即规范编码，所以将其作为图的唯一标识，使算法无需按Apriori算法的思想直接生成频繁子图。因此，挖掘频繁子图的问题就等价于挖掘频繁子图对应的最小DFS编码。

gSpan算法中首先对图进行深度优先遍历，从而得到DFS树。由于深度搜索时起始的根节点可以是图中的任意结点，因此就会产生不同的DFS树，也就是一个图可以有多棵DFS树。gSpan算法中对图进行深度遍历得到DFS树后，对每棵树进行编码，然后进行比较得到最小的DFS编码，从而得到图的唯一标识。每得到一个候选子图时就要对其进行规范标识，若此规范标识是最小的就留下，否则就丢弃，因为一定存在其他路径可以到达该候选子图。

---

[1] YAN X F，HAN J W. gSpan：graph-based substructure pattern mining ［C］//Proceedings of the 2002 IEEE International Conference on Data Mining. IEEE，2002：721-724.

[2] YAN X F，HAN J W. CloseGraph：mining closed frequent graph patterns ［C］//Proceedings of the 9th ACM SIGKDD International Conference on Knowledge Discovery and Data Mining. Association Computing for Machinery，2003：286-295.

[3] HUAN J，WANG W，PRINS J. Efficient mining of frequent subgraphs in the presence of isomorphism ［C］//Third IEEE International Conference on Data Mining. IEEE，2003：449-552.

2.4　非频繁模式

前面介绍的关联分析方法都基于这样的前提：项在事务中出现的情况比不出现的情况更重要。这些方法基本不关注偶然出现的模式，默认那些很少出现的模式可以使用支持度的度量方式将其删除。非频繁模式是指支持度小于阈值 *min_sup* 的项集或规则。虽然大多数偶然出现的模式是不重要的，但也不排除其中的一些非频繁模式也存在分析的价值，特别是涉及数据中的负相关问题时，非频繁模式不能直接删除，也是需要进行分析的。负相关的模式有助于识别竞争项，例如茶和咖啡、可乐与无糖可乐、黄油与人造黄油、台式电脑与笔记本电脑等。部分非频繁模式可能隐含了一些罕见的事件或者其他例外情况，如地震、金融欺诈等。挖掘非频繁模式的挑战要远大于挖掘频繁模式的挑战。

非频繁模式也是很重要的，因为其中包含了很多有价值的负关联规则。可以将包含否定项的规则定义为广义的负关联规则，也就是其前件或后件可以由项的存在或不存在的连词构成规则。推导出包含负关联规则的算法并不是一个简单的问题，因为关联规则挖掘过程中项集的生成是一个代价昂贵的过程，不仅需要考虑交易中的所有项目，还需要考虑交易中不存在的所有可能项目。在候选集生成阶段，其数量可能呈指数级增长，在具有高度相关属性的数据集中尤其如此。这也解释了为什么通过添加否定属性和使用现有的关联规则算法来扩展属性空间是不可行的。Savasere 等人[1]提出了一种挖掘强负关联规则的方法，他们以分类法的形式将正频繁项集与领域知识相结合，以挖掘负关联规则。然而，他们的算法很难概括，因为它依赖于领域知识并且需要预定义的分类

---

[1] SAVASERE A，OMIECINSKI E，NAVATHE S B. Mining for strong negative associations in a large database of customer transactions [C] // Proceedings of the 14th International Conference on Data Engineering. IEEE，1998：494-502.

法。Wu等人[1]推导出了一种用于生成正负关联规则的算法，他们在支持度–置信度框架之上添加了另一个称为最小兴趣度的度量，以更好地修剪生成的频繁项集。Antonie等人[2]生成了广义负关联规则的一个子集，称为受限的负关联规则，受限的负关联规则要满足以下条件：关联规则的整个前件或后件必须是否定属性的合取或非否定属性的合取。

2.5 桥接模式

2.5.1 桥接模式的基本概念

桥接模式最早由Zhang等人[3]提出。他们提出了一种新颖的关联模式，称为桥接规则，其前件和后件属于不同的概念集群。桥接规则和常规的关联规则（频繁项集）的主要区别在于：桥接规则中考虑了项目的嵌入属性，并通过整合重要性和相互作用（包括两个概念类之间的距离）来进行衡量，而频繁项集只通过支持度进行衡量。

桥接规则可以由关联规则挖掘中修剪掉的不频繁项集生成。桥接规则揭示了单独类内的相关性，并为关联分析提供了新的方法，然而它只能检测单独类内的关联规则，称为单连接桥接规则。在实际情况中，项目通常被划分为不相交的概念类，需要挖掘跨两个类甚至是多个类之间的潜在联系，这种新形式的关联规则称为多连接桥接规则。跨类交互桥接规则挖掘示意图如图2-1所示。

---

[1] WU X D，ZHANG C Q，ZHANG S C. Mining both positive and negative association rules ［C］// Proceedings of the 19th International Conference on Machine Learning. 2002：658-665.

[2] ANTONIE M L，ZAÏANE O R. Mining positive and negative association rules：an approach for confined rules ［C］// European Conference on Principles of Data Mining and Knowledge Discovery. Berlin，Heidelberg：Springer Berlin Heidelberg，2004：27-38.

[3] ZHANG S C，CHEN F，WU X D，et al. Identifying bridging rules between conceptual clusters ［C］// Proceedings of the 12th ACM SIGKDD International Conference on Knowledge Discovery and Data Mining.Association Computing for Machinery，2006：815-820.

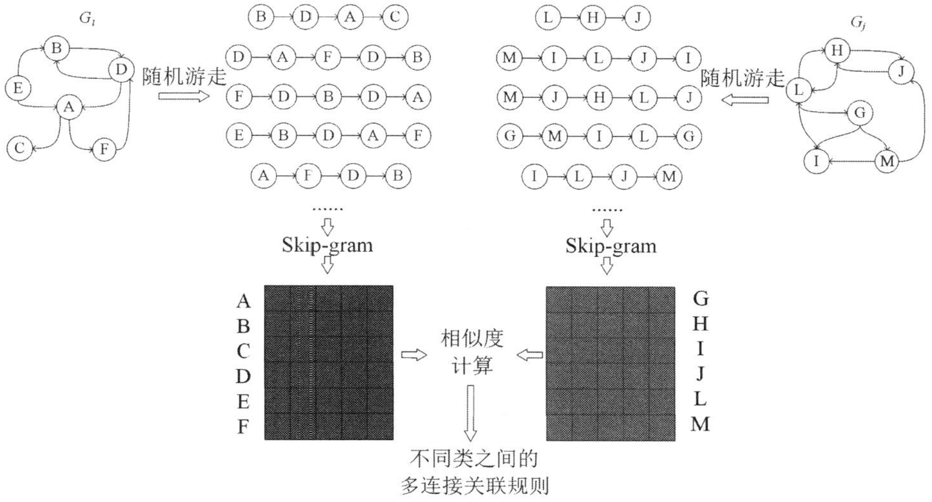

图2-1　跨类交互桥接规则挖掘示意图

2.5.2 桥接模式挖掘算法

1.基于隐马尔可夫模型的桥接模式挖掘算法

关联规则在揭示事物之间的相关性方面发挥着重要的作用，对决策和分类都具有重要意义。然而，传统的关联规则总是侧重于项目出现的频率和同一类内的关系，而没有考虑到项目的嵌入属性和跨类交互。基于隐马尔可夫模型的桥接模式挖掘算法结合随机游走[1]的桥接规则识别方法，为每一个概念类构造一个基于相似度的图，其中图中边的权重是通过项目的相似性计算的，两个项目之间的相似性度量计算公式如下：

$$sim(v_k,v_j)=\frac{1}{1+\sqrt{\sum_{p=1}^{M}(x_{kp}-x_{jp})^2}} \tag{2-4}$$

式中，x_{kp}表示项目v_k的第p个属性；x_{jp}表示项目v_j的第p个属性，M表示属性的总数。

通过随机游走器停留在相应概念类别的项目上的平均时间来描述来自不同概念类别的项目之间的兴趣度，随机游走器停留在一组项目上的

[1] 随机游走描述了在某个数学空间上由一系列随机步骤组成的路径，详细介绍见本章2.7小节。

平均时间与这些项目的兴趣度成正比。隐马尔可夫隐藏状态转移概率计算公式如下：

$$t_{ij}=\frac{sim(v_i,v_j)}{\sum_{v_k\in N(v_i)} sim(v_i,v_k)} \tag{2-5}$$

式中，$N(v_i)$表示图中v_i的邻居集合。通过整合拓扑相似性和结构相似性识别不同概念类内或跨概念类的项目的相互作用。基于隐马尔可夫模型的桥接模式挖掘算法目前用于从电影评分数据中发现不同电影观看组之间的多连接相关性，以及识别miRNA组之间的相互作用。

2. 基于DeepWalk随机游走模型与相似性度量的桥接模式挖掘算法

基于DeepWalk随机游走模型与相似性度量的桥接模式挖掘算法目前主要应用于生物信息学中环状RNA（circRNA）与疾病关联预测。它结合了DeepWalk随机游走模型与相似度算法，实现不同circRNA集合中的项目特征捕捉和跨类交互。该算法首先根据circRNA集合个体属性将数据划分为不同的类，为每类circRNA构建图模型。然后用DeepWalk随机游走算法将circRNA的图模型转换为嵌入向量（embedding）。假设circRNA集合可以使用图模型表示为$G=\{G_1=\{V_1,E_1\},\ G_2=\{V_2,E_2\},\ \cdots,\ G_n=\{V_n,E_n\}\}$。在图$G_1=\{V_1,E_1\}$中，节点$V_1$表示某种circRNA，边$E_1$表示两种circRNA之间的关系。

首先将circRNA图数据用最优二叉树表示，接着选择节点开始随机游走。图2-2左下方即为一条随机游走路径，以v_i为根节点生成的一条随

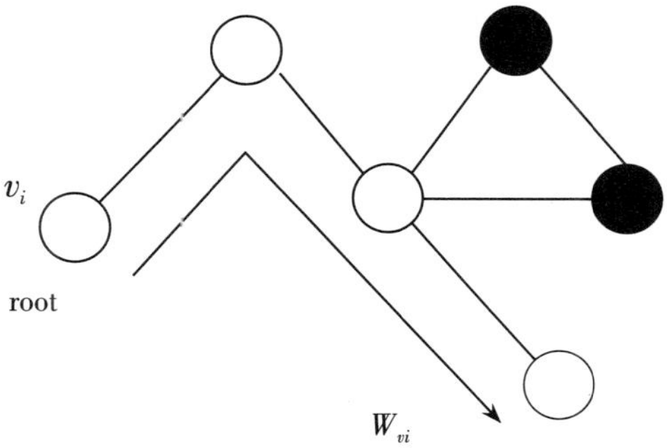

图2-2　根节点生成随机游走路径

机游走路径W_{vi}，路径上点用白色圆圈表示。随机选取二叉树中的某个节点开始随机游走，游走的每一步都从与当前节点相连的边中随机选择一条，沿着选定的边移动到下一个节点，不断重复这个过程，最终形成一条关于此节点的路径。

该路径W_{vi}记录节点v_i和其他节点的关系，以及此类circRNA的局部拓扑关系。类比语言建模可以得到，在随机游走给定当前访问过的所有先前节点的情况下，下一个节点是v_i的可能性可以表示为：

$$P_r\left(v_i \mid (v_0, v_1, \cdots, v_{i-1})\right) \tag{2-6}$$

当某节点生成的随机路径的P_r最大化时，确定该随机路径。由于v_i是节点，无法进行计算，因此引入映射函数，将网络中每一个circRNA节点映射成一个d维向量，该circRNA类的图数据最终转换为一个$|V| \times d$维的矩阵，如式（2-7）所示。如图中有100个节点，对每个节点随机生成长度为10的游走路径，当每个节点的概率P_r最大化时停止生成路径。此时我们根据生成路径得到节点的20维向量映射，该向量记录每个节点在图中的局部信息，所有节点的向量映射即为100×20维的矩阵。

$$\Phi: v \in V \mapsto R^{|V| \times d} \tag{2-7}$$

将概率P_r最大化作为目标并得到随机路径，由于根据路径上访问的先前节点预测目标节点的计算较困难，因此研究人员根据目标节点采用Skip-Gram算法来预测邻居节点。邻居节点由目标节点左右两边的节点组成，w为窗口大小，左右范围大小通过w控制，最终得到一种新的概率作为最大化目标。在一个随机游走中，不考虑随机游走路径中邻居节点出现的顺序，当给定一个节点v_i时，它在窗口范围w内节点出现的概率为：

$$P_r\left(\left\{v_i - w, \cdots, v_i + w\right\} / v_i \mid \Phi\left(v_i\right)\right) = \prod_{j=i-w, j \neq w}^{i+w} \left(P_r\left(v_j \mid \Phi\left(v_i\right)\right)\right) \tag{2-8}$$

在概率最大化时，Skip-Gram算法得到每个circRNA节点的d维嵌入向量，该向量代表此节点与其他节点的关联程度，所有节点的嵌入向量组成该图的$|V| \times d$维嵌入向量矩阵。我们将嵌入向量矩阵进行Pearson相似度计算，计算公式如下：

$$r_{(X,Y)} = \frac{n\sum x_i y_i - \sum x_i \sum y_i}{\sqrt{n\sum x_i^2 - (\sum x_i)^2} \cdot \sqrt{n\sum y_i^2 - (\sum y_i)^2}} \tag{2-9}$$

最终根据节点之间的相似度数值大小可得到不同circRNA类之间的多连接桥接规则。例如A和B两个图，其中，A图有100个节点，B图有200个节点。经过随机路径生成以及Skip-Gram算法处理后，我们分别得到关于A图和B图的100×20维的矩阵和200×20维的矩阵。两个矩阵经过相似度计算，得到100×200维的矩阵。该矩阵的行代表A图中的节点，列代表B图中的节点。该算法可以处理多个图，得到多图的多个节点对之间的关联关系。

2.6 词向量

在自然语言处理（NLP）发展的历史中，词的表示一直是一个重要的研究课题。在过去几十年里，词向量技术不断发展，从静态词向量发展到动态词向量，不断解决NLP领域的众多挑战。词向量技术是伴随着自然语言处理领域中的挑战而出现并发展的，如今也广泛地应用于其他领域，同时出现了许多将词向量技术与传统的关联分析技术相结合的研究工作。

词一直被看作是自然语言中最小语义元素，如何表示词也一直是研究的热点。计算机不能理解文本数据，所以通常是将文本数据转换成数值形式，或者说将它们嵌入到一个数学向量空间中，这种嵌入方式，就称为词嵌入技术或者词向量技术[1]。

近年来，用大量未注释文本数据训练的低维词表示向量，已被证明在多种NLP任务中效果良好，包括但不限于句法解析任务、命名实体识别任务、语义角色标签任务和机器翻译任务等。但这种词向量是静态

[1] MIKOLOV T，CORRADO G，CHEN K，et al. Efficient estimation of word representations in vector space［C/OL］// Proceedings of the International Conference on Learning Representations. ICLR，2013：3781（2013-09-07）［2023-03-25］. https://doi.org/10.48550/arXiv.1301.3781.

的，它们被训练之后就不会随着上下文而改变。尽管效率很高，但这些词向量的静态特性，使其难以处理NLP领域经典的一词多义问题，因为多义词的含义随其上下文的不同而不同。为了解决一词多义问题，学界最近提出了许多方法来处理词在上下文中的表示。词向量技术因此呈现了从静态嵌入到动态嵌入的发展历程[1]。

2.6.1 独热表示

最早的词表示法是独热表示（One-hot Encoding）。独热表示将词用二进制向量表示，这个向量表示的词，仅仅在词表中的索引位置处为1，其他位置都为0。用这样的方式表示词虽然简单，但是也有以下缺点：词的上下文丢失；没有考虑频率信息；词量大的情况下，向量维度高且稀疏，占用内存；独热表示能力弱，N维度大小的向量仅能表示N个词。此外，不同词使用独热表示得到的向量之间是正交的，这就导致了“语义鸿沟”的现象，即独热表示也不能表示一个词与另一个词的语义相似度。

2.6.2 分布式表示

在传统的词表示法的基础上，研究者用大量的文本数据训练稠密的低维向量来代替高维向量，使得向量之间的距离或者说相似度可以表示出两个词之间语义的相似度，这种方法称为词的分布式表示。Runelhart等人[2]在1986年提出了词的分布式表示，它是一种低维且稠密的向量表示，向量的每一个维度都是实数。分布式表示的表示能力更强，因为它将所有信息分布式地表示在稠密向量的各个维度上，这在一定程度上也提高了语义表示的能力。分布式表示在机器翻译、命名实体识别等任务中都大幅提升了准确率。在分布式表示下，通过测量词与词在向量空间

---

［1］WANG Y X，HOU Y T，CHE W X，et al. From static to dynamic word representations：a survey［J］. International Journal of Machine Learning and Cybernetics，2020，11（7）：1611-1630.

［2］RUMELHART D E，MCCLELLAND J L，Parallel distributed processing：explorations in the microstructure of cognition［M］. Cambridge：MIT Press，1986：77-109.

中的距离（如余弦相似度或欧氏距离），可以很容易地量化词与词之间的语义相似度。

然而，使用这种方法来衡量词的相关性并不总是合适的，因为包含常见词的上下文词对可能会被赋予过高的权重。这个问题的一种直观的解决方法是应用加权因子，例如TF-IDF方法[1]。加权因子会根据词在语料库中的频率成比例地降低上下文词对的权重，从而使有效信息获得相对较高的权重。而另一种方法是使用逐点互信息（PMI）[2]度量来量化词和上下文的相关性，该度量测量一对离散结果x和y之间的关联，其表达式如下：

$$PMI(x,y)=\log\frac{P(x,y)}{P(x)\cdot P(y)} \tag{2-10}$$

在这种情况下，词w和上下文c之间的关联是通过$PMI(w,c)$来衡量的，它可以用语料库中实际观察到的数字来估计。

词向量的分布式表示由于数据本身的限制，还存在着数据稀疏性的问题。分布式表示向量中的条目还可能有一些是不正确的，这是因为在数据量有限的情况下，难以充分观察到所有特征。此外，高维度的向量取决于预定义的上下文词量，其数据的规模通常为数十万，因此计算量非常大，计算也很困难。需要通过降维机制来将高维、稀疏向量压缩为低维、密集向量，目前已经广泛应用的方法包括奇异值分解（SVD）[3]和潜在狄利克雷分配（LDA）[4]等。

---

[1] HUANG F，YATES A. Distributional representations for handling sparsity in supervised sequence-labeling［C］//Proceedings of the Joint Conference of the 47th Annual Meeting of the ACL and the 4th International Joint Conference on Natural Language Processing of the AFNLP. Association for Computational Linguistics，2009：495-503.

[2] DAGAN I，PEREIRA F，LEE L. Similarity-based estimation of word cooccurrence probabilities［C］// Proceedings of the 32nd Annual Meeting on Association for Computational Linguistics. Association for Computational Linguistics，1994：272-278.

[3] DEERWESTER S，DUMAIS S T，FURNAS G W，et al. Indexing by latent semantic analysis［J］. Journal of the American Society for Information Science. 1990，41（6）：391-407.

[4] BLEI D M，NG A Y，JORDAN M I. Latent dirichlet allocation［J］. Journal of Machine Learning Research. 2003，3：993-1022.

2.6.3 神经网络静态词向量表示

1. NNLM模型

NNLM模型[1]将神经网络引入语言模型（N元语言模型）的训练中，其思路是根据“句子中某个词的出现，与其上文存在很大的相关性”这一假设，第N个词与它前面的（N-1）个词有关。NNLM模型的输入是目标词上文的词，学习任务是要求准确预测这个目标词。模型在拟合过程中，优化目标是使得预测概率最大似然化。

NNLM模型首先将词典中的词通过参数矩阵映射到一个给定维度的致密空间并得到词的词向量表示，其中参数矩阵的行数为词典中的词数量，列数是给定的致密空间的维度。在NNLM模型中，词嵌入映射矩阵作为参数也在不断地被训练，使得词向量的表示不断更新，模型最后输出的结果是根据上文预测后面接的目标词，在训练过程中由于映射矩阵作为参数不断更新使得词嵌入的质量不断提高。NNLM模型框架如图2-3所示。

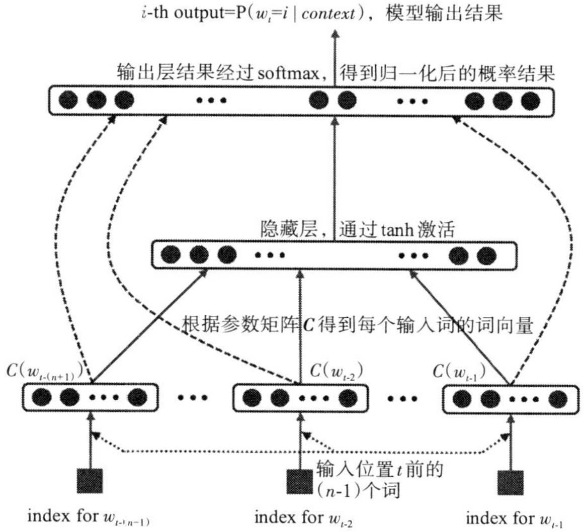

图2-3　NNLM模型框架示意图[2]

[1] BENGIO Y，DUCHARME R，VINCENT P. A neural probabilistic language model [J]. Journal of Machine Learning Research，2003，3：1137-1155.

[2] 同［1］.

NNLM模型使用稠密向量作为词的词嵌入表示，解决了TF-IDF方法中词嵌入表示的向量稀疏等问题。TF-IDF方法不具备在不同语境下表示不同语义的功能，而NNLM模型可以在相似的语境下预测相似的词，在一定程度上具备了一些表示语义的功能，这是NNLM的优点。NNLM的缺点在于复杂度比较高，不适合数据集规模很大的情况。

2. CBOW和Skip-Gram模型

CBOW和Skip-Gram模型是根据谷歌公司于2013年推出的Word2Vec算法而提出的两个模型。Word2Vec的目标是针对数据量达到特别大，如十亿级的文本库、百万级的词汇库，高效的学习词向量表示。CBOW和Skip-Gram模型框架示意图如图2-4所示。

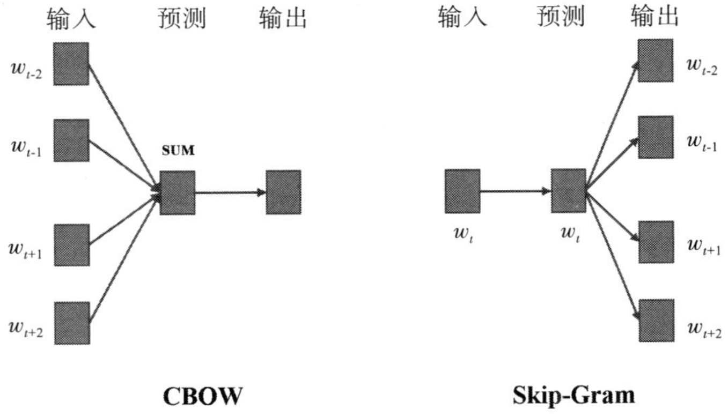

图2-4 CBOW和Skip-Gram模型框架示意图[1]

NNLM模型在预测一个目标词时，只考虑了它前面（N–1）个词，CBOW模型则是为了可以利用某个词的上下文预测和输出中间词的表示方法，就是输入某一个词w_t的上下文相关的词对应的词向量，然后输出w_t的词向量。可以看到，CBOW模型对输入的上下文词进行了求和运算，使用求和后的向量表示上下文的信息，然后学习w_t的向量表示。

[1] MIKOLOV T，CHEN K，CORRADO G，et al. Efficient estimation of word representations in vector space［C/OL］// Proceedings of the International Conference on Learning Representations. ICLR，2013：3781（2013-09-07）［2023-03-25］. https://doi.org/10.48550/arXiv.1301.3781.

Skip-Gram模型的思路与CBOW模型的思路相反，Skip-Gram模型是用中心词预测上下文，即输入是特定的一个词w_t的词向量，而输出是该特定词对应的上下文词向量。Word2Vec就是根据输入输出形式的不同，分成CBOW与Skip-Gram这两种模型。这两种模型可以输入one-hot编码形式的向量，或者是在初始化的时候直接为每个词随机生成一个N维向量并将这个N维向量作为模型参数进行训练，就可以得到想要的向量化的表示，也就是词向量。

Word2Vec本质上是一个语言模型，如果它的输出节点数是V个，就对应V个词，而在实际情况中，词的数量巨大，计算效率较低，所以需要用一些训练技巧来加速训练。Hierarchical Softmax是softmax的一种近似形式，本质是把N次分类问题变成$\log N$次二分类。同时Word2Vec也使用了负采样（Negative Sampling）技术，目的是将最终输出的上下文词（正样本）在采样过程中保留下来并更新，同时也需要采集部分负样本（非上下文词）来更新对应的权重。通过负采样，在更新隐层到输出层的权重时，只需更新负采样的词，而不用更新词表所有词，能够极大地节省计算时间。因此，CBOW和Skip-Gram模型既能和NNLM模型一样表达词义，又能在更大的数据集上更高效地训练。

3. Glove模型

CBOW和Skip-Gram模型被认为是词向量分布式表示发展的里程碑事件，之后研究的大量模型试图获得更好的分布式表示或者词向量表示，Glove就是其中之一。Glove是由Pennington等人[1]在2014年提出的一个模型，它把全局矩阵分解法和局部上下文窗口法结合起来，产生了不错的效果。为了充分利用语料库中词共现的统计数据，Glove模型直接捕获全局信息，用$\boldsymbol{X}$表示词共现矩阵（Co-Occurrence Matrix），用X_{ij}表示w_j在w_i的上下文中出现的次数。那么损失函数表示如下：

---

[1] PENNINGTON J，SOCHER R，MANNING C D. Glove：global vectors for word representation［C］// Proceedings of the 2014 Conference on Empirical Methods in Natural Language Processing（EMNLP）. Association for Computational Linguistics，2014：1532-1543.

$$L=\sum_{i,j=1}^{|V|} g\left(X_{ij}\right)\left(C\left(w_i\right)^T C\left(w_j\right)+b_i+b_j-\log X_{ij}\right)^2 \tag{2-11}$$

式中，$|V|$表示词的总量；$g(X_{ij})$表示一个加权函数，可有效降低稀有词和频繁词的不平衡程度。

2.6.4 神经网络动态词向量表示

神经网络静态词向量表示方法无法解决NLP领域经典的“一词多义”问题，因此需要引入动态词向量表示方法。

1. CoVe模型[1]

CoVe模型是一个基于Seq2Seq结构的实现方法，Seq2Seq属于encoder-decoder结构的一种．encoder-decoder结构的基本思想就是利用两个循环神经网络（RNN），其中一个RNN作为encoder，另一个RNN作为decoder。CoVe模型的编码器和解码器用的都是Bi-LSTM（双向长短时记忆网络）。encoder负责将输入序列压缩成指定长度的向量，这个向量就可以看成是这个序列的语义，这个过程称为编码。而decoder则负责根据语义向量生成指定的序列，这个过程称为解码，最简单的方式是将encoder得到的语义变量作为初始状态输入到decoder的RNN中，得到输出序列。

将CoVe模型和上一小节中静态词表示模型（如Glove模型）训练得到的静态词向量，通过一定方式结合起来，并且将其应用于其他的NLP任务，最终能够有效提升特定任务模型的性能。

CoVe模型在一定程度上解决了动态词表征的问题，然而CoVe模型非常依赖于数量有限的跨语言数据，也就是说CoVe模型是有监督学习，因此需要在CoVe模型的基础上，去掉对于监督数据的依赖，尝试直接在无标记数据上预训练。

---

[1] MCCANN B，BRADBURY J，XIONG C，et al. Learned in translation：Contextualized word vectors ［C］// Proceedings of the 31st Internatimal conference on Neural Information Processing Systems. Current Association Inc.，2017：6294-6305.

2. ELMo模型[1]

ELMo模型将语言建模的任务带回到利用几乎无限的未标记数据中，在广泛的下游任务中取得了成功。在ELMo模型中，使用的是一个双向的LSTM语言模型，由一个前向和一个后向语言模型构成，该模型的目标是预测对应位置的下一个词。但ELMo模型的缺点在于：

（1）特征抽取器选择方面，基于LSTM语言模型的特征抽取能力远远低于基于Transformer的模型。

（2）ELMo模型的拼接方式采用的是直接拼接、双向融合，可能使得拼接效果并不是最佳的。

（3）ELMo模型的训练方式是采用一种自回归（autoregressive）模型，通过语言模型从左到右进行预测，这种从左到右的预测方式难以并行处理，需要消耗大量的处理时间。

3. 基于Transformer的模型[2]

从基于LSTM的模型改进为基于Transformer的模型的原因有以下几点：一是基于LSTM的模型作为一个序列模型，本身很难捕捉长距离依赖的关系，例如一个句子中主语在前面，如果句子很长的话，对句子后半段的处理将会丢失掉主语的信息，会出现一些错误的判断和语义理解不准确等问题。二是基于LSTM的模型容易出现梯度消失和梯度爆炸等问题，梯度更新的过程就是捕获词与词之间关系的过程，梯度计算不准确就可能导致很难捕获词与词之间的关系且效果不佳。三是基于LSTM的模型作为一个序列模型，难以并行处理，需要消耗大量的处理时间。

基于Transformer的模型使用了自注意力机制（self-attention），在自

---

[1] PETERS M，NEUMANN M，IYYER M，et al. Deep contextualized word representations［C］// Proceedings of the 2018 Conference of the North American Chapter of the Association for Computational Linguistics：Human Language Technologies. Association for Computational Linguistics，2018：2227-2237.

[2] DEVLIN J，CHANG M W，LEE K，et al. BERT：pretraining of deep bidirectional transformers for language understanding［C］// Proceedings of NAACL-HLT. Association for Computational Linguistics，2019：4171-4186.

注意力中，一个句子任意两个词之间的关系都是平等的，不会因为两个词离得远就使它们之间的关注度变低，能够解决基于LSTM的模型无法捕捉长距离依赖关系问题。此外基于Transformer的模型可以进行并行处理，能够解决基于LSTM的模型不可并行化的问题。

2.7 随机游走

随机游走（Random Walk）也被称为随机过程，它描述了一条路径，包括数学空间中的一系列随机步骤。随机游走的概念最早于1905年由Pearson首次提出[1]。随机游走可用于分析和模拟对象的随机性，计算对象之间的相关性，这对于解决实际问题很有用。随机游走正迅速成为计算机科学、物理、化学、生物学、经济学等领域的关键工具。

在数学空间中，简单的随机游走模型是在规则的格子上随机游走，其中一个点可以在每一步按照一定的概率跳到另一个位置。当随机游走模型应用于特定网络时，节点之间的转移概率与其相关强度正相关，即它们的关联性越强，转移概率越大。经过足够多的步骤，便可以得到一条可以描述网络结构的随机路径。

计算机科学领域最典型的基于随机游走的算法是PageRank[2]，它通过在网页之间随机游走来计算网页的重要性。此后研究人员开发了一系列PageRank的变体，如个性化的PageRank。研究人员还改进了原有的随机游走规则，提出了一些新的算法，如带重启的随机游走（Random Walk With Restart，RWR）[3]和惰性随机游走（Lazy Random Walk，LRW）[4]

[1] PEARSON K.The problem of the random walk [J]. Nature，1905，72（1865）：342-342.

[2] PAGE L，BRIN S，MOTWANI R，et al. The PageRank citation ranking：bringing order to the web [R]. Stanford InfoLab，1999.

[3] PAN J Y，YANG H J，FALOUTSOS C，et al. Automatic multimedia cross-modal correlation discovery [C]// Proceedings of the 10th ACM SIGKDD International Conference on Knowledge Discovery and Data Mining. Association Computing for Machinery，2004：653-658.

[4] SHEN J B，DU Y F，WANG W G，et al. Lazy random walks for superpixel segmentation [J]. IEEE Transactions on Image Processing，2014，23（4）：1451-1462.

等算法。

随机游走是利用网络拓扑实现的，可以用来计算节点之间的相似度。例如，研究人员在协同过滤算法领域引入基于随机游走的算法，与其他方法相比，基于随机游走的算法可以包含大量上下文信息。与协同过滤算法一样，链接预测任务和推荐系统领域也旨在计算出所选节点的k个最近似或者最近邻的节点。因此，随机游走在链接预测和推荐系统中应用非常广泛。随机游走也可以应用于计算机视觉、半监督学习、网络嵌入和复杂的社交网络分析等任务中。此外，一些研究人员还专注于随机游走算法在图和文本分析、数据挖掘及知识发现上的研究。

2.7.1 经典随机游走算法

随机游走描述了在某个数学空间上由一系列随机步骤组成的路径，可以将其表示为$\{\delta_t, t = 0, 1, 2, \cdots\}$，其中$\delta_t$是一个随机变量，描述了$t$步后随机游走的位置。该序列也可以看作是马尔可夫链的一个特殊范畴。在随机游走的初始状态下，位置δ_0可以是固定的，也可以从某个初始分布P_0中得出[1]。将t步后的位置分布表示如下：

$$P_t(i) = P_r\left(\delta_t = i\right) \tag{2-12}$$

式中，$P_t(i)$表示随机游走在t步后位于位置i的概率。若游走在t步后位于位置i，则在下一步可以移动到位置j的概率表示为P_{ij}，称为单步转移概率，计算公式如下：

$$P_{ij} = P_r\left(\delta_{t+1} = j \mid \delta_t = i\right) \tag{2-13}$$

此外，t步转换概率表示如下：

$$P_{ij}^{(t)} = P_r\left(\delta_t = j \mid \delta_0 = i\right) \tag{2-14}$$

从图表示的角度，可令$G = (V, E)$为连通图，其中V为顶点集，E为

[1] LOVÁSZ L. Random walks on graphs：a survey，combinatorics，paul erdos is eighty［J］. Lecture Notes in Mathematics，1993，2（1）：1-46.

边集。图G的邻接矩阵记为$\boldsymbol{A} \in R^{n \times n}$，其中$n$为图$G$中的节点数。$A_{ij}$表示从节点$i$到节点$j$的边的权重。那么图$G$上节点$i$到节点$j$的转移概率（单步）可以表示为：

$$P_{ij} = \frac{A_{ij}}{\sum_{j \in V} A_{ij}} \tag{2-15}$$

令$\boldsymbol{M} = (P_{ij})_{i,j \in V}$是图$G$上的转移概率矩阵，则可以定义表示对角矩阵的$\boldsymbol{D}$为：

$$D_{ii} = \frac{1}{\sum_{j \in V} A_{ij}} \tag{2-16}$$

因此，可以将图G的转移概率矩阵$\boldsymbol{M}$表示为：

$$\boldsymbol{M}=\boldsymbol{DA} \tag{2-17}$$

随机游走的规则可以表示为：

$$P_{t+1} = \boldsymbol{M}^T P_t \tag{2-18}$$

式中，P_t可以看作是$R^{|V|}$中的一个向量。它的第i个元素表示从初始节点V_0的随机游走，经过t步后到达第i个节点的概率。P_t计算的表达式为：

$$P_t = (\boldsymbol{M}^T)^t P_0 \tag{2-19}$$

2.7.2 基于经典随机游走的变体算法

1. PageRank

PageRank算法最早由Page等人[1]在1999年提出，其目的是在万维网（WWW）中对网页进行排名。网页的网络结构被认为是一个图结构，其中网页被认为是节点。如果有一个网页包含指向另一个网页的超链接，那么这两个节点之间应该有一条有向边，有向边的方向与网页的跳转方向相同。随机游走算法已经被证明可以在万维网的图上快速混合。一个

[1] PAGE L，BRIN S，MOTWANI R，et al. The PageRank citation ranking：bringing order to the web [R]. Stanford InfoLab，1999.

节点的重要性可以看成是随机游走器经过足够长的步长后到达该节点的概率。

为了提高PageRank算法的收敛速度，研究人员提出了一种新的算法，称为二次外推法，用于PageRank计算，该算法的主要策略是周期性地减少对非主特征向量的估计。为了解决PageRank的结果与用户搜索的关键词无关的问题，研究人员提出了个性化PageRank，这反映了图中每个节点对特定用户的重要性。

2. RWR

RWR算法是带重启的随机游走，最早由Pan等人[1]提出，用于计算节点和节点之间的亲和度。考虑从节点i开始的随机游走，随机游走器可以以概率c回到节点i，这是RWR算法和经典随机游走算法之间的差异。RWR算法应用于大规模图数据时非常耗时，为了解决这个问题，研究人员利用低秩近似方法提出了一个快速的RWR算法。

3. LRW

LRW算法用于解决图像分割问题，它首先在给定图像上定义一个图形，其中每个像素都由一个节点唯一标识[2]。该算法从初始化种子位置开始，然后在输入图像上运行LRW算法以获得每个像素的概率，最后根据概率和运行时间获得初始超像素的边界。初始超像素由新的能量函数迭代优化，该函数定义在通勤时间和纹理测量上。LRW算法具有通过新的全局概率图和通勤时间策略很好地分割弱边界和复杂纹理区域的优点。优化算法通过重新定位超像素的中心位置并将大超像素分成小超像素来提高超像素的性能。实验结果表明，使用LRW算法的方法比之前的超像素方法具有更好的性能。

上述所有基于经典随机游走算法的变体，包括PageRank、二次外推

---

[1] PAN J Y, YANG H J, FALOUTSOS C, et al. Automatic multimedia cross-modal correlation discovery [C] // Proceedings of the 10th ACM SIGKDD International Conference on Knowledge Discovery and Data Mining. Association Computing for Machinery, 2004: 653-658.

[2] SHEN J B, DU Y F, WANG W G, et al. Lazy random walks for superpixel segmentation [J]. IEEE Transactions on Image Processing, 2014, 23 (4): 1451-1462.

法、个性化PageRank（ProPPR）、RWR和LRW算法，在大规模图数据上均体现出耗时性。二次外推法能够很好地加速PageRank算法的收敛速度。个性化PageRank算法由于具有个性化向量，因此能够对不同的节点赋予不同的意义。

2.7.3 随机游走算法的应用

1.协同过滤

协同过滤是一种通过收集许多用户的偏好来自动预测用户兴趣的方法。它假设对一个问题有相同品味的两个人会对其他问题有相同的兴趣。许多文献记录了协同过滤的方法，并成功证明了基于贝叶斯、非参数、线性方法等的协同过滤的有效性。所有这些方法本质上是相同的，它们都根据个人的选择将用户与他人匹配，并结合经验来预测用户未来的选择。Brand[1]将随机游走算法引入协同过滤，他想在关系型数据库的关联图上研究亲和关系，以找出客户接下来想要购买的产品。他研究了关联图上随机游走的预期行为，并提出了一种基于随机游走中两个状态的余弦相似性度量。引入随机游走的显著优势是它可以包含大量的上下文信息，实验结果证明结合随机游走的协同过滤方法的预测性和鲁棒性更强。

2.推荐系统

推荐系统是信息过滤系统的一个子类，它试图预测用户对项目的评分或偏好。它通常使用三种方式来生成推荐列表：协同过滤、基于内容的过滤和混合过滤。

Gori等人[2]提出了ItemRank算法，这是一种基于随机游走的评分算法，可用于根据预期的用户偏好对产品进行排名。他们构建了电影的相

[1] BRAND M. A random walks perspective on maximizing satisfaction and profit [C]//Proceedings of the 2005 SIAM International Conference on Data Mining. Society for Industrial and Applied Mathematics，2005：12-19.

[2] GORI M，PUCCI A. Itemrank：A random-walk based scoring algorithm for recommender engines [C]//Proceedings of the 20th International Joint Conference on Artificial Intelligence. Morgan Kaufmann Publisher Inc.，2007，7：2766-2771.

关图，并借助相关图预测用户的偏好，此过程类似于PageRank。因此，该算法可以被视为PageRank的变体，主要应用于推荐系统。Gori等人也提出了基于随机游走的PaperRank算法来解决论文推荐问题，算法结构类似于ItemRank算法，他们利用论文引文图表示的模型，为研究人员找出与研究主题相关的有价值的论文。

Xia等人[1]提出了一种称为CARE的方法，该方法结合了作者关系和文章推荐的历史偏好。他们假设一些研究人员更喜欢搜索同一作者发表的文章以找到他们感兴趣的文章，根据共同作者的关系信息构建了一个图表，然后使用带重启的随机游走算法来生成推荐列表。实验结果证明该算法在精度、F1-score和召回率方面表现良好。

3. 链接预测

网络中的链接预测是指预测网络中尚未通过网络信息连接的两个节点之间存在链接的可能性。目前已经提出了很多方法来解决这个问题。Liu等人[2]提出了两个基于局部随机游走的链路预测相似性指数：局部随机游走指数和叠加随机游走指数。在保持良好的预测准确性的同时，具有较高的计算效率。Backstrom等人[3]提出了有监督的随机游走，它是一种监督学习任务，根据网络信息（包括丰富的节点和边属性）对节点进行排序，其目的是学习分配边强度函数的参数，以便随机游走器更有可能到达新链接的节点。链接预测还有助于研究人员找出非编码RNA与疾病之间的潜在关系，目前也有研究人员基于随机游走提出了较多的算法变体，促进了非编码RNA与疾病关联预测问题的研究，本书第6章将详细说明。

---

[1] XIA F，LIU H F，LEE I，et al. Scientific article recommendation：Exploiting common author relations and historical preferences［J］. IEEE Transactions on Big Data，2016，2（2）：101-112.

[2] LIU W P，LÜ L Y. Link prediction based on local random walk［J/OL］. Europhysics Letters，2010，89（5）：58007（2010-03-30）［2023-03-25］. https：//doi.org/10.1209/0295-5075/89/58007.

[3] BACKSTROM L，LESKOVEC J. Supervised random walks：predicting and recommending links in social networks［C］//Proceedings of the 4th ACM International Conference on Web Search and Data Mining. Association Computing for Machinery，2011：635-644.

2.8 知识推理

2.8.1 知识图谱

随着计算机软硬件技术、人工智能算法的不断发展，人类社会的方方面面产生了大量的数据资源。如何有效管理海量数据、挖掘其中隐藏着的有用信息，进而为人类社会提供智能决策和智力支持，是人工智能研究中的热点与难点问题。在这样的时代背景下，知识图谱应运而生。

知识图谱这个概念最早是由谷歌公司于2012年提出的[1]，其本质是以结构化的形式描述客观世界中概念、实体及其之间的关系。实体可以是现实世界的对象或抽象概念，关系表示实体之间的关系或是对实体的语义描述。知识图谱利用语义网中的资源描述框架（Resource Description Framework，RDF）统一表示知识体系的内容和实例数据，形成完整的知识体系。常见的知识图谱有YAGO、DBpedia、Freebase、Wikidata等。知识图谱为组织、管理和理解互联网中的海量信息提供了有效的解决方案，使网络更加智能，更接近人类的认知思维。

知识图谱是现代问答系统的基础，是最直观、最易于理解的知识表示和实现知识推理的框架。知识图谱的发展历程可以追溯到20世纪80年代的知识库和推理机。知识图谱的形式与知识库是相似的，只是略有不同。当考虑图谱的图结构时，知识图谱可以视为一个图。当考虑形式语义时，知识图谱可以视为用于解释和推断事实的知识库。21世纪初兴起的语义网络和本体论，也是知识图谱的来源之一。2012年，知识图谱的概念由谷歌公司正式提出后，不仅推动了知识表示研究的发展，还促进了知识推理研究的进展。知识图谱在其他应用领域也被广泛推广，如智能搜索、智能问答、推荐系统、情感分析、社交网络等领域，引起了众多学者对知识图谱的研究热潮。

---

[1] SINGHAL A. Introducing the knowledge graph: things, not strings [EB/OL]. (2012-05-16) [2023-05-05]. https://blog.google/products/search/introducing-knowledge-graph-things-not/.

2.8.2 知识推理

知识推理一直是知识图谱领域的研究热点之一，并且已在垂直搜索、智能问答、推荐系统等应用领域发挥了重要作用。知识推理简单来说就是利用已知的知识推出新知识的过程，最早可以追溯到古希腊哲学家的研究。传统的知识推理方法主要是基于逻辑、规则的推理，这已经逐渐发展为最基本的通用推理方法。在传统的知识推理方法的基础上继续发展，产生了短语和句子的推理，包括基于词内容的推理、基于数理逻辑的推理、基于自然语言逻辑的推理以及结合词内容和数理逻辑/自然语言逻辑的推理[1]。

随着知识图谱的出现，基于知识图谱的知识推理得到越来越多的关注。基于知识图谱的知识推理目的在于根据已有的知识推理出新的知识，或识别知识图谱中已有的错误知识。与传统的知识推理不同，知识图谱中的知识表达形式简洁直观、灵活丰富，基于知识图谱的知识推理方法也更加多样化。基于知识图谱的知识推理方法可以从不同的角度划分出不同的类型。根据推理类型划分，知识推理可以分为单步推理和多步推理；根据推理方法的不同，可以将知识图谱推理划分为基于逻辑规则的知识推理、基于分布式表示的知识推理、基于神经网络的知识推理[2]。

1.基于逻辑规则的知识推理

早期的基于逻辑规则的知识推理主要依赖于统计关系学习研究中的一阶谓词逻辑规则。一阶谓词逻辑使用“命题”作为推理的基本单位，命题包含个体和预测，可以独立存在的个体对应于知识库中的实体对象，它们可以是具体的事物，也可以是抽象的概念。而谓词用于描述个体的性质和事物。例如，人际关系可以通过一阶谓词逻辑进行推理，将

---

[1] 官赛萍，靳小龙，贾岩涛，等. 面向知识图谱的知识推理研究进展［J］. 软件学报，2018，29（10）：2966-2994.

[2] CHEN X J，JIA S B，XIANG Y. A review：knowledge reasoning over knowledge graph［J/OL］. Expert Systems with Applications，2020，141：112948（2020-03）［2023-03-25］. https：//doi.org/10.1016/j.eswa.2019.112948.

关系视为谓词，将字符视为变量，并使用逻辑运算符来表达人际关系，然后设置关系推理的逻辑和约束条件可以进行简单的推理。使用一阶谓词逻辑进行推理的过程由以下蕴含表达式给出：

$$(\text{YaoMing}, \text{wasBornIn}, \text{Shanghai}) \wedge (\text{Shanghai}, \text{locatedIn}, \text{China}) \Rightarrow (\text{YaoMing}, \text{nationality}, \text{China})$$

一阶归纳学习器（First-Order Inductive Learning，FOIL）[1]是谓词逻辑的典型算法，旨在搜索知识图谱中的所有关系，并获取每个关系的Horn子句集作为特征，用于预测对应是否存在的模式。FOIL使用机器学习方法获得关系判别模型。目前已经提出大量关于FOIL算法的相关变体，包括nFOIL、tFOIL和kFOIL。nFOIL将朴素贝叶斯学习方法与FOIL相结合，通过朴素贝叶斯的概率指导结构搜索；tFOIL将树增强朴素贝叶斯与FOIL结合，放宽了朴素贝叶斯假设，以允许子句之间存在额外的概率依赖性；kFOIL结合了FOIL的规则学习算法和内核方法，从关系表示中导出一组特征。因此，FOIL搜索可用作内核方法中特征的相关子句。Nakashole等人[2]还提出了一种用于不确定RDF知识库查询时的一阶推理方法，该方法结合了软规则和硬规则。软规则用于推导新事实，而硬规则用于在知识图谱和推断事实之间强制执行一致性约束。Galárraga等人[3]提出了基于不完备知识库的关联规则挖掘算法（Association Rule Mining Extension，AMIE），用于在知识图谱上挖掘Horn规则，通过将这些规则应用于知识库，可以导出新的事实来对知识图谱进行补充并检测知识图谱中存在的错误。

---

[1] SCHOENMACKERS S，DAVIS J，ETZIONI O，et al. Learning first-order horn clauses from web text [C] // Proceedings of the 2010 Conference on Empirical Methods in Natural Language Processing. Association for Computational Linguistics，2010：1088-1098.

[2] NAKASHOLE N，SOZIO M，SUCHANEK F M，et al. Query-time reasoning in uncertain RDF knowledge bases with soft and hard rules [C] // Proceedings of the 38th International Conference on Very Large Data Bases. VLDB Endowment，2012，884：15-20.

[3] GALÁRRAGA L A，TEFLIOUDI C，HOSE K，et al. AMIE：association rule mining under incomplete evidence in ontological knowledge bases [C] // Proceedings of the 22nd International Conference on World Wide Web. WWW，2013：413-422.

基于规则的知识推理模型的基本思想是通过应用简单的规则或统计特征对知识图谱进行推理。Mitchell等人[1]提出的NELL（Never Ending Lang uage Learning）推理组件首先通过学习概率规则，然后对规则进行手动筛选，接着对筛选后的规则进行实体化，最后从其他学习到的关系实例中推断出一个新的关系实例。Paulheim等人[2]提出的SDType和SDValidate能够利用属性和类型的统计分布来进行类型补全和错误检测。SDType使用属性的头实体和尾实体中类型的统计分布来预测实体的类型。SDValidate计算每个语句的相对谓词频率（Relative Predicate Frequency，RPF），当RPF值较低时，表示不正确。Jang等人[3]提出了一种评估知识图谱质量的新方法，他们选择出现频率更高的模式作为生成的测试模式，用于在分析数据模式后评估知识图谱的质量。Wang等人[4]提出使用个性化PageRank进行编程，用于知识图谱推理，ProPPR的推理基于对选择性线性定解（Selective Linear Definite，SLD），解析定理证明器构建的个性化PageRank过程。Catherine等人[5]研究证实了ProPPR算法可用于执行知识图谱推理，他们将问题表述为概率推理和学习任务。

基于规则的推理方法还可以将人工定义的逻辑规则与各种概率图模

---

[1] MITCHELL T，COHEN W，HRUSCHKA E，et al. Never-ending learning［J］. Communications of the ACM，2018，61（5）：103-115.

[2] PAULHEIM H，BIZER C. Improving the quality of linked data using statistical distributions［J］. International Journal on Semantic Web and Information Systems（IJSWIS），2014，10（2）：63-86.

[3] JANG S，MEGAWATI M，CHOI J，et al. Semi-automatic quality assessment of linked data without requiring ontology［C］//Proceedings of the Third NLP and DBpedia Workshop（NLP and DBpedia 2015）co-located with the 14th International Semantic Web Conference 2015（ISWC 2015）. CEUR-WS，2015：45-55.

[4] WANG W Y，MAZAITIS K，COHEN W W. Programming with personalized pagerank：a locally groundable first-order probabilistic logic［C］// Proceedings of the 22nd ACM International Conference on Information and Knowledge Management. Association Computing for Machinery，2013：2129-2138.

[5] CATHERINE R，COHEN W. Personalized recommendations using knowledge graphs：A probabilistic logic programming approach［C］// Proceedings of the 10th ACM Conference on Recommender Systems. Association Computing for Machinery，2016：325-332.

型相结合，然后通过基于构建的逻辑网络进行知识推理来获得新的事实。例如，Jiang 等人[1]提出了一种基于马尔可夫逻辑的系统来改进NELL，该方法允许知识库利用联合概率进行推理。Chen 等人[2]提出了一个概率知识库 ProbKB，它是基于结构化查询语言（Structured Query Language，SQL）的知识完成推理算法，批量应用MLN（Markov Logic Network）推理规则。Kuželka 等人[3]从理论上研究了当存在缺失数据的情况时，从知识库中学习马尔可夫逻辑网络权重的适用性，在学习了网络权重之后，MLN可以用来推断额外的事实来完成知识图谱，但是很难将子句置信度引入到MLN，因为逻辑规则中的子句值必须是布尔变量。此外，布尔变量分配的各种组合使得学习和推理难以优化。为了解决这个问题，Kimmig 等人[4]提出了概率软逻辑（Probabilistic Soft Logic，PSL）算法，PSL算法使用FOIL规则作为图模型的模板语言，用于在区间［0,1］内具有软真值的随机变量上，在这种情况下，推理被认为是一项持续优化的任务，可以有效地进行处理。

2.基于分布式表示的知识推理

基于嵌入的方法在自然语言处理中引起了广泛关注，这些词向量模型将语义网络中的实体、关系和属性投影到连续向量空间中，以获得分布式表示。由此，知识推理领域的研究人员提出了大量基于分布式表示的推理方法，包括基于张量分解、基于距离和基于语义匹配的知识推理

---

［1］JIANG S P，LOWD D，DOU D J. Learning to refine an automatically extracted knowledge base using markov logic［C］// 2012 IEEE 12th International Conference on Data Mining. IEEE，2012：912-917.

［2］CHEN Y，WANG D Z. Knowledge expansion over probabilistic knowledge bases［C］// Proceedings of the 2014 ACM SIGMOD international conference on Management of data. Association Computing for Machinery，2014：649-660.

［3］KUŽELKA O，DAVIS J. Markov logic networks for knowledge base completion：A theoretical analysis under the MCAR assumption［C］// Proceedings of the 35th conference on Uncertainty in Artificial Intelligence. AUAI，2020：1138-1148.

［4］KIMMIG A，BACH S，BROECHELER M，et al. A short introduction to probabilistic soft logic［C］// Proceedings of the NIPS Workshop on Probabilistic Programming：Foundations and Applications. 2012：1-4.

模型。在基于张量分解的知识推理过程中，知识图谱表示为一个张量，然后通过张量分解技术推断出未知的事实。张量分解是将高维向量分解为多个低维向量，将张量分解后得到的向量用于计算三元组得分，最终选择得分高的候选三元组作为推理结果。张量分解模型的代表方法是Nickel等人[1]提出的RESCAL模型。在基于距离的知识推理模型中，典型代表是Bordes等人[2]提出的TransE模型，之后产生了多种基于TransE模型的变体。基于语义匹配的知识推理模型的典型代表是Bordes等人[3]提出的SME模型，该模型首先分别用向量表示实体和关系，然后将实体和关系之间的相关性建模为语义匹配能量函数。SME模型定义了语义匹配能量函数的线性形式和双线性形式。

3. 基于神经网络的知识推理

神经网络作为一种重要的机器学习算法，通过模仿人脑进行感知和认知的，目前已经广泛应用于自然语言处理领域并取得了显著成果。神经网络具有很强的特征捕捉能力。它可以通过非线性变换将输入数据的特征分布从原始空间变换到另一个特征空间，并自动学习特征表示。因此，它适用于抽象任务，如知识推理。

目前已有多种基于神经网络的知识推理方法。Socher等人[4]引入了一种用于知识推理的神经张量网络（Natural Tensor Network，NTN）模型，将标准线性神经网络层替换为双线性张量层，该层直接将跨多个维度的两个实体向量关联起来。NTN模型通过平均词向量来初始化每个实

---

[1] NICKEL M，TRESP V，KRIEGEL H P. A three-way model for collective learning on multi-relational data［C］//Proceedings of the 28th International Conference on Machine Learning. ICML，2011：809-816.

[2] BORDES A，USUNIER N，GARCIA-DURAN A，et al. Translating embeddings for modeling multi-relational data［J］. Advances in Neural Information Processing Systems，2013，2：2787-2795.

[3] BORDES A，GLOROT X，WESTON J，et al. Joint learning of words and meaning representations for open-text semantic parsing［C］//Artificial Intelligence and Statistics. PMLR，2012：127-135.

[4] SOCHER R，CHEN D，MANNING C D，et al. Reasoning with neural tensor networks for knowledge base completion［J］. Advances in Neural Information Processing Systems，2013，1：926-935.

体的表示，从而提高性能。Chen等人[1]通过从文本中以无监督方式学习的词向量初始化实体表示来改进NTN模型，并且可以通过查询现有关系来查找知识图谱中看不到的实体。知识图谱的规模不断增加和复杂的特征空间使得推理方法的参数规模极大，Shi等人[2]提出了一种共享变量神经网络模型（ProjE），并通过对架构的优化，实现了更小的参数规模。Liu等人[3]提出了一种新的深度学习方法，称为神经关联模型（Neural Associative Model，NAM），用于人工智能中的概率推理。他们研究了两种NAM网络结构，即深度神经网络（Deep Neural Networks，DNN）和关系调制神经网络（Relational Modulated Neural Network，RMNN）。在NAM框架中，所有符号事件都在低维向量空间中表示，以解决现有方法面临的表示能力不足的问题。多项推理任务的实验表明，DNN和RMNN的性能都要优于传统方法。

2.8.3 基于知识图谱的关联分析研究

目前已有多位研究者将知识图谱与关联分析方法相结合。

王晓辉等人[4]开发了一种基于知识图谱的网络安全漏洞类型关联分析系统，该系统使用网络安全漏洞知识库和网络安全知识图谱对数据进行结构化处理，设计漏洞库特征匹配流程，并结合Apriori算法和最小置信度生成关联规则。实验结果表明，该系统可以有效提高网络安全告警率并降低数据丢包率，同时还将漏洞危害等级分为3种不同的类型。

---

[1] CHEN D Q，SOCHER R，MANNING C D，et al. Learning new facts from knowledge bases with neural tensor networks and semantic word vectors［J/OL］. Computer Science，2013：3618（2013-03-16）［2023-03-25］. https://doi.org/10.48550/arXiv.1301.3618.

[2] SHI B X，WENINGER T. ProjE：embedding projection for knowledge graph completion［C］// Proceedings of the 31st AAAI Conference on Artificial Intelligence. AAAI 2017，31（1）：1236-1242.

[3] LIU Q，JIANG H，EVDOKIMOV A，et al. Probabilistic reasoning via deep learning：neural association models［R/OL］.（2016-08-03）［2023-03-25］. https://doi.org/10.48550/arXiv.1603.07704.

[4] 王晓辉，宋学坤. 基于知识图谱的网络安全漏洞类型关联分析系统设计［J］. 电子设计工程，2021，29（17）：85-89.

郭静[1]提出了一种名为NRLvLR（New Rule Learning via Learning Representation）的知识图谱关联分析模型，用于挖掘航空安全事件知识图谱中的关联规则。郭静考虑到FP-growth方法挖掘出的关联规则缺少相应的知识路径，因此引入知识图谱解决这个问题，航空安全事件知识图谱涉及丰富的事件信息，NRLvLR模型可以结合这些丰富的信息进行关联规则挖掘。该模型采用知识图谱表示学习和评分函数，以获取谓词和实体的规则，我们可以在知识图谱中挖掘隐藏且有价值的关联规则，并生成具有针对性和可靠性的安全建议，为民航安全提供决策支持。

李钰[2]提出了一种面向自然灾害应急的知识图谱构建与应用方法。该方法首先建立了一个包含自然灾害应急领域综合本体库的统一描述框架，用于构建知识图谱模式层中的相关概念关系；其次提出了知识图谱数据层的构建流程，建立具体要素实例之间的关联关系；最后提出了知识图谱的应用及更新机制，以实现知识检索、知识推理、知识更新以及面向应急任务的数据与方法推荐。此外，该方法还应用于洪涝灾害应急知识图谱的构建与应用，验证了该方法的有效性和可行性，扩充了灾害应急领域中“数据—信息—知识”转变的理论和方法。

刘冰[3]提出了一种基于知识图谱的网络空间资源关联分析方法。该方法采用Neo4j图数据库进行存储和查询，从网络空间资源数据中抽象出领域数据结构，通过制定规则将领域数据结构映射为领域本体，并使用D2RQ平台将结构化的网络空间资源数据描述为S–P–O知识，以构建网络空间资源知识图谱。此外，他研究了Neo4j图数据库存储查询方法和领域本体到属性图的映射方法，将网络空间资源知识图谱RDF类型的数据自动地转换为Neo4j属性图，实现了对网络空间资源知识图谱的高效存储和查询。在此基础上，他还提出了基于本体的网络空间资源关联

---

[1] 郭静.基于知识图谱的航空安全事件关联分析方法研究［D］.天津：中国民航大学，2020.

[2] 李钰.面向自然灾害应急的知识图谱构建与应用：以洪涝灾害为例［D］.武汉：武汉大学，2021.

[3] 刘冰.基于知识图谱的网络空间资源关联分析技术研究［D］.武汉：华中科技大学，2019.

分析方法。

王伟[1]设计并实现了一个基于知识图谱的分布式安全事件关联分析系统。他使用Neo4j图数据库构建了一个网络安全知识图谱，在知识图谱的基础上设计实现了一种基于场景匹配的安全事件关联分析方法。为了满足大数据处理的需求，他将关联分析算法并行化，实现了一个分布式安全事件关联分析系统。

陈锡瑞[2]针对情报知识图谱，提出了改进的关系推理和关联性查询方法。在关系推理方面，他结合TransE模型和具有双向语义的无向图概率方法，构造了一种关系推理方法，以衡量关系路径的可靠性，解决了传统方法在多关系预测方面存在的问题。在关联性查询方面，他提出了一种基于扩展的RDF知识图谱相关性检索方法，使用关键词和权重扩展原有的RDF表达方式，并考虑了数据分类对结果多样性的影响。在扩展的RDF知识图谱上，他改进了三元组相似度计算方式，并提出了一个新的查询松弛模型。最后，他对查询结果集进行排序，返回top-k个具有关联的查询结果。

2.9 本章小结

本章主要对关联分析方法进行介绍。关联分析是数据挖掘和知识发现的基础研究课题之一，它识别数据集中项集之间有价值的关系并预测新数据的关联和相关行为。关联分析始于购物篮分析，大量用于关联规则挖掘的技术被开发出来。本章首先对经典的关联分析方法的基本概念与算法进行总结，详细介绍四种关联模式：序列模式、子图模式、非频繁模式和桥接模式。其次介绍运用多种新的技术手段进行关联分析的方法，包括词向量技术、随机游走技术和知识推理技术。

---

[1] 王伟. 基于知识图谱的分布式安全事件关联分析技术研究［D］. 长沙：国防科技大学，2018.

[2] 陈锡瑞. 基于知识图谱的情报关联分析方法研究［D］. 哈尔滨：哈尔滨工程大学，2018.

第 3 章

复杂网络

复杂网络（complex network）是一种理解现实世界复杂系统的抽象模型。它将复杂系统中的实体抽象成节点，将实体之间的关系抽象成连线。复杂网络主要受到计算机网络、生物网络、技术网络、大脑网络、气候网络和社会网络等现实世界网络的经验性发现的启发，所产生的思想和工具已经被应用于代谢和遗传调控网络的分析，生态系统稳定性和稳健性的研究，临床科学，以及疫苗接种战略的发展等。

关联分析是一种用于发现数据集中项之间关系的技术，而复杂网络则是一种包含大量节点和连接的网络结构。这些节点和连接可以代表各种物质，如人、物体、分子等。因此，我们可以将复杂网络视为一种具有高度关联的数据集，可以运用关联分析技术来探索其中节点之间的关系。

通过关联分析，我们可以发现网络中存在的不同模式，如节点之间的共现、偏好等。这些模式可以帮助我们理解网络中不同节点之间的相互作用和联系，进而推断节点的功能和作用机制。例如，在社交网络中，我们可以通过关联分析来寻找具有相似兴趣爱好的用户，这些用户之间存在的紧密联系可以形成社群结构。而在生物网络中，我们可以利用关联分析来发现不同蛋白质之间的相互作用，从而推断它们在生物体内的功能和作用机制。

此外，复杂网络具有一些独特的结构特征，如小世界现象、无标度性、社团结构等。这些特征也可以通过关联分析的方法来探索和发现。例如，我们可以运用关联分析来发现社交网络中的影响力节点、生物网络中的关键蛋白质、交通网络中的瓶颈节点等。

因此，关联分析是探索复杂网络中节点之间关系的有力工具，复杂网络是关联分析的重要组成部分，可以帮助我们更深入地理解网络结构的特性和规律。同时，利用从关联分析技术中提取的有用信息，为各种领域的应用提供更好的解决方案。

3.1 图论概述

在数学中，图论是对图的研究，图是用于模拟对象之间成对关系的数学结构[1]。本书中的图由顶点和边组成，顶点又称为节点或点，边又称为连接或线，这些顶点由边来连接。图分为无向图（边对称地连接两个顶点且无方向）和有向图（边以非对称方式连接两个顶点且有方向）两类。图是离散数学的主要研究对象之一。

1. 图的定义

图是自然界中对象之间的关系的抽象，最常见的表示法是视觉表示法（图3-1）和表格表示法（图3-2）。通常情况下，视觉表示法的顶点通过边来连接；表格表示法中的表格内容提供有关图中顶点之间关系的信息。

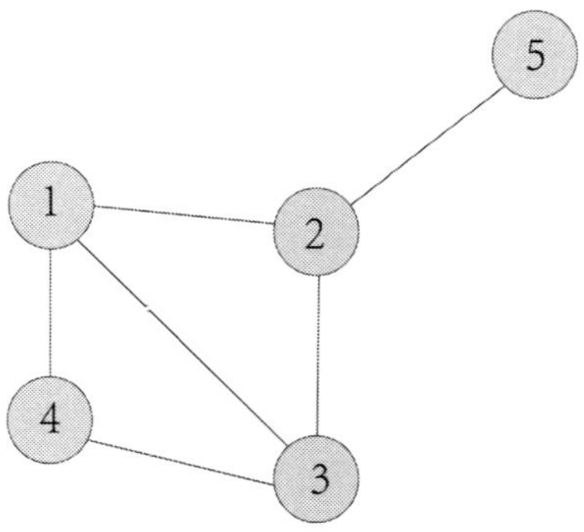

图3-1 视觉表示法

[1] BONDY J A, MURTY U S R. Graph theory with applications [M]. London: Macmillan, 1976: 1-2.

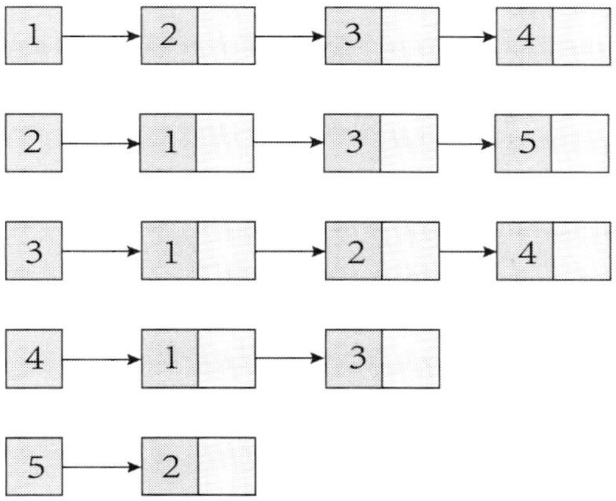

图3-2 表格表示法

图通常通过为每个顶点绘制一个点或圆来直观地表示，如果两个顶点通过边连接，则在它们之间绘制一条线。如果图有方向，则通过绘制箭头来指示方向；如果对图进行加权，则在箭头上添加权重。表格表示法非常适用于计算应用。在计算机系统中存储图有不同的方法，使用的数据结构取决于图结构和用于处理图的算法。理论上可以将数据结构分为列表结构和矩阵结构，但在具体应用中，最好的结构往往是两者的结合。

如果图 G 是一个有序二元组 (V,E)，其中 V 为顶点集（vertices set），E 为边集（edges set），E 与 V 不相交。它们分别用 $V(G)$ 和 $E(G)$ 进行表示。其中，顶点集的元素被称为顶点（vertice），边集的元素被称为边（edge）。E 的元素都是二元组，用 (x,y) 表示，其中 $x,y \in V$。

如果图 G 是一个三元组 (V,E,I)，其中 V 为顶点集，E 为边集，E 与 V 不相交；I 为关联函数，I 将 E 中的每一个元素都映射到一对顶点上。如果边 e 被映射到二元组 (u,v)，那么边 e 连接顶点 u,v，而顶点 u,v 则称作边 e 的端点，顶点 u,v 此时关于边 e 相邻；同时，若两条边 e_1,e_2 有一个公共顶点 u，则称边 e_1,e_2 关于顶点 u 相邻。

如果给图的每条边都规定一个方向，那么得到的图称为有向图。在有向图中，与一个节点相关联的边有出边和入边之分。相反，边没有方向的图称为无向图。

2. 图论的发展历程

1736年，莱昂哈德·欧拉（Leonhard Euler）[1]发表了关于哥尼斯堡七桥问题（图3-3）的论文，该论文被认为是图论史上的第一篇论文[2]，这篇论文是以莱布尼茨（Leibniz）提出的分析情境为基础的。柯西（Cauchy）[3]和浏伊连（L'Huillier）[4]研究并推广了与凸多面体的边数、顶点数和面数相关的欧拉公式，这一公式标志着被称为拓扑学的数学分支的诞生。

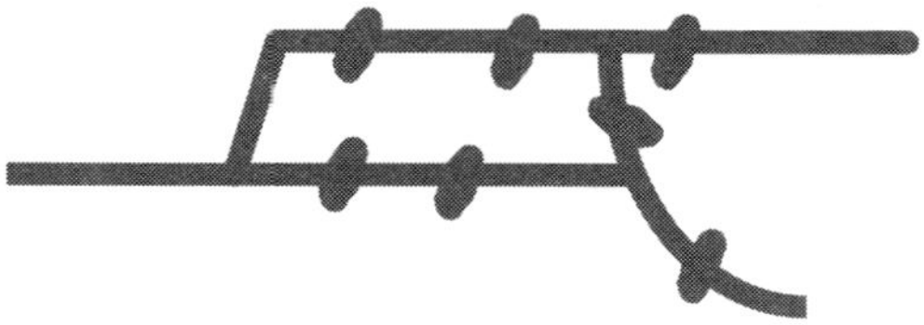

图3-3 哥尼斯堡七桥问题

在欧拉关于哥尼斯堡七桥问题的论文发表一个多世纪之后，凯莱（Cayley）结合微积分研究了一类特殊的图，即树[5]。Cayley将他对树的研究与化学成分研究联系在一起[6]，从此数学思想与化学思想的融合成为图论的重要组成部分。

1878年，斯尔维斯特（Sylvester）[7]在《自然》杂志上发表的一篇

[1] FELLMANN E A. Leonhard euler [M]. Berlin: Springer Science and Business Media, 2007: 42-54.

[2] BIGGS N L, LLOYD E K, WILSON R J. Graph theory 1736-1936 [M]. Oxford: Oxford University Press, 1986: 1-11.

[3] CAUCHY A L. Recherches sur les polyedres: premier mémoire [J]. Journal de l'ecole Polytechnique, 1813, 9 (16): 66-86.

[4] L'HUILLIER M C. L'empire des mots: orateurs gaulois et empereurs romains 3e et 4e siècles [M]. Paris: Les Belles Lettres, 1992: 1-10.

[5] CAYLEY A. On the theory of the analytical forms called trees [J]. Mathematical Papers, 1890, 3: 242-246.

[6] CAYLEY E. Ueber die analytischen figuren, welche in der mathematik bäume genannt werden und ihre anwendung auf die theorie chemischer verbindungen [J]. Berichte der Deutschen Chemischen Gesellschaft, 1875, 8 (2): 1056-1059.

[7] SYLVESTER J J. Chemistry and algebra [J]. Nature, 1878, 17 (432): 284.

论文中首次用到“图”（graph）一词，他在其中对代数和分子图的“数量不变量”和“共变量”进行了类比。

图论中最著名的问题之一是四色问题[1]：将平面任意地细分为多个不重叠的区域，每一个区域总是可以用四种颜色之一来标记而不会使相邻的两个区域被标记成相同的颜色。1852年，弗朗西斯·格思里（Francis Guthrie）首次提出了这一问题。之后泰特（Tait）、希伍德（Heawood）、拉姆齐（Ramsey）和哈德维格尔（Hadwiger）对这个问题进行了进一步的研究，并推广到嵌入在任意曲面上图的着色问题。Tait的重新表述产生了一个新的问题，即因式分解问题。Ramsey在着色方面的研究开拓了图论的另一个分支——极值图论[2]。

四色问题提出后的一个多世纪，一直没有得到解决。1969年，海因里希·海施（Heinrich Heesch）[3]提出了一种利用计算机解决该问题的方法。肯尼思·阿佩尔（Kenneth Appel）和沃尔夫冈·哈肯（Wolfgang Haken）[4][5]于1976年利用计算机辅助证明基本上利用了海施的成果。该证明通过计算机检查了1 936个配置的属性，由于其复杂性，当时尚未完全被接受。1997年，罗伯特森（Robertson）等人[6]给出了一个仅考虑633种配置的简单证明。四色问题可以拓展为各种类型的图的着色问题，如完全图、全着色猜想、列表着色猜想等。除了四色问题，图论中还有很多重要的研究问题，如图枚举问题[7]，满足特定条件的图的计数

[1] ORE O. The four-color problem [M]. London: Academic Press, 2011: 75-76.

[2] BOLLOBÁS B. Extremal graph theory [M]. Massachusetts: Courier Corporation, 2004: 1-5.

[3] HEESCH H. Untersuchungen zum Vierfarbenproblem [M]. Mannheim: Bibliographisches Institut, 1969: 1-10.

[4] APPEL K, HAKEN W, KOCH J. Every planar map is four colorable. part II: reducibility [J]. Illinois Journal of Mathematics, 1977, 21 (3): 491-567.

[5] APPEL K, HAKEN W. Every planar map is four colorable [M]. New York: American Mathematical Society, 1989: 1-27.

[6] ROBERTSON N, SANDERS D, SEYMOUR P, et al . The four-colour theorem [J]. Journal of Combinatorial Theory, 1997, 70 (1): 2-44.

[7] HARARY F, PALMER E M. Graphical enumeration [M]. Amsterdam: Elsevier, 2014: 2-32.

问题，子图同构问题，等等。

3.图论在各学科中的应用

图可以用来模拟计算机科学、语言学、计算神经科学、物理、化学、社会学和生物学等系统中许多类型的关系和过程[1][2][3]，许多实际问题都可以用图来表示。为了强调它们在现实世界系统中的应用，术语网络有时被定义为表示属性（如名称）与顶点和边相关联的图，从而表达和理解现实世界系统。

（1）计算机科学

计算机科学使用数据结构的图来表示通信网络、数据组织、计算设备、计算流等。例如，网站的链接结构可以用有向图表示，其中顶点表示网页，有向边表示从一个页面到另一个页面的链接。在社交媒体、生物学、计算机芯片设计、神经退行性疾病进展图绘制以及许多其他领域的问题上，也可以采取类似的方法。因此，开发处理图的算法是计算机科学的主要研究方向。

（2）语言学

因为自然语言往往适合离散结构，所以语法和组合语义通常基于树的结构，其表达能力取决于在层次图中建模的组合性原则。目前已研究出许多有效的方法，如头部驱动短语结构语法，使用类型化特征结构（即有向无环图）来模拟自然语言的语法。在词汇语义学中，尤其是在应用于计算机时，当给定的词被相关的词理解时，对词的意义建模就更容易。因此，语义网络在语言学的研究中非常重要。

（3）计算神经科学

图可以用来表示大脑区域之间的功能联系，这些区域相互作用产生

---

[1] ADALI T， ORTEGA A. Applications of graph theory [J]. Proceedings of the IEEE，2018，106（5）：784-786.

[2] MASHAGHI A R， RAMEZANPOUR A， KARIMIPOUR V. Investigation of a protein complex network [J]. The European Physical Journal B，2004，41：113-121.

[3] SHAH P， ASHOURVAN A， MIKHAIL F， et al. Characterizing the role of the structural connectome in seizure dynamics [J]. Brain，2019，142（7）：1955-1972.

各种认知过程，其中顶点表示大脑的不同区域，边表示这些区域之间的联系。

（4）物理

在凝聚态物理中，通过收集与原子拓扑结构相关的统计数据，可以模拟原子结构的三维结构。此外，费曼图和计算规则以一种与目标实验数字紧密联系的形式总结了量子场论[1]。在统计物理学中，图可以表示系统相互作用的部分之间的局部连接，以及此类系统中的动力学过程。图论在电气网络的建模中起着重要作用，通过权重与导线的电阻相关联，以获得网络结构的电气特性[2]。图和网络是研究和理解相变和临界现象的优秀模型。移除节点或边会导致一个临界过渡，在该过渡中，网络会分裂成小簇，该过程称为相变，Adali等人[3]通过渗流理论对这个过程进行了研究。

（5）化学

图可以为分子结构建立一个自然模型，其中顶点表示原子，边表示化学键。因此这种方法特别适用于分子结构的计算机处理，研究人员使用分子图作为分子建模的重要手段。

（6）社会学

图论在社会学中也被广泛应用。例如人际关系图，在群体中，可以用图的方式把成员彼此之间喜欢和不喜欢的关系表示出来，如图3-4所示。在社交网络中，有许多不同类型的图，包括相识和友谊图、影响图以及协作图等。相识和友谊图描述人们是否相互认识；影响图模拟了某些人是否可以影响其他人的行为；协作图模拟了两个人是否以特定的方式一起工作，如演员共同出演一部电影等。

---

[1] BJORKEN J D，DRELL S D. Relativistic quantum fields［M］. New York：McGraw-Hill，1965：1-9.

[2] KUMAR A，KULKARNI G U. Evaluating conducting network based transparent electrodes from geometrical considerations［J/OL］. Journal of Applied Physics，2016，119（1）：015102（2013-03-16）［2023-04-10］. https://doi.org/10.1063/1.4939280.

[3] ADALI T，ORTEGA A. Applications of graph theory［Scanning the issue］［J］. Proceedings of the IEEE，2018，106（5）：784-786.

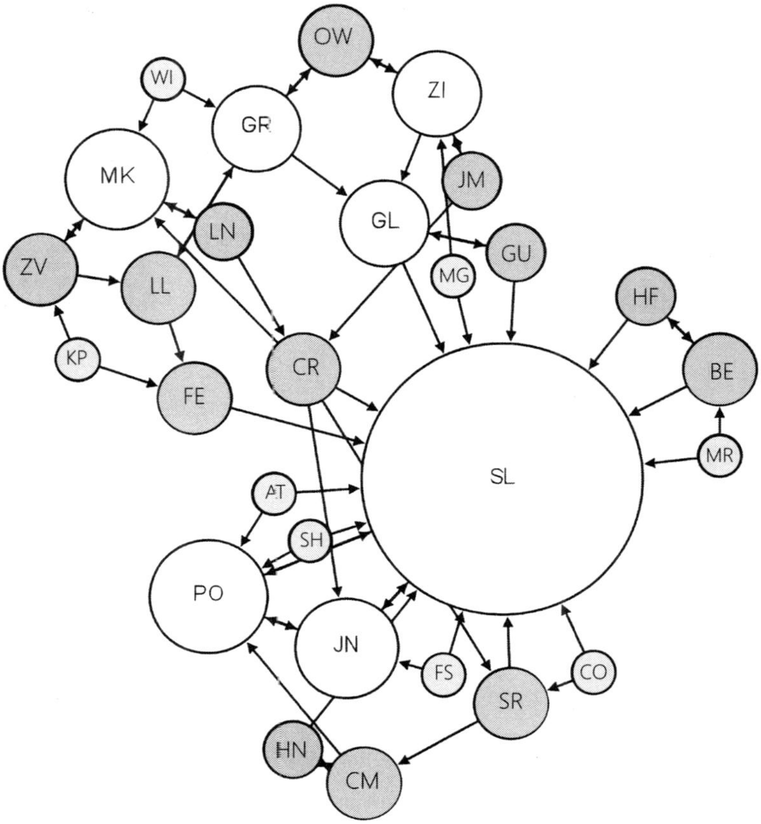

图3-4 莫雷诺的人际关系图

（7）生物学

图论在生物学中有着重要的作用，如在生物保护、基因组学、生物神经连接组学等领域的应用。

在生物保护方面，顶点可以表示某些物种存在（或居住）的区域，边表示区域之间的迁移路径或运动轨迹。当观察繁殖模式或跟踪疾病、寄生虫的传播或运动变化如何影响其他物种时，这些信息很重要。在分子生物学和基因组学中，图常用于建模和分析具有复杂关系的数据集。例如，在单细胞转录组的分析中，基于图的方法通常用于将细胞“聚类”成细胞类型。同时，图也常用于对路径中的基因或蛋白质进行建模，并研究它们之间的关系，例如代谢路径和基因调控网络[1]。图论也常被用于生物神经连接组学[2]研究，神经系统可以看作是一个图，其中节点是神经元，边是它们之间的连接。

3.2 网络的统计量和结构相似性

本小节将讨论用于描述和分析网络的基本理论工具，其中大部分来自图论。

数学文献中通常用n表示网络中的节点数，用m表示网络中的边数。我们将要研究的大多数网络在任一对节点之间至多只有一条边。在极少数情况下，相同节点之间可能有多条边，我们将这些边统称为多边/重边（multiple edges），将节点连接到自身的边称为自边或自环（loop）。既没有自边也没有多边的网络称为简单网络或简单图（simple graph），有多条边的网络称为多重图（multigraph）。本书中所有的内容都是基于无向图（图3-5），有向图和多重图读者可根据定义自行推导。此外，图还有很多相关的基本概念和知识，包括顶点的度（出度和入度）、路径、稀疏图、稠密图等，本书只涉及其中一部分，其他内容可以从有关图论的专业书籍或相关文献中查找，在此就不一一介绍和解释。

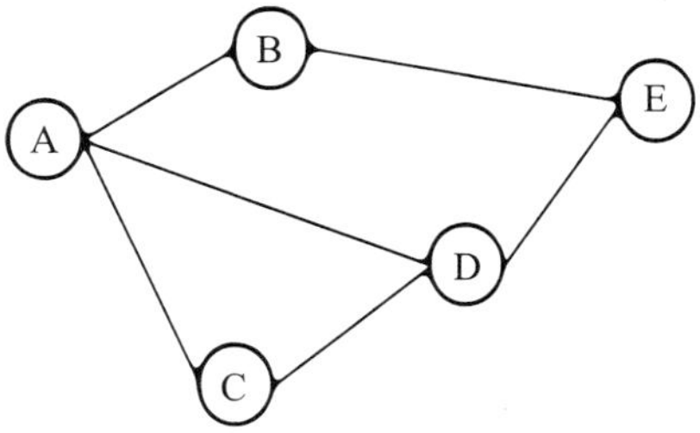

图3-5 无向图

[1] MASHAGHI A R, RAMEZANPOUR A, KARIMIPOUR V. Investigation of a protein complex network [J]. The European Physical Journal B, 2004, 41: 113-121.

[2] SHAH P, ASHOURVAN A, MIKHAIL F, et al. Characterizing the role of the structural connectome in seizure dynamics [J]. Brain, 2019, 142 (7): 1955-1972.

网络的基本数学表示是邻接矩阵。考虑一个具有n个节点的无向简单网络，让我们用整数标签来标记这些节点。网络的邻接矩阵$\boldsymbol{A}$现在被定义为具有元素A_{ij}的$n \times n$矩阵，如果节点i和j之间有边，则为1，否则为0，如图3-6所示。

$$\boldsymbol{A}=\begin{bmatrix}0&1&1&1&0\\1&0&0&0&1\\1&0&0&1&0\\1&0&1&0&1\\0&1&0&1&0\end{bmatrix}$$

图3-6 邻接矩阵

关于邻接矩阵有两点需要注意，首先，对于一个没有自边的网络，矩阵的对角元素都是0；其次，矩阵是对称的，如果i和j之间有边，那么j和i之间必然有边。也可以使用邻接矩阵表示多边和自边。通过将相应的矩阵元素A_{ij}设置为边的多重性来表示多边和自边。例如，节点i和j之间的双边，边由$A_{ij}=A_{ji}=2$表示。另外也可以有多个自边，这些边通过将邻接矩阵的对应对角线元素设置为边的重数的两倍来表示：$A_{ij}=4$表示双自边，$A_{ij}=6$表示三重边，依此类推。

网络不一定仅由一组连接的节点组成，许多网络有两个或多个彼此断开的独立部分。如图3-7所示的网络分为两部分，左侧的一部分有三个节点，右侧的一部分有四个节点。这些部件称为组件。根据定义，不同组件中的任何一对节点之间都没有连接。如图3-7中，标记为A的节点与标记为B的节点之间没有连接。

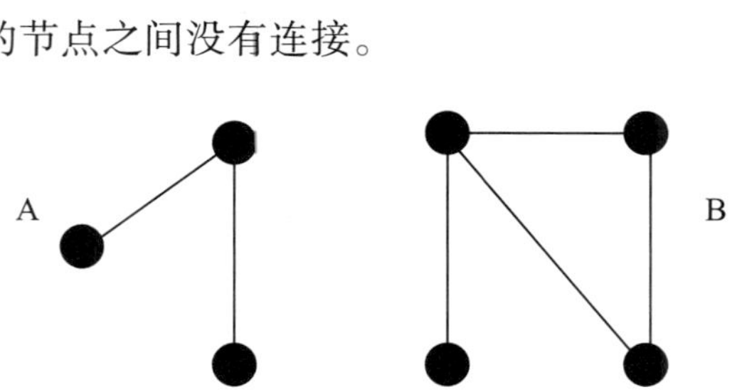

图3-7 由AB部分组成的网络

组件是网络节点的子集，使得从该子集的每个成员到其他成员之间至少存在一条路径，并且使得网络中的任何其他节点都不能添加到该子集，同时保留该属性，这样的子集称为最大子集，在保留给定属性的同时，不能向其中添加其他节点。不与其他节点连接的单个节点被视为大小为1的组件，并且每个节点只属于一个组件。所有节点都属于同一个组件的网络称为连接网络。

3.2.1 度

在无向网络中，一个节点的度是连接到它的边的数量[1]。例如，在表示人与人之间友谊的社会网络中，一个人的度就是他所拥有朋友的数量。注意，度的大小是边的数量，而不是相邻节点的数量。这种差异在多重图中很重要，如果一个节点有两条平行的边连接同一个邻居，那么这两条边都对度有贡献。

我们用k_i来表示节点i的度。对于有n个节点的网络，度可以用邻接矩阵A_{ij}来表示：

$$k_i = \sum_{j=1}^{n} A_{ij} \tag{3-1}$$

无向网络中的每条边都有两端，如果总共有m条边，那么有$2m$个端点。因此边的端点数等于所有节点的度数之和，即：

$$2m = \sum_{i=1}^{n} k_i = \sum_{i=1}^{n}\sum_{j=1}^{n} A_{ij} \tag{3-2}$$

无向网络中节点的平均度c表示如下：

$$c = \frac{1}{n}\sum_{i=1}^{n} k_i \tag{3-3}$$

简单网络（没有重边或自边的网络）中的最大可能边数为：

$$\binom{n}{k} = \frac{1}{2}n(n-1) \tag{3-4}$$

---

[1] FONSECA I, GANGBO W. Degree theory in analysis and applications [M]. Oxford: Oxford University Press, 1995: 1-5.

网络的连通度或密度ρ表示如下：

$$\rho = \frac{m}{\binom{n}{2}} = \frac{2m}{n(n-1)} = \frac{c}{n-1} \tag{3-5}$$

当网络节点足够多时，密度近似为：

$$\rho = \frac{c}{n} \tag{3-6}$$

式中，$0 \leqslant \rho \leqslant 1$，可以将其视为从整个网络中均匀随机选取的一对节点通过一条边连接的概率。在一系列节点数为n的网络中，如果ρ随n变大且不等于0，则称该网络为稠密网络。在稠密网络中，邻接矩阵中非零元素的分数在节点数量n趋于无穷时不为0。当节点数量n趋于无穷时，ρ趋于0，则称该网络为稀疏网络，稀疏网络的邻接矩阵中非零元素的分数趋于0。

由式（3-6）可知，一个网络的平均度c与密度ρ的关系是$c = \rho n$，所以在一个稠密网络中，ρ是常数，平均度c随节点数n的增加而线性增加。而对于稀疏网络，平均度c随节点数n的增加而呈次线性增加。在某些网络中，平均度c不变，则对于大的节点数n有$\rho = \frac{1}{n}$。例如友谊网络[1]，平均度似乎是恒定的，因为一个人有多少朋友更多地取决于他们必须花多少时间来维持友谊，这可能与世界人口无关。因此，友谊网络被视为“极其稀疏”的网络。可以说，事实上人们研究的大多数网络都属于极其稀疏的类别。若节点的平均度确实随节点数n增加，则密度通常只会缓慢增加，这种稀疏性在构建某些网络的数学模型时非常重要。

3.2.2 游走和遍历

网络中的游走是指在任何节点序列中，使得序列中的每一个连续节

[1] WASSERMAN S, FAUST K. Social network analysis: Methods and applications [M]. Cambridgeshire: Cambridge University Press, 1994: 1-24.

点对都由一条边连接[1]。换句话说，游走是沿边从节点到节点的任何路线。我们可以为无向网络和有向网络定义游走。在无向网络中，边可以沿任一方向遍历；在有向网络中，游走所穿过的每条边必须沿该边的方向遍历。

通常，游走可以与其自身相交，重新访问之前访问过的节点，或沿着一条边或一组边遍历多次。不相交的游走称为路径或自回避游走，在网络理论的许多领域都很重要。最短路径和独立路径是自回避游走的两种特殊情况。网络中的游走长度是游走遍历的边数（而不是节点数）。给定的边可以被遍历多次，每次遍历时都会单独计算，换句话说，游走的长度是游走时从节点到相邻节点的“跳跃”次数。

计算网络上给定长度r的游走次数是很简单的。对于有向或无向简单网络，若存在从节点j到节点i的边，则元素A_{ij}为1，否则为0。如果存在从节点j到节点i经由节点k的长度为2的游走总数为$N_{ij}^{(2)}$，则：

$$N_{ij}^{(2)} = \sum_{k=1}^{n} A_{ik} A_{kj} = \left[\boldsymbol{A}^2 \right]_{ij} \tag{3-7}$$

推广到任意长度r的游走，可以得出：

$$N_{ij}^{(r)} = \left[\boldsymbol{A}^r \right]_{ij} \tag{3-8}$$

该结果的一个特例是，在同一节点i开始和结束时，长度为r的游走次数为$\left[\boldsymbol{A}^r \right]_{ii}$。这些游走只是网络中的环路，网络中长度为$r$的环路的总数$L_r$是所有可能起点$i$上该数量的总和：

$$L_r = \sum_{k=1}^{n} \left[\boldsymbol{A}^r \right]_{ii} = Tr\boldsymbol{A}^r \tag{3-9}$$

式（3-9）分别统计由相同顺序但起点不同的相同节点组成的循环。因此，我们认为循环1→2→3→1与循环2→3→1→2不同。式（3-9）还分别计算由相同节点组成但沿相反方向遍历的循环，因此循环1→2→3→1和循环1→3→2→1是不同的。

[1] LAWLER G F，LIMIC V. Random walk：a modern introduction［M］. Cambridgeshire：Cambridge University Press，2010：1-10.

3.2.3 独立路径、连通性和割集[1]

1.独立路径

在网络中，从一个节点到另一个节点通常有许多不同的方式，即使我们在路径上做限制，如从不两次访问同一节点的自回避游走，也可能存在许多不同长度的路径。如图3-8所示。

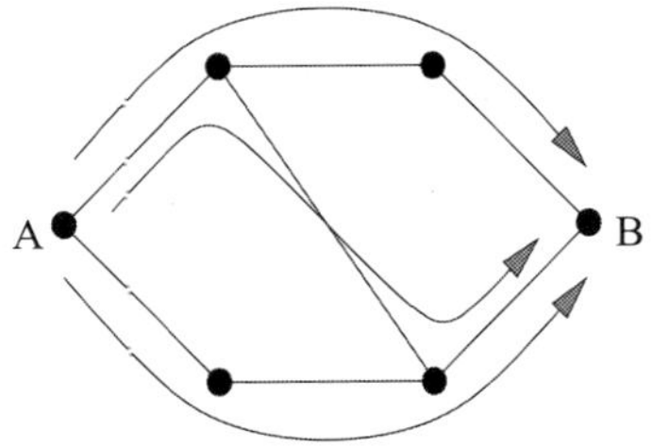

图3-8 节点A和B之间的3条路径

然而，这些路径通常不是独立的。也就是说，它们将共享一些节点或边，如图3-9所示。在图3-9（a）中，如箭头所示，图中有两条从节点A到节点B的边独立路径，但只有一条节点独立路径，因为所有路径都必须通过中心节点C。在图3-9（b）中，边独立路径不是唯一的，在这种情况下，从节点A到节点B的路径有两种不同的选择。如果我们将自己限制为独立的路径，那么给定的一对节点之间的路径数通常要小得多。因此，独立路径在网络理论中扮演着重要的角色。

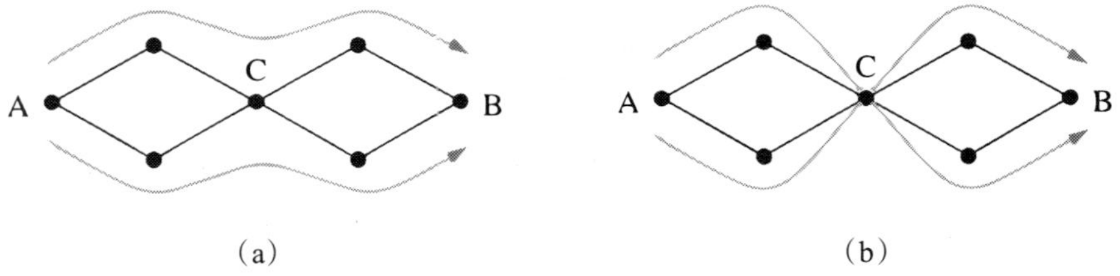

图3-9 独立路径

[1] TUTTE W T. Connectivity in graphs［M］. Toronto：University of Toronto Press，2019：32-53.

独立路径有两种，即边独立路径和节点独立路径。连接一对给定节点的两条路径如果没有共享边，则它们是边独立的；若两条路径除了起始节点和结束节点之外不共享任何节点，则它们是节点独立的。若两条路径是节点独立的，则它们也是边独立的；如果两条路径是边独立的，它们不一定是节点独立的。如图3-9（a）所示的网络具有从节点A到节点B的两条边独立路径，但只有一条节点独立路径，因为它们共享中间节点C。

两个节点之间的边独立路径和节点独立路径不一定是唯一的。选择一组独立路径的方法可能不止一种。如图3-9（b）所示的网络与图3-9（a）所示的网络相同，但两条边独立路径选择了不同的方式，以便它们在通过中心节点C时交叉。从节点A到节点B的独立路径（边独立或节点独立）的数量不可能超过节点A的度数，因为每条路径必须沿不同的边离开节点A。同样，路径的数量也不可能超过节点B的度数。因此，两个节点的度数越小，网络中的独立路径数量越少。例如，在图3-9中，节点A和节点B之间不能有两条以上的边独立路径或节点独立路径，因为两个节点的度数都是2。

如果希望明确说明是否考虑边或节点的独立性，我们可以参考边或节点的连接。图3-9中的节点A和B具有边连接2，节点连接1（有两条边独立路径，但只有一条节点独立路径）。可以将一对节点的连接性视为衡量这些节点连接强度的指标。可以说，在节点之间只有一条独立路径比有多条路径的连接更脆弱。这一思想有时被用于网络分析，如用于发现强链接节点的集群或社区。

2. 连通性和割集

连通性也可以看作是节点之间的“瓶颈”。例如，图3-9（b）中的节点A和B仅通过一条节点独立路径连接，因为节点C形成“瓶颈”，只有一条路径可以通过。“瓶颈”的概念通过割集的概念形式化，如图3-10所示。

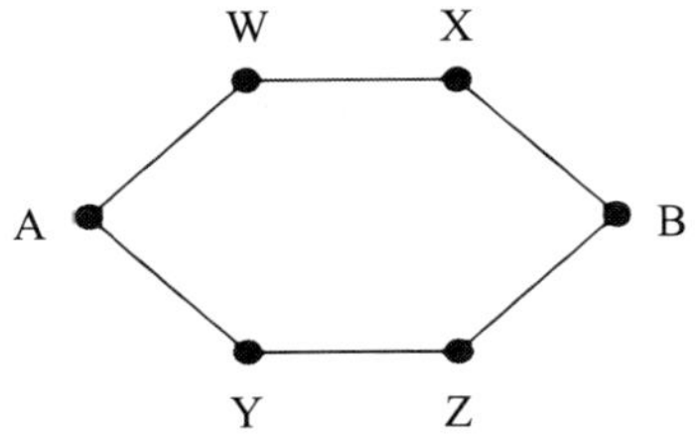

图3-10　网络的最小割集

最小割集是将指定节点对断开的割集。在图3-9中，单个节点C是节点A和B的最小节点割集，最小割集不是唯一的。例如，图3-10网络中的节点A和B之间存在各种最小节点割集（大小均为2）：{W，Y}，{W，Z}，{X，Y}和{X，Z}都是这个网络的最小割集。

Menger定理指出，网络中任意一对节点之间的最小割集的大小等于相同节点之间的独立路径数。这个定理适用于节点割集和边割集，割集在研究网络的计算机算法时发挥了重要作用，使得可以通过计算独立路径来计算割集的大小。

如果一对节点之间有两条节点独立路径，那么我们只需从每条路径中移除一个节点即可断开连接，然而，这并不总是有效的。如果我们从路径中移除了错误的节点，那么我们就不会断开端部的连接。图3-11中有两条节点独立路径连接节点A和节点B，但从每条路径中移除节点W或节点Z都不会中断连接，移除节点X和节点Y可以完成此工作。Menger定理告诉我们，总是存在一些节点集，移除这些节点可以断开连接。

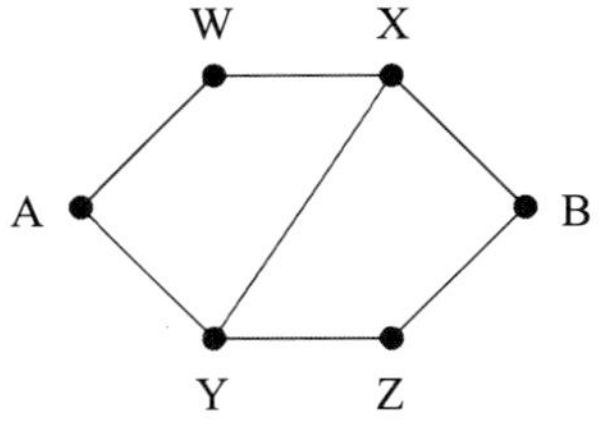

图3-11　独立路径和割集

因此，Menger定理告诉我们，对于无向网络中的一对节点，这对节点的边连通性（连接它们的边独立路径的数量）、最小边割集的大小（必须移除以断开它们的边的数量）以及节点之间的最大流量在数值上都是相等的。

3.2.4 拉普拉斯图[1]

邻接矩阵可以描述网络的整个结构，其矩阵属性可以表示各种有用的信息。然而，邻接矩阵并不是网络的唯一矩阵表示，还包括模块化矩阵、非回溯矩阵和拉普拉斯矩阵。其中，拉普拉斯矩阵是最著名的且应用最广泛的矩阵。简单无向无权网络的拉普拉斯矩阵是一个$n \times n$的对称矩阵$\boldsymbol{L}$，且在节点i和j之间有一条边，则矩阵$\boldsymbol{L}$中的元素L_{ij}表示为：

$$L_{ij} = \begin{cases} k_i, & \text{如果} i = j, \\ -1, & \text{如果} i \neq j \text{且有边缘节点} i, j, \\ 0, & \text{其他} \end{cases} \tag{3-10}$$

式中，k_i表示节点i的度数。此外，还有一种表示矩阵$\boldsymbol{L}$的方式为：

$$L_{ij} = k_i \delta_{ij} - A_{ij} \tag{3-11}$$

式中，A_{ij}是邻接矩阵A的元素，k_i表示节点i的度数，δ_{ij}是表示节点i和j的克罗内克函数（Kronecker delta），若$i = j$，则$\delta_{ij} = 1$，否则$\delta_{ij} = 0$。

还可以用矩阵形式表达拉普拉斯矩阵：

$$\boldsymbol{L} = \boldsymbol{D} - \boldsymbol{A} \tag{3-12}$$

式中，$\boldsymbol{D}$是对角矩阵，可表示为：

$$\boldsymbol{D} = \begin{pmatrix} k_1 & \cdots & \\ \vdots & \ddots & \vdots \\ & \cdots & k_n \end{pmatrix} \tag{3-13}$$

拉普拉斯图出现在各种不同的情况中，包括网络上的随机游走理论、动力系统、扩散、电阻网络、图可视化和图划分等。

---

[1] MOHAR B. Some applications of laplace eigenvalues of graphs [J]. Graph Symmetry: Algebraic Methods and Applications, 1997, 497 (22): 227-275.

3.3 主要网络模型

3.3.1 加权网络[1]

我们将要研究的许多网络都有表示节点间简单二元连接的边，然而，在某些情况下，将边表示为具有强度、权重或值等属性的连接是很有价值的。例如，互联网上的边可以有代表沿其流动的数据量或其带宽的权重；在一个食物网中，捕食者与被捕食者之间的相互作用有衡量被捕食者与捕食者之间总能量流的权重；在社交网络中，人与人之间的连接具有表示他们之间联系频率的权重，这种加权或有值网络可以用邻接矩阵来表示，其中元素 A_{ij} 等于相应连接的权重。

网络中边的值有时也可以表示某种长度，如在道路或航空网络中，边值可以表示边覆盖的公里数，也可以表示沿边的旅行时间。在某种意义上，边长度是边权重的倒数，因为强连接的两个节点可以视为彼此“接近”，弱连接的两个节点可以视为相距很远。因此，我们可以通过取倒数将长度转换为权重，然后将这些值用作邻接矩阵的元素，如图3-12所示。然而，这只是粗略的转换，因为在大多数情况下，边权重和长度之间没有直接的数学关系。

$$\boldsymbol{A}=\begin{bmatrix}0 & 2 & 1\\2 & 0 & 0.5\\1 & 0.5 & 0\end{bmatrix}$$

图3-12 加权网络的邻接矩阵

在具有加权边的网络中，其邻接矩阵可以具有非对角元素，其值不是0和1。若加权网络中的权重都是整数，则可以通过选择与相应权重相等的多条边的多重性来创建具有完全相同邻接矩阵的多条边的网络。这种处理有时很方便。在某些情况下，对多条边的网络行为进行推理比对

[1] HORVATH S. Weighted network analysis：applications in genomics and systems biology [M]. Berlin：Springer Science and Business Media，2011：4-16.

加权网络的行为进行推理更容易，反之亦然，在两者之间进行切换有助于分析。

加权网络中的权重通常为正数，当然也可能为负数，如人与人之间关系的社交网络，权重为正数表示关系友好，权重为负数表示关系不友好。

如果边可以有权重，那么也可以考虑节点上的权重，例如向量或分类变量（如颜色）。网络文献中已经考虑了节点上的权重问题，我们将在后面章节进一步讨论。

3.3.2 有向网络[1]

有向网络也称为有向图，是指每条边都有一个方向，并从一个节点指向另一个节点的网络。图3-13是一个小型的有向网络，可以用图来表示，图中带箭头的线表示有向边，箭头方向指示边的方向。

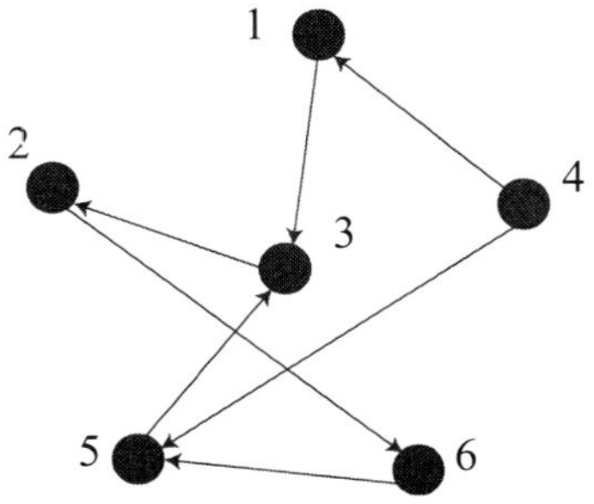

图3-13　有向网络

现实世界中，存在许多有向网络的例子，包括从一个网页指向另一个网页的万维网；能量从猎物流向捕食者的食物网；引文从一篇论文指向另一篇论文的引文网络。

[1] PALLA G，FARKAS I J，POLLNER P，et al. Directed network modules [J/OL]. New Journal of Physics，2007，9（6）：186（2007-06-12）[2023-04-10]. https://doi.org/10.1088/1367-2630/9/6/186.

有向网络的邻接矩阵的矩阵元素可表示为：

$$A_{ij}=\begin{cases}1, & \text{如果节点}i\text{与}j\text{之间有边},\\ 0, & \text{如果节点}i\text{与}j\text{之间无边}.\end{cases} \tag{3-14}$$

请注意，该矩阵不是对称的。一般来说，由于存在从节点 i 到 j 的边并不一定意味着也存在从节点 j 到 i 的边，因此有向网络的邻接矩阵是不对称的。

与无向网络一样，有向网络的边可以是多边和自边，这些边在邻接矩阵中分别由值大于1的元素和非零对角元素表示。然而，一个重要的区别是，有向网络中的自边是通过将相应的对角线元素设置为1来表示，而不是在无向情况下将相应的对角线元素设置为2，通过这种处理，有向网络的邻接矩阵的公式和结果可以被方便地推导和计算出来。

3.3.3 超图[1]

在某些类型的网络中，边一次连接两个以上的节点。例如，我们可能想创建一个社交网络，表示社区中的家庭关系。如果网络中的组由两个人以上组成，那么表示该组的一种方法是使用连接两个或更多节点的广义边，这样的边称为超边，具有超边的网络称为超图。图3-14是一个超图的小示例，其中组表示为超边，由围绕节点集的循环表示，代表4个不同组中5个节点的成员身份。

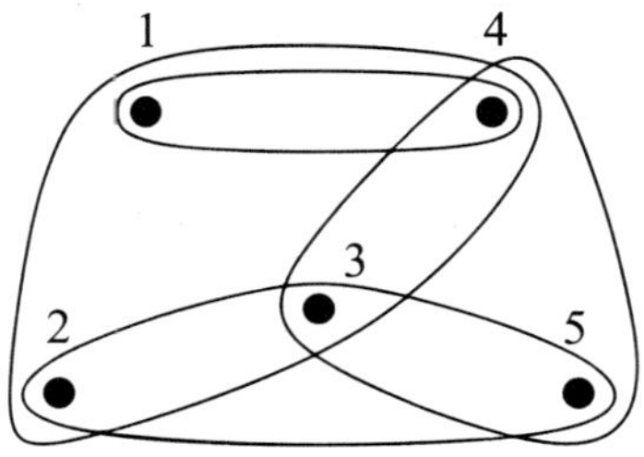

图3-14 超图

[1] BRETTO A. Hypergraph theory［M］. Cham：Springer，2013：1.

任何节点通过某种类型的组（例如族）的公共成员关系连接在一起的网络都可以用超图表示。在社会学中，这类网络被称为“从属网络”，公司董事会中的董事、共同撰写论文的科学家以及在电影中共同出现的电影演员都是从属网络的例子。

然而，我们很少讨论超图，因为有另一种表示相同信息的方式，对于达到我们的目的更方便，即二部网络。

3.3.4 二部网络

图3-15与图3-14中的超图相对应，这两个网络传递的信息相同，即4个不同组中5个节点的成员身份。二部网络中，我们引入了4个新节点（顶部的空心圆）来表示4个组，边将原始5个节点（底部）中的每一个连接到它所属的组。

二部网络在社会学中也称为双模网络，是一个具有两种节点的网络，如图3-15和图3-16所示。空心圆和实心圆表示两种类型的节点，边仅在不同类型的节点之间连接。通常绘制两组节点成直线排列的二部网络，以使网络结构更清晰。二部网络最常用于表示某种群体中一组人或对象的成员身份，人由一组节点表示，身份由另一组节点表示，边将人连接到他们所属的组。当以这种方式使用时，图3-15所示的二部网络捕获的信息与图3-14中的信息完全相同。在大多数情况下，二部网络更方便，使用也更广泛。

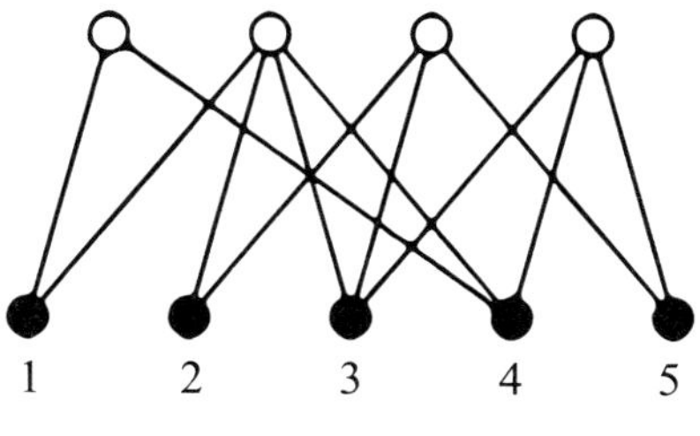

图3-15　二部网络

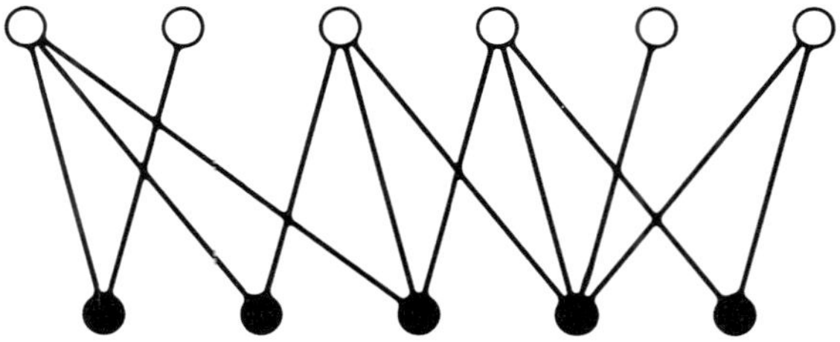

图3-16　一个小型的二部网络

3.3.5 多层网络

网络中的节点和边不一定是同一类型。例如，考虑一个国家或地区的交通网络，其中节点表示机场、火车站、公共汽车站等，而边表示航空公司航班、火车路线等。这种结构可以通过节点上的注释和描述其类型的边来获得，然而一种常见且强大的替代方法是利用多层网络。

多层网络是由一组单独的网络构成的，每个单独的网络代表一种特定类型的节点及其连接，加上网络之间的互连边，各个网络称为层，如图3-17（a）所示。在前面介绍的交通网络示例中，可能有一个表示机场和航班的层，一个表示火车站和火车路线的层，等等。然后，使用层之间的互连边来连接位于相同地理位置或者距离足够近的节点。

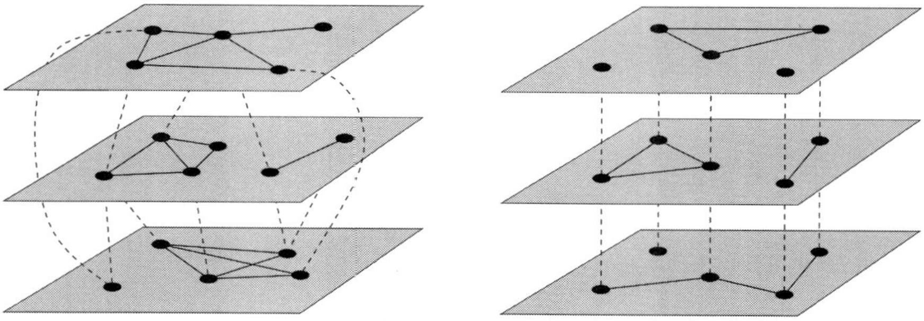

（a）　　　　（b）

图3-17　多层网络和多路网络

在该示例中许多机场都有火车站，许多火车站都有公交车站。我们可以通过多层交通网络的路径表示可能的乘客行程：乘客乘公交车到火车站（由公交线路层中的边表示），从公交车站步行到火车站（层间互连边），然后乘火车到目的地（列车线路层中的边）。

多层网络的一个特例是每层中的节点表示网络中相同的点、对象或个体集，这种网络被称为多路网络。如图3-17（b），该网络表示只有一种类型的节点但有多种类型的边的系统。例如，在社交网络中，节点代表人，但他们之间有许多不同类型的关系，如友谊关系、家庭关系、商业关系等，每一种关系都由一个单独的层表示。节点在每个层中代表相同的人，可以通过将每个节点连接到其在其他层中的层间互连边来表示，为了简单起见，通常省略此类层间的互连边。

多层网络的另一个特例是多层动态网络，即结构随时间变化的网络。事实上，大多数网络都会随着时间的推移而变化，如互联网、社交网络、神经网络和生态网络等。大多数网络研究忽视了这一事实，将网络视为静态对象，这在某些情况下可能是一种合理的近似，但在其他情况下，通过观察、分析和构建随时间变化的网络更有现实意义。多层动态网络通常是以不同的时间间隔重复测量网络的结构，从而得到该网络的一系列快照，单个网络可以被视为一个多层网络，其中各层在时间上具有特定的顺序。当只有边随时间变化，而节点不变化时，我们将得到一个多路网络。当节点出现或消失时，我们则需要一个完整的多层网络来获得结构，不同层中有不同的节点集，连续层之间有层间互连边，以此来指示哪些节点是等效的。在某些情况下，可以使层间互连边定向，并在时间上指向前方。例如，当考虑疾病在个体间传播时，疾病可能的传播路径由通过相应多层动态网络的路径表示，但层间互连边只能在时间上向前穿过，如今天的流感可能会让你明天生病，但不会让你昨天生病。

从数学上讲，多路网络可以由一组$n \times n$的邻接矩阵A^{α}表示，每个层α（或动态网络的每个时间点）对应一个矩阵。同时，可以将这些矩阵的元素A_{ij}^{α}视为三维张量，张量分析方法可以有效地应用于多路网络。

对于多层网络，必须同时表示层内边和层间边，每个层中的节点数量可能不同，层内边也可以用一组邻接矩阵A^{α}来表示，尽管矩阵的大小不一定相同。如果α层中有n_{α}个节点，那么相应的邻接矩阵的大小为$n_{\alpha}\times n_{\alpha}$。层间边可以由一组附加的层间邻接矩阵表示。如果层间邻接矩阵$B^{\alpha\beta}$中的节点i与层间节点j之间存在边，那么层间邻接矩阵$B^{\alpha\beta}$是元素$B_{ij}^{\alpha\beta}=1$的$n_{\alpha}\times n_{\beta}$矩阵。

在经验网络研究中，大多数现实世界的网络都是随时间变化的，因此可以用多路网络或多层动态网络表示，如许多社交网络包含不止一种类型的人际互动。因此可以将该网络表示为多路网络。

3.3.6 树

树是一个无向网络，不包含回路，见图3-18（a）。网络中的每个节点都可以通过网络中的某条路径相互访问。网络也可以由两个或多个相互断开的部分组成，若单个部分没有回路，则该网络称为树；若网络的所有部分都是树，则整个网络称为森林。

树通常以有根的方式绘制，如图3-18（b）所示，树的根节点位于顶部，分支结构向下延伸，底部仅与另一个节点连接的节点称为叶。从拓扑结构上考虑，树没有特定的根，可以使用任何节点作为根节点绘制同一棵树，但在某些应用程序中，指定特定根是有原因的，树状图就是一个例子。

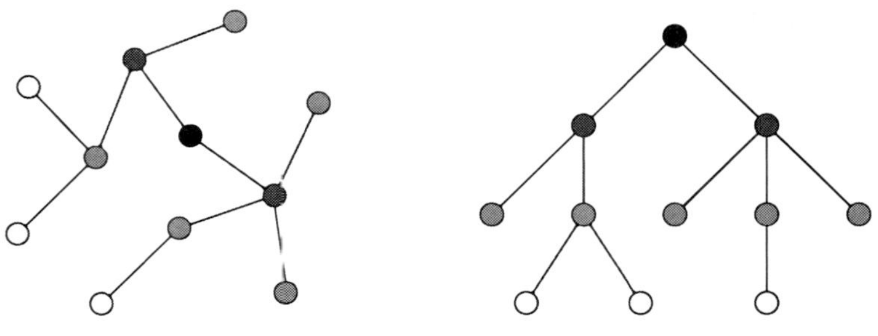

（a）　　（b）

图3-18　同一棵树的两个表达图

现实世界中的网络不一定都能用树来表示。尽管如此，树在网络研究中仍扮演着重要角色。例如，我们在研究“随机图”网络模型时，节点的局部形成树，我们可以利用这个特性导出关于随机图的各种数学结果。树状图是一种有用的工具，可以将网络的层次分解描述为一棵树。树在计算机科学中也很常见，它们被用作数据结构的基本构建块，如AVL树和堆。此外，树也可以应用在其他理论中，如最小生成树、Cayley树、Bethe晶格，以及网络的层次模型。

树最重要的特性是在任何一对节点之间都只有一条路径。如果一对节点A和B之间有两条路径，那么我们可以沿着一条路径从节点A到节点B，然后沿着另一条路径返回，形成一个循环，这在树中是不被允许的。树的这种特性使得某些类型的计算特别简单，例如，网络直径的计算、节点的介数中心性研究以及基于最短路径的某些其他属性的研究，因此树被看作网络的基本模型。

树的另一个重要特性是由n个节点组成的树总是正好有$(n-1)$条边。从一个节点开始构建树，无边，然后逐个添加其他节点，每添加一个节点，我们只能添加一条边以保持网络连接。如果添加多条边，网络将形成一个循环，这是被禁止的。因此，我们必须为向网络添加的每个节点仅添加一条边。因为我们从一个节点开始时，是没有边的，所以树的边数总是比节点数少1。

反之亦然，任何具有n个节点和（$n-1$）条边的网络是树。如果这样的网络不是树，那么网络中的某个地方一定存在循环，这意味着我们可以在不断开网络任何部分的情况下删除一条边，重复以上操作，直到没有循环为止，我们最终会得到一棵树，树的边数等于（$n-1$）。如上所述，每棵有n个节点的树必须有（$n-1$）条边。作为推论，这意味着具有最小边数的n个节点的连接网络始终是一棵树。

3.3.7 平面网络

平面网络是可以在平面上绘制的网络，不存在任何交叉边。图

3-19（a）显示了一个小型平面网络，在大多数情况下，也可以绘制一些边相交的平面网络，如图3-19（b）所示。

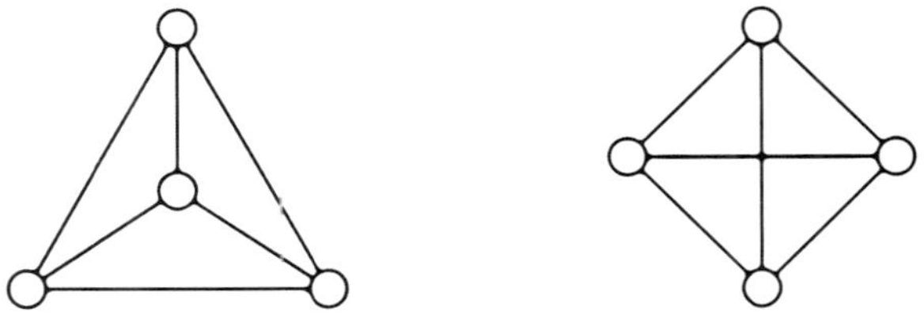

（a）　　　　　　　　（b）

图3-19　一个小型平面网络的两种图

我们遇到的大多数网络都不是平面网络，但也有一些平面网络的例子。首先，所有的树都是平面网络，如河网，河流永不相交，它们只会一起流动。计算机数据结构中使用的树，网络没有明显的二维表面，但它是平面的。其次，在非树网络中，由于物理原因，有一些是平面的，如道路网，因为道路仅限于地球表面，所以它们形成了一个大致平面的网络。有时确实会发生在道路网络中看似相交而实际不相交的情况，如一条道路在桥上穿过另一条道路，如果希望更精确地表示，那么道路网络不是平面网络。然而，这种情况比较少，因此可以用平面网络近似描述。

还有一个例子是与其他国家、州或省相邻的网络。我们可以绘制一张地图，描绘任何一组相邻的地理区域，用一个节点表示一个区域，并在共享边界的任意两个区域之间绘制一条边。很容易看出，只要所讨论的网络是由相邻的区域组成的，那么生成的网络总是可以在没有交叉边的情况下绘制，这样生成的网络是平面网络。实际上，二维地图上的国家或地区都可以通过这种方式转换为平面网络。

这类用网络中的节点代表地图上的区域的方法，在数学上发挥了重要作用，如证明四色定理。四色定理指出，在二维地图上，无论是真实的还是想象的，无论有多少个区域，大小或形状如何都可以用最多四种颜色给任何一个区域上色，从而使相邻的两个区域都不具有相同的颜色。通过构造与所讨论的地图相对应的网络，可以将该问题转化为平面网络的节点着色问题，使得由边连接的两个节点的颜色都不相同。以这种方式给网络着色所需的颜色数称为网络的色数，许多数学问题的结果都是关于色数的。四色定理证明了平面网络的色数始终为4或更少，这是传统图论的成果之一。

对于给定一个特定的网络，如何确定该网络是否是平面网络成为平面网络研究的重点。对于小型网络，可以绘制一幅图，并通过调整节点的位置，以查看是否可以找到没有边交叉的排列，这样处理较简单；但对于大型网络来说，这是不切实际的，需要一种更通用的方法。其中一种方法利用了库拉托夫斯基定理，该定理指出，每个非平面网络必须在其中的某个位置包含两个不同的较小网络或子图，称为K_5，这两个网络或子图本身都是非平面的。反之，当且仅当一个网络不包含这两个网络或子图，则说明该网络是平面网络。

库拉托夫斯基定理认为非平面网络包含K_5的扩展。扩展是沿网络的边添加任意数量（包括0个）额外节点的网络，如图3-20所示的K_5扩展。

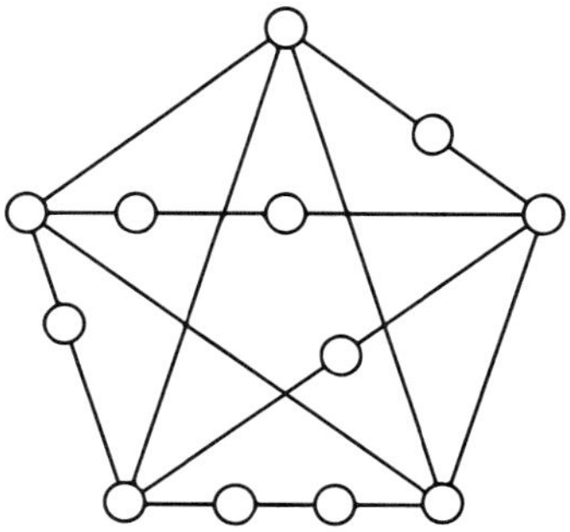

图3-20 非平面网络的K_5扩展子图

然而，这种方法对于分析真实世界的网络并不是特别有用，因为这样的网络很少是精确平面的。就像国家或地区的共享边界网络一样，它通常是平面的，因此库拉托夫斯基定理是不必要的。更常见的情况是，与道路网络一样，虽然它们几乎是平面的，但在网络的某个地方可能会有一些边相交。对于这样的一个网络，库拉托夫斯基定理不仅正确地告诉我们网络不是平面的，同时还告诉我们网络平面度的度量，例如，道路网络99%是平面的，尽管这里和那里有一些桥梁或隧道，一个可能的度量是可以绘制网络的最小交叉边数。然而，这是难以计算的，至少在最简单的方法中，它的评估将要求我们尝试各种可能的方法来绘制网络，想要计算出所有网络的数量是不可能的。另一种方法是查看网络中K_5出现的次数。然而，到目前为止，还没有得到广泛接受的平面度指标。如果这样一个衡量标准能够得到普及，那么它很可能会在现实世界网络的研究中得到应用。

3.4 复杂网络的动力学传播[1]

耦合的生物和化学系统、神经网络、社会网络、互联网和万维网是由大量高度互联的动力单元组成的系统。获取此类系统全局属性的一种方法是将其建模为图，该图的节点表示动态单元，边表示节点之间的相互作用。在网络结构研究中，科学家必须处理结构问题，例如描述复杂布线系统的拓扑结构，揭示真实网络中的一般原则，通过开发模型来模拟网络的增长并再现其结构特性。在研究复杂网络的动力学问题时，会出现许多相关的问题，例如通过学习复杂网络拓扑结构进行交互的大型动态系统如何能够产生集体行为。接下来，我们将介绍在复杂网络的结构和动力学研究中取得的成果，并总结这些成果在许多不同学科中的相关应用，如在非线性科学、生物学、医学等学科中的应用。

在过去的三十年中，人们对复杂网络的研究产生了新的研究方向，即结构不规则、复杂且随时间动态变化的网络，研究的重点从分析小型网络

[1] PEI S，MAKSE H A. Spreading dynamics in complex networks［J/OL］. Journal of Statistical Mechanics：Theory and Experiment，2013，2013（12）：P12002（2013-12-22）［2023-04-10］. https：//doi.org/10.1088/1742-5468/2013/12/P12002.

转移到分析具有大量节点的系统，并考虑动力单元网络的性质。瓦茨（Watts）和斯特罗加茨（Strogatz）关于小世界网络的两篇开创性论文于1998年在《自然》杂志上发表，巴拉巴西（Barabási）和阿尔伯特（Albert）关于无标度网络的论文于一年后在《科学》杂志上发表，引发了一系列对复杂网络的研究。计算能力的提高使得研究大量真实网络的特性成为可能，这些网络包括交通网络、电话网络、互联网、电影数据库中的演员协作网络、引文网络，还包括生物学和医学方面的系统，如神经网络、遗传网络、代谢网络和蛋白质网络等。

研究人员对来自不同领域的网络进行的大量对比分析产生了一系列意想不到的结果。对复杂网络的研究始于定义新的概念和度量来描述真实网络的拓扑结构，研究人员确定了一系列统一的原则和统计特性，这些原则和特性与所考虑的大多数实际网络相同。在实际网络中，度分布$p(k)$是指均匀随机选择的节点具有度k的概率，如显著偏离随机图的泊松分布，在多数情况下呈现幂律（无标度）尾部分布，指数r的值介于2和3之间。此外，真实网络的特点包括节点度的相关性、网络中任意两个节点之间的路径相对较短（小世界特性）以及网络中存在大量短周期或特定图式。

由于数学图论中提出的模型与实际需求相差甚远，研究人员必须开发新的模型来模拟不断复杂的网络，并再现真实网络中观察到的结构特性。真实网络的结构特性是不断演化的，这种演化也会影响系统的功能。因此，最新阶段的研究是基于这样一种期望，即理解复杂网络的结构并对结构进行建模，这将有助于更好地了解该网络进化机制，可以更好地了解该网络动力学特性和功能行为。

事实上，耦合架构对网络功能鲁棒性和对外部干扰（如随机故障或目标攻击）的响应具有重要影响。同时，耦合架构首次揭示了研究复杂拓扑相互作用的大型动力系统组件的动力学行为的可能性，一系列证据表明，网络拓扑在决定集体动力学行为（如同步）的出现，或控制复杂网络中发生的相关过程（如流行病、信息和谣言的传播）的主要特征方面起着至关重要的作用。

3.4.1 传播过程

细胞自动机是由规则的细胞网络构成，该网络的每个节点表示一个Agent，该Agent只能处于有限状态中的一种。该网络迭代的时间是离散的，在每个时间步，每个Agent的下一个状态都是根据其状态和网络上邻居的状态计算的。冯·诺依曼在20世纪40年代引入了细胞自动机，作为研究复杂过程的框架。目前，细胞自动机被认为是复杂系统的最简单且近乎标准的形式。接下来，我们将研究传播过程的细胞自动机，包括流行病传播和谣言传播，这两类传播过程截然不同。流行病传播与特定传染病在人群中传播的建模有关，目的是再现疾病的实际动态，并设计出一套控制和根除疾病传播的策略。在谣言传播中，人们希望尽可能快速有效地传播“谣言”，而不是阻止它传播，如设计互联网数据传播协议和营销活动策略。在这种情况下，谣言传播与流行病传播相反，人们可以自由地设计动力学规则，以达到预期的效果。在这两个传播过程中，将重点研究网络拓扑在确定传播过程中对速度和模式的作用。大量证据表明，在标准流行病传播模型和谣言传播模型中考虑复杂拓扑结构，从根本上改变了先前建立随机图和规则图而产生的结果。

流行病传播模型[1]的研究是流行病学家长期关注的热门课题。自20世纪中叶以来，研究人员利用数学方法研究流行病学中的问题，现在已经开发了各种各样的模型进行数学分析，并用于实证研究。流行病传播模型已用于规划、实施和评估各种疾病预防、治疗和控制方案。2001年，自Pastor-Satorras和Vespignani对真实计算机病毒传播的数据进行分析开始，研究人员在理解网络拓扑结构对疾病传播速度和模式的影响方面展开了一系列研究。在这里，我们将讨论两类描述疾病在感染者和健康者之间的传播模型：易感–感染–移除（SIR）模型和易感–感染–易感（SIS）模型。流行病传播的理论方法基于分区模型，即将人群中的个体划分为不同群体的模型。SIR模型描述了导致受感染个体免疫或死亡的

---

[1] ZHOU T，FU Z Q，WANG B H. Epidemic dynamics on complex networks［J］. Progress in Natural Science，2006，16（5）：452-457.

疾病，并假设每个个体可能处于三种可能状态之一，即易感（用S表示）、感染（用I表示）或移除（用R表示）。易感个体是健康的个体如果接触受感染的个体，就会感染疾病。一旦个体感染了病毒，他就处于感染状态，然后在一段时间后，处于移除状态。移除表示个体不会再感染疾病（或传播疾病），因为他对疾病免疫。假如这些个体生活在给定网络的节点上，易感个体通过感染邻居进行传播，其表达式如下：

$$S(i)+I(j)\xrightarrow{\lambda}I(i)+I(j) \tag{3-15}$$

$$I(i)\xrightarrow{\mu}R(i) \tag{3-16}$$

式中，λ表示感染率；μ表示恢复速率；个体i和j是邻居。

事实上，并不是所有的疾病都能给感染者带来免疫力，所以一个个体可以多次感染同一种疾病。典型的例子是结核病、淋病和没有自动更新防病毒程序的计算机系统。SIS模型可以很好地描述所有此类问题，该模型只考虑两种状态：易感和感染。在SIS模型中，易感个体感染，进入感染状态，并在恢复一段时间后再次变得易感。SIS模型的第一个反应与式（3-15）相同，而式（3-16）则变为：

$$I(i)\xrightarrow{\mu}S(i) \tag{3-17}$$

当感染源引入易感个体后，这两种模型的演化过程截然不同。在SIR模型中，由于传染病在个体中传播时易感个体的消失，在封闭系统中长期维持感染是不可能的。在SIS模型中，由于同一个个体可以被多次感染，疾病传染过程可以在个体中循环并无限期地持续下去。因此，这两种情况下要测量的变量是不同的。

在SIR模型中，人们感兴趣的是在感染个体数降至零后感染该疾病的个体比例（相对于易感个体的总规模）。感染的初始个体是否能引起无限流行，取决于感染率λ和恢复速率μ，更具体地说取决于比率$\sigma=\lambda/\mu$。我们希望找到流行病转移的位置，即比率的临界值σ_c，当$\sigma<\sigma_c$时，流行病就不可能无限传播；当$\sigma>\sigma_c$时，就有无限传播的流行病以有限的概率发生。

SIS模型与SIR模型类似的属性是比率σ的临界值σ_c，在SIS模型中，该临界值位于疾病持续存在的参数值与疾病未持续存在的参数值之间。虽然存在上述差异，但最近的研究表明，就临界点的性质而言，复杂拓扑上SIS模型和SIR模型的行为是相同的。在这两个模型中，感染在无标度网络上的传播得到了极大的加强。出于这样的原因，我们将重点关注SIR模型。

SIR模型和SIS模型均基于同质混合假设，或称均匀混合假设，这意味着与易感个体有接触的个体是从整个群体中随机选择的。这是一个值得怀疑的假设，一方面该假设假定所有研究对象及其所处环境的微观条件都是相同的，如地理位置、个人习惯和社区结构等；另一方面，该假设允许以常微分方程系统的形式记录各种类别中个体的密度。则基于均匀混合假设的SIR模型表示为：

$$\frac{ds(t)}{dt}=-\lambda\bar{k}\rho(t)s(t) \tag{3-18}$$

$$\frac{d\rho(t)}{dt}=-\mu\rho(t)+\lambda\bar{k}\rho(t)s(t) \tag{3-19}$$

$$\frac{dr(t)}{dt}=\mu\rho(t) \tag{3-20}$$

式中，$s(t)$、$\rho(t)$、$r(t)$分别表示时间t时易感、感染和移除个体的密度，且在任意t时刻都满足归一化条件$s(t)+\rho(t)+r(t)=1$。式（3-19）可以解释为：受感染的个体以μ的速度衰减到被移除的类中，而易感个体以与受感染个体和易感个体的密度成比例的速度被感染。$\bar{k}$表示单位时间内受感染个体接触的易感个体的数量，对于整个群体来说，该数量是恒定的。这里，λ和μ是两个固定常数，因此成对个体之间的感染率和感染持续时间$1/\mu$不存在异质性。该模型的另一个隐含假设是，疾病传染的时间尺度远小于个体的寿命，因此，方程式中不包括因个体出生或自然死亡等导致总数量变化的情况。

式（3-18）、（3-19）和（3-20）的最重要预测是系统内是否存在非零流行病阈值λ_c。当$\lambda>\lambda_c$时，疾病就会传播并感染系统内有限个个体；

当$\lambda < \lambda_c$时，受感染个体的总数在非常大的总体极限中是无穷小的。这个结果的推导我们考虑初始条件$s(0) \cong 0$、$\rho(0) \cong 0$、$r(0) \cong 0$，即感染个体的初始浓度非常小。在不丧失一般性的情况下，我们设置$\mu = 1$。式（3-17）除以式（3-20），抵消$\rho(t)$，然后结合初始条件，我们得到$s(t) = e^{-\lambda \bar{k} r(t)}$，以及流行病发病率的自洽方程：

$$r_\infty = 1 - e^{-\lambda \bar{k} r_\infty}。 \tag{3-21}$$

式中，$r_\infty = 0$始终是该方程的解，为了得到非零解，必须满足以下条件：

$$\frac{dy}{dr_\infty}\left(1 - e^{-\lambda \bar{k} r_\infty}\right)|_{r_\infty = 0} > 1 \tag{3-22}$$

这个条件等价于约束$\lambda > \lambda_c$，流行病阈值$\lambda_c = \bar{k}^{-1}$。其中我们假设感染性和易感性是恒定的，与任何可能的异质性来源无关。

同样值得注意的是，流行病阈值λ_c与基本再生率R_0有关，通常由流行病学家设定。R_0被定义为当一个受感染的个体被引入每个个体都是易感的群体时产生的二次感染的平均数量。显然，只有当$R_0 > 1$时，感染才能自我维持。在均匀混合的情况下，$R_0 = \lambda\mu^{-1}\bar{k}$且$R_0 > 1$可以推导出传播速率中的阈值$\lambda_c = \mu \bar{k}^{-1}$。

在标准传染病模型中加入复杂拓扑结构，从根本上改变了之前为随机图和正则图建立的结果。这对于流行病学家以及那些抗击真实病毒和计算机病毒的人来说可能是个坏消息。在一些重要的技术和商业应用中，与其防止疫情暴发，不如尽可能快速有效地传播“流行病”。这类应用的例子包括互联网中数据的传播、基于谣言的谣言传播模型[1]，以及使用类似谣言策略的营销活动（病毒营销）。

标准谣言模型是戴利（Daley）和肯德尔（Kendal）于1965年提出的，后来人们命名该模型为DK模型。研究人员将传染病模型中的三类

[1] DOERR B，FOUZ M，FRIEDRICH T. Why rumors spread so quickly in social networks [J]. Communications of the ACM，2012，55（6）：70-75.

个体对应于DK模型的无知者（由I表示）、传播者（由S表示）和扼杀者（由R表示）。无知者是那些没有听到谣言的人，他们容易被告知；传播者是散布谣言的活跃人士；扼杀者是那些知道谣言但不传播谣言的人。在流行病学模型中，不同类别的时间演化仅由个体的动力学决定，不取决于其邻居的状态，但在感染–易感的相互作用条件下除外。然而，谣言的动态传播是由不同类别的个人之间的直接接触驱动的，这种差异造成完全不同的图结构。DK模型在每个时间步的动力学方程如下：

$$I(i)+I(j)\xrightarrow{\lambda}S(i)+S(j) \tag{3-23}$$

$$S(i)+S(j)\xrightarrow{\alpha}R(i)+S(j) \tag{3-24}$$

$$S(i)+R(j)\xrightarrow{\alpha}R(i)+R(j) \tag{3-25}$$

式中，i和j相互为邻居。传播过程通过传播者和无知者之间的接触进行演化。当一个无知者遇到传播者时，他会以一定的速度λ把自己变成一个新的传播者。传播的衰退可能是因为“遗忘”，或者是因为传播者知道谣言已经失去了“新闻价值”。在上面的式子中，研究人员认为传播的衰退由于谣言失去了“新闻价值”最为合理，如果传播者与另一个传播者或扼杀者接触，传播变困难的概率为α。由于人们可以自由地设计谣言传播的参数，使最终了解谣言的人群比例尽可能大，因此该模型还假设传播者–传播者类型的联系人是有向的，也就是说，传播者失去了进一步传播谣言的兴趣。

在均匀混合假设中，DK模型可以用无知者、传播者和扼杀者的密度$i(t)$、$s(t)$和$r(t)$来描述，它们均为时间t的函数。三个类型密度演化的平均场速率方程满足以下微分方程组：

$$\frac{di(t)}{dt}=-\lambda ki(t)s(t) \tag{3-26}$$

$$\frac{ds(t)}{dt}=\lambda ki(t)s(t)-\alpha ks(t)\left[s(t)+r(t)\right] \tag{3-27}$$

$$\frac{dr(t)}{dt}=\alpha ks(t)\left[s(t)+r(t)\right] \tag{3-28}$$

式中，初始条件为$i(0)=(N-1)/N$，$s(0)=1/N$，$r(0)=0$。此外，方程还满足归一化条件，即$i(t)+s(t)+r(t)=1$。式（3-26）表明，传播者的密度分别以与传播率r，每个个体的平均接触次数k以及无知者和传播者的密度$i(t)$和$s(t)$成比例的速率增加。此外，式子还说明传播者以传播者和非无知个体密度乘积的k倍的速度衰变为扼杀者。

当$s_\infty=0$时，微分方程组可以在无限时间内解析求解。使用归一化条件$f=\int_0^\infty s(t)\,\mathrm{d}t=\lim_{t\to\infty} r(t)=r_\infty$，并引入变量$\beta=1+\lambda/\alpha$，我们得到如下表达式：

$$r_\infty = 1 - e^{-\beta r_\infty} \tag{3-29}$$

式中，$r_\infty=0$始终是该式子的平凡解，为了得到与λ和α有关的解，必须满足以下条件：

$$\frac{dy}{dr_\infty}\left(1 - e^{-\beta r_\infty}\right)\Big|_{r_\infty=0} > 1 \tag{3-30}$$

在上述动力学规则下，系统的行为与等效流行病模型的行为有着显著的不同，因为当谣言传播过程结束时，知道谣言的人在人群中的分数f始终高于0.8。也就是说，与流行病传播的情况相反，不存在“谣言阈值”。导致这种差异并不是由于$s(t)$增长机制的差异，而是传播过程衰减的规则不同。

3.4.2 同步和集体动力学[1]

同步是一个在许多系统之间由于适当的耦合配置或外部作用力而调整其运动特性的过程。早在17世纪，克里斯蒂安·惠更斯（Chiristiaan Huygens）就发现悬挂在同一面墙上的两个钟摆能够完美地同步它们的相位振荡。其他关于同步的例子包括萤火虫的同步发光，以及相邻管风琴在某些情况下可以使其彼此沉默或完全一致地发声。自20世纪90年

---

[1] WATTS D J, STROGATZ S H. Collective dynamics of ‘small-world’ networks [J]. Nature, 1998, 393 (6684): 440-442.

代初以来，从生物学和生态学，到半导体激光器，再到电子电路等不同的领域，研究人员对耦合单元大型网络中的集体和同步动力学问题进行了研究。

最初，研究人员的研究重点主要集中在周期系统的同步上，而最近对同步的研究已经转移到混沌系统领域。当混沌元素耦合时，会发生许多不同的同步现象，包括完全同步、相位同步、广义同步、滞后同步、间歇滞后同步、不完全相位同步和几乎同步。

完全同步是最简单的同步形式，它包括在一段时间内完全相同的混沌系统的轨迹；耦合的不同振荡器也可以达到相位同步状态，并产生相位锁定，而振幅中没有实质性的关联；广义同步考虑不同的系统，并将一个系统的输出与另一个系统的输出的给定函数相关联；滞后同步是指一个系统在时间t的输出与另一个系统在时间t上偏移滞后时的输出之间差的渐近有界性。滞后同步也可能间歇性发生，导致间歇性滞后同步，其中耦合系统在大部分时间内满足滞后同步的条件，但局部非同步行为的持续爆发可能会间歇性地影响其动力。类似地，不完全相位同步是在相位同步过程中发生间歇性相位移动的情况；几乎同步是指一个系统的变量子集与另一个系统的相应变量子集之差的渐近有界性。

随着研究的不断深入，研究人员进而研究空间扩展或无限维系统中的同步现象，在实验或自然系统对同系现象进行测试，研究导致同步的机制，定义统一的形式化方法，并在同一框架内研究不同的同步现象。

虽然原则上所有这些同步现象都可以在复杂网络中进行观察，但从历史上看，同步研究是从处理相互作用拓扑显示无标度或小世界特性的振荡器开始的，之后主要集中于相同非线性系统的完全同步现象的研究，在非线性系统中，主要的问题是评估通用网络拓扑和通用耦合配置的同步行为稳定性的条件。

首先讨论主稳定函数方法。该方法最初用于耦合振荡器阵列，后来扩展到与任意拓扑耦合的复杂动力系统网络。该方法考虑一个由N个耦合动力单元组成的通用网络，其中每一个单元都会导致由一组局部常微分方程$\dot{x}_i = F_i(x_i)$控制的m维向量场x_i的演化。该方法也适用于时间离散映射网络，但为了方便讨论，我们将重点讨论时间连续系统。其动力学方程如下：

$$\dot{x}_i = F_i(x_i) - \sigma \sum_{j=1}^{N} C_{ij} H(x_j),\ i = 1, \cdots, N \tag{3-31}$$

式中，$H(x_j)$表示矢量输出函数；σ表示耦合强度；C_{ij}是具有严格正对角项的零行和的$N \times N$对称连通矩阵$\left(\sum_j C_{ij} = 0, \forall i\right)$，$C_{ij} \in \mathrm{R}$且是耦合矩阵$\boldsymbol{C}$的元素，指定基础连接布线的强度和拓扑。耦合矩阵$\boldsymbol{C}$通常是拉普拉斯矩阵$\boldsymbol{\Lambda}$。

为了进一步分析，我们假设网络由相同的系统组成，即式（3-31）中的演化函数F_i对于任意网络节点都是相同的，即$F_i(x_i) \equiv F(x_i), \forall i$。这个假设对于确保不变集$x_i(t)$的存在至关重要，$x_i(t)(x_i(t) = x_s(t), \forall i)$表示完全同步流形$S$，其稳定性通常作为研究的对象。由于耦合矩阵$\boldsymbol{C}$的零行和条件以及所有网络节点的耦合函数$H(x)$相同，同步流形$S$是不变集。这两个性质保证耦合项在同步流形$S$上完全消失，降低同步状态的稳定性，以考虑系统在相空间中横向于同步流形的所有方向上的动力学特性。

接下来，我们将集中讨论耦合矩阵$\boldsymbol{C}$的情况。设$\boldsymbol{\lambda}_i v_i$为（相关正交特征向量）实特征值集，使得$\boldsymbol{C} v_i = \boldsymbol{\lambda}_i v_i$，$v_j^{\mathrm{T}} \cdot v_i = \delta_{ij}$。

矩阵行和为零的条件确保了：（1）矩阵的谱是完全半正定的，对于$v_i, \boldsymbol{\lambda}_i \geqslant 0, \forall i$；（2）当$\boldsymbol{\lambda}_1 \equiv 0$时，相关特征向量$\boldsymbol{v}_1 = (1, 1, \cdots, 1)^{\mathrm{T}}$，完全定义同步流形$S$；（3）所有其他特征值$\boldsymbol{\lambda}_i (i = 2, \cdots, N)$具有相关的特征向量$V_i$，$V_i$跨越与$S$横向的$m \times N$维相空间的所有方向。

同步流形稳定的一个必要条件是，与m维超平面$x_1 = x_2 = \cdots = x_N = x_S$横向相空间方向相对应的$m \times (N-1)$李雅普诺夫指数集完全由负值组成。尽管这是一个普遍的稳定性条件，但必须注意的是，这一条件还不够充分。李雅普诺夫指数是渐近平均值，说明全局稳定性。然而，它们不能保证同步流形S本身不存在不稳定的不变集，也不能保证吸引子的局部不稳定区域的稳定性，当噪声起作用时，这些区域可能会产生脱离同步状态的动力学鼓泡或破裂的情况。

下面，我们将介绍基于李雅普诺夫指数描述主稳定性函数的方法。我们从更精确的稳定性标准开始讨论，并将理论聚焦于所选的特定稳定性条件中。

设$\delta x_i(t) = x_i(t) - x_S(t) = \left(\delta x_{i,1}(t), \cdots, \delta x_{i,m}(t)\right)$，指的是第$i$个向量状态与同步流形的偏差，并考虑$m \times N$列向量$\boldsymbol{X} = \left(x_1, x_2, \cdots, x_N\right)^{\mathrm{T}}$，$\delta\boldsymbol{X} = \left(\delta x_1, \cdots, \delta x_N\right)^{\mathrm{T}}$。

若$\otimes$表示矩阵之间的直积，J表示雅可比算子，则：

$$\delta\dot{\boldsymbol{X}} = \left[\boldsymbol{X}_N \otimes JF\left(x_s\right) - \sigma C \otimes JH\left(x_s\right)\right]\delta\boldsymbol{X} \tag{3-32}$$

对于任意状态$\delta\boldsymbol{X}$可以表示为：

$$\delta\boldsymbol{X} = \sum_{i=1}^{N} v_i \otimes \zeta_i(t)\left[\zeta_i(t) = \left(\zeta_{1,i}, \cdots, \zeta_{m,i}\right)\right] \tag{3-33}$$

通过将v_j^T应用于式（3-32）中每个项的左侧，最终获得系数$\zeta_i(t)$的变分方程：

$$\frac{\mathrm{d}\zeta_j}{\mathrm{d}t} = K_j\zeta_j \tag{3-34}$$

式中，$K_j = \left[JF\left(x_S\right) - \sigma\boldsymbol{\lambda}_j JH\left(x_S\right)\right]$，$j = 1, \cdots, N$，表示进化核。

3.5 复杂网络的复杂结构

3.5.1 小世界效应[1]

小世界效应是复杂网络中最引人注目且被广泛讨论的现象之一，这一发现表明，在许多网络中，节点对之间的典型距离可能都非常短。1967年，斯坦利·米尔格兰姆（Stanley Milgram）设计了信件传递实验，在该实验中，受试者被要求通过社交网络将信件从最初的持有者传递给远方的目标人。实验结果表明，信件到达目标人的步数非常少，平均大约六步。米尔格兰姆的实验是对小世界效应的有力证明，虽然该实验设置一定的限制，使得它是一个相当有限的实验。但是，现在我们有了许多网络的非常完整的数据，可以直接测量节点之间的路径长度，充分验证了小世界效应。

在一个无向网络中，若我们将d_{ij}定义为节点i和j之间的最短路径的长度，即为节点i和j之间的距离，则节点i和每个其他节点之间的平均距离l_i为：

$$l_i = \frac{1}{n}\sum_j d_{ij} \tag{3-35}$$

我们将整个网络的节点之间的平均距离l定义为所有节点上该数量的平均值，则：

$$l = \frac{1}{n}\sum_i l_i = \frac{1}{n^2}\sum_{ij} d_{ij} \tag{3-36}$$

该式子不适用于具有多个组件的网络，它会使任何具有多个组件的网络节点的平均距离l都是无限的。解决该问题的最常见方法是将l的定义更改为仅在该网络的组件内节点之间路径的平均值。设C_m表示网络的组件，n_m是组件C_m中的节点数，则平均距离l表示为：

[1] NEWMAN M E J. Models of the small world [J]. Journal of Statistical Physics, 2000, 101: 819-841.

$$l = \frac{\sum_{m} \sum_{ij \in C_m} d_{ij}}{\sum_{m} n_m^2} \tag{3-37}$$

不难想象，小世界效应可能会对复杂网络系统产生重大影响。例如，假设一个谣言正在社交网络中传播，如果谣言从一个人到任何其他人只需六步，而不是100步或100万步，那么它到达人们的速度会快得多。类似地，在网络上从一台计算机向另一台计算机传输数据所需的时间取决于数据包在网络中移动的步数或“跳跃”次数，一个典型“跳跃”次数只有十个或二十个的网络的性能将比“跳跃”次数为一百个或更多的网络性能更好。

3.5.2 度分布[1]

在复杂网络中，度分布是最基本的属性之一。同时，度分布是复杂网络研究最多的特征之一。

在一个无向网络中，节点的度数是指从其他节点连接到该节点上的边数。例如，一个人在社交网络中的度数就是他拥有朋友的数量。图3-21所示的网络即为一个无向网络。

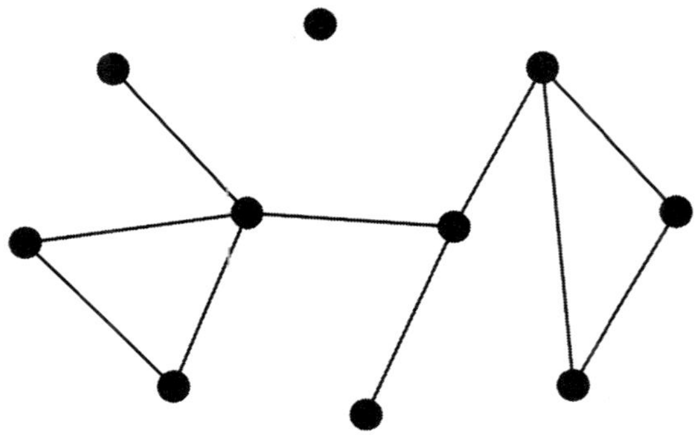

图3-21 一个无向网络

[1] BRITTON T，DEIJFEN M，MARTIN-LÖF A. Generating simple random graphs with prescribed degree distribution［J］. Journal of Statistical Physics，2006，124（6）：1377-1397.

图3-21所示的无向网络有$n=10$个节点，其中一个节点的度数为0，两个节点的度数为1，四个节点的度数为2，两个节点的度数为3，一个节点的度数为4。因此，p_k的值表示为：

$$p_0=\frac{1}{10},\ p_1=\frac{2}{10},\ p_2=\frac{4}{10},\ p_3=\frac{2}{10},\ p_4=\frac{1}{10} \tag{3-38}$$

当$k>4$时，$p_k=0$。p_k为网络的度分布，表示网络中具有度k的节点出现的频率，p_k值也可以看作是一种概率，这是网络中随机选择的节点具有度k的概率。

图3-22显示了互联网在自治系统层面上的度分布直方图，即p_k图。对该图进行分析，可得出以下结论：（1）网络中的大多数节点集中在度1、度2和度3上，分布图有一个明显的“尾部”，“尾部”对应于高阶的节点。（2）图的横坐标在度20处中断，但事实上“尾部”比这更长，在该网络中的高阶节点具有度2 407，对于这个特定的数据集，网络中总共有19 956个节点，这意味着连接最紧密的节点个数约占整个网络节点数的12%。事实上，几乎所有现实世界的网络都有度分布，并有一个像这样的“尾部”。在统计学中，该度分布是右偏的。

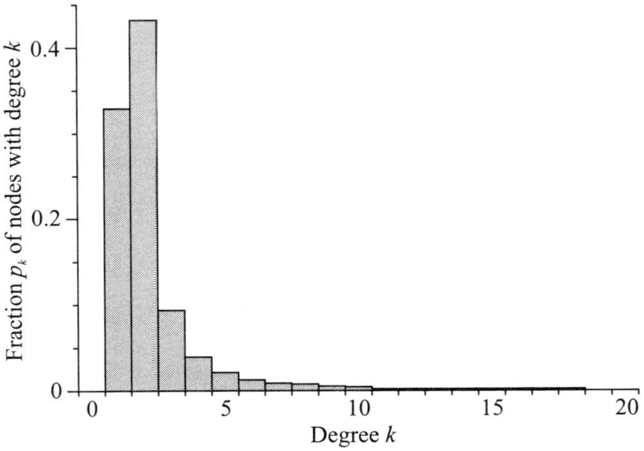

图3-22 互联网的度分布图

我们使用对数标度重新绘制了图3-22的柱状图，如图3-23所示。当以这种方式处理时，度分布大致呈现为一条直线，直方图近似直线的形式表明，度分布大致遵循该形式的幂律。

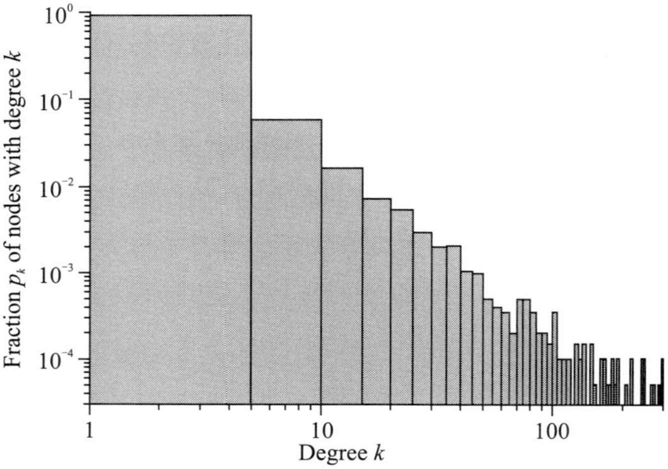

图3-23　互联网的度幂律分布图

用数学术语来说，度分度p_k的对数是度k的对数的线性函数，其表达式如下：

$$\ln p_k = -\alpha \ln k + c \tag{3-39}$$

式中，α和c是常数，取式（3-39）两侧的指数，可以将度分度p_k和度k之间的关系写成如下形式：

$$p_k = Ck^{-\alpha} \tag{3-40}$$

式中，$C = e^c$是一个常数。这种形式的分布随k的幂变化，称为幂律。根据图3-23，我们可以粗略地说，互联网的程度分布遵循幂律。常数α被称为幂律的指数，其典型值的范围为$2 \leqslant \alpha \leqslant 3$，研究人员统计了许多具有幂律或近似幂律度分布的网络的指数测量值，发现大多数网络的指数都在这个范围内。

在整个网络范围内，度分布通常不遵循式（3-40）。从图3-23中，我们可以看到度分布在度k较小时下降，幂律分布在其整个范围内单调递减，在这种情况下，度分布必须偏离度k较小区域的幂律。一种常见的情况是，在度k较大区域中，分布的尾部服从幂律，而在度k较小区域中则不服从幂律。当我们说一个特定的网络存在一个幂律度分布时，通常只意味着分布的尾部有这种形式。在某些情况下，度k较大区域的分布也可能偏离幂律形式。

具有幂律度分布的网络被称为无标度网络，当然，有许多网络不服从幂律度分布，它们不是无标度网络。无标度网络因其有趣的特性而引起研究人员的关注。

幂律度分布应用广泛，不仅仅是在网络中，还包括城市人口规模、地震规模、月球陨石坑规模、太阳耀斑规模、计算机文件规模和战争规模；人类语言中词的使用频率、大多数文化中人名的出现频率、科学家撰写的论文数量以及网页点击量；销售书籍、音乐唱片和几乎所有其他品牌商品的销量；生物分类群中的物种数量；等等。

在式（3-40）中，常数C可以通过对度分布归一化处理求得。也就是说，当我们将具有所有可能度k节点的p_k相加等于1，则有：

$$\sum_{k=0}^{\infty} p_k = 1 \tag{3-41}$$

当$k=0$时，$p_0=\infty$，这是不可能的，因为概率必须介于0和1之间。我们假设$k \geqslant 1$的分布都遵循幂律分布，没有零度节点，因此$p_0=0$。根据假设我们得到：

$$C\sum_{k=1}^{\infty} k^{-\alpha} = 1 \tag{3-42}$$

$$C = \frac{1}{\sum_{k=1}^{\infty} k^{-\alpha}} = \frac{1}{\zeta(\alpha)} \tag{3-43}$$

式中，$\zeta(\alpha)=\sum_{k=1}^{\infty} k^{-\alpha}$是黎曼–泽塔函数。当$k>0$，$p_0=0$时，归一化的幂律分布为：

$$p_k = \frac{k^{-\alpha}}{\zeta(\alpha)} \tag{3-44}$$

对于某些网络，我们只对分布的尾部进行考虑，该部分幂律行为成立，舍弃其余的数据。在这种情况下，我们可以从幂律适用的最小值度

$k_{\min}$开始，仅对分布的尾部进行归一化处理，则p_k可表示为：

$$p_k = \frac{k^{-\alpha}}{\sum_{k=k_{\min}}^{\infty} k^{-\alpha}} = \frac{k^{-\alpha}}{\zeta(\alpha, k_{\min})} \tag{3-45}$$

式中，$\zeta(\alpha, k_{\min}) = \sum_{k=k_{\min}}^{\infty} k^{-\alpha}$，称为广义或不完全zeta函数。

在分布的尾部，度k上的幂律和很好地近似于一个积分，因此可以得到归一化常数，即为：

$$C \simeq \frac{1}{\int_{k_{\min}}^{\infty} k^{-\alpha}\,\mathrm{d}k} = (\alpha - 1) k_{\min}^{\alpha - 1} \tag{3-46}$$

$$p_k \simeq \frac{\alpha - 1}{k_{\min}} \left(\frac{k}{k_{\min}} \right)^{-\alpha} \tag{3-47}$$

研究发现，分布的1阶平均矩是幂律分布的平均值，2阶平均矩是其均方，m阶平均矩依此类推，公式如下：

$$\langle k \rangle = \sum_{k=0}^{\infty} k p_k \tag{3-48}$$

$$\langle k^2 \rangle = \sum_{k=0}^{\infty} k^2 p_k \tag{3-49}$$

……

$$\langle k^m \rangle = \sum_{k=0}^{\infty} k^m p_k \tag{3-50}$$

假设某网络符合度分布，且遵循幂律$p_k = Ck^{-\alpha}$，$k \geqslant k_{\min}$，则：

$$\langle k^m \rangle = \sum_{k=0}^{k_{\min}-1} k^m p_k + C \sum_{k=k_{\min}}^{\infty} k^{m-\alpha} \tag{3-51}$$

由于幂律是度k较大时缓慢变化的函数，我们可以再次用积分近似对式（3-51）第二项求和，则式（3-51）可变换为：

$$\langle k^m \rangle \simeq \sum_{k=0}^{k_{\min}-1} k^m p_k + C \int_{k_{\min}}^{\infty} k^{m-\alpha}\,\mathrm{d}k = \sum_{k=0}^{k_{\min}-1} k^m p_k + \frac{C}{m - \alpha + 1} \left[k^{m-\alpha+1} \right]_{k_{\min}}^{\infty} \tag{3-52}$$

式（3-52）的第一项是一个有限数，其值取决于k的度分布的特殊形式（非幂律）。第二项取决于m和α的值，若$m-\alpha+1<0$，则中括号内可得到一个有限值，$\langle k^m\rangle$是有限的；若$m-\alpha+1\geqslant 0$，则中括号内的值发散，$\langle k^m\rangle$的值随之发散。因此，当且仅当$\alpha>m+1$时，度分布的m阶平均矩是有限的。

在任何真实网络中，由于度分布的所有平均矩实际上都是有限的，则有：

$$\langle k^m\rangle=\frac{1}{n}\sum_{i=1}^{n}k_i^m \tag{3-53}$$

式中，k_i表示节点i的度数。因为所有的k_i都是有限的，所以$\langle k^m\rangle$也是有限的。当第m阶平均矩无穷大时，则它会在一个任意大的网络$n\to\infty$时发散。然而，对于有限大小的网络，平均矩的值虽然不是无限大，但仍然可以变得非常大，也可能产生有趣的行为。对于图3-22和图3-23中使用的互联网数据，二阶平均矩的值h=1 159，在一般情况下，该值可以视为无穷大。

对于纯幂律度数分布，可以证明，与最高度数的节点的分数P相连的边的分数W可表示为：

$$W=P^{(\alpha-2)/(\alpha-1)} \tag{3-54}$$

图3-24显示了不同α值的一组W与P的曲线。这种曲线被称为洛伦兹曲线，以马克斯·洛伦兹（Max Lorenz）的名字命名，洛伦兹在20世纪初首次对其进行了研究。如图所示，曲线显示了在幂律指数α的各种值下，无标度网络中连接到具有最高度数的节点的分数P和与其相连的边的总数的分数W。对于所有的α值，曲线都是向下凹的；对于略高于2的值，曲线的初始增量非常大，这意味着大部分边与一小部分最高度数的节点相连。

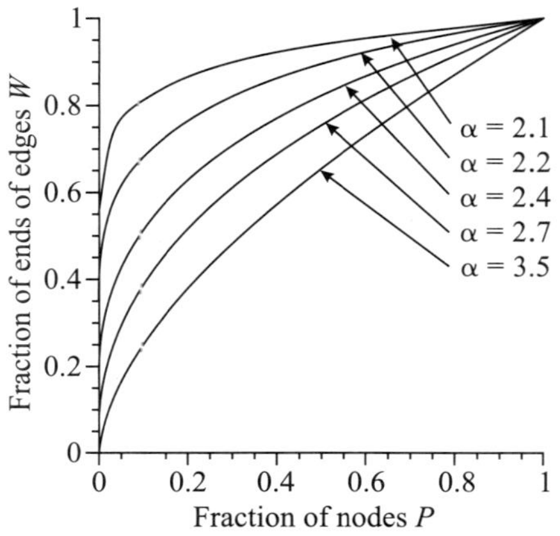

图3-24 无标度网络的洛伦兹曲线图

上述计算都是基于度分布遵循完美的幂律的假设，而在现实中，度分布通常只在其分布的尾部遵循幂律。然而，这一基本原理仍然成立，虽然我们无法为特定网络编写一个精确的公式，但是我们也可以直接从节点的度数轻松地将P作为W的函数进行计算。

3.5.3 中心性度量、聚类系数和分类混合[1]

1.中心性度量

节点度只是网络结构中的各种中心性度量指标之一。其他度量包括特征向量中心度、紧密中心度和中介中心度，尽管这些度量的分布在网络研究中的重要性不如度分布，但仍然值得研究。

特征向量中心度可以看作是度中心性的一种扩展形式，它不仅考虑了一个节点有多少个相邻节点，还考虑了这些相邻节点本身的中心程度。由于特征向量中心度与节点度相似，也具有右偏分布的特性，分布的尾部大致遵循幂律，即在对数标度上是一条直线，如图3-23所示。类似的幂律行为也可以在万维网和引文网络等网络的特征向量中心中看

[1] KLEIN D J. Centrality measure in graphs [J]. Journal of Mathematical Chemistry，2010，47 (4)：1209-1223.

到，而其他一些网络虽显示右偏分布但非幂律分布。

2.聚类系数

聚类系数，它是同一节点的两个相邻节点本身是相邻节点的平均概率。聚类系数量化了网络中三角形的密度，通常情况下，聚类系数的值与人们根据偶然性所期望的值有很大不同。通常，一个节点的两个相邻节点本身是相邻节点的概率为10%~60%。

在具有给定度分布的网络中，若节点之间的连接是随机的，则聚类系数可表示为：

$$C = \frac{1}{n}\frac{\left[\langle k^2\rangle - \langle k\rangle\right]^2}{\langle k\rangle^3} \tag{3-55}$$

如果给定网络随时间演化的数据，那么可以直接研究三元闭包过程。研究人员用这种方法分析了合作者网络，结果表明，之前没有合作过但有其他共同合作者的成对个体，未来合作的可能性比没有合作过的成对个体大得多。

聚类系数不仅可以衡量网络中三角形的密度，还可以衡量其他小的节点群或模体的密度，它们通常被称为局部聚类系数。我们可以定义类似于聚类系数的系数来衡量不同基序的密度，通常情况下，我们只计算网络中目标基序的数量。与研究三角形密度一样，如果网络中的连接是随机的，那么可以将其他小的节点群或模体密度的观察结果与期望的值进行比较。一般来说，可以找到与预期值较高、较低或大致相同的基序计数，所有聚类系数都可能对理解相关网络产生影响。例如，Shen-orr等人[1]研究了遗传调控网络和神经网络中的基序计数，发现某些基序的出现频率远远高于基于偶然性的预期。他们推测，这些基序在网络中起着重要的作用，它们相当于电子电路中的滤波器或脉冲发生器等电路元件，这些基序的频繁出现的原因可能是它们对相关生物体具有高有用性

[1] SHEN-ORR S S，MILO R，MANGAN S，et al. Network motifs in the transcriptional regulation network of Escherichia coli［J］. Nature Genetics，2002，31（1）：64-68.

的进化结果。

3.分类混合

分类混合是指网络中的节点倾向于以某种方式与其他类似节点连接。如在高中友谊社交网络中，学生更倾向与自己年龄相同的其他人交往。

分类混合通常情况下是按程度分类的混合，即节点倾向于与自己程度相似的其他节点连接。此外，还可以按程度进行非分类混合，其中节点以不同的程度连接其他节点。分类混合和非分类混合都会对网络结构产生重大影响。

按程度分类的混合可以通过多种不同的方式进行量化。在不改变节点度分布的情况下，网络中度大的节点倾向于和其他度大的节点连接。网络中的这个重要的结构特性，称之为节点之间的相关性（correlation）。如果网络中的节点趋于和它近似的节点相连，就称该网络是同配的（assortative）；反之，就称该网络是异配的（disassortative）。网络同配性（或异配性）的程度可用皮尔森系数进行描述：

$$r = \frac{\sum_{ij}\left(A_{ij} - \frac{k_i k_j}{2m}\right)k_i k_j}{\sum_{ij}\left(k_i \delta_{ij} - \frac{k_i k_j}{2m}\right)k_i k_j} \tag{3-56}$$

式中，A_{ij}为网络的邻接矩阵；k_i为节点i的度数；δ_{ij}为克罗内克函数。当$k_i = k_j$时，$\delta_{ij} = 1$；当$k_i \neq k_j$时，$\delta_{ij} = 0$。$r > 0$表示整个网络呈现同配性结构，度大的节点倾向于和度大的节点相连；$r < 0$表示整个网络呈现异配性结构；$r = 0$表示网络结构不存在相关性。

然而，如果要计算系数r的值，我们不应该直接用式（3-56）来计算，由于节点i和j上度数的乘积有很多项，导致计算速度很慢。因此，我们将式（3-56）变换为：

$$r = \frac{S_1 S_e - S_2^2}{S_1 S_3 - S_2^2} \tag{3-57}$$

$$S_e = \sum_{ij} A_{ij} k_i k_j = 2 \sum_{\text{edges}(i,j)} k_i k_j \tag{3-58}$$

式中，S_e表示由边连接的所有不同（无序）节点对(i, j)；S_1、S_2和S_3分别为：

$$S_1 = \sum_i k_i,\quad S_2 = \sum_i k_i^2,\quad S_3 = \sum_i k_i^3 \tag{3-59}$$

研究人员统计分析了一系列网络的r值，结果显示了一个有趣的模式。虽然r值的大小相差较大，但不同程度之间的相关性并不特别强。此外，结果显示，社交网络的r值通常为正，表示程度上的分类混合，而其他网络，如技术网络、信息网络、生物网络的r值通常为负，表示非分类混合。

产生这种模式的原因尚不清楚，但是似乎许多网络都有r值为负的趋势，因为它们是简单的网络，网络中的节点之间只有一条边，而没有多条边。也就是说在没有其他偏差的情况下，只有单条边的网络往往会按程度呈现非分类混合，因为可以落在高度节点对之间的边的数量是有限的。由于大多数网络都可以表示为简单网络，这意味着大多数网络是非分类混合的。

那么社交网络呢？社交网络是分类混合的，因为它们的节点倾向于分组。如果网络由多组节点组成，使得大多数边都位于组内，小组中的节点往往比大组中的节点具有更低的阶数，这仅仅是因为小组中的节点要连接的节点更少。但是，由于小组的节点与相同小组的其他节点分组，低阶节点将倾向于连接到其他低阶节点，高阶节点也将倾向于连接到其他高阶节点。因此可以将分类混合问题转化为定量计算问题，事实上，至少在某些情况下，这种机制使得到的r为正值。

3.6　复杂网络的应用

复杂网络作为一种常见的方法出现在生物学的许多分支中，用来表示生物元素之间的相互作用模式。例如，分子生物学家使用复杂网络来表示细胞内化学物质之间的化学反应模式，而神经科学家则使用复杂网络来表示脑细胞之间的连接模式。在本节中，我们描述几种常见的生物化学网络类型。神经元网络、生态网络等，并讨论确定其结构的方法。

生物化学网络代表了生物细胞中分子水平的相互作用和控制模式，近年来受到了广泛的关注。主要包括代谢网络、蛋白质–蛋白质相互作用网络和遗传调控网络等。

3.6.1 代谢网络[1]

新陈代谢是一个化学过程，通过这个过程，细胞将食物或营养物质分解成可用的代谢物，然后重新组装这些代谢物，形成细胞生存所需的生物分子。通常，这种分解和重组涉及链或路径，通过一系列连续的化学反应将初始输入转化为有用的代谢物。所有路径中的所有化学反应的完整集合形成了一个代谢网络，其中，节点表示由代谢物的反应所产生和消耗的化学物质。通常情况下，代谢物仅限于小分子，包括碳水化合物（如糖）、脂类（如脂肪）、氨基酸和核苷酸等。氨基酸和核苷酸是DNA、RNA和蛋白质等大分子的组成部分，但大分子不被视为代谢产物。它们不是由简单的化学反应产生的，而是由细胞内更复杂的分子机制产生的，因此将单独对它们进行讨论。

新陈代谢的根本目的是将食物转化为有用的生物分子，我们不应该将其简单地视为一条装配线，甚至看作是一条非常复杂的装配线。新陈代谢不仅仅是一个传送带网络，从一个反应向另一个反应供给，直到最终产物从末端产生。新陈代谢是一个动态过程，其中代谢物的浓度可以发生广泛而迅速的变化，同时细胞具有开启和关闭特定代谢物甚至整个网络的生产机制的能力。研究人员对代谢网络高度关注的一个主要原因是它们对更进一步了解新陈代谢具有重要的作用。

一般来说，细胞中的单个化学反应将消耗一种或多种代谢物，这些

---

[1] GUIMERÀ R，NUNES AMARAL L A. Functional cartography of complex metabolic networks［J］. Nature，2005，433（7028）：895-900.

代谢物被分解或组合生成一种或多种其他代谢物。消耗的代谢物称为反应底物，而产生的代谢物称为产物。然而，大多数代谢反应不是自发发生的，或者以很小的速率发生，因此细胞使用一系列化学催化剂或酶，使反应以较大的速率发生。与代谢物不同，酶主要是大分子，通常是蛋白质，偶尔也有RNA。酶和所有催化剂一样，在其催化的代谢反应中不会被消耗，它们在新陈代谢中起着重要作用。通过增加或减少催化特定反应的酶的浓度，细胞可以开始、停止该反应，或调节该反应的速度。酶往往对其催化的反应具有高度的特异性，每种酶只能催化一种或少量的反应。目前已发现数千种酶，无疑还有更多的酶有待发现，而这种大规模的高度特异性催化剂可以对细胞过程进行精细的控制。

通常情况下，不同物种的有机体之间代谢网络往往不同，但在动物中，大部分代谢网络是所有或大多数物种所共有的，许多重要的代谢途径、周期和网络中的亚部分基本相同，在一个物种中所做的观察通常也适用于其他物种。

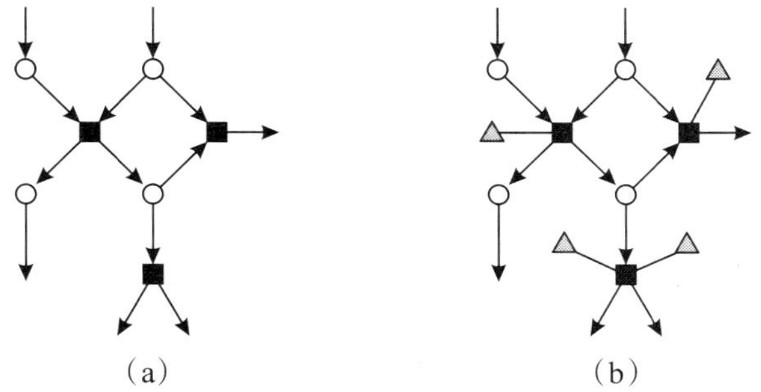

图3-25 代谢网络的二部和三部表示

代谢网络可以表示为一个有向二部网络。如图3-25（a）所示的示例中，网络中的圆形表示代谢物的节点，正方形表示反应的节点，带箭头的线表示哪些代谢物是哪些反应的底物（输入）和产物（输出）的有向边。二部网络有两种不同类型的节点，边仅在不同类型的节点之间运行。在代谢网络中，两种类型的节点代表代谢物和反应，边将每个代谢物与其参与的反应连接起来。因为有些代谢产物进入反应（底物），有些则从反应中出来（产物），通过在边上设置箭头，就可以区分输入和输出代谢物。

代谢网络的这种二部表示不包括任何表示酶的方法，酶虽然不是代谢产物本身，但仍然是代谢的重要组成部分。研究人员通过引入第三类节点来表示酶，并通过边将其与催化的反应连接起来，由此产生的网络是一个混合有向/无向三部网络。因为酶在反应中既不消耗也不产生，所以这些边是无方向的，既不进入也不退出它们所参与的反应。如图3-25（b）所示网络。因此，在三部表示的网络中，部分边是有向的，部分边是无向的。

在实际应用中，这两种代谢网络的表示并没有多大用处。代谢网络最常见的表示方法是将网络“投影”到一组节点上，该组节点可以是代谢物，也可以是反应，一般情况为代谢物。参与相同反应的任何两种代谢物之间都有一条无向边，代谢物可以作为底物也可以作为产物。很明显，这个“投影”丢失了完整的二部网络中包含的大部分信息，尽管它被广泛使用。另一种方法是使用一个有向网络，如果存在一种代谢物作为底物，另一种代谢物作为产物出现的反应，那么使用从一种代谢物到另一种代谢物的有向边。这种表示包含了来自整个网络的更多信息，但仍然存在不足，因为与许多底物或许多产物的反应显示为多条边，很难判断这些边代表同一反应的具体方面。这种表示法之所以流行，是因为对于许多代谢反应来说，只有一种产物和一种底物是已知的或被认为是重要的，因此反应可以仅用一条有向边表示，而不会产生混淆。研究人员制作的大型图表，说明了这种表示方法在代谢网络的重要性。

构建代谢网络的结构涉及来自许多不同路径的数据，几乎可以肯定，这些数据来自许多不同实验者，使用许多不同技术进行的实验。现在有许多代谢途径数据的公共数据库，研究人员可以利用这些数据库来创建网络，最著名的是KEGG和MetaCyc数据库。组装网络本身是一项非常重要的任务，由于数据有多个来源，因此有必要仔细核对实验数据，以确保数据输入的一致性和可靠性，代谢过程中缺失的数据通常基于生物化学和遗传学知识的猜测来填补。目前，许多计算机软件包已经被开发出来，可以以自动化的方式从原始代谢数据重建网络，但他们创建的网络质量通常比知识渊博的研究人员创建的网络质量差（尽管计算机速度快得多）。

3.6.2 蛋白质-蛋白质相互作用网络[1]

代谢网络描述了在细胞中将一种化学物质转化为另一种化学物质的化学反应模式，化学物质仅限于小分子，不包括蛋白质和其他大分子。接下来，我们来讨论蛋白质之间的作用网络。

蛋白质之间以及与其他生物分子之间存在相互作用关系，但这种相互作用并非纯粹的化学作用。蛋白质有时与淋巴细胞亚群产生的其他分子也会发生化学作用，如在磷酸化过程中磷酸基团的交换。蛋白质与其他蛋白质相互作用的主要模式是物理层面的，它们复杂的折叠形状相互连接，形成所谓的蛋白质复合物（见图3-26）。

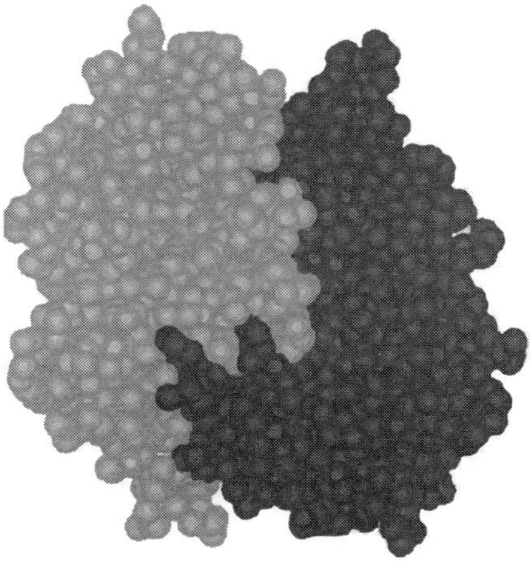

图3-26 两种蛋白质结合形成一种蛋白质复合物

[1] ALHINDI T，ZHANG Z，RUELENS P，et al. Protein interaction evolution from promiscuity to specificity with reduced flexibility in an increasingly complex network［J/OL］. Scientific Reports，2017，7（1）：44948（2017-06-12）［2023-04-10］. https://doi.org/10.1038/srep44948.

所有蛋白质-蛋白质相互作用的集合形成一个蛋白质-蛋白质相互作用网络，网络中的节点代表蛋白质，若相应的蛋白质相互作用，则两个节点通过无向边连接。虽然网络的这种表示应用广泛，但它忽略了有关蛋白质相互作用的许多有用信息。例如，涉及三种或三种以上蛋白质的相互作用时，在网络中可通过多条边表示，但从网络本身无法判断这些边代表蛋白质相互作用的具体方面。类似于在图3-25中为代谢网络绘制的网络的二部表示，其中两种节点表示蛋白质和相互作用，无向边将蛋白质与其参与的相互作用的蛋白质连接起来。然而，三种或三种以上蛋白质的相互作用很少用二部图表示。

研究人员将许多实验技术应用于探测蛋白质之间的相互作用，其中最可靠且值得信赖的实验技术是免疫沉淀。免疫沉淀（不含“共沉淀”）是一种从含有多种蛋白质的样品中提取单一蛋白质的技术，这项技术借鉴了免疫系统的原理，即免疫系统产生抗体。该蛋白质是一种特殊的蛋白质，当二者相遇时，会附着或结合到另一种特定的靶蛋白上。免疫系统使用抗体来中和对身体有害的蛋白质、复合物或更大的结构，免疫沉淀首先将抗体附着到固体表面，如琼脂糖珠的表面；然后将含有目标蛋白质（通常还有其他蛋白质）的溶液通过固体表面，将抗体与靶蛋白结合在一起，通过抗体有效地将蛋白质附着到固体表面，其余的溶液则被洗掉，最终将目标蛋白质从固体表面回收。

虽然免疫沉淀技术已经成熟且可靠，但对于重建大型相互作用网络而言，它是一种不切实际的方法，因为必须对识别出的每个相互作用进行单独的实验，每次实验耗时较长。此外，该技术的实现还必须产生适当的抗体，单个抗体的产生需要数周或数月的工作，这一过程不仅需要很长的时间，而且需要花费大量的资金。因此，对蛋白质-蛋白质相互作用网络的大规模研究直到20世纪90年代才真正开始，采用高通量方法来发现蛋白质与蛋白质的相互作用，这种方法可以快速、半自动化地识别相互作用。

在高通量蛋白质相互作用的方法中，最成熟的是由Fields和Song于1989年提出的双杂交筛选。这种方法依赖于一种被称为转录因子的特殊蛋白质的作用，如果转录因子存在于细胞中，它会导致另一种被称为报告蛋白的蛋白质的产生。研究人员可以通过许多相对简单的方法来检测报告蛋白的存在。双杂交筛选是通过实验，在两种蛋白质相互作用时产生转录因子，从而产生报告蛋白，报告蛋白告诉我们相互作用已经发生。

与免疫共沉淀等方法相比，双杂交筛选有两个优点：（1）我们可以使用一个大型的样本库，从而在一个实验中测试许多蛋白质之间的相互作用。（2）这种方法比免疫共沉淀方法更便宜、更快。如果免疫共沉淀需要为每种被测蛋白质获得或创建抗体，那么双杂交筛选只需要创建DNA质粒并对它进行序列分析，对于装备现代基因工程仪器的研究人员来说，这种操作都相对简单。同时，双杂交筛选有两个缺点：（1）在检测蛋白质能否相互作用实验中，附着在被研究的蛋白质（称“诱饵”蛋白）和与其相互作用的蛋白质（称“猎物”蛋白）上的两个转录因子域的存在会阻碍蛋白质相互作用，并阻止蛋白质复合物的生成，说明在一定的实验条件下不会发生本应发生的蛋白质–蛋白质相互作用，从而使得这种方法不可靠。（2）双杂交筛选产生的假阳性结果和假阴性结果的比率都很高，假阳性结果说明蛋白质之间的明显相互作用实际上不发生相互作用，而假阴性结果说明通过该方法无法检测到真正的相互作用，据估计，假阳性率可能高达50%，这意味着所有非相互作用蛋白质中有一半被错误地报告为相互作用。因此，这类研究的许多甚至大多数结论都可能是不准确的。

用于高通量蛋白质相互作用检测的另一种技术是亲和纯化技术，也称为亲和沉淀技术。该方法在某些方面类似于前面描述的免疫共沉淀技术，但无需为所探测的每种蛋白质开发抗体。在亲和纯化技术中，用类似于在双杂交筛选中引入转录因子的方式，首先，通过向目标蛋白质中添加另一种蛋白质的一部分来“标记”，并引入编码蛋白质加标记的质粒。然后，该蛋白质与其他蛋白质的阵列文库[1]和含有蛋白质复合物的

[1] 蛋白质阵列文库是一种用于蛋白质功能筛选的技术，它将各种具有生物活性的蛋白质分别置于微量板的不同孔内。阵列文库包含一系列重要的重组体克隆，这些克隆以噬菌粒、YAC或其他载体形式存在，并排列成一个二维矩阵。这种克隆矩阵在诸多应用中具有重要意义，如筛选特定基因和片段，以及绘制物理图谱等。

溶液相互作用，该溶液通过一个表面，该表面附着有与标签结合的抗体。最后，标记的蛋白质及其相互作用的蛋白质被结合到表面，而溶液的其余部分被冲走，与共免疫沉淀一样，可以得到一个或多个复合物，以确定相互作用的蛋白质。

这种技术的优点是，它只需要一个与已知标签结合的抗体，相同的标签—抗体可以在不同的实验中用于结合不同的蛋白质。因此，与双杂交筛选一样，每次实验只需生成新的质粒，这相对容易。该技术的一些改进技术产生的结果具有与免疫共沉淀一样的可靠性。特别值得注意的是称为串联亲和纯化的技术，它结合了两个单独的纯化阶段，并产生更高质量的结果。此外，串联亲和纯化为蛋白质-蛋白质相互作用网络提供数据来源。

与代谢反应一样，现在已有大量的蛋白质相互作用数据库，包括BioGRID、STRING和Untaken等，并且可以从这些数据库构建相互作用网络进行分析。示例如图3-27所示。

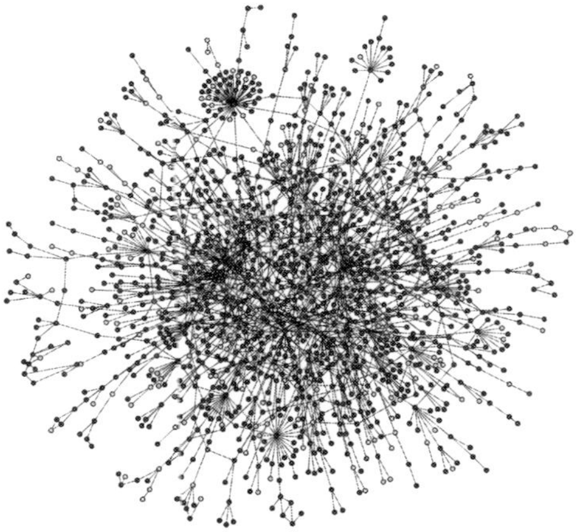

图3-27 酵母的蛋白质-蛋白质相互作用网络[1]

3.6.3 遗传调控网络

生物有机体所需的小分子，如糖和脂肪，是通过代谢反应在细胞中

[1] SCHWIKOWSKI B，UETZ P，FIELDS S. A network of protein-protein interactions in yeast [J]. Nature Biotechnology，2000，18（12）：1257-1261.

产生的。然而，蛋白质是大得多的分子，它们是按照细胞遗传物质DNA中记录的遗传信息，以不同的方式产生，如蛋白质折叠（图3-28）。

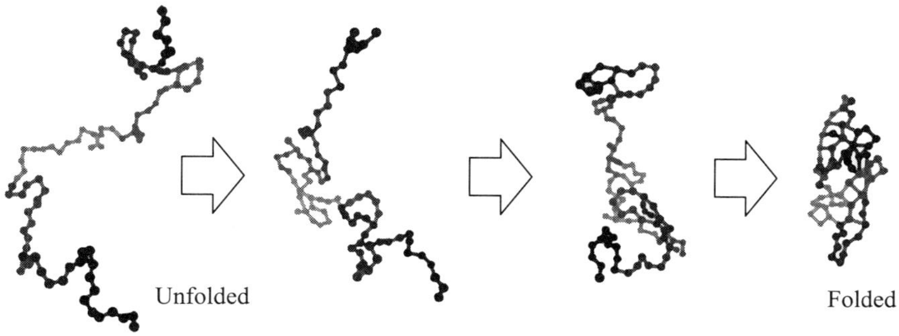

图3-28 蛋白质折叠图

蛋白质是生物聚合物，是由一系列称为氨基酸的基本单元串联而成的长链分子。单个氨基酸本身是通过代谢过程产生的，但它们组装成完整的蛋白质是通过遗传学机制完成的。蛋白质是由22种不同的氨基酸构成的，不同种类的蛋白质通过组成它们的特定氨基酸序列彼此区别开来。蛋白质一旦形成，就不会保持松散的链状形式，而是在热力学和动力学的控制下自行折叠，并产生特定的折叠形式或构象，蛋白质的结构取决于氨基酸序列，如图3-28所示。蛋白质的构象决定了它与其他分子的物理相互作用，并且可以暴露蛋白质表面的特定化学基团或活性位点，这些化学基团或活性位点有助于蛋白质在生物体内发挥生物学功能。

蛋白质的氨基酸序列由细胞内DNA中存储的相应序列决定的。DNA作为包含细胞所需蛋白质序列的信息存储介质，其本身是一种长链聚合物，由核苷酸单元组成，其中有四种不同的类型：腺嘌呤（A）、胞嘧啶（C）、鸟嘌呤（G）和胸腺嘧啶（T）。蛋白质中的氨基酸在DNA中编码为三个连续的核苷酸，称为密码子，如ACG或TTT，一系列这样的密码子构成了蛋白质中氨基酸的完整序列，一条DNA链可以编码成百上千种蛋白质。在蛋白质合成中，存在两个特殊的密码子，分别为起始密码子和终止密码子，用于在蛋白质编码序列中较大DNA链上发出开始和结束的信号。从起始密码子到终止密码子区间的单个蛋白质的DNA代码称为基因。

蛋白质的合成由两个阶段组成。第一阶段为转录阶段，通过RNA聚合酶拷贝单个基因的编码序列，该拷贝由RNA构成，RNA是另一种携带信息的生物聚合物，其化学成分与DNA相似，但不完全相同。这种类型的RNA拷贝称为信使RNA。第二阶段为翻译阶段，蛋白质通过核糖体分子从RNA序列一步一步地组装而成，核糖体是相互作用的蛋白质和RNA的复合体。通过这两个阶段，蛋白质按照相应基因中确定遗传信息的物质组装而成，用分子生物学的术语来说，基因已经被表达了。

一般来说，细胞不需要在任何时候都生产它所含基因的所有可能的蛋白质。单个蛋白质具有特定的用途，如催化代谢反应。细胞能够根据需要开始或停止单个蛋白质的生成，从而对其所处环境做出反应，蛋白质通过使用转录因子来实现这一点，转录因子本身就是蛋白质，其工作是控制DNA序列复制到RNA的转录过程。此外，转录因子作为蛋白质，本身是由基因转录产生的。因此，在给定基因中的蛋白质可以作为转录因子，促进或抑制一种或多种其他蛋白质的产生，这些蛋白质本身可以作为其他蛋白质的转录因子。这一整套相互作用形成了一个遗传调控网络。该网络中的节点是蛋白质或为其编码的基因，从基因A到基因B的定向边表示基因A调节基因B的表达。更复杂的网络表示形式区分了促进转录因子和抑制转录因子，使网络具有两种不同类型的边。

遗传调控网络[1]与代谢网络一样，是细胞运作机制的一个组成部分，这是一种复杂的分子机制，能够调节细胞的许多行为，并协调细胞内外对环境变化的反应。我们对这一机制的了解目前还不完整，对遗传调控网络的形式和功能进行详细分析，将有助于我们更全面地了解生物体在分子水平上的功能。

遗传调控网络结构的实验测定涉及识别转录因子及其调控的基因，有如下几个步骤：首先，确认一个给定的候选蛋白质与目标基因区域的

[1] MILO R，SHEN-ORR S，ITZKOVITZ S，et al. Network motifs：simple building blocks of complex networks [J]. Science，2002，298（5594）：824-827.

DNA结合。最常用的方法是电泳迁移率转移分析（Electrophoretic Mobility Shift Assay，EMSA），该方法是在体外利用电泳迁移率的变化来分析DNA与蛋白质相互作用的一种特殊的凝胶电泳技术。在这种方法中，研究人员创建包含待测序列的DNA链，并将其与候选蛋白质混合在溶液中。如果两者确实结合，那么结合的DNA–蛋白质复合物可以通过凝胶电泳技术检测。凝胶电泳是一种测量带电分子或复合物在外加电场下，通过琼脂糖或聚丙烯酰胺凝胶的迁移速度的技术。另一种检测结合的方法是脱氧核糖核酸酶足迹法。脱氧核糖核酸酶（简称DNA酶）是一种在遇到DNA链时会将其切割成较短链的酶。有许多不同种类的DNA酶，其中一些仅根据核苷酸序列在特定位置切割DNA，但脱氧核糖核酸酶足迹法使用的是一种相对不加选择的DNA酶，可以在任何点位上切割DNA。如果蛋白质在特定位置与DNA链结合，它通常会阻止DNA酶在该位置或其附近切割DNA。脱氧核糖核酸酶足迹法利用这一点，将含有待测序列的DNA链与DNA酶混合，并在DNA酶作用下将DNA样本切成碎片后观察所产生的链。

迁移率转移和足迹分析都可以告诉我们蛋白质是否与给定DNA序列上的某个位置结合。要准确地确定结合点的位置，通常需要进一步处理。例如，可以创建寡核苷酸的短DNA链，其中包含可能与蛋白质结合的序列，并将其添加到混合物中。如果短DNA链与蛋白质结合，这将减少较长DNA与蛋白质的结合，并明显影响实验结果。通过这些处理，再结合计算机帮助猜测哪种寡核苷酸可能最有效，就可以确定特定蛋白质结合的精确序列。

虽然这些技术可以告诉我们与蛋白质结合的DNA序列，但它们无法告诉我们该序列属于哪个基因的启动子区域（如果有的话），以及蛋白质是否确实影响该基因的转录，如果影响，转录是否被促进或抑制，解决这些问题需要进一步调查和分析。

基因的鉴定通常不是通过实验，而是通过计算手段完成的，同时还需要了解蛋白质结合区域的DNA序列。如果我们知道DNA序列，那么我们可以搜索该DNA序列：首先寻找与目标蛋白质结合的子序列；然后检查子序列附近的区域，以确定该区域的基因种类，并寻找该区域的起始密码子和终止密码子；最后记录介于起始密码子和终止密码子之间的其他密码子的序列。目前，包括人类在内的许多生物体完整的DNA序列都已完成测序，因此，基因识别是一项相对简单的任务。

接下来，我们需要确定蛋白质是否真的起到作为转录因子的作用，这可以通过计算或实验来完成。计算方法涉及确定蛋白质结合的亚序列是否是已识别基因的启动子区域。蛋白质有可能结合在基因附近，但不作为转录因子，因为它结合的位置对转录没有影响。这比简单地识别附近的基因要困难得多。同时，启动子区域的结构非常复杂，变化很大。研究人员已经开发出了一些有效的计算机算法和软件工具，帮助我们成功地识别蛋白质。

我们还可以通过实验直接测量基因转录时产生的信使RNA的浓度。例如，可以通过使用DNA微阵列（俗称“DNA芯片”）来实现这一点，DNA微阵列是将微小的DNA链点以网格状阵列附着在固体表面。如果信使RNA的一部分序列与链点的DNA序列相匹配，那么信使RNA就会与该链点结合，这种结合可以用荧光技术来实现。通过同时观察微阵列上所有点上结合的变化，就可以确定信使RNA浓度的变化，从而量化转录因子的影响，这是目前使用计算方法不容易做到的。

与代谢反应和蛋白质–蛋白质相互作用一样，现在已经创建了基因和转录因子的电子数据库，可以从中收集基因调控网络的快照。由于目前关于基因调控的数据基本上是不完整的，因此数据库也是不完善的，随着研究的不断深入，越来越多的数据将持续地被添加到数据库中。

3.6.4 其他生物化学网络[1]

生物化学网络除了代谢网络、蛋白质–蛋白质相互作用网络和遗传

[1] KIM J，BATES D G，POSTLETHWAITE I，et al. Robustness analysis of biochemical network models［J］. IEE Proceedings-Systems Biology，2006，153（3）：96-104.

调控网络，还有许多其他网络，如药物相互作用网络和疾病网络等。

1. 药物相互作用网络

药物相互作用网络是医学中的一个重要例子。药物是大多数疾病的首选治疗方法，如果人们同时患有多种疾病，或在使用两种或更多药物的混合物治疗单一疾病的“联合疗法”的情况下，必须警惕药物之间的潜在相互作用。服用一种药物可能会干扰另一种药物的作用，降低其疗效，或者两种药物的组合可能会产生副作用，甚至可能产生严重的副作用，即使每种药物单独服用是无害的。

医学界已经建立了完善的药物相互作用数据库，我们可以在其中查找特定药物，并获得不应同时服用的药物列表。这样的数据库可以转化为药物相互作用网络，其中网络中的节点代表药物，如果两种药物之间存在有害相互作用，则两种药物之间存在一条边。更复杂的网络表示可能还包括边上的标签、权重或强度，以指示药物相互作用的类型或严重性。对药物相互作用网络的分析可以告诉我们药物相互作用的模式和规律，甚至可以预测之前未知的相互作用。

药物相互作用网络的一个变体是药物–靶点网络。药物通常通过结合、激活、移除、增强或抑制身体中的某些化学靶点（如化学受体或特定蛋白质）发挥作用。了解药物作用的靶点有助于了解其功能和治疗潜力，并告知我们可能的药物相互作用，当两种药物作用于同一靶点时，往往会产生相互作用。药物及其靶点可以表示为一个由两组节点组成的二部网络，一组表示药物，另一组表示靶点，以及一条将每个靶点连接到已知影响药物作用的边。迄今为止，药物、靶点和相互作用网络在定量方面的研究相对较少，但未来可能对健康和医学产生重大影响。

2.疾病网络

网络思想在医学中的另一个应用是Barabási等人提出的疾病网络，它代表了具有遗传成分的人类疾病。在这个网络中，节点代表疾病，如果两种疾病都涉及同一个基因，那么两种疾病之间就有一条边。疾病网络是一个将相关疾病（如不同形式的癌症）聚集在一起的网络。与药物相互作用网络一样，我们也可以构建疾病网络的二部表示，其中有两组代表疾病和基因的节点，以及一条连接任何基因与所涉及疾病的边。

网络也被用来表示生物分子本身的结构。如图3-28所示，蛋白质链自然折叠，形成紧密的结构。链中的某些链最终与其他链紧密相连，并与它们形成化学键，这些化学键将蛋白质的不同部分连接在一起，形成了稳定的折叠结构，并赋予蛋白质特征形状，使其能够执行特定的生物化学功能。化学键的模式可以通过一个网络来捕捉，其中节点代表氨基酸，边代表氨基酸之间的键，键要么是沿着链本身的基本（或初级）键，要么是链折叠时形成的副（次级）键。在实践中，可能很难准确判断哪些氨基酸与哪些其他氨基酸发生相互作用，在这种情况下，可以使用简单的空间接近度代指相互作用，也可以为RNA构建类似的网络。

3.6.5 神经元网络[1]

大脑的主要功能之一是处理信息，而主要的信息处理单元是神经元，这是一种特殊的脑细胞，它通常将多个输入组合在一起，产生单一的输出。不同的动物种类，神经元数量差异极大，所有这些神经元都连接在一起，一个细胞的输出为另一个细胞的输入提供信息，从而形成一个能够做出卓越计算和决策的神经网络。

典型的神经元由胞体和突触组成，其中突触由树突和轴突组成，胞体有许多树突作为输入，轴突作为输出，如图3-29所示。该神经元由一个胞体和一些突出的触手组成，触手是将信号传入和传出细胞的电线。大多数电线都是输入，称为树突，一个神经元可能有一两个或多达上千个甚至更多的树突。大多数神经元只有一个主要输出，称为轴突，轴突通常比树突长，在某些情况下可以延伸到很远的距离，从而将细胞与远处的其他细胞连接起来。该神经元虽然只有一个轴突，但它通常在其末端附近的分支，以允许细胞的输出为其他几个轴突的输入提供营养。每个分支的顶端

[1] SPORNS O. The human connectome：a complex network［J］. Annals of the New York Academy of Sciences，2011，1224（1）：109-125.

都有一个轴突末端，轴突末端与另一个神经元的树突顶端邻接。在轴突末端和树突顶端的连接处有一个称为突触的小间隙，第一个神经元的输出信号必须通过这个间隙才能传递到第二个神经元。突触在大脑功能中起着重要作用，通过改变连接的性质，调节细胞间连接的强度。

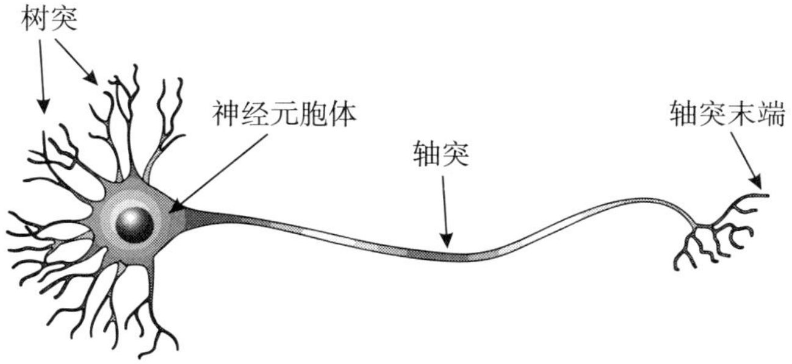

图3-29 神经元的结构图

神经元通常可以视为一个单元，它接受大量的输入，无论是兴奋性的还是抑制性的，并将它们结合起来，从而产生输出，然后传递给一个或多个其他神经元。在网络中，神经元可以表示为一组节点，神经元通过两种类型的有向边连接，一种用于兴奋性输入，另一种用于抑制性输入，在这方面，神经网络类似于遗传调控网络，包含兴奋性连接和抑制性连接。

神经网络结构的实验测定很困难，缺乏直接的实验技术和方法来测定网络结构是当前神经科学进展的主要障碍。然而，研究人员提出了一些有用的技术和方法测定神经网络结构，即使它们的应用还存在较大的困难。

确定神经网络结构的基本工具是光学显微镜和电子显微镜。在动物胚胎发育的早期阶段从大脑中提取的神经元可以在合适的营养介质中培养，并且在没有刺激的情况下生长突触连接以形成网络。如果突触生长在平坦的表面上，那么认为该网络是二维的，并且可以通过光学显微镜以合理、可靠的成像方式确定其结构。这种方法的优点是速度快、成本低，但缺点是所研究的网络与真实动物的大脑有很大的不同。因为真实的大脑是三维的，三维结构成像技术不如二维结构成像技术发达。最成熟的方法是将保存完好的大脑或大脑区域切成薄片，然后用电子显微镜确定其二维结构。给定一组连续切片的结构，至少可以在原则上重建三维结构，尽可能根据其外观识别不同类型的神经元。在这类研究的早期，重建工作是手工完成的，但最近研究人员开发了计算机程序，可以显著加快重建过程。尽管如此，这类研究依然很费时，可能需要数月或数年才能完成，这取决于所研究网络的规模和复杂性。

秀丽隐杆线虫（Caenorhabditis elegans）是生物学中神经网络被研究得最好的生物之一。秀丽隐杆线虫的大脑很简单，它只有302个神经元，每只秀丽隐杆线虫基本上都有相同的接线模式，如图3-30所示。图中显示了由几种形状和标签表示的神经元，以及许多不同类型的兴奋性连接和抑制性连接。一些边从页面上脱落，连接到未显示的网络的其他部分。研究人员通过电子显微镜观察确定秀丽隐杆线虫大脑的二维结构并手动重建它的三维结构，确定了整个网络的结构，并将其呈现为一组相互连接的布线图。

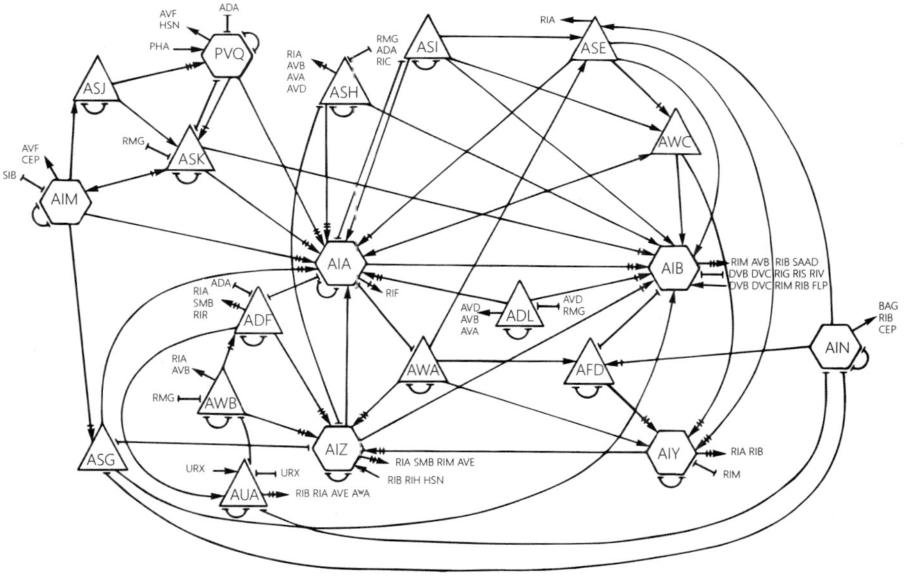

图3-30　秀丽隐杆线虫的神经网络[1]

从二维结构重建三维结构神经网络是目前该领域的主要研究方法，

[1] WHITE J G，SOUTHGATE E，THOMSON J N，et al. The structure of the nervous system of the nematode Caenorhabditis elegans［J］. Philosophical Transactions of the Royal Society of London，1986，314（1165）：1-340.

但其费时和高成本的缺点让研究人员考虑是否有更直接的测定方法。在过去几年中，出现了许多新的方法，这些方法对于更快、更准确地确定网络结构具有重要的意义。这些方法大多基于显微镜，光学显微镜相比电子显微镜是一种退步，光学显微镜仅能观察到生物组织表面的微细结构，而电子显微镜可获取微细结构、化学组成、电子分布等情况。神经科学之父圣地亚哥·拉蒙-卡哈尔（Santiago Ramón y Cajal）以其漂亮的脑细胞手绘插图开创了现代神经解剖学研究的先河，该插图是用有色染料对脑组织切片进行染色，然后通过光学显微镜对其进行成像而创作的（见图3-31）。目前的光学技术更加成熟，但基本上做着同样的事情。

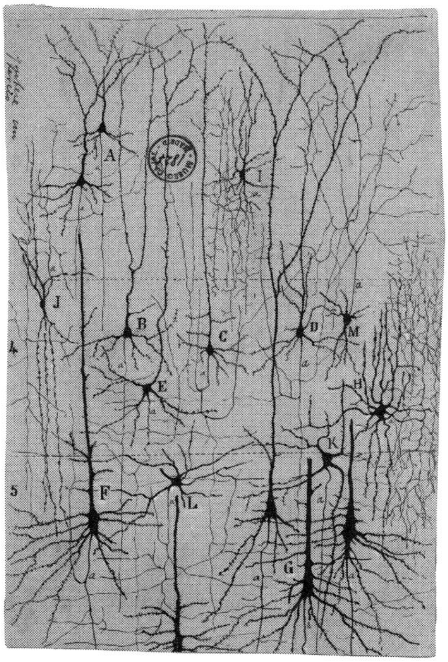

图3-31 脑细胞手绘插图[1]

脑组织染色对于使脑细胞在光波长下可见至关重要。如果没有染色，神经元与其周围组织之间的对比度较低，无法清晰地显示图像。圣地亚哥·拉蒙-卡哈尔的研究，是通过注射染料实现染色的，随着技术

[1] NEWMAN E A，ARAQUE A，DUBINSKY J M，et al. The beautiful brain：the drawings of santiago ramón y cajal ［M］. New York：Abrams，2017：60-61.

的进步，现代研究使用的是一系列更奇特的技术，尤其是实验动物的基因工程菌株，通常是小鼠，它们本身会产生染料。这通常是通过将在脑细胞内产生荧光物质的基因导入小鼠来实现的，该荧光物质称为绿色荧光蛋白（Green Fluorescent Protein, GFP），这是一种广泛使用的标记物，该标记物最初是在某些水母物种中发现的。荧光蛋白在紫外线照射下会发出可见光，这种光可以被拍摄下来，从而生成神经元图像。

虽然这种方法很优雅，但它并不能解决大脑切片成像的根本问题。然而，新发现的利用光学技术清晰区分脑细胞的能力确实为实现真正的3D成像打开了大门，研究人员找到一种方法对整个大脑或大脑区域进行光学显微镜检查（在电子显微镜下根本不可能）的方法。实现这一点的基本工具是共焦显微镜，这是一种使用特殊光学元件并结合计算机处理的显微镜，可以对来自三维空间中单个二维切片的光进行成像。通过扫描样本的成像切片，可以构建整个三维结构的图像。然而，这并不能完全解决我们的问题，为了聚焦来自大脑内部某个区域的光，光首先需要从大脑中传出，这通常是无法做到的，因为被大脑的其他部分挡住了。解决这一问题的一种方法是使用Clarity技术，这是一种向脑组织注入水凝胶使其透明的方法。一旦大脑组织变得透明，就可以用共焦显微镜拍摄其整个三维结构，而无需将其切片。

光学成像和跨突触追踪技术很有可能成为神经网络重建的重要技术，但仍处于起步阶段。目前还没有任何使用这些技术的大规模神经网络重建的示例。尽管如此，这是一个大脑成像快速发展的时代，在短短几年内，这些方法很有希望取得进展，使我们能够对神经网络的结构有更清晰的了解。

3.6.6 大脑的功能连接网络[1]

关于大脑的另一类网络是大范围区域之间宏观功能相互连接的网

[1] POWER J D，COHEN A L，NELSON S M，et al. Functional network organization of the human brain [J]. Neuron，2011，72（4）：665-678.

络。在这些网络中，节点代表大脑区域，通常是执行某些已知功能（如视觉、运动控制、学习和记忆）的区域，边代表某种功能连接，其中一个区域控制另一个区域或向另一个区域提供信息。这些宏观网络的结构可以揭示大脑的逻辑组织、信息处理是如何发生的，或者不同的过程是如何相互联系的，同时避免了脑细胞之间联系的微观细节。原则上，宏观大脑网络虽然很复杂，但比神经网络要简单得多，前者通常包含数十个或数百个节点，后者可能包含数十亿个节点。宏观网络还有一个优势，即它们可以在活体大脑中被观察到，包括在人脑中。

观察大脑宏观网络结构的主要技术是磁共振成像（MRI），尤其是弥散磁共振成像（DW–MRI）和功能磁共振成像（fMRI）。这些是非侵入性成像方法，可以从颅骨外创建活体大脑的图像。MRI的一个根本缺点是缺乏空间分辨率：它通常只能在毫米或更大的尺度上分辨特征，而毫米或更大的尺度远远大于单个神经元的微米或纳米尺度。尽管如此，为了在大范围内建立大脑的解剖结构及其相互连接模式，MRI是一种有用的技术手段。

弥散磁共振成像也称为弥散纤维束成像或弥散加权磁共振成像。该技术旨在找出大脑区域之间的物理联系，即大脑内的长程布线，其形式为细长轴突束，大到足以通过磁共振成像进行分辨。在轴突等细长结构中，沿轴突的扩散速度比垂直于轴突的扩散速度快，DW–MRI可以识别出这种差异，从而确定轴突的位置。因此，DW–MRI可以非常直接地提取大脑宏观网络中的边，使我们能够重建网络拓扑。

相比之下，功能磁共振成像是一种时间分辨成像技术，可以实时呈现活体脑组织中的实际大脑活动。通常，大脑对血氧水平的变化很敏感，血氧水平的变化会增加大脑活动区域，导致大脑活动区域在MRI图像上“亮起”。fMRI不能像DW–MRI那样直接获得网络结构，我们必须通过观察大脑不同活动区域之间的相关性来推断联系，研究表明，经常同时发光的两个区域可能参与相同的任务。近年来，DW–MRI和fMRI的结合使得研究人员能够构建出人类和动物大脑中大规模网络的复杂结构。

3.6.7 生态网络

生物网络是生态系统中物种间的相互作用网络，生态系统中的物种可以以多种不同的方式相互作用，它们可以相互捕食、相互寄生、相互竞争资源，也可以进行互利互动，如授粉和传播种子。原则上，所有这些类型的交互都可以在组合交互网络（如多层网络）中进行表示。生态学家按照交互类型划分为不同的网络，如捕食者-猎物相互作用网络、宿主-寄生虫网络和互惠互动网络，研究人员对捕食者-猎物相互作用网络的研究较为广泛，而对宿主-寄生虫网络和互惠互动网络的研究相对较少。

1.捕食者-猎物相互作用网络

接下来，我们来介绍一种常见的捕食者-猎物相互作用网络——食物网。食物网是一个有向网络，网络中的节点代表物种，代表了给定生态系统的捕食者和猎物，有向边代表捕食者-猎物相互作用。图3-32显示了南极洲物种间捕食的一个例子。

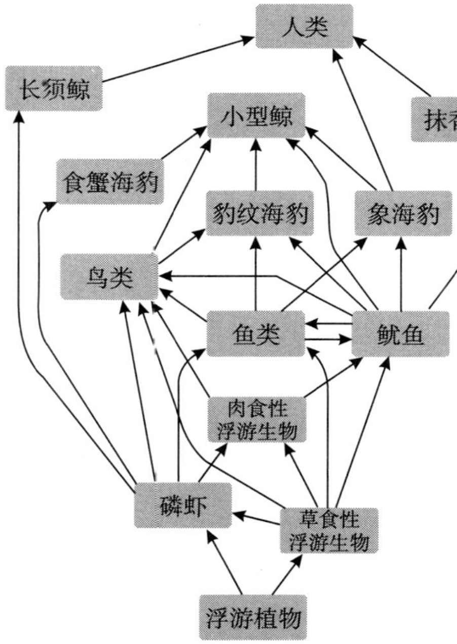

图3-32　南极洲物种的食物网[1]

[1] POLIS G A, STRONG D R. Food web complexity and community dynamics [J]. The American Naturalist, 1996, 147 (5): 813-846.

关于图3-32中的食物网，有几点值得注意：第一，在这种情况下，并非所有节点都代表单个物种。图中网络的节点一些代表单个物种，如抹香鲸，一些代表物种的集合，如鸟类或鱼类，这是研究食物网的常见做法。如果一个物种（如鸟类）都捕食相同的其他物种，那么可以通过将它们表示为单个节点来简化网络，而不会丢失关于谁捕食谁的任何信息。事实上，即使在一个物种有大部分相同的捕食者和猎物的情况下，研究人员有时也会将它们归为一组。具有相同或相似捕食者和猎物的一组物种被称为营养物种。

第二，注意网络中边的方向。有人可能会认为，边的方向是从捕食者指向猎物，但生态学家通常会将边的方向画向相反的方向，从猎物指向捕食者，如表示鸟吃鱼的边从鱼节点指向到鸟节点。之所以做出这种看似奇怪的处理，是因为生态学家将食物网中的节点视为生态系统中能量（有时是碳）流动的代表，从鱼到鸟的箭头表示，当鸟吃鱼时，鸟从鱼中获得能量。

第三，图中几乎所有的箭头都指向同一方向。有向网络具有这样的特性，即可以使网络中的所有边都指向同一方向，这种食物网称为无环网络食物网（通常只是近似无环的）。网络中有一些边不指向同一方向，研究人员通常假设网络是非循环的，这样处理可以得出一些有价值的结论。

食物网的非循环性表明，生态系统中物种之间存在内在的捕食关系——高阶捕食低阶。生态学家将物种在这种捕食关系中的位置称为营养级。食物网底部的物种，在图3-32所示的食物网中只有一种浮游植物，它的营养水平为1级。那些捕食它们的物种，如磷虾、草食性浮游生物，它们的营养水平为2级。以此类推，一直到食物网顶端的物种，它们根本没有捕食者，如例子中的人类和小型鲸。注意，尽管这些物种在某种意义上都处于“食物链的顶端”，但是它们不必具有相同的营养水平。

食物网主要有两种类型：社区食物网和源（汇）食物网。社区食物网是整个生态系统的完整网络，该网络代表了系统中的捕食者与猎物之间的相互作用。源食物网和汇食物网是完整网络的子集，集中于直接或间接与特定猎物和捕食者相互作用的物种。例如，在源食物网中，记录所有从特定源物种（如草）获取能量的物种。图3-32所示的食物网既是一个社区食物网，也是一个源食物网，因为网络中所有物种的能量最终都来自浮游植物，浮游植物是源，其上的物种形成相应的源食物网。图3-32所示的食物网中，人类消耗抹香鲸、长须鲸和象海豹，而抹香鲸、长须鲸和象海豹又从鱼类、鱿鱼、草食性浮游生物、磷虾以及最终的浮游植物中获取能量。因此，这一物种子集构成了人类的汇食物网，即指人类消耗的能量通过哪个物种传递的网络。

构建食物网通常有两种不同的方法。第一种方法是直接测量，在确定了要研究的生态系统之后，首先整理出该生态系统中的物种列表，然后确定物种之间的捕食者–猎物相互作用。第二种方法是根据现有文献进行汇编。许多捕食者与猎物之间的相互作用已被研究，并记录在科学文献中，但在更大的食物网背景下，研究人员通常可以通过搜索文献中的记录来重建食物网的完整结构或部分结构，当前许多可用的食物网数据集都是以这种方式收集的，其他一些数据集是通过实验测量和文献搜索相结合的方式收集的。利用现有文献的一个有趣的特例是构建古生物食物网，文献记载最多的食物网并非来自当今的生态系统，而是来自已经消亡数百万年的生态系统，它们的食物网是根据对化石物种的仔细研究组装而成的。

在某些情况下，研究人员不仅试图研究生态系统中物种之间是否存在相互作用，还试图研究这些相互作用的强度。研究人员通过一个物种从其每一个猎物获得的能量的分数，或者通过猎物和一个捕食者之间的总能量流动率来量化相互作用的强度。其结果是得到一个加权的有向网络，它比传统的无权重食物网更能揭示生态系统中的能量流。然而，相互作用强度的测量比较困难，并且容易产生不确定的结果，因此，我们应谨慎对待加权食物网的数据。

从20世纪80年代末开始，各种来源的食物网数据已被整合到EcoWeb等公开可用的数据库中，为食物网的研究带来诸多便利。

2. 宿主–寄生虫网络

宿主–寄生虫网络是生物体之间的寄生关系网络，例如大型动物与生活在其外部及内部的昆虫和微生物之间的关系。从某种意义上说，寄生关系是一个物种捕食另一个物种的形式，但实际上，该网络与传统的捕食者–猎物相互作用网络截然不同。例如，寄生虫的体型往往比其宿主小，而捕食者的体型往往更大，寄生虫可以依靠宿主长时间（可能无限期）生活而不会杀死宿主，而捕食通常会导致猎物死亡。

然而，宿主–寄生虫的相互作用在某种程度上类似于传统食物网。寄生虫本身是较小寄生虫的宿主，这些寄生虫可能有比自己更小的寄生虫，等等。近年来，关于宿主–寄生虫网络的文献逐渐增多，其中大部分是对农业领域的研究，主要关于寄生虫在牲畜和作物物种中的作用及其影响。

3. 互惠互动网络

互惠互动网络是物种之间互惠互动的生态网络。生态学文献中受到关注的三种特定类型的互惠网络是植物和为它们授粉的动物网络（主要是昆虫），传播种子的植物和动物网络（如鸟类）以及蚂蚁物种和它们保护和食用的植物网络。由于物种之间的互惠互动是在一对物种之间的两个方向上交互的，因此互惠互动网络是无方向的（或者双向的），与捕食者–猎物相互作用网络和宿主–寄生虫网络的定向交互相反。大多数互惠互动网络也是二部网络，由两个不同的、不重叠的物种集（如植物和蚂蚁）组成，只在不同的物种集成员之间进行交互。

3.7 本章小结

本章从图论概念出发，首先介绍了图论的起源，图和复杂网络的概念，并简要介绍了图论与各学科的融合发展及在其中的作用。然后介绍了网络的主要统计量与结构，所列举的概念和公式都是基于无向图的。之后介绍了主要网络模型，如加权网络、有向网络等，重点介绍了无向图并将在无向图上的统计量和公式推广到各种网络中。接着介绍了复杂网络的动力学传播理论，简要概括了传播过程以及同步和集体动力学。紧接着描述了复杂网络最显著的复杂结构，包括小世界效应、度幂律分布、中心性度量等，这些复杂结构同样可以在各种网络模型中体现。最后总结了复杂网络在生物学中的应用，根据不同的研究对象形成各种不同的网络，包括代谢网络、蛋白质-蛋白质相互作用网络、遗传调控网络等生物化学网络，还包括神经元网络、生态网络等。

第 4 章

计算语言学与生物序列

研究者们普遍认为核酸是一种具有丰富信息的语言，核酸语言不仅能够用来描述生命的结构以及生命的过程，而且和语言一样存在着多样性，具有许多共同的特点。所以，现有的许多研究将语言理论领域所取得的成果和方法应用于生物序列的研究上。基于这样的路线，计算语言学也为生物序列上的研究助力，使研究取得了许多新的突破。关联分析是一种数据挖掘技术，可以用于在数据集中发现频繁项集和关联规则。在计算语言学中，关联分析可以用于挖掘文本数据中的关联规则，帮助我们更好地理解自然语言中的语义和语法规则。在生物序列分析中，关联分析可以用于挖掘基因组和蛋白质组中的关联规则，从而揭示基因与蛋白质之间的相互作用和功能关系。这些分析结果可以帮助我们更好地理解数据和推导结论，并促进这两个领域的进一步发展。因此，运用关联分析技术进行计算语言学的生物序列研究是值得我们期待的一个研究领域。

本章主要介绍计算语言学的基本概念，生物序列模式挖掘、模式识别与比对，以及计算语言学在核酸、基因组中的应用。

4.1 计算语言学

计算语言学（computational linguistics）是应用于计算机研究和处理自然语言的一门新兴交叉学科。它的研究目标是寻找出自然语言的规律，构建运算模型，让计算机能够像人类一样分析、处理自然语言。计算语言学的研究不仅涵盖了自然语言处理的技术，还包括语言学理论、数据挖掘和语言资源建设。研究人员需要结合多种技术来构建自然语言处理系统，这些技术包括运用计算机规则、统计学和机器学习算法。

自然语言是人类世界最常见的语言，它是指自然地随着人类文化演变出来的语言，例如汉语、英语、法语、德语等；还有一类是计算机程序设计语言，例如编程语言，通常被视为人工语言。计算机程序并不能直接理解自然语言，因为它们需要用严格的语法和语义来进行处理。计算语言学的目标就是通过研究自然语言，构建出可以让计算机理解和处理自然语言的模型。计算语言学是计算机科学和语言学相结合的产物，目前已经取得了许多研究成果，并在众多领域得到了广泛的应用。为了符合计算机加工的要求，研究人员认为语言应该满足形式化的要求，因为只有形式化，才能够进一步实现算法化和自动化。根据这个要求，研究人员在计算机语言学的研究中制定了一系列面向语言信息处理的自动分析方法，其中包括预示分析法、从属分析法、中介成分体系、优选语义学、扩充转移网络和概念从属论等[1]。这些自动分析方法，已在机器翻译和自然语言理解的系统中得到广泛应用，这些方法的有效性也得到了证明。

在生物信息学中，主要的研究对象包括蛋白质序列和核酸序列等。其中对蛋白质序列的分析主要包括对蛋白质序列的结构分析，蛋白质间的相互作用和差异分析。对核酸序列的分析主要包括编码区和非编码区序列信息分析，比较不同生物个体的基因组序列，分析基因之间的相互

[1] 中国大百科全书总编辑委员会.语言文字百科全书［M].北京：中国大百科全书出版社，1994：180-181.

作用等，以此来指导基因的识别和基因功能的注释、挖掘基因间的相互关系以及识别非编码区功能的元素等[1]。生物序列模式挖掘是进行蛋白质家族分析、非编码区元素功能识别、基因组注释以及转录调控分析等研究的基础工作，是识别功能元素及基因，进而解释序列间相互关系和预测生物序列功能等工作中不可或缺的关键技术。其中，最重要的三个研究内容就是生物序列的模式挖掘、生物序列模式识别以及生物序列的比对。

在计算语言学与生物信息学的研究方面，认知科学和遗传学是决定人类物种的两个领域，而在这两个领域目前还有许多科学问题尚未找到答案。生物信息学则是结合了这两个领域的研究重点，试图揭开基因组功能结构和信息结构。

对语言及其进化的问题，在计算语言学领域也得到了广泛的关注。语言及其进化的研究和计算语言学一样，面临两个基本且共同的问题，即什么是语言，以及解释当前正在使用的语言的情况和状态。计算语言学的研究方法对语言及其进化问题同样是有效的，它通过结合语言学和信息学的理论和技术，把生物学的模型、信息学的方法应用到语言的研究中，试图建立语言进化的数学模型。生物学和语言学在许多方面也有着重要的平行对应关系[2]。所以许多关于语言及其进化上的研究也能够从生物序列上的研究中汲取一些非常有效的经验，能够为语言的进化提供更好的解释。

4.2　形式语言理论

4.2.1 形式语言

形式语言（formal language）在计算语言学中具有重要的用途。它

[1] BAJESY P，HAN J W，LIU L，et al. Survey of biodata analysis from a data mining perspective [M]// Data Mining in Bioinformatics. London：Springer London，2005：9-39.

[2] 俞士汶，黄居仁. 计算语言学前瞻 [M]. 北京：商务印书馆，2005：75-126.

与自然语言不同，形式语言不是人为设计的而是自然进化的。形式语言是为了特定应用而人为设计的语言，如数学家用的数字和运算符号、化学家用的分子式等。编程语言也是一种形式语言，是专门设计用来表达计算过程的形式语言[1]。

形式语言有严格的语法（syntax）规则，语法规则由符号（token）和结构（structure）的规则组成。其中符号相当于自然语言中的词和标点、数学式中的数字和运算符等。符号的规则被称为词法（lexical）规则，结构的规则被称为语法（grammar）规则。麻省理工学院的语言学家诺姆·乔姆斯基（Noam Chomsky）在对语言语法进行数学式的系统研究中做出了重要贡献，为计算语言学领域的诞生奠定了基础。乔姆斯基曾经把语言定义为：按照一定规律构成的句子和符号串的有限或无限的集合[2]。根据这个定义，无论哪一种语言，包括汉语、英语等所有自然语言，都是句子和符号串的集合。

一般地，描述一种语言可以有三种途径[3]：

1.穷举法：把语言中的所有句子都枚举出来。显然，这种方法只适合句子数量有限的语言。

2.文法（产生式系统）：语言中的每个句子用严格定义的规则来构造，利用规则生成语言中合法的句子。

3.自动机法：通过对输入的句子进行合法性检验，区别哪些是语言中的句子，哪些不是语言中的句子。

文法能够清晰准确地描述语言及其结构，而自动机法则可以对输入字符的识别过程进行详细描述。使用文法描述语言的优点是：语言中句子的结构和句子成分之间关系非常简洁。然而，仅仅通过文法规则判断一个字符串是否符合这些规则定义的语言并不一定准确。通过自动机法

---

[1] 朱保平，李千目.形式语言与自动机［M］.北京：清华大学出版社，2015：33-39.

[2] 乔姆斯基.句法结构［M］.邢公畹，庞秉均，黄长著，等译.北京：中国社会科学出版社，1979：28-35.

[3] 刘颖.计算语言学［M］.北京：清华大学出版社，2002：29-31.

来识别一个字符串是否源于该语言则相对比较简单，但也会存在一些问题，如自动机法很难描述语言的结构。因此，在实际应用中通常结合两种方法的优点来描述一种语言。

4.2.2 形式语法

形式语法是指计算机科学中描述有限长字串集合的一种方法。形式语法描述形式语言的基本思路是：从一个特殊的初始符号出发，不断地应用一些产生式规则，从而生成一个字串的集合。产生式规则指定了某些符号组合如何被另外一些符号组合替换[1]。

形式语法是一个四元组 $G=(N, T, P, S)$，其中，N 是非终结符（nonterminal symbol）的有限集合（也称变量集或句法种类集）；T 是终结符号（terminal symbol）的有限集合，$N \cap T = \varnothing$；$V = N \cup T$ 称为总词汇表（vocabulary）；P 是一组重写规则的有限集合：$P=\{\alpha \to \beta\}$，其中 α，β 是由 V 中元素构成的串，同时，α 中至少应含有一个非终结符号；S 是初始符号，$S \in N$。

举例来说，假设字母表只包含a和b两个字符，初始符号是S，可以运用以下的规则：

1. S→aSb

2. S→ba

于是我们可以通过规则1把“S”重写为“aSb”，还可以继续用这条规则把“aSb”重写为“aaSbb”。这个重写的过程不断重复，直到结果中只包含字母表中的字母为止。在这个例子中，可以得到S→aSb→aaSbb→aababb这样的结果。由文法描述的语言包含了所有可以这样产生的字串，比如ba，abab，aababb，aaababbb等。

[1] 宗成庆.统计自然语言处理［M］.2版.北京：清华大学出版社，2013：50-56.

4.2.3 形式语法的类型

在乔姆斯基的语法理论中，文法被划分为四种类型：0型文法、1型文法、2型文法和3型文法。

1. 0型文法[1]

设$G=(V_N, V_T, P, S)$，如果它的每个产生式$\alpha\to\beta$是这样一种结构：$\alpha\in(V_N\cup V_T)^*$且至少含有一个非终结符，而$\beta\in(V_N\cup V_T)^*$，则G是一个0型文法，也称为短语文法。一个非常重要的理论结果是：0型文法的能力相当于图灵机（Turing machine）。或者说对于任何的0型文法语言都是递归可枚举的，反之，递归可枚举集则一定是一个0型文法。0型文法是这几类文法中限制最少的一个，因此也称为无约束文法。

2. 1型文法

1型文法也称为上下文相关文法，此文法对应于线性有界自动机。它是在0型文法的基础上的每一个$\alpha\to\beta$，都有$|\beta|\geqslant|\alpha|$。这里的$|\alpha|$、$|\beta|$表示的是α、β的长度。

需要注意的是，虽然要求$|\beta|\geqslant|\alpha|$，但有一特例：$\alpha\to\varepsilon$也满足1型文法。如A→Ba，$|\beta|=2$，$|\alpha|=1$，则符合1型文法要求。反之，如aA→a，则不符合1型文法要求。

3. 2型文法

2型文法也称上下文无关文法，它对应于下推自动机。2型文法是在1型文法的基础上，再满足规则：每一个$\alpha\to\beta$都有α是非终结符。如A→Ba，符合2型文法要求。

Ab→Bab虽然符合1型文法要求，但不符合2型文法要求，因为其α=Ab，且Ab不是一个非终结符。

4. 3型文法

3型文法也称正则文法，它对应于有限状态自动机。正则文法有多种等价的定义，可以用左线性文法或者右线性文法来等价地定义。左线性文

---

[1] 蒋宗礼，姜守旭.编译原理［M］.北京：高等教育出版社，2010：32-33.

法要求产生式的左侧只能包含一个非终结符，产生式的右侧只能是空串、一个终结符或者一个非终结符跟随一个终结符。右线性文法要求产生式的右侧只能包含一个非终结符，产生式的左侧只能是空串、一个终结符或者一个终结符跟随一个非终结符。它是在2型文法的基础上满足规则：$A \to \alpha \mid \alpha B$（右线性）或 $A \to \alpha \mid B\alpha$（左线性）。

如有：A→a，A→aB，B→a，B→cB，则符合3型文法的要求。但如果推导为：A→ab，A→aB，B→a，B→cB，或推导为：A→a，A→Ba，B→a，B→cB则不符合3型文法的要求。具体来说，A→ab，A→aB，B→a，B→cB中的A→ab不符合3型文法的要求，如果把后面的ab，改成“一个非终结符+一个终结符”的形式，即aB，那么就符合3型文法的要求。例如A→a，A→Ba，B→a，B→cB中如果把B→cB改为B→Bc的形式，那么也是符合3型文法的要求，因为 $A \to \alpha \mid \alpha B$（右线性）和 $A \to \alpha \mid B\alpha$（左线性）两套规则不能同时出现在一个语法中，只能完全满足其中的一个，才可以确定是3型文法。

四类文法与对应的四类语言之间具有包含关系，如图4-1所示。

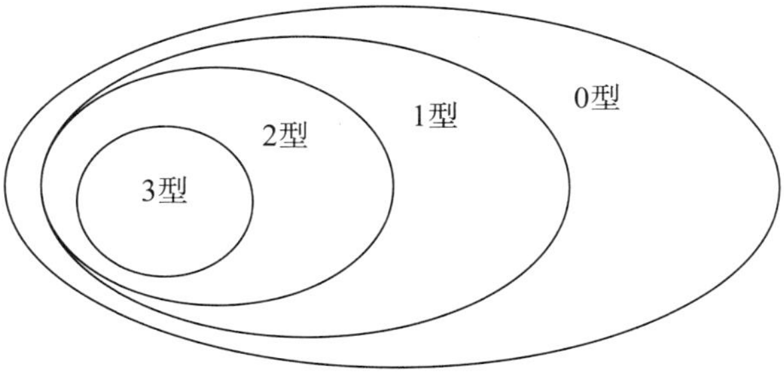

图4-1 四类文法与对应的四类语言之间的关系

4.2.4 自动机理论

在计算机科学中，自动机是计算机和计算过程的动态数学模型，用来研究计算机的体系结构、逻辑操作、程序设计乃至计算复杂性理论。语言学把自动机作为语言识别器，用来研究各种形式语言。神经生理学把自动机作为神经网络的动态模型，用来研究神经生理活动和思维规律，探索人脑的机制。生物学把自动机作为生命体的生长发育模型，进而通过自动机理论研究新陈代谢和遗传变异。数学中则用自动机定义可计算函数，研究各种算法。常见的自动机可以分为三大类：有限状态自动机、下推自动机和图灵机。

1. 有限状态自动机[1]

有限状态自动机（Finite State Automaton，FSA）是为研究有限存储的计算过程和某些语言类而抽象出的一种计算模型。有限状态自动机拥有有限数量的状态，每个状态可以转换到零个或多个状态，有限状态自动机可以表示为一个有向图（状态转换图）。

有限状态自动机是一个五元组：$M=(Q, T, \delta, q_0, F)$，其中：

Q：非空有穷状态集合，$\forall q \in Q$，q 称为 M 的一个状态；

T：输入字母表；

δ：状态转移函数，又叫作状态转换函数，是 $Q \times T$ 到 Q 的映射，$\delta(q, a)=p$；

q_0：M 的初始状态，又叫作启动状态，$q_0 \in Q$；

F：M 的终止状态集合，$F \subseteq Q$；$\forall q \in F$，q 称为 M 的终止状态。

有限状态自动机物理模型如图4-2所示。

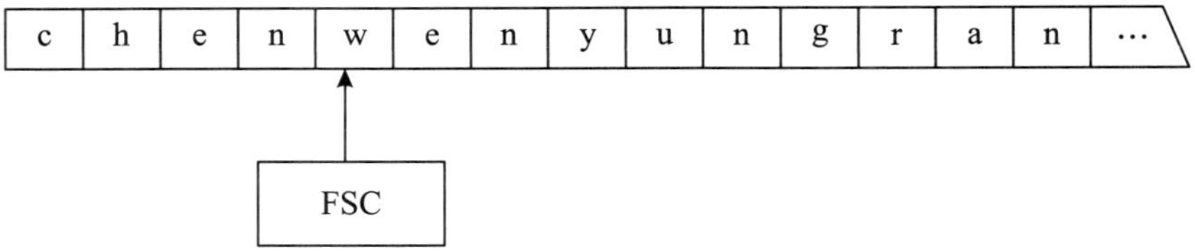

图4-2　有限状态自动机的物理模型[2]

有限状态自动机包括一个输入存储带，该存储带被分解为单元，每个单元存放一个输入符号（字母表上的符号），整个输入串从存储带的左端点开始存放，存储带的右端可以无限扩充。

[1] 朱保平，李千目.形式语言与自动机［M].北京：清华大学出版社，2015：41-46.
[2] 同［1].

有限状态自动机还包括一个有限状态控制器（FSC），该控制器的状态只能是有限多个，FSC通过一个读头与存储带上的单元发生耦合，可以读出当前存储带上单元的字符。初始时，读头对应存储带的最左单元，每读出一个字符，读头向右移动一个单元（读头不允许向左移动，在有限状态自动机的一类变体中，允许读头向左移动）。有限状态自动机的一个动作为：读头读出存储带上当前单元的字符，FSC根据当前自动机的状态和读出的字符，改变有限状态自动机的状态，并将读头向右移动一个单元。

2. 下推自动机

下推自动机（Push Down Automaton，PDA）是如下的一个七元组：$M=(Q, T, \Gamma, \delta, q_0, Z_0, F)$，其中：

Q：有穷状态集合；

T：输入字母表；

Γ：栈字母表；

δ：转换函数，从$Q\times(T\cup\{\varepsilon\})\times\Gamma$到$Q\times\Gamma^*$有限子集的映射；

q_0：M的初始状态，$q_0\in Q$；

Z_0：M的一个特殊的栈符号，称为栈起始符号，$Z_0\in\Gamma$；

F：M的终结状态集合，$F\subseteq Q$。

下推自动机的主要部分是一个后进先出的栈存储器，一般有入栈和出栈两项操作，入栈：增加栈中的内容（作为栈顶）；出栈：将栈顶元素移出。将对栈的操作用于下推自动机的动作描述，加上状态和不确定的概念，可以构成完全识别上下文无关语言的自动机模型。

下推自动机物理模型如图4-3所示。

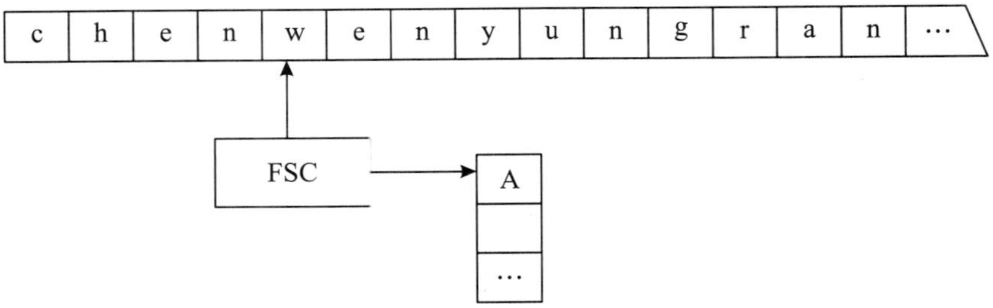

图4-3　下推自动机的物理模型[1]

下推自动机包括一个输入存储带，该存储带被分解为单元，每个单元存放一个输入符号（字母表上的符号），整个输入串从存储带的左端点开始存放，存储带的右端可以无限扩充。

下推自动机包括一个有限状态控制器（FSC），FSC通过一个读头与存储带上的单元发生耦合，可以读出当前存储带上单元的字符。初始时，读头对应存储带的最左单元，每读出一个字符，读头向右移动一个单元（读头不允许向左移动）。下推自动机还包括一个堆栈，存放与输入存储带上不同的符号，只能对栈顶元素进行操作。

下推自动机的一个动作为：读头读出当前存储带上单元的字符，根据当前的状态读出的字符以及栈顶符号，下推自动机改变状态，将一个符号压入栈或将栈顶符号弹出栈，并将读头向右移动一个单元。

3. 图灵机

图灵机是一个五元组：TuringM=（Q，T，q_0，q_α，δ），其中：

Q：有穷状态集合；

T：带上字母表的有限集合，用T=$T\cup\{\mathrm{B}\}$代表T的增广集合；

q_0：初始状态，$q_0 \in Q$；

q_α：接收状态，$q_\alpha \in Q$；

δ：状态转换函数，是$Q\times T'$到$Q\times T'\times\{L, R, N\}$的映射。

图灵机用于可计算性（可计算的特点是有穷、离散、机械执行、停

[1] 朱保平，李千目.形式语言与自动机［M］.北京：清华大学出版社，2015：41-46.

机）的研究。实际上，图灵机可以模拟现代计算机的计算能力。使用图灵机可以解决计算机程序的可计算性问题。图灵机的物理模型如图4-4所示。

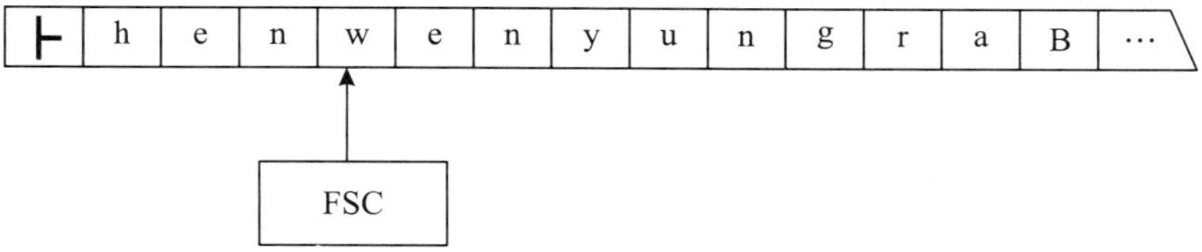

图4-4　图灵机的物理模型[1]

图灵机包括一个有限状态控制器（FSC）和一个外部的存储设备，存储设备是一条可以随机向右无限扩展存储带（存储带上具有左端点，用“⊢”表示）。存储带被分为单元，每个单元可以为空或者存放字母表上的字母符号，为方便起见，使用不属于字母表的特殊字符B来标记存储带上的空单元；有限状态控制器通过一个读/写头与存储带进行耦合。一般在存储带的右边用字符B标记存储带上的右期间。

在任意时刻，有限状态控制器处于某个状态，读/写头将扫描存储带上的一个单元，依照此时的状态和扫描到的存储带上符号。图灵机将有一个动作对有限状态控制器所处的状态进行改变，将扫描过的单元上符号擦除掉并印刷上一个新的符号，读/写头向左或者向右移动一个单元，或者读/写头不移动。

4.3　生物序列与关联分析

4.3.1 生物序列模式挖掘

生物序列模式通常对应着生物学中的一些重要的结构或重要功能元素[2]。例如，保守序列模式，一般来自同一蛋白质家族中的大部分序列

[1] 朱保平，李千目.形式语言与自动机［M］. 北京：清华大学出版社，2015：41-46.

[2] BREJOVÁ B，DIMARCO C，VINAŘ T，et al. Finding patterns in biological sequences［J］. Technical Report，2000：3-49.

甚至所有序列，它们能够影响整个蛋白质家族的结构和功能[1]；因为生物体的进化特性，在基因进行自我复制的过程中会有大量重复序列模式产生，它们的产生能够帮助新基因的形成[2]；另外，有一类重要的功能序列（转录因子结合位点），它们位于共表达基因序列的上游区域，所以往往表现得更为保守，能够调控基因的表达[3]。因此，通过这些发现可以知道生物序列模式在生物信息学中具有重要的意义，挖掘这些生物序列模式成为序列数据研究的重要内容。目前，研究人员已经提出了大量的生物序列模式挖掘算法，这些算法可分为两类：频繁模式挖掘算法和序列模式挖掘算法。

第一类是频繁模式挖掘算法，即对一条已知的生物序列或者生物序列集合，挖掘出其中出现次数超过给定阈值的模式。一些单序列频繁序列模式挖掘算法只能够对单条序列中的频繁序列模式进行挖掘。但是在生物序列分析的研究中，经常要求同时分析序列集中的频繁模式，那么这类算法是无法实现的。

第二类是序列模式挖掘算法，这一类算法可以对已知的多条同类序列的集合挖掘频繁序列模式。对于一个给定的阈值S，如果一个模式出现在超过S条序列中，则称其为频繁模式。对于多序列，则要挖掘同时出现在多条同类序列集合中的频繁模式。

1995年，Agrawal等人[4]提出了一个可挖掘出所有频繁子序列的算法，只要给定支持度阈值和序列数据集，用户就可以在序列集挖掘出所

[1] BEN-HUR A，BRUTLAG D. Remote homology detection：a motif based approach [J]. Bioinformatics, 2003，19（suppl_1）：i26-i33.

[2] LI Y C，KOROL A B，FAHIMA T，et al.Microsatellites：genomic distribution，putative functions and mutational mechanisms [J]. Molecular Ecology，2002，11（12）：2453-2465.

[3] SHAPIRO J A，SERNBERG R V. Why repetitive DNA is essential to genome function [J]. Biological Reviews，2005，80（2）：227-250.

[4] AGRAWAL R，SRIKANT R. Mining sequential patterns [C]//Proceedings of the Eleventh International Conference on Data Engineering. IEEE，1995：3-14.

有出现次数大于或等于最小支持度阈值的子序列模式。Strikant[1]等人基于Apriori技术，引入时间和概念层次约束的思想，提出了GSP算法（Generalized Sequential Pattren mining algorithm），该算法采用自底向上的宽度优先策略挖掘频繁模式。算法执行时，会产生大量候选模式。当候选模式的个数急剧增长时，需要大量的存储空间，另外算法需要频繁扫描序列数据库，导致算法效率较低。因此，Pei[2]等人提出了Prefixspan算法，该算法克服了以上算法的缺陷。Prefixspan算法采用分而治之的思想且不产生候选模式，而是逐层产生规模较小的投影数据库，随后在这些小规模投影数据库上进行序列模式挖掘，这样算法的搜索空间就大大地减小，相比于类Apriori算法，该算法具有更好的性能。

在生物信息学的应用中，现有的序列模式挖掘算法无法直接高效地实现。因为生物序列数据的特殊性，它们的规模往往比较大，所以生物序列模式挖掘有多样性的、特殊的需求。为此，需要针对生物序列模式的特点，采用专门的序列模式挖掘算法。其中专门针对蛋白质序列的挖掘，Xiong等人[3]定义了多支持度的概念，提出了BioPM算法。虽然BioPM算法在效率和性能方面得到了改善，但是该算法挖掘过程中需要构建大量的投影数据库，这样将会产生许多短候选模式，对于较小的支持度，算法的时空复杂度仍然较高。对于相似性重复片段的查找问题，Wang等人[4]设计了SUA_SATR算法。他们首先提出了SATR的定义，根

---

[1] SRIKANT R，AGRAWAL R.Mining sequential patterns：generalization and performance improvements ［C］// International Conference on Extending Database Technology. Berlin，Heidelberg：Springer Berlin Heidelberg，1996：1-17.

[2] PEI J，HAN J W，MORTAZAVI-ASL B，et al. Prefixspan：mining sequential patterns efficiently by prefix-projected growth ［C］// Proceedings of the 17th International Conference on Data Engineering. IEEE，2001：215-224.

[3] XIONG Y，ZHU Y Y. BioPM：an efficient algorithm for protein motif mining ［C］// International Conference on Bioinformatics and Biomedical Engineering. IEEE，2007：394-397.

[4] WANG D，WANG G R，WU Q Q，et al. Finding LPRs in DNA sequence based on a new index-SUA ［C］//Fifth IEEE Symposium on Bioinformatics and Bioengineering（BIBE'05）. IEEE，2005：281-284.

据DNA序列的特性定义了新的相似性标准。算法以数组为基本数据结构，在查找过程中对模式没有长度的限制，因而该算法具有比较快的处理速度。尽管如此，在某些特定的相似度要求下，该算法的效率仍不理想。Kurtz等人[1]提出了基于子序列两两比对的REPuter算法，该算法使用了后缀树的数据结构，对输入序列的长度没有限制，但对于输入序列中出现频度较高的序列，该方法的挖掘效果不明显。2009年，郭顺等人[2]在BioPM算法基础上又进行了改进，提出了MBioPM算法。该算法基于模式划分的思想，避免了构建大量投影数据库，但是该算法在划分得到长度为k的模式类后，进行该类频繁模式挖掘时需要建立缓存区，浪费了一定的空间，同时每次须将现有模式与缓存区模式进行比对，大大增加了算法时间“开销”，从而降低了效率。

4.3.2 生物序列模式识别

人类基因组计划是一项规模宏大、跨国跨学科的科学探索工程。该计划核心任务是测定组成人类染色体中所包含的约30亿个DNA碱基对组成的核苷酸序列，从而绘制人类基因组图谱，辨识其载有的基因及其序列，达到破译人类遗传信息的目的。对于基因组序列，我们最关心的就是从序列中找到的基因及其表达调控信息。

1. 基因识别

识别基因会涉及两个方面的工作：一是识别与基因相关的特殊序列信号，如启动子、起始密码子，通过信号识别大致确定基因所在的区域；二是预测基因的编码区域，绝大部分基因表达调控信息隐藏在基因序列的上游区域，在组成上具有一定的特征，通过对序列进行分析可以识别出这些特征。目前有一些用于转录、翻译相关功能位点的分析和识

---

[1] KURTZ S, CHOUDHURI J V, OHLEBUSCH E, et al. REPuter: the mani fold applications of repeat analysis on a genomic scale [J]. Nucleic Acids Reseach, 2001, 29 (22): 4633-4642.

[2] 郭顺，姜青山，王备战，等. 一种新的蛋白质序列模式挖掘算法 [J]. 计算机工程，2009，35 (8): 208-210.

别方法，如通过训练人工神经网络进行识别等。通过分析序列可以得到基因的调控信息以及对编码区域的分析结果，这些结果能够帮助我们了解和认识基因本身及其结构，进而识别其功能位点。在生物信息学中，无论是基因识别，或是DNA序列上的功能位点和特征信号的识别，还是蛋白质序列特征分析，都需要用到生物序列模式识别。

2. 基因表达调控

基因表达调控是指对基因表达（gene expression）整个过程的调控。基因表达是指细胞在生命过程中，把储存在DNA中的遗传信息经过转录和翻译，转变成具有生物活性的蛋白质分子的过程。

（1）调控元件

对调控元件的研究是生物信息学中基因非编码区研究的一个重要方向。转录调控元件即顺式作用元件，也称为模式（motif）。在转录和后转录水平，它们控制着基因的表达。转录调控元件一般都处在受调控基因的上游区域，本质上是一些比较短的DNA序列。调控元件被RNA结合蛋白所识别，并与之结合，影响着RNA的定位、翻译、修饰和降解；调控元件还可以被特异性DNA结合蛋白（即转录因子）所识别，并与之结合，调节DNA的转录和代谢。因此，在理解和解释整个基因组的过程中，识别和分析转录调控元件，进而了解它们的功能，这是基因表达调控非常重要的步骤。

转录因子是一种具有特殊结构、发挥调控基因表达功能的蛋白质分子，也称为反式作用因子，它将对整个基因表达过程起主导作用。在基因表达过程中，其调控是通过和顺式作用因子的相互作用来实现的。这段序列可以和转录因子的DNA结合域实现共价结合，从而对基因的表达起抑制或增强作用。而该共价结合过程，又取决于外部环境的影响。在转录因子进行基因表达调控时，能与基因模板链结合的区域就称为转录因子的结合位点（Transcription Factor Binding Site，TFBS），通常情况下，转录因子的结合位点一般分布在基因前端的一段保守序列，长度大约为8~20个碱基。

当前调控元件识别要解决的主要问题是从已知基因序列中识别并发现调控元件的序列模式特征。传统的做法是通过生物实验方法来研究调控元件，这种做法费时费力，是不切实际的。与基因识别类似，目前更常用的做法是通过生物信息学的方法来研究调控元件的识别，通过计算查找转录因子结合位点，从而为生物实验提供指导。调控元件和相应的转录因子的特异性结合是发生在基因转录水平上的重要调节机制，调控元件识别是目前基因组序列分析的一个重要方面。

（2）调控元件识别方法

目前研究调控元件的识别算法主要有两大类，每一类算法有着不同的搜索策略。一类算法采用启发式搜索策略，在人工智能领域，大部分机器学习算法都采用这种策略。在调控元件的识别中，这类算法主要有Gibbs采样算法、EM方法、隐马尔可夫模型等。这类算法通常是一个迭代过程，通过不断地迭代取得更优的解。在算法中要对调控元件的信息进行某种近似描述，以确定某种衡量解的质量标准，在迭代中根据此标准对解进行优化，同时判断是否满足迭代终止条件。这类算法的优点是计算复杂度较低，适合于搜索较长的调控元件，但它的缺点是所得到的解可能是局部最优解，不一定能得到全局的最优解。大量的实践证明，通过这类算法（机器学习算法）得到的近似解，能够用于解决实际应用问题。另一类算法采用穷尽式搜索策略，这类算法穷尽地枚举所有的解，并逐一评估，最终找出符合条件的最优解。这类算法的优点是简单、容易实现，且肯定能够找到符合条件的最优解；但它的缺点是非常耗时，特别是对较长的序列，会产生大量的候选解。因此，这类算法只能用于识别较短的调控元件。

（3）调控元件识别算法的一般步骤

虽然调控元件识别算法各不相同，但一般包括选择、分类、比对和搜索几个主要步骤：选择，挑选出最具代表性的特征子序列；分类，对上述特征子序列进行分类操作；比对，通过比对技术抽取每类序列的共同特征；搜索，根据共同特征进行全基因组序列搜索，进而找出符合条件的序列片段。

3. 生物序列模式识别方法

下面介绍几种最常用的生物序列模式识别方法。

（1）Gibbs采样算法

该算法最早是由Lawrence等人[1]提出并应用于识别蛋白质序列中的序列模式，它基于随机采样，已被广泛应用到调控元件的识别，并出现了许多改进的类似算法。目前，在网络上可以下载使用一些现成的软件，如Gibbs Motif Sampler、BioProspector、AlignACE和MotifSampler等，这些软件相对比较成熟，但对具体的基因序列，效率不一定很高。Gibbs采样算法定义一个反映保守程度的目标函数，为了优化目标函数，该算法通过随机采样不断选择调控元件在各条序列中出现的位置，来选择最优的位置作为调控元件。Roth等人[2]也将贝叶斯模型与Gibbs采样算法相结合，有效地用于解决多重序列比较问题。

（2）MM（Mixture Model[3]）算法

该算法是最大期望算法的一种改进算法，它的基本出发点是基于调控元件具有保守性的假设，通过不断地迭代，使得最大似然函数值达到最大。MM算法首先对序列集建立二元有限混合模型，计算其所对应的特征矩阵，然后使用最大似然估计法计算模型的参数。该算法适合解决在一系列不知其特征矩阵和调控元件位置信息的共调控序列中发现共同的调控元件问题，并且能确定调控元件对应的特征矩阵和调控元件的位置。

---

[1] LAWRENCE，ALTSCHUL，WOOTTON，et al. A Gibbs sampler for the detection of subtle motifs in multiple sequences［C］// 1994 Proceedings of the 27th Hawaii International Conference on System Sciences. IEEE，1994，5：245-254.

[2] ROTH F P，HUGHES J D，ESTEP P W，et al. Finding DNA regulatory motifs within unaligned noncoding sequences clustered by whole-genome mRNA quantitation［J］. Nature Biotechnology，1998，16（10）：939-945.

[3] CARDON L R，STORMO G D.Expectation maximization algorithm for identifying protein-binding sites with variable lengths from unaligned DNA fragments［J］. Journal of Molecular Biology，1992，223（1）：159-170.

（3）WORDUP算法

WORDUP是一种选择显著子序列的算法，是基于一阶马尔可夫链分析的方法。WORDUP算法试图在DNA序列中找出具有显著统计特性的基因语言的字词。我们已经知道调控元件是由一些非随机的短寡核苷酸序列组成的。基因语言的字词可以有不同的长度，例如：在编码区域的长度为3，限制位点的长度为4或者6，而转录信号和蛋白质结合位点的长度是可变的。WORDUP算法可以对一组在功能上有联系且没有进行过比对的序列（如启动子区域、内含子等）进行分析。

（4）计数法[1]

计数法是一种穷尽枚举算法，是最直接、最简单的搜索计数的方法。该方法枚举各种可能的候选模式，首先定义适当的得分函数来计算这些候选模式的得分，然后根据得分大小来选择候选调控元件，得分越大的模式有更大的可能被认定为调控元件。由于计数法的处理时间随序列模式的长度呈指数级增长，因此该方法仅适用于对较短的调控元件的挖掘。

4.3.3 生物序列比对

生物信息学所研究的生物序列（DNA、RNA及蛋白质），都是通过进化遗传规律从祖先的序列演化而来的，不同的两条生物序列可能是由一条祖先序列演化而来，说明这两条序列就具有了同源性。对于一条未知的生物序列，我们可以通过序列比对的方法挖掘出其结构信息，如果该序列与另一条序列有密切的进化关系，并且对这条序列的结构功能的研究比较完善，那么就可以估测这条未知序列的结构功能。

在生物学中，如果两条生物序列由一个共同的祖先演化而来，则这两条序列为同源序列。常见的生物序列包括核酸序列和蛋白质序列，若

[1] LIU J S, NEUWALD A F, LAWRENCE C E. Bayesian models for multiple local sequence alignment and Gibbs sampling strategies [J]. Journal of the American Statistical Association, 1995, 90 (432): 1156-1170.

将序列中所有字符组成的集合构成字符表，则4种核苷酸（碱基）字符组成了核酸序列，22种氨基酸（残基）字符组成了蛋白质序列。判断两条序列是否具有同源性就是要分析它们的相似性，可以通过序列比对的方法进行分析。

序列比对是生物序列分析的基础，它的原理就是通过比对不同的生物序列并得到它们的相似性，进而寻找它们进化过程中的同源序列[1]。在系统发育学中，同源性（homology）是指不同生物个体之间从共同的祖先继承而来的相似的生物特征，而相似性（similarity）通常指核酸序列或蛋白质序列的相似性，虽然同源性和相似性在某种程度上具有一致性，但是它们是两个不同的概念。一般来说，序列间的相似性程度越低，所得序列同源性就越差，各种序列分析方法都有一个界限，当两条序列的相似性程度低于20%，就没有统计学意义。同源序列是从某一共同祖先演化而来，但事实上无法得知这个祖先序列。在祖先序列演化的过程中，序列内发生的变化包括碱基的替换、插入和删除，这样从共同祖先不断演化而来的多条序列就会出现不同程度的差异[2]。

近年来，研究人员提出了大量关于序列比对的算法，这些算法可以分为两类：比对算法和非比对算法。其中，比对算法是序列比对中最基本的方法，但由于其缺乏足够的理论依据和存在运行速度较慢的缺点，使其不能满足处理日益增长生物数据的需要，因此研究人员又相继提出了一些生物序列的非比对算法，这些算法能够弥补序列比对算法的缺陷，下面对这两种算法进行简单介绍。

1.比对算法

生物序列比对算法用于比较两个或多个生物序列的相似性。生物序列比对又称为生物序列对准或重排。为此，首先需要将两个或多个序列并列写出，然后对它们各个位点的残基进行比对，照此规则，为了寻找

[1] 王禄山，高培基.生物信息学应用技术［M］.北京：化学工业出版社，2008：72-74.

[2] 根井正利，库马尔.分子进化与系统发育［M］.吕宝忠，钟扬，高莉萍，等译.北京：高等教育出版社，2002：168-189.

两条序列之间的最佳对齐方式，每个残基可能对应的匹配、替换、插入和删除，其中插入和删除状态都相当于在序列中引入了起占位作用的空白字符。为了找到最优的比对方式，需要建立一个评价比对优劣的量化标准，基于该标准为每种可能的比对方式赋予一个得分，具有最高得分的比对称为两条序列的最优比对，根据生物序列数目，序列比对可分为双序列比对和多序列比对。

（1）双序列比对

对各种生物序列进行相似性分析是非常重要的工作。从DNA序列片段测定、拼接以及基因的差异表达分析，到RNA和蛋白质的结构功能的预测都需要进行生物序列相似性分析。在遗传信息长期演化过程中，原本相同的两条DNA序列，由于发生或多或少的变异，导致它们在结构上出现差异。为了确定序列间的相似性，研究人员提出了一些算法，其中双序列比对有比较成熟的动态规划算法，并在此基础上提出两种比较经典的局部比对算法：FASTA算法和BLAST算法。

①FASTA算法

1988年，Pearson和Lipman[1]提出了FASTA算法，该算法将动态规划计算中要考察的矩阵进行了简化，并且保证在使用动态规划算法计算最优路径时不会跑出候选区域，由于候选区域包含的元素远小于整个矩阵元素的数目，因此这种简化极大地提升了计算速度。使用候选区域是FASTA算法的关键环节，该算法主要有以下四个步骤：第一步，找待查序列与已知序列长度为k的公共子串，将其命名为热点区域；第二步，延长热点区域，形成更长的部分比对区域；第三步，综合第二步的比对区域，获得一个得分更高的比对；第四步，基于得到的比对片段，寻找另一个备选的比对。在FASTA算法中，只有得分高的序列，以及这些序列上的部分区域才会进行进一步的算法处理，因此，其比对速度是非常快的。由于该算法是一种近似寻找最优解的算法，其缺陷是结果的最优

[1] PEARSON W R, LIPMAN D J. Improved tools for biological sequence comparison [J]. Proceedings of the National Academy cf Sciences, 1988, 85 (8): 2444-2448.

比对无法保证。

②BLAST算法

Altschul等人[1]提出了BLAST算法，该算法是一种利用启发式搜索比较序列的近似算法。BLAST算法与FASTA算法不同之处是没有采用动态规划算法，相似之处也是寻找短的公共片段。因为生物学上两条有进化关系的序列之间通常共同拥有高度保守的片段区域，所以这种算法是有生物学背景的，这使得BLAST算法成为最成功的生物序列比对算法之一。BLAST算法包括搜索算法和搜索结果的统计学评估两个部分。搜索算法有三个步骤：第一步，寻找查询序列与靶序列之间长度为k的匹配片段；第二步，筛选相距较远的匹配片段；第三步，向两端延长匹配片段，形成更长的比对区域，在延长过程中，若得分超过某个阈值，则称这些区域为高得分区域，所得的高得分区域按降序排列后作为算法的输出。BLAST算法包含5个程序和若干个相应的数据库，分别针对不同的序列和搜索的数据库类型。其中进行核酸—蛋白质搜索比对时，根据中心法则原理，可将核酸序列转换成蛋白质序列，然后进行蛋白质数据库的搜索。

（2）多序列比对

在生物序列分析中，有时需要对多条序列的公共特征进行识别，这就要进行多序列的最佳比对分析[2]。和双序列比对算法相似，评估多序列比对的优劣，首先要建立相应的量化标准。多序列比对问题是一个NP-hard问题，所以只能求得近似解。以前，科学研究者通常通过人工标记颜色的方式建立多序列比对，此时标记的颜色选择就十分重要。如果颜色使用不当，就会造成信息丢失。使用计算机进行多序列比对可分为同步法和步进法，同步法是把所有的待测序列同时进行比对，而不是两两比对。但随着比对序列的数目增加，计算量将呈指数级增加，因此

[1] ALTSCHUL S F，GISH W，MILLER W，et al. Basic local alignment search tool［J］. Journal of Molecular Biology，1990，215（3）：403-410.

[2] GOTOH O. Multiple sequence alignment：algorithms and applications［J］. Advances in Biophysics，1999，36：159-206.

对计算机的要求相对较高。步进法使用两两比对，降低运算的复杂度，较好克服了同步法的缺点。近年来，出现了一系列的多序列比对算法，包括YAMA、CLUSTALW、MUSCLE等。

①YAMA

YAMA是一个用于比对较长的DNA序列的算法，采用渐进式的比对方法，在每一次的比对中，两两组对并进行求和，值达到最大，该算法将比对区域限制在动态规划矩阵的两条边界之间来提高计算效率。在进行比对时，可以预先设定一组匹配模式，该算法就会从最终得分高的比对中选择出跟先前设定模式相匹配的结果。

②CLUSTALW

CLUSTALW是应用非常广泛的多序列比对算法，它采用渐进式比对方法，实现过程分为三个步骤：第一步，对所有的序列进行两两比对，并构建一个距离矩阵；第二步，从距离矩阵出发生成一个用于比对的指导树；第三步，根据指导树给定的序列次序，将每个序列依次加入，逐渐形成有更多序列参与的比对，直到所有序列都加入，并输出最终的比对结果。

③MUSCLE

MUSCLE也是一个高效的多序列比对算法，该算法可以分为三个步骤：第一步，基于两条序列比对得到的相似性程度构建距离矩阵，在距离矩阵的基础上生成进化指导树；第二步，在第一步指导树的基础上形成初步的多序列比对，由此可以获得每两条序列包含相同残基的概率，并计算其距离，根据此距离再次获得进化指导树；第三步，通过在进化指导树的基础上做删除处理，输出更好的比对结果。

2.非比对算法

随着生物数据的不断增加，如何从巨大的生物数据库中找到有用的数据来探究生命科学的奥秘，前面介绍的序列比对算法在基础理论和时间复杂度上都有一定的局限性，在海量生物数据上难以实现更好的效果，所以就出现了序列非比对算法。非比对算法克服了比对算法的缺点，具有里程碑的意义。

生物序列的非比对算法的基本思想是通过数学模型或者智能算法对生物序列进行特征提取，用相应的数值组成的向量或矩阵来表示这些特征，并通过相应距离度量方法来度量序列之间的相似性距离。近年来，在序列的非比对算法中，许多距离度量的方法相继被提出，包括马尔可夫模型、Kullback-Leibler Divergence（KLD）[1]、欧氏距离[2]、欧几里得和马氏距离[3]以及余弦距离[4]等。

非比对序列算法能够准确地刻画生物的特征，且运算速度快。因此，许多科研人员投入到该算法的研究中来，并取得一定的成果。根据非比对算法理论可将该算法分为三类：第一类是基于字统计的方法，包括字统计模型、马尔可夫模型，它首先针对序列中长度为k的子片段出现频率做统计，得到字出现概率分布的信息，然后根据距离度量方法，最后求出由出现概率组成的向量之间的距离，从而得出序列间的相似性距离；第二类是基于几何图形表示的方法，该方法用几何图形的形式表示序列特征信息，可直观地观察到序列的特征，实现序列信息的可视化；第三类是基于复杂度的序列比对方法，该方法需把序列分割成互不相同的子片段，通过对子片段排序等方法计算序列之间的复杂度，进而进行序列间的比较。

4.4 语言理论的计算应用

在本节中，将主要介绍形式语言理论应用的几个主要领域，在后面的章节将会更详细地介绍特定语言理论在识别DNA序列中的基因问题上

[1] STUART G W，MOFFETT K，BAKER S. Integrated gene and species phylogenies from unaligned whole genome protein sequences［J］. Bioinformatics，2002，18（1）：100-108.

[2] WU T J，BURKE J P，DAVISON D B. A measure of DNA sequence dissimilarity based on mahalanobis distance between frequencies of words［J］. Biometrics，1997，53（4）：1431-1439.

[3] WU T J，HSIEH Y C，LI L A. Statistical measures of DNA sequence dissimilarity under markov chain models of base composition［J］. Biometrics，2001，57（2）：441-448.

[4] LI M，BADGER J H，CHEN X，et al. An information-based sequence distance and its application to whole mitochondrial genome phylogeny［J］. Bioinformatics，2001，17（2）：149-154.

的应用，这些领域的研究也将有助于推动我们在生物序列上的研究。

4.4.1 句法分析

句法分析的主要应用是在自然语言处理领域，主要用于提取文本中的结构信息。句法分析可以将文本划分成词、短语和句子，从而提取出语法结构、语义信息和语用信息。这些信息对机器翻译、信息检索、问答系统、文本摘要等自然语言处理任务具有重要意义。句法分析的基本任务可以分为两类：一类是确定句子的句法结构，这类任务被称为短语结构分析，其分析结果可以用短语结构树来表示；另一类是确定句子中词与词之间的依存关系，用句法依存树来表示[1]。

短语结构分析是判断词语序列（一般为句子）的构成是否合乎给定的语法，并通过构造句法树来确定句子的结构以及各层次句法成分之间的关系，即确定一个句子中的哪些词构成一个短语，哪些词是动词的主语或宾语等问题。依存语法理论认为词与词之间存在主从关系，这是一种二元不等价的关系。在句子中，如果一个词修饰另一个词，则称修饰词为从属词（dependent），被修饰的词称为支配词（head），两者之间的语法关系称为依存关系（dependency relation）。

短语结构树和句法依存树都是自然语言处理中常用的语句结构描述方法，区别在于依存树中的每个节点对应句子中的一个词，描述的是词与词之间的依存关系，而短语结构树中只有叶节点与词对应，短语结构树描述的是句子的组成成分与各成分之间的关系。因此，从某种程度上看，句法依存树更能够体现句子的内部语义结构，而短语结构树则更多地体现句子内部的句法结构。图4-5是由同一例句分别构造出的短语结构树和句法依存树。

[1] 俞士汶.计算语言学概论［M].北京：商务印书馆，2003：173-181.

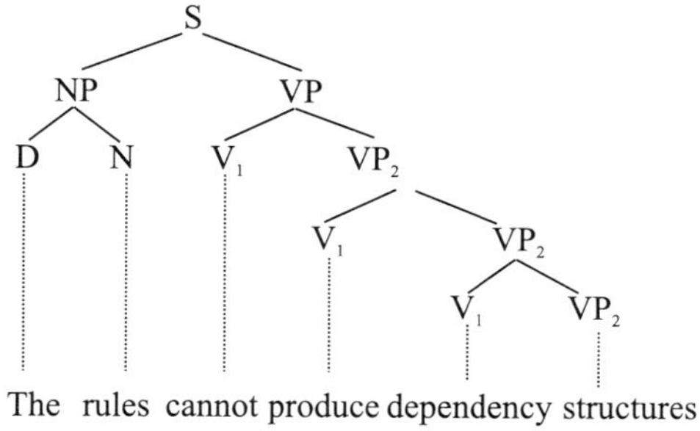

（a）短语结构树

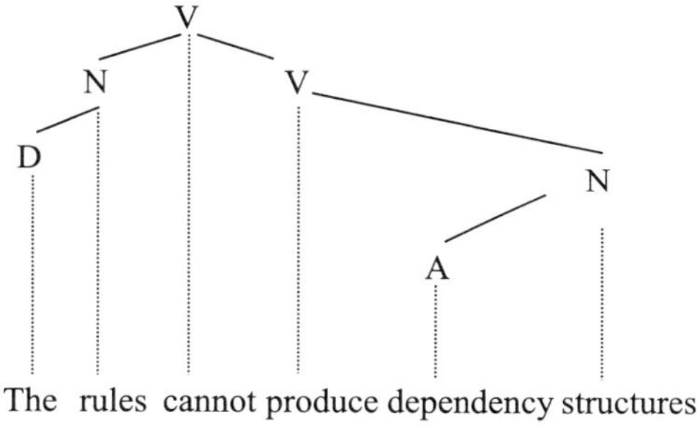

（b）句法依存树

图4-5 短语结构树和句法依存树

句法分析算法根据分析的方向可以分为两类：一类是自顶向下（top-down）的分析算法，另一类是自底向上（bottom-up）的分析算法。自顶向下的分析算法总是从语法的起始符号开始分析，运用知识选择适用的产生式规则进行推导，用产生式规则右边的符号串替换产生式左部的非终结符号，直到能够推导出待分析的句子为止。自顶向下的分析算法在构造分析树时，总是从根结点开始，逐步向下生长，最后构造出分析树的叶节点。自底向上的分析算法与自顶向下的分析算法正好相反，自底向上的分析算法则总是从给定的句子出发，采用一种和推导相反的方式，逆向使用规则把符号串中和产生式规则右部相同的子串替换成产生式左部，这个过程称为归约，如此继续，直到把整个待分析的句子归约成语法的起始符号。自底向上的分析算法在构造分析树时，首先构造树的叶节点，然后再构造树的根节点。

4.4.2 模式识别

模式识别（pattern recognition）是指对表征事物或现象的各种形式的（数值的、文字的和逻辑关系的）信息进行处理和分析，以对事物或现象进行描述、辨认、分类和解释的过程，模式识别是信息科学和人工智能的重要组成部分[1]。其中，用形式语言理论中的文法表示模式的基元和结构信息，通过句法分析进行识别的一类模式识别方法称为句法模式识别。

句法模式识别又称结构模式识别。句法模式识别通过分析输入数据的语法结构，以确定数据的模式。这种识别方法通常基于形式语言理论和自动机理论。在自然语言处理领域中，句法模式识别的主要目的是对句子的结构进行分析，从而提取出语法信息，如词性标注、句法分析等。句法模式识别通过使用规则和统计技术，可以提高语言识别的准确率，并能够从大量的语言数据中自动提取信息。句法模式识别的基本思想是把一个模式描述为较简单的子模式的组合，子模式又可描述为更简单的子模式的组合，最终得到一个树形的结构描述，在底层的最简单的子模式称为模式基元。在句法模式识别中选取基元相当于在决策理论方法中选取特征，通常要求所选的基元既能对模式提供一个紧凑的并能够反映其结构关系的描述，又易于用非句法方法加以抽取。基元本身不含有重要的结构信息。模式以一组基元和它们的组合关系来描述称为模式描述语句。基元组合成模式的规则由文法来指定。基元识别过程可通过句法分析进行，即分析给定的模式语句是否符合指定的文法，当满足某类文法的即被分入该类。与统计识别方法中将特征构成向量形式后分类的思想不同。在句法模式识别中，模式用句子的形式描述，更加注重模式的结构信息。句法模式识别把一个复杂的模式（如语言，景物）分解为若干较简单的子模式组合，而子模式又分解为若干基元，这时，一个样本是一个句子，所有句子的集合代表一类模式，称为一种文法。

---

[1] 傅京孙.模式识别及其应用［M］.北京：科学出版社，1983：3-4.

4.4.3 机器翻译

20世纪50年代，乔姆斯基首次提出了著名的转换生成语法理论，为机器翻译这一种新的基于规则的模式奠定了理论基石。以乔姆斯基为代表的转换生成语言学派认为，可以制订一套规则，并用这套规则来描述语言。这使得语法规则在翻译系统中更容易被理解。基于规则的传统机器翻译，就是在这一基础上研究而成的，其翻译过程为首先将语言用逻辑思维转换成符合语法规则的符号或数学表达式，然后将其源语言和目标语言转化成计算机可理解的参数和变量，使计算机完成翻译指令。

基于规则的机器翻译方法指依靠构成的机器翻译词典和分析转换规则来进行机器的自动翻译。机器依据解码的源语言意义与目标语言的语言特质和语法规则进行语言编码，并合成目标语言[1]。基于规则的机器翻译词典需要包含源语言的词语形态结构知识、语法句法功能知识及语义知识等。此外，词典还需具备对目标语言进行合成的能力，包括确定翻译中的对等问题，依据目标语言的语法规则及词语搭配规则等自动进行语言重组[2]。分析转换规则指对源语言的语法、句法、篇章等进行文本分析，确定源语言和目标语言的句子结构，以便合成符合目标语言逻辑语法的文本。基于规则的机器翻译方法主要有三种：对源语言进行处理，即语言的解码；源语言到目标语言的翻译，即语言转换；目标语言生成，即语言编码[3]。

基于词对齐和短语对齐的机器翻译虽然得到了长足发展，但是由于翻译模型的建立并没有过多考虑到语言本身的语法、句法及其复杂的语

---

[1] NAGATA M，SAITO K，YAMAMOTO K. A clustered global phrase reordering model for statistical machine translation ［C］// Proceedings of the 21st International Conference on Computational Linguistics and 44th Annual Meeting of the Association for Computational Linguistics，2006，2006（7）：713-720.

[2] POIBEAU T. Machine Translation ［M］. Boston：The MIT Press，2017：26-32.

[3] COPELAND B J. The essential turing：seminal writings in computing，logic，philosophy，artificial intelligence，and artificial life plus the secrets of enigma ［M］. Oxford：Oxford University Press，2004：48-55.

言知识，即使如今有较大规模的数据库做支撑，在处理语篇整体信息层面仍然存在一些缺陷。基于句法统计的机器翻译通过引入句法分析系统，越过相邻的语言单位去匹配更远位置的词或短语，利用转换法则和“语法树”原理，尝试在句法结构上进行对等翻译，从整体层面考虑词或短语的逻辑依存关系。

基于句法统计的机器翻译模型主要有基于形式化语法的翻译模型和基于语言学语法的翻译模型。基于形式化语法的翻译模型在处理语言结构问题上更有优势。基于形式化语法的翻译模型不需要考虑语言学知识，也不受语言学知识的限制，由于利用了形式化语法的特征，使得翻译过程更为结构化和层次化。基于语言学语法的翻译模型兼顾了形式化语法与语言学的知识。语言学知识在机器翻译中主要体现在语言本身的结构和知识上，具体包括使用依存树形式和短语结构树形式对源语言结构和目标语言结构进行描述。句法依存树更侧重对句子内部词与词之间关系的描述，更能够体现语义结构。短语结构树更侧重对句子各部分及整体结构的描述，更多体现句法结构。

4.5 核酸的结构语言学

从20世纪90年代初以来，生物序列信息量及内涵的分析受到语言学的巨大影响[1][2][3][4]，实际上，生物序列可看成是一种语言，即遗传语言。蛋白质是用22种氨基酸书写的一种语言，核酸则是用A、C、G和T或U四种碱基书写的一种语言。遗传语言同其他语言一样，需要有一定

[1] SAKAKIBARA Y，BROWN M，HUGHEY R，et al. Stochastic context-free grammars for tRNA modeling [J]. Nucleic Acids Research，1994，22（23）：5112-5120.

[2] SEARLS D B. The linguistics of DNA [J]. American Scientist，1992，80（6）：579-591.

[3] SEARLS D B. Formal language theory and biological macromolecules [J]. Mathematical Support for Molecular Biology，1998，47：117-140.

[4] SEARLS D B. Linguistic approaches to biological sequences [J]. Bioinformatics，1997，13（4）：333-344.

的语法规则才能具有一定的意义。因此，当前生物学研究的主要任务就是要弄清遗传物质的组织结构和功能。

4.5.1 核酸结构的形式语法

前面已经给出形式语法的定义，接下来，以RNA的二级结构为例，对核酸结构的形式语法进行分析。

对RNA二级结构模型，终结符是指{A，U，G，C}组成的字符集合。产生式规则P=

S→aSu | uSa | cSg | gSc | uSg | gSu（配对生成规则）

S→aS | cS | gS | uS（在左边生成不配对碱基）

S→Sa | Sc | Sg | Su（在右边生成不配对碱基）

S→SS（递归的回文：茎的侧面凸起了另一个茎）

S→ε（结束）

该产生式规则可以缩写成如下形式：S→aSa'| aS | Sa | SS | ε，其中a与a'代表相互配对的任何碱基。

由文法G生成的语言L = L(G)是可以从开始状态S导出的全部终结符串的集合。正则文法是上下文无关文法的特例。上下文无关的意思是使用表达式替换变量时，并不依赖于被替换的变量的上下文。准确地说，如果文法中所有产生式规则都是W→β的形式（要求左边只能是一个非终结符，而右边可以是除空字符外的任何字符或字符串），则文法G是上下文无关文法。如果一种语言可以由上下文无关文法来生成，则称其为上下文无关语言。上下文无关文法可以用规范的形式表述，称为范式（normal form）。如果一种上下文无关文法的每个产生式规则都是以下三种形式之一[1]：（1）S→Φ；（2）u→vw，其中u、v、w是非终结符；（3）u→X，则称其符合乔姆斯基范式。另外，如果S→Φ在R中，则（2）中的v和w必须不同于S，回文文法就是上下文无关的。

---

[1] 林兹.形式语言与自动机导论：原书第3版［M］.孙家骕，等译.北京：机械工业出版社，2005：121-124.

4.5.2 RNA茎环结构的建模

RNA的茎环结构是RNA序列结构中最常见的一种简单结构，由于它的序列完全遵循嵌套配对原则，所以很容易用上下文无关文法对它进行描述[1]。在图4-6中，序列1和序列2是两条不同的序列，但它们能折叠成相同的RNA二级结构，因为它们拥有相同的碱基配对模式（A-U和G-C）。而对于序列3，它的前半段序列与序列2的相同，后半段序列与序列1的相同，但却不能折叠成和序列1或序列2相似的结构，RNA二级结构这种因碱基嵌套而互相关的特性，类似于回文，只是从两端开始配对的字符并不相同，而是互补的。

A A	C A	C A
G A	G A	G A
G · C	U · A	U · C
A · U	C · G	C · U
C · G	G · C	G · G
序列1	序列2	序列3

图4-6 三个RNA的茎环结构模型比较

对序列1和序列2建模的上下文无关文法可以写成下面的形式，产生式规则P=

$S \rightarrow aW_1u|cW_1g|gW_1c|uW_1a$,

$W_1 \rightarrow aW_1u|cW_2g|gW_2c|uW_2a$,

$W_2 \rightarrow aW_3u|cW_3c|gW_3c|uW_3a$,

$W_3 \rightarrow gaaa|gcaa$.

产生式规则形成的解析树如图4-7所示。

---

[1] COLLADO-VIDES J. The search for a grammatical theory of gene regulation is formally justified by showing the inadequacy of context-free grammars [J]. Bioinformatics, 1991, 7 (3): 321-326.

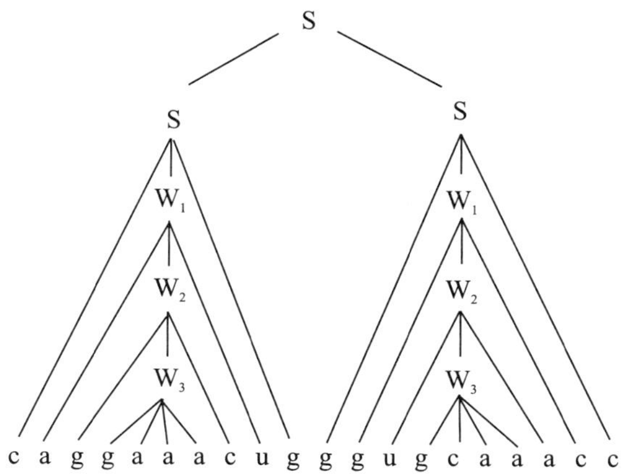

图4-7　产生式规则的解析树

构造的二级结构如图4-8所示。

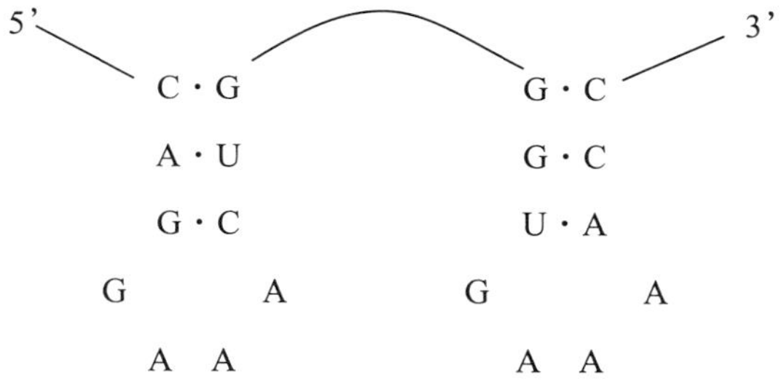

图4-8　构造的二级结构

按照产生式规则，可以用解析树来直观地展示上下文无关文法对序列的解析过程，一棵解析树的根节点是开始符S，叶节点代表序列的终结符，内部结点是非终结符，一个父节点的所有子节点是该父节点对应的产生式右边所有符号且从左至右排列。一棵子树是解析树中一个以内部节点为根节点的集合，任何一棵子树都对应序列中一段连续的子序列片段，这个性质很重要。我们可以设计一个算法，为一条很短的序列构建解析树，然后递归调用这个算法为越来越长的序列构建越来越大的解析树，从而使RNA的整个序列得到解析。

用来解析上下文无关文法的自动机称为下推自动机，与有限状态自动机不同，下推自动机需要占用一定的内存来保存它的存储栈。下推自动机从左至右解析一个序列，可根据如下算法：初始时向自动机的堆栈推入一个起始非终结符，然后将栈中的非终结符弹出，寻找该非终结符的解析式并将其解析，再将解析后的解析式推入栈中，重复这一过程直到没有输入符存在，若此时栈中为空则此输入序列被成功解析。

4.5.3 对假结结构的建模

常见的RNA茎环结构能被视为碱基嵌套的配对形式而能够使用上下文无关文法对其进行建模，但RNA中还存在少量假结结构，它是以交叉的方式来进行碱基配对的，假结结构可以看成是交叉的而非嵌套的回文，假结的基本结构能用下面的公式和语言来抽象表示：

$$L=\{ L \mid L \text{ has the form } [^{i} (^{j}]^{i})^{j}\} \tag{4-1}$$

式中，“［”，“］”和“（”，“）”代表配对的碱基。这种语言可以用形式语言中的泵引理（pumping lemma）来证明它不是上下文无关的[1]，实际上它是一种上下文相关文法描述的语言，等价于生物学复制语言，只要把定义式中的右括号全改为左括号就成了一般的复制语言。上下文相关文法是一种较复杂的文法，一般认为对它的解析是一个NP-hard问题，因此需要利用其他的文法模型来描述假结结构，常用的一种文法模型是并行通信文法，这种文法的基本思想也是基于上下文无关文法。

乔姆斯基的语言理论在自然语言和计算机语言领域的研究中都是非常重要的，但这个理论并不是在形式语言的复杂性研究中唯一可用的理论。在动力系统的语言复杂性研究中，还需要另一类很不一样的语言理论，即并行重写系统。如果重写系统每次使用一条规则，即一步派生，这样的重写过程称为串行重写；而并行重写系统的主要特征是推导一个符号串时，同时使用多条规则进行重写，即多步派生。由于有多个产生

---

[1] 谢惠民.复杂性与动力系统［M].上海：上海科技教育出版社，1994：29-35.

式并行地进行重写，因此并行重写过程必须有通信协议使各产生式之间存在同步机制。

实际上，并行重写系统包含许多子系统，分别生成各类形式语言。把这些形式语言遵循的规则集合称为并行通信文法系统（Parallel Communicating Grammar System，PCGS）。一个并行通信文法系统包含多个上下文无关文法（G_0，G_1，…，G_k），这些上下文无关文法被称为组件，并规定G_0为主文法组件。这些文法能共享一套字符集A和一套非终结符，另外，为了使各文法之间进行通信，还存在一些特殊的非终结符，称为询问符（query symbol），就像计算机操作系统中的进程一样，通过主文法G_0的调度，组件之间就根据通信协议中的并行和同步机制进行重写，一个组件能询问其他组件产生的序列，而且几个组件能同时发出询问信息。例如，组件G_i在推导出的字符串W_i提出Q_j进行询问，则组件G_j将在下一步把字符串W_i换成自己当前推导出的字符串W_j，也就是询问符的优先级要比产生式的优先级高，最终由主文法组件推导出整个字符串。PCGS的组件是一种被证明比单个的乔姆斯基文法更强大的类型。理论上，上下文相关的结构（如假结结构）能通过一个上下文无关的主文法组件与多个描述交叉螺旋结构的正则文法组件产生。

并行通信文法预测假结结构的基本思想是：它用几个辅助文法组件分别代表假结结构中交叉配对的每组碱基配对区，由于这些配对区之间存在交迭，因此可以把这几个组件看成相互独立的、并行运行的推导单元，并且这些组件之间不完全同步，存在延迟。一个上下文无关的主文法组件在判断该段序列存在假结结构时，可调用辅助文法组件对假结进行建模，图4-9展示了将两个辅助文法组件分解成两个假结。

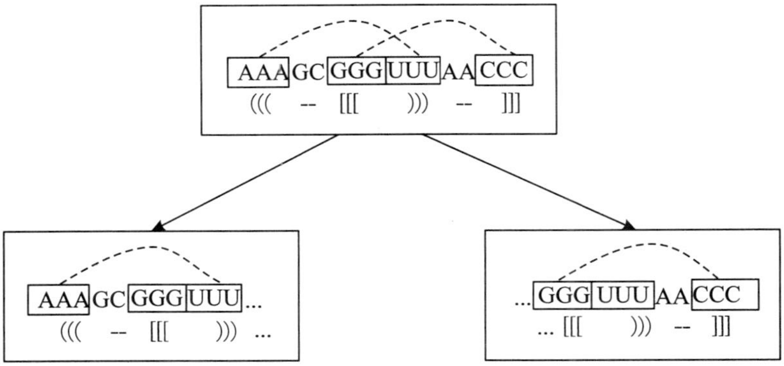

图4-9 用两个辅助文法组件分解两个假结[1]

表4-1展示了只包含辅助文法G_1、G_2和G_3而不包括主文法G_0的并行通信文法的产生式规则集合，G_1与G_2之间的同步通信是通过产生式规则$S_1 \rightarrow Q_2$完成，该产生式规则表示G_1必须等到G_2开始推导并推导出非终结符T，然后把T复制到当前文法G_1；在G_2被G_1询问完后，G_2返回到开始符S_2；最后G_1和G_2同时询问G_3。相同的非终结符A被复制到G_1和G_2，然而A在G_1和G_2中调用了不同的产生式规则，最终各自在G_1和G_2中形成了两个碱基配对区。

表4-1 形成两个碱基配对的辅助文法

$G_1:S_1 \rightarrow Q_2$	$G_2:S_2 \rightarrow T$	$G_3:S_3 \rightarrow A$
$T \rightarrow T_1$	$T \rightarrow Q_3$	$S_3 \rightarrow C$
$T_1 \rightarrow Q_3$	$A \rightarrow Q_3u$	$S_3 \rightarrow G$
$A \rightarrow aQ_3$	$C \rightarrow Q_3g$	$S_3 \rightarrow U$
$C \rightarrow cQ_3$	$G \rightarrow Q_3c$	$S_3 \rightarrow H$
$G \rightarrow gQ_3$	$U \rightarrow Q_3a$	
$U \rightarrow uQ_3$		

下面给出了两个碱基配对区并行推导的一个例子，两段碱基配对区acg和cgu进行并行文法推导的过程，如表4-2所示。

[1] 唐四薪.随机文法在RNA二级结构预测中的应用研究［D］.长沙：中南大学，2006.

表4-2　acg和cgu进行并行文法推导过程

$S_1 \rightarrow Q_2$	$S_2 \rightarrow T$	$S_3 \rightarrow A$
$\rightarrow T$	$\rightarrow S_2$	$\rightarrow A$
$\rightarrow T_1$	$\rightarrow T$	$\rightarrow A$
$\rightarrow Q_3$	$\rightarrow Q_3$	$\rightarrow A$
$\rightarrow A$	$\rightarrow A$	$\rightarrow S_3$
$\rightarrow aQ_3$	$\rightarrow Q_3u$	$\rightarrow C$
$\rightarrow aC$	$\rightarrow Cu$	$\rightarrow S_3$
$\rightarrow acQ_3$	$\rightarrow Q_3gu$	$\rightarrow G$
$\rightarrow acG$	$\rightarrow Ggu$	$\rightarrow S_3$
$\rightarrow acgQ_3$	$\rightarrow Q_3cgu$	$\rightarrow H$
$\rightarrow acgH$	$\rightarrow Hcgu$	$\rightarrow S_3$

一个假结能被一个上下文无关的主文法组件G_0和上面的辅助正则文法组件G_1、G_2和G_3推导出。从本质上来说，G_0描述了两个非交迭的P结构，其中之一是非频繁P结构，这两个P结构包含了G_1和G_2各自询问所得出的两个碱基配对区。表4-3是一个主文法组件的产生式集合，非终结符Primary是一个线性序列，而P-helix是一个螺旋链，它包含一个被Q_2描述且能与Q_1中其他潜在假结结构配对的潜在假结结构。

表4-3　一个主文法组件的产生式集合

$G_0 : S_0$	$\rightarrow$ Pk
Pk:	→ P-struct NT-P-struct
P-struct	→ Primary Q_1 Primary
NT-P-struct	→ Primary P-helix Primary
P-helix	→ a P-helix u
P-helix	→ c P-helix u
P-helix	→ g P-helix u
P-helix	→ u P-helix u
P-helix	→ Q_2

4.6 生物序列的功能语言学

4.6.1 语言理论与生物序列

生物语言最有趣的地方可能是结构和功能组件之间的相互作用。功能的观点将我们的视野不再局限于相对局部的二级结构，而是扩展到整个基因组这个大区域。这能够帮助我们从语言学的角度对进化的过程进行推理。

语言学的理论和技术在生物序列这个领域有4个广泛的作用：规范、识别、理论形成和抽象。

第一个作用是规范，就是指使用语法规则等形式，以数学和计算统计的方式表示序列中特征的性质和相对位置。这样的规范可能存在一些局限性，因此仅用于限制系统中的某一个特性出现的可能性。例如信号序列、直接重复序列、反向重复序列、编码区以及可能重要的限制位点。虽然这些并不足以定义任何一个基因，但是通过这种规范可以建立信息交换的通用语言。这种方式也可以应用到生物序列分析的算法研究中。

第二个作用是识别，这里指的是将语法作为解析器的输入，然后通过解析器进行模式匹配搜索，再通过语法模式识别出可能是非特征化的基因组序列数据。在已有的应用中，如RNA中伪结的发现刺激了新二级结构预测算法的开发，可以通过随机文法对RNA二级结构进行更加准确的预测[1]。

第三个作用是形成模拟生物结构和过程的理论。为除了终端字符串之外的其他语法对象（如非终端字符串和解析树）赋予特定的生物语义。一些新的机器学习算法也能够帮助理论的形成和完善。

第四个作用是抽象，它的目标是从数学角度理解生物序列，将生物序列视为在生物系统中具有某种意义的字符串集。描述这种语言的一种

---

[1] ABRAHAMS J P, VAN DEN BERG M, VAN BATENBURG E, et al. Prediction of RNA secondary structure, including pseudoknotting, by computer simulation [J]. Nucleic Acids Research, 1990, 18 (10): 3035-3044.

方法是将这种语言想象成活生物体中的所有基因组的集合，但是这样的方法存在严重的缺陷，因为可能有许多字符串从未存在过。通常情况下，我们可以通过观察字符串的生物机制来获得相关能力的概念，如转录、翻译等。由于我们可能对这些现象的认知还不完整，因此对于这些语言的理解还是抽象的。

4.6.2 基因组的语言

2000年，人类基因组测序揭示出了构成人类基因组的30亿碱基是如何排列的。然而，只知道碱基的顺序不足以将基因组的发现转化为医学应用，我们还需要了解碱基序列的含义。所以对我们来说，有必要识别出基因组语言的“词”和“语法”。我们人体内的细胞具有几乎完全相同的基因组，细胞之间彼此不同是因为基因在不同类型的细胞中表达。每个基因都有一个调控区域，控制基因在何时及在何地表达指令。转录因子结合特异的“DNA词”来读取这一基因调控密码，上调或下调相关基因的表达。

基于语法的方法可以用来模拟基因组调控系统，基因的表达调控系统有多种，不同类别的生物使用不同的信号来进行基因调控。原核生物和真核生物的调控系统存在很大差异。在原核生物中，环境因素和营养状况对基因的表达起着十分重要的作用。因为原核生物的同一种群的每个细胞都是和外界环境直接接触的，它们主要通过开启或关闭某些基因的表达来适应环境，所以环境因子往往是调控的效应因子。原核生物结构往往比较简单，但由于DNA是环形的，又没有细胞核，转录和翻译是在同一环境中进行，并且转录后立即进行翻译，所以也存在着复杂的调控系统。实体语法系统（entity grammar systems）是一种形式语法系统，拓展于乔姆斯基生成语法系统，被现有的研究已用于进行多项模拟基因组调控的解析，具有高效、灵活等特点，适用于复杂生物系统的研究[1]。

[1] BRENDEL V，BUSSE H G. Genome structure described by formal languages [J]. Nucleic Acids Research，1984，12（5）：2561-2568.

4.6.3 蛋白质的语言

蛋白质具有三维结构，其性质表明蛋白质的功能语言实际上与核酸可能具有相同的结构和类似的语言形式。同样的，很多语言学上的技术也被广泛应用到了蛋白质的结构研究中。蛋白质序列的N元文法统计分析研究也证实了蛋白质序列中存在语言特性。

自然语言由字母构成，不同的字母通过固定搭配组成能够表达意义的词。自然语言具备信息完整性，即知道了一句话的全部字母，就可以完全了解这句话想要传达的全部信息，从这个角度上看，蛋白质与自然语言很相似。蛋白质由氨基酸序列构成，一旦氨基酸序列被确定，蛋白质的结构和功能也就确定了，这说明蛋白质具备信息完整性。同时，自然语言与蛋白质序列也存在一定的差异：（1）自然语言有明确的词库和统一的标点，句子长度相差不大；而蛋白质缺乏明确的词库，序列长度差异很大。（2）自然语言中特定的词在句中往往有关键作用，而在蛋白质中，这种作用是累加的。（3）自然语言中基本不存在远距离互动，但在蛋白质中远距离互动是常见的，并且由于其三维结构，距离很远的氨基酸残基之间也可以产生相互作用。

计算语言学的方法被用来研究基于氨基酸序列的预测任务。从最基础的层面上来说，根据关注的范围，基于序列的预测任务大致可以分为局部预测和整体预测。对于自然语言，整体预测包括预测句子所表达的情绪和态度；局部预测包括判断句子中某个词的词性等。对于蛋白质，整体预测包括预测蛋白质的种类、热稳定性和功能等；局部预测包括预测某位点特定的残基类型、2D和3D结构以及翻译后的修饰情况等。

4.7 进化语言学

进化语言学中的进化是一个在生物系统的语言分析中提供多个复杂性的过程。生物学和语言学在许多方面有着平行对应关系。下面将从重复与无限、突变与重排两个方面对进化语言学进行探讨。

4.7.1 重复与无限

语言是用有限的词为单位，通过有限的递归法则无限次递归形成的巨系统。句子的基本构成单位是词，就像分子构成物质一样，词的内部具有递归性和有序性，其中有序性是系统演化的方向。就语言递归性而言，乔姆斯基提出递归机制、递归时态系统、递归方面、递归过程，大致上把递归性当成转换生成语法的一种语法属性。他指出，如果一种语法没有递归机制，它就会复杂得难以想象，如果语言没有递归机制，它就会产生无限多的句子。乔姆斯基把生成无限多句子的能力、语法的简单性与递归机制联系起来，具有重大意义。他揭示了“语言递归性”这一所有语言具有的创造性的特性：语言可以通过有限的语法和词表达无限多的思想，以及在无限多的变换情景中做出适当的反应[1]。应该说，语言的生成性和创造性已经表明了语言递归性的基本性质。

重复与无限是语言的重要特性，这种特性也被发现存在于生物信息学中。生物信息学主要研究生物大分子，如蛋白质和DNA的结构、功能及相互作用。在DNA中，重复序列是一种常见的基因组结构，它们可以多次重复，形成长链结构。DNA序列与语言中的句子有许多相似之处，DNA序列和句子都是由基本单元构成，它们都具有重复的特点。在语言中，词可以在句子中重复多次，形成新的含义。在DNA序列中，重复序列可以在基因组中重复多次，形成新的生物学功能。重复序列在基因组中的重复次数与生物体的特性有关，比如一些疾病和特定的身体特征都与重复序列的数量相关。此外，在生物信息学中也存在递归结构，与语言递归性有许多相似之处，如生物大分子之间的相互作用具有递归性，因为它们可以通过重复的交互作用来形成复杂的结构。

因此，重复和无限在语言学和生物信息学中都具有重要的作用。通过理解这些特性，我们可以更好地理解语言和生物大分子之间的相互作用，并进一步研究它们在生物和语言进化中的作用。

---

[1] CHOMSKY N. Some simple evo devo theses：how true might they be for language [J]. The Evolution of Language：Biolingustic Perspectives，2010，62：54-62.

4.7.2 突变和重排

在生物遗传和语言演变过程中，都会发生突变等纵向的变化以及漂移等横向的变化。纵向来看，生物学中细胞在分裂时会发生基因复制错误，产生突变，而语言演变过程中也会出现诸如无条件音变之类的语言创新，这是语言演变中的突变。横向来看，生物学中会发生基因组在不同物种之间的水平基因转移（horizontal genetransfer）现象，而语言演化过程中则经常发生词、语音及语法的借用，形成语言结构的水平传递。此外，生物学和语言学之间还广泛存在着其他重要的对应现象，Atkinson等人[1]将这些对应现象进行总结，如表4-4所示。

表4-4　生物学与语言学的对应现象表

生物演化	语言演化
离散特征	词汇、语法和语音
同源/同种	同源词
突变	创新
遗传漂变	移位(转移)
自然选择	社会选择
系支发生	世系分化
水平基因转移	借用
灭绝	语言死亡

模因论是一个受生物演化理论影响而产生的文化传递模型。1976年，Dawkins在其《自私的基因》一书中，将文化传承、发展的过程和生物演化过程进行类比，提出模因论。他认为文化“演化”中的基本单位模因（meme）同生物演化中的基因一样，都是通过复制实现传播，复制过程中的“突变”导致变体的产生，变体通过竞争实现自然选择。

[1] ATKINSON Q D，GRAY R D. Curious parallels and curious connections：phylogenetic thinking in biology and historical linguistics［J］. Systematic Biology，2005，54（4）：513-526.

Ritt[1]认为语言作为一种文化现象也可以用模因论来解释：音素、词素及语音规则等是语言中的基本演化单位，因此都是模因。语言模因的突变通常发生在宿主接触新的词、语音、语法及语义概念的初期，宿主对新接触语言的性质和特征没有深入了解或掌握不全，因此，在语言模因的模仿、复制和传播过程中，宿主会无意识地在源语言模因中添加、更替或删除某个或某些表征，从而导致语言模因突变。

语言模因的重组是人们对语言现象认识的深化。当人们对某一语言现象进一步感知，往往会对大脑中已存留的语言模因复合体中添加、更替或删除某一或某些表征，甚至改变其原始结构。它是由语境触发的重新概念化，宿主对语言模因复合体的表征进行添加、更替或删除操作，从而改变大脑中原始语言模因复合体的结构，如语义网络的变更、原型语义的更替、语音的修正、形态结构的改变等。此过程与突变不同，它是对现有语言模因结构的重塑，对已接触过的语言现象的再认识，它将源语言模因复合体拆分，然后将原表征、新表征和新结构模型进行组合再生。

4.8 本章小结

将生物序列视为语言对我们研究生物序列非常重要，能够为我们揭开蛋白质和核酸的功能结构提供一种思路。我们希望，通过一些语言学上的语法规则建立起生物序列中包括一些潜在物理对象和过程的模型，并且将语法作为语言学传统中理论形成和测试的适当工具。如今，许多研究将语言理论领域的方法应用于生物序列上，预计未来将不断有新的突破。

---

[1] RITT N. Selfish sounds and linguistic evolution：a darwinian approach to language change [M]. Cambridgeshire：Cambridge University Press，2004：65-71.

第 5 章

非编码RNA功能与结构预测

在真核生物基因组中，大约90%的基因是转录基因，在这些转录基因中只有1%~2%能够编码蛋白质，其他大多数转录基因为非编码RNA。非编码RNA是当今生命科学研究最为前沿的领域之一，它将不断更新人们对生命本质的认识，引领生命科学纵深发展。如今，非编码RNA正在酝酿着现代生命科学新的重大突破，为生物遗传育种及对人类重大疾病的干预、防治，药物研究等提供全新的思路。

本章介绍了一些常见的非编码RNA，并详细描述了这些非编码RNA的作用机制和致病机理。不同种类的非编码RNA一般具有不同的特定序列特征及特定生物学功能，非编码RNA的结构预测对理解非编码RNA的生物学功能以及其在疾病中的作用有着重要的意义。非编码RNA的结构预测往往需要采用关联分析的方法，本章介绍了几种非编码RNA二级结构和三级结构预测的关联分析工具，如Foldalign、Dynalign和FARNA等。

5.1 非编码RNA概述

非编码RNA（non-coding RNA，ncRNA），指的是不能够编码蛋白质的一类RNA[1]，转录非编码RNA的DNA序列叫非编码RNA基因[2][3][4]。随着生物学的发展和多学科的相互渗透，人们对非编码RNA的认识日渐加深，近十几年来，发现了大量新的非编码RNA。虽然非编码RNA没有编码蛋白质的功能，但是它们参与了蛋白质翻译过程，是RNA实现功能的关键分子。非编码RNA的研究工作主要分为两个方面，一是大规模鉴定新的非编码RNA，研究人员依据已知的非编码RNA的结构鉴定新的非编码RNA，目前有很多实验方法用于鉴定非编码RNA，这些方法被称作“RNomics”。RNomics的核心在于构建非编码RNA的cDNA文库。二是通过各种方法研究非编码RNA的功能，对非编码RNA的研究，研究人员可以从功能获得性和功能缺失性进行验证。对于功能获得性验证，常用的方法有过表达、RNA模拟物、RNA激动剂等；对于功能缺失性研究，目前常用的方法有RNAi、RNA抑制剂、拮抗剂、反义寡核苷酸（ASO）、启动子敲除和基因敲除等。

5.2 非编码RNA的分类

根据RNA的结构和功能特征，可以将非编码RNA分为结构非编码RNA（structural non-coding RNA）和调节性非编码RNA（regulatory

[1] 郭俊明，汤华.非编码RNA与肿瘤［M］.北京：人民卫生出版社，2014：256.

[2] DENG L，GUAN J H，WEI X M，et al. Boosting prediction performance of protein-protein interaction hot spots by using structural neighborhood properties［J］. Journal of Computational Biology，2013，20（11）：878-891.

[3] ALTSCHUL S F，MADDEN T L，SCHÄFFER A A，et al. Gapped BLAST and PSI-BLAST：a new generation of protein database search programs［J］. Nucleic Acids Research，1997，25（17）：3389-3402.

[4] ASHKENAZY H，EREZ E，MARTZ E，et al. ConSurf 2010：calculating evolutionary conservation in sequence and structure of proteins and nucleic acids［J］. Nucleic Acids Research，2010，38（suppl_2）：W529-W533.

non-coding RNA）两类。其中，结构非编码RNA主要通过在空间中形成特定的二维、三维结构与靶分子发生物理和化学交互作用，实现对各种生物学过程的调控；而调节性非编码RNA则通过配对靶分子的序列实现对靶分子的调控。对非编码RNA的分类，有助于更好地理解非编码RNA的功能和作用机制。结构非编码RNA可细分为tRNA、rRNA；调节性非编码RNA可细分为small non-coding RNA、medium non-coding RNA、long non-coding RNA。非编码RNA的具体分类如图5-1所示。

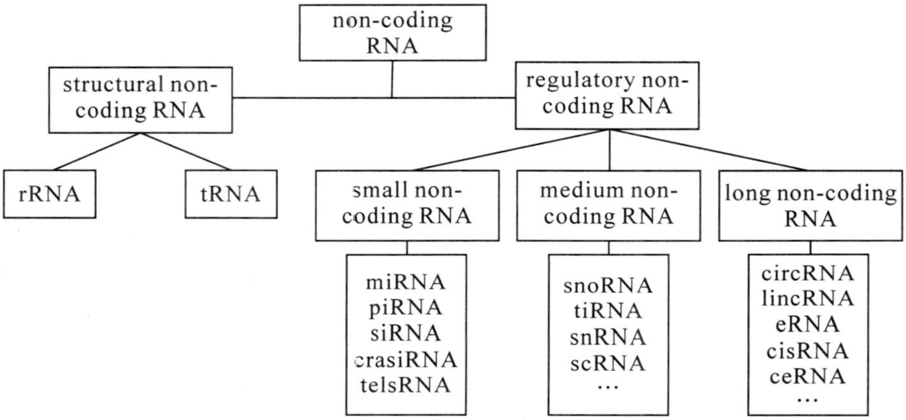

图5-1 非编码RNA的分类

5.3 常见非编码RNA的功能

5.3.1 微小RNA的功能

研究证明，微小RNA（microRNA，miRNA）通过参与调节下游基因翻译过程而发挥其生物学功能。比如，Lai等人[1]观察到果蝇miR-2a、miR-2b、miR-6、miR-11、miR-13a和miR-13b等的5’端6~8nt序列具有一定的关联性，它们均可与K框（Kbor）的相同序列互补，K

[1] LAI E C，TOMANCAK P，WILLIAMS R W，et al. Computational identification of Drosophila microRNA genes［J/OL］. Genome Biology，2003，4（7）：R42（2003-06-30）［2023-04-10］. https：//doi.org/10.1186/gb-2003-4-7-r42.

框作为负调控果蝇增强子断裂（enhancer split）复合体基因的3’UTR序列中的保守基因序列[1]。对于一些带有K框、GY框和Brd框的基因（GY框和Brd框是类似于K框的其他基因3’UTR中的控制元件），可以被miRNA识别并与它的碱基配对。基于miRNA作用机制，可将其分成两个区域，其5’端的核苷酸区域类似“姓”（family name），该区域匹配这些框中的一个，而其他的区域类似“名”（forename），匹配特定的靶点。在动物中，单个miRNA可识别多个mRNA靶点，一个mRNA靶点可被多个miRNA识别。通过对miRNA保守的5’端“种子”顺序同源性搜索分析，推测人类基因组中约三分之二的蛋白质编码基因受miRNA的调控。研究表明，所有动物miRNA作用的mRNA靶点均在其3’UTR中[2]。

1. miRNA的作用机制

miRNA基因在RNA聚合酶Ⅱ或Ⅲ的作用下转录生成长度约为几千个碱基的初级转录本（pri-miRNA）。随后，在蛋白复合物Drosha-DGCR8的作用下进一步被加工成具有茎环结构的前体miRNA（pre-miRNA），pre-miRNA在Ran-GTP-Exportin-5转运蛋白的协助下从核内转运到细胞质中。在细胞质中，pre-miRNA被Dicer-TRBP识别，并通过对茎环结构的剪切和修饰，在细胞质内形成miRNA二聚体。miRNA一条链迅速降解，另一条链被转载进AGO2蛋白中，形成RISC（RNA诱导沉默复合体），最终生成成熟的、具有功能单链的miRNA。

miRNA发挥对靶基因的调控作用，Dicer和RISC是必不可少的。因为Dicer对于产生miRNA不可或缺，而RISC则是miRNA实现功能的载体。

2. miRNA的生物学功能

（1）分子标记

研究发现，组织细胞的状态与miRNA的水平息息相关。如果能够及时监测细胞内的miRNA水平，就可能知道细胞的状态，甚至可以预测细

[1] 杨宝峰，王志国.非编码微小分子RNA与心脏疾病［M］.北京：人民卫生出版社，2018：112.

[2] LU T X，ROTHENBERG M E. MicroRNA［J］. Journal of Allergy and Clinical Immunology，2018，141（4）：1202-1207.

胞发育的下一步动向，这也是miRNA应用癌症监测的重要原理之一。研究人员分析540份病人的相关实体瘤标本中的miRNA，从而确定miRNA-17-59/20a/21/92/106a/15为肿瘤miRNA标志物[1]。

（2）疾病治疗

在临床医学中，通过将miRNA或者miRNA拮抗剂（往往是与miRNA配对的序列）导入病人体内，来提高或者降低人体内miRNA的水平，从而调节下游基因表达，最终实现治疗效果。如图5-2所示，miRNA-122是丙肝病毒感染时会诱导肝脏释放的一种miRNA，对丙肝相关基因的表达起激活作用，而miRNA-122拮抗剂可抑制miRNA-122的活性，从而起到治疗作用[2]。

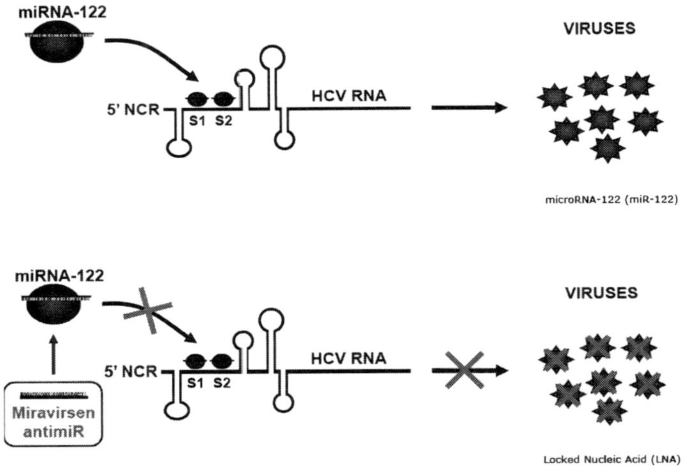

图5-2 miRNA-122拮抗剂的作用原理

（3）人工miRNA

人工miRNA（artificial microRNA，amiRNA）是利用天然miRNA

[1] JOOSTEN R P，TE BEEK T A H，KRIEGER E，et al. A series of PDB related databases for everyday needs [J]. Nucleic Acids Research，2010，39（suppl_1）：D411-D419.

[2] SHINGATE P，MANOHARAN M，SUKHWAL A，et al. ECMIS：computational approach for the identification of hotspots at protein-protein interfaces [J]. BMC Bioinformatics，2014，15（1）：303-312.

生成和作用原理设计的，以一个或多个特定基因为靶标的小RNA分子。amiRNA能够高效、特异地抑制基因的表达，还可以沉默掉同一家族的不同蛋白质。

5.3.2 长链非编码RNA的功能

长链非编码RNA（long non-coding RNA，lncRNA）是一类转录本长度超过200 nt的RNA分子，通常认为它们并不编码蛋白，而是以RNA的形式在多个层面上参与蛋白编码基因调控[1]，主要包括遗传调控、转录调控以及转录后调控等。大多数lncRNA的二级结构、剪切形式以及亚细胞定位都较为保守，这对lncRNA发挥功能非常重要。相较于miRNA和蛋白质的功能机制来说，lncRNA的功能机制更加难以确定，目前并不能仅根据序列或者结构推测它们的功能。根据lncRNA在基因组上编码蛋白基因的位置，可以将其分为义链（sense）、反义链（antisense）、双向（bidirection）、内含子间（intronic）、基因间（intergenic）5种类型。这种位置关系对推测lncRNA的功能有很大帮助，如图5-3所示。

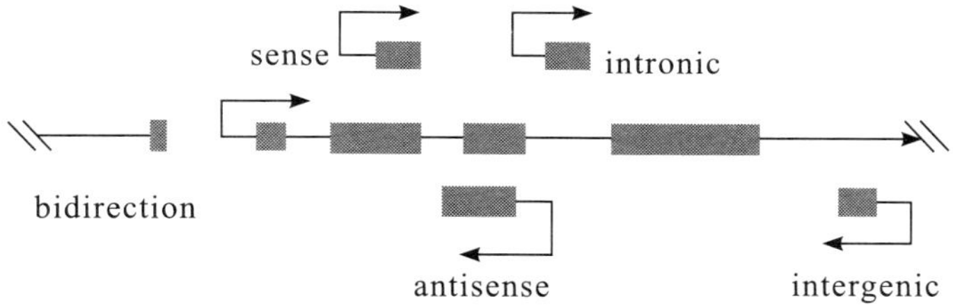

图5-3 不同位置lncRNA示意图

1. lncRNA的作用机制

lncRNA的作用机制非常复杂，至今尚未完全清楚。根据目前的研究，lncRNA的作用机制有以下几种：

[1] LEE B，RICHARDS F M. The interpretation of protein structures：estimation of static accessibility [J]. Journal of Molecular Biology，1971，55（3）：379-400.

（1）编码蛋白的基因上游启动子区转录，干扰下游基因的表达；

（2）抑制RNA聚合酶Ⅱ或者介导染色质重构以及组蛋白修饰，影响下游基因的表达；

（3）与编码蛋白基因的转录本形成互补双链，干扰mRNA的剪切，形成不同的剪切形式；

（4）与编码蛋白基因的转录本形成互补双链，在Dicer酶的作用下产生内源性小干扰RNA（siRNA）；

（5）与特定蛋白质结合，lncRNA转录本可调节相应蛋白质的活性；

（6）作为结构组成，与蛋白质形成核酸蛋白质复合体；

（7）结合到特定蛋白质上，改变该蛋白质的细胞定位；

（8）作为小分子RNA（如miRNA、piRNA）的前体分子。

2. lncRNA的生物学功能

在哺乳动物基因组中，有4%~9%的序列产生的转录本是lncRNA（相应的蛋白编码RNA的比例是1%）。lncRNA起初被认为是基因组转录的“噪声”，是RNA聚合酶Ⅱ转录的副产物，不具有生物学功能。然而，近年来的研究表明，lncRNA广泛参与染色体沉默、基因组印记、染色质修饰、转录激活、转录干扰以及核内运输等多种重要的调控过程。通过对已知lncRNA的研究，研究者发现lncRNA能够在多个层面调控基因表达，主要包括以下三个层面。

（1）表观遗传学调控

某些特异的lncRNA会使染色质重构并修饰复合体到特定位点，改变DNA/RNA甲基化状态、染色体结构和修饰状态，进而控制相关基因的表达。很多DNA/RNA甲基化突变与癌症等某些疾病发生有关，而染色质修饰状态的改变通常会影响到某些基因的表达，最常见的是在启动子区域出现的H3K4me3、H3K9me2及H3K27me3修饰等，这些组蛋白修饰会改变染色质活性，从而促进或抑制转录，控制基因表达。

这类lncRNA中，最典型的是HOXC基因簇转录的lncRNA——HOTAIR，它会募集染色质修饰复合体PRC2，并将其定位到HOXD基因簇位点，改变该区域的染色质修饰状态，进而抑制HOXD基因表达。已经有临床研究表明，在乳腺癌、结肠癌和肝癌等肿瘤组织中HOTAIR表达水平与肿瘤转移、复发及预后效果紧密相关，肿瘤细胞中HOTAIR高表达会抑制某些肿瘤转移抑制基因，促使肿瘤恶化，反之，沉默HOTAIR则会使肿瘤细胞丧失转移能力。除了HOTAIR，还有其他一些lncRNA可以通过募集染色质修饰复合体，对DNA/RNA和组蛋白的表观遗传状态进行修饰，如Xist，Air等。

（2）转录调控

在真核细胞中，转录因子对基因转录非常重要，它们可以结合到基因转录产生的RNA上，控制RNA转录、定位和稳定性。一些lncRNA作为配基，与一些转录因子结合，形成复合体，控制基因转录活性。我们从下面三个示例进行说明：①由一个超保守区域转录产生的lncRNA Dlx6os1既可以作为antisense lncRNA调控Dlx6的表达，也可以通过募集DLX2或MECP2蛋白调控Dlx5和Gad1的表达，还有一些lncRNA本身就是转录因子。②lncRNA HSR1可以同热休克转录因子1（HSF1）、真核翻译延长因子-lA（eEF1A）共同形成复合物，在细胞热休克应激反应时调控热休克蛋白的表达。③lncRNA生长抑制特异性基因5（GAS5）会折叠成一个类似糖皮质激素受体（Glucocorticoid Receptor，GR）DNA结合位点的结构，同GR互作，进而阻止GR发挥调控作用。

在最近的研究中，有学者发现一些增强子也会通过转录产生RNA，即增强子RNA（enhancer RNA，eRNA），对特定方向和距离较远的基因进行调控，不过eRNA发挥调控作用的机制尚未确定。

（3）转录后调控

除了上述两个层面，lncRNA还会直接参与到mRNA转录后的调控过程中，包括可变剪切、RNA编辑、蛋白翻译及转运等过程中，这些过程对基因功能多态性有非常重要的意义。参与mRNA转录后调控的主要为antisense lncRNA，在mRNA可变剪切调控过程中，antisense lncRNA会与mRNA互补区域结合，影响某些剪切位点募集剪切体，控制mRNA剪切过程，同时也会对RNA编辑（A-to-I）产生影响。在mRNA核转运及胞内定位过程中，也有一些antisense lncRNA同mRNA相互作用，发挥调控作用。

除了直接调控mRNA，lncRNA还会通过控制miRNA表达来影响其靶基因的表达量。在一些肿瘤细胞和特定组织中，一些lncRNA会携带某些miRNA的“种子序列”，像海绵一样结合miRNA，从而阻止miRNA同mRNA靶点结合。

虽然关于lncRNA调控作用已经有很多研究，但目前还有很多关键问题没有解决，比如细胞如何平衡调控miRNA和lncRNA的表达，lncRNA如何得到结合miRNA的信号等。随着对lncRNA的研究越来越深入，研究者也将发现更多lncRNA调控模式。

5.3.3 环状RNA的功能

环状RNA（circular RNA，circRNA）是一类以共价封闭环为特征，广泛存在于真核生物中的新型RNA。circRNA来源于基因的外显子和内含子区域，在哺乳动物细胞中大量存在[1]。研究表明，大部分circRNA在不同物种间是进化保守的。同时，circRNA由于其环状结构，能抵抗核糖核酸酶（RNase R）的降解作用，使得它的稳定性更高。circRNA由于表达的特异性和调控的复杂性，以及在疾病发生中的重要作用，越来越受到大家的重视。就像miRNA和lncRNA一样，circRNA已经成为RNA领域的一个研究热点。

1. circRNA的遗传多样性

最初人们认为circRNA表达丰度低，将其作为RNA转录剪切的副产物而不受重视，直到2010年才有少量的circRNA被发现。随着高通量测序技术和计算分析的发展，从古细菌到人体中均发现了成千上万的circRNAs，其中有些circRNAs的表达丰度是其对应线性RNA的10倍以上。

---

[1] KORTEMME T，KIM D E，BAKER D. Computational alanine scanning of protein-protein interfaces [J]. Science's STKE，2004，2004（219）：pl2.

2. circRNA的形成

circRNA的形成不同于线性RNA的标准剪切模式，是通过反向剪接（back-splicing）方式剪切而来。现有的circRNA形成模型主要有以下几种：

（1）套索驱动的环化（lariat-driven circularization）或者外显子跳跃（exon skipping）；

（2）内含子配对驱动的环化（intron-pairing-driven cularization）或者反向剪接（back-splicing）；

（3）环状内含子RNA（ciRNA）形成模式；

（4）依赖于RNA结合蛋白（RBP）的环化模式；

（5）类似于可变剪切的可变环化模式。

3. circRNA的分子特性

circRNA的分子特性主要包括以下几点：

（1）因为circRNA是封闭环状结构，所以没有5'—3'的极性，也没有多聚腺苷酸（polyA）尾巴。因此，circRNA比线性RNA稳定，不容易被RNA核酸外切酶或者RNase R降解。研究人员在健康人的唾液细胞里发现了400余种circRNAs。

（2）circRNA表达丰度差异很大，在某些情况下，circRNA的表达丰度是其对应线性RNA的10倍以上。

（3）circRNA部分由外显子组成，主要存于细胞质中，可能有与miRNA结合的元件（如MREs）。一些含有保留内含子区域的circRNA在真核生物的细胞核中，可能调控基因的表达。

（4）circRNA通常是组织特异性和发育不同阶段特异性的。比如，has_circRNA_2149只在CD19+白细胞、中性粒细胞和HEK293中表达。

（5）绝大部分的circRNA是内源非编码RNA，只有一小部分是外源非编码RNA，如丁型肝炎病毒（HDV），含有核糖体进入位点（IRES）的人工circRNA。

（6）不同物种间的大部分circRNA是进化保守的，也有部分是进化不保守的。

总的来说，circRNA的这些特性决定了它们在转录中和转录后的重要作用，也暗示着circRNA可能是作为疾病诊断的理想生物标志物（biomarker）。

4. circRNA的生物学功能

circRNA的生物学功能主要包括以下几方面：

（1）circRNA可作为miRNA的海绵吸附体

内源竞争性RNA（ceRNA）包括mRNA、假基因和lncRNA，可以竞争性结合miRNA。ceRNA的存在影响着miRNA的功能活性。研究表明，circRNA可作为miRNA的海绵吸附体，也是ceRNA分子之一。例如，ciRS-7/CDR1as和Sry可以结合miRNA而不被降解，它们可能是潜在的ceRNA分子。研究人员发现，具有跨越E3泛素化蛋白连接酶（ITCH）多个外显子区形成的cir-ITCH，具有吸附miR-7、miR-17和miR-214的能力。

（2）circRNA调控可变剪切和转录过程

circMbl是由剪切因子MBL的第二个外显子环化而来，竞争mRNA的线性剪切。circMbl的侧翼外显子和自身序列包含MBL特异性结合的位点，MBL的表达水平受到circMbl的调控。研究表明，MBL通过调整circRNA形成和线性可变剪切之间的平衡来影响可变剪切过程。formin（Fmn）基因可以通过反向剪接形成circRNA，该circRNA包含翻译起始位点作为“mRNA trap”，形成一个非编码线性转录本而减少Fmn蛋白的表达。

（3）circRNA调控亲本基因的表达

circRNA的形成依赖于侧翼RNA元件。研究发现，在细胞核中，一些circRNA可以与Pol Ⅱ结合，并通过cis作用模式调控宿主的转录活性。同时，研究人员发现一类叫做EIciRNA的circRNA与RNA Pol Ⅱ关系密切，比如在细胞核中circEIF3J和circPAIP2与U1小核核糖核蛋白（snRNP）结合，通过cis-acting模式增强亲本基因的转录。此外，还有一小部分circRNAs是可以被翻译的。研究发现，在人工合成的起始位点上游插入IRES的circRNAs可以翻译蛋白。Perriman等人[1]在大肠杆菌中构建了一个包含GFP序列的circRNA，它们是可以表达GFP的。研究发现，有一个天然的circRNA——HDV可以翻译蛋白，它是乙肝病毒HBV的一个亚型。除了发现以上功能，研究人员还发现circRNA一些新的功能，比如可以作为RBP的海绵吸附体，直接作为翻译模板与靶基因结合。

（4）circRNA在疾病发生中的作用

许多研究表明，circRNA在疾病发生的起始和发展阶段发挥重要作用，因此可以作为潜在的生物标志物。比如，HEK293细胞中ciRS-7/CDR1as的表达受到朊病毒蛋白PrPC过表达的诱导，CDR1as可能在朊病毒疾病中起作用。CDR1as在脑中大量表达，同时包含与miR-7结合的60个碱基结合位点。而miR-7又与多种疾病和通路相关。现已证实CDR1as参与了帕金森病、阿尔茨海默病和脑发育。同时，miR-7有致癌和抑制肿瘤的特性，CDR1as/miR-7很有可能与肿瘤的发生和发展密切相关。研究发现，cANRIL是一个INK4A/ARF反义转录本，cANRIL的表达可能与INK4/ARF的转录和心血管硬化疾病相关。另外，研究人员发现has_circ_002059在胃癌中表达下调，是一个潜在的胃癌诊断的生物标志物。因此，cicrRNA与疾病的发生密切相关，是未来疾病诊断和治疗的潜在靶点。

5.4　非编码RNA结构预测

5.4.1 非编码RNA二级结构预测

RNA二级结构已经被证明是了解microRNA的调控功能，推断和理解RNA分子的功能，了解小RNA调控基因表达能力等的必要条件。因此在基因组和转录组环境中对RNA结构预测显得越来越重要，同时，这

[1] PERRIMAN R, ARES M. Circular mRNA can direct translation of extremely long repeating-sequence proteins in vivo [J]. RNA, 1998, 4 (9): 1047-1054.

也是一项艰巨的任务。接下来介绍非编码RNA二级结构预测的方法。

1. Foldalign

Foldalign基于Sankoff算法实现了RNA的局部成对结构比对。Sankoff算法比较复杂，不能处理长序列，而Foldalign克服了这些困难，它可以对长序列进行对齐，并使算法不那么复杂，处理所需要的时间和运算内存也更少。

2. 最大碱基配对算法

最大碱基配对算法基于在碱基互补配对的过程中碱基间的氢键能让两个碱基比较紧密地结合在一起的基本假设，RNA结构中配对的碱基对越多、连接的氢键越多，结构就越稳定。最大碱基配对算法认为RNA单链折叠成碱基对数目最多时的状态即为该RNA的二级结构。也就是说，RNA单链的自我折叠使其碱基尽量达到最大互补配对时，就构成了RNA的二级结构。该算法在求解RNA序列的最大碱基配对数时使用了动态规划的思想，将整个问题分解成多个子问题去解决。Nussinov算法是最早使用动态规划进行RNA二级结构预测的算法，但该算法的预测精度不高，这是由于Nussinov算法只是简单计算了碱基对数量对结构的影响，没有考虑各种构件能量的不同、碱基对类型的不同等因素，这些因素也会对序列的折叠起到重要作用。此外，由于最大碱基配对算法所预测的各个碱基对相对独立，没有考虑连续碱基对可以形成茎区这一更为稳定的结构，因此，最大碱基配对算法预测出的RNA二级结构中各个碱基对是不连续的，不能够形成稳定的茎区。

3. Dynalign

Dynalign基于Sankoff算法，该算法是结合比较序列分析和自由能最小化寻找两个没有同一性的序列，并且这两个序列具有共同的低自由能结构的算法。与单纯自由能最小化算法相比，该算法对5S rRNAs的平均精度从47.8%提高到86.4%。它可以预测一组次优二级结构，并创建点图来读取次优结构中包含的信息。此外，酶切数据和化学修饰探针实验可以提高预测精度。然而，该算法不能预测伪结，计算被限制于长度小于400 nt的序列。

4. Pfold

Pfold基于KH-99算法，同时结合了进化信息和概率结构模型而提出的算法。Pfold可以容纳更大数量的序列，这可以弥补KH-99算法的局限性。由于Pfold较高的计算速度和预测精度，可以在长序列和大int时预测RNA的二级结构。当25个同源序列中的9个需要分析时，用6个序列，准确率可以达到75%。Pfold还可以容纳更多的序列，实现更高的精度。然而，该算法仍有很大的改进空间，如可以引入语法来描述原生类RNA结构、堆叠相互作用和其他碱基对进化模型。此外，Pfold不能预测伪结。

5. Alifold

Alifold是Zuker算法的扩展，它结合改进的动态规划算法和协方差项来计算一组对齐的RNA序列的二级结构。Alifold可以预测最小自由能结构和偶对概率。

6. MARNA

MARNA是一种非概率方法，它对主要和次要结构进行了两两比对。MARNA利用最小自由能折叠序列，然后在一组同源序列之间进行结构比对。当保守序列区域不可见时，MARNA是预测RNA二级结构的合适选择。我们可以指定特定的参数，通过这些参数为序列属性或结构属性设置权重。然而，序列的总长度不应超过10 000 nt。

7. Mfold

Mfold首先将RNA二级结构基序分为茎区、凸起环、内环和发夹环，采用不同的计算方法计算不同图案的自由能。然后，通过动态规划算法对图案进行组装，得到自由能最小的二级结构。利用该方法可以在预测之前指定先验知识，如预测环状RNA序列的结构时，可以设置内部或凸起环的最大长度，配对碱基之间的最大距离，从而预测环状RNA序列的结构。

许多研究提出RNA二级结构影响剪接活性，Yang等人[1]发现固有的内含子元件是mRNA前剪接过程的潜在机制。这些元件在RNA二级结构水平上被发现是保守的。在他们的研究中，Mfold程序被用来预测内含子的配对，而Mfold只能预测单链RNA的二级结构。

8. RNAfold

RNAfold基于动态规划算法、平衡配分函数和碱基配对概率，在给定单链和多链RNA序列时，采用最小自由能模型和多重序列比对的算法。无论是否为可取的碱基对，RNAfold都是一个可靠的选择，该算法还可以预测单链和多链RNA。此外，预测一致结构时，总长度不能超过10 000 nt。

9. RNAshapes

RNAshapes是一种基于抽象形状法并结合形状代表分析、一致形状法和形状概率计算三种RNA分析工具的新方法。与其他RNA折叠算法相比，RNAshapes仅从具体的二级结构描述了一类结构，这些结构分为不同的形状类别。在一个形状类别中，每个形状都代表具有最小自由能的次级结构。单链RNA、序列文件和多序列文件都可以用这种方法预测。然而，该方法由于没有考虑折叠动力学，最小自由能的预测可能是错误的。

10. RNAstructure

RNAstructure利用最新的一组热力学参数来实现二级结构预测，允许序列对齐和结构预测同时进行。该方法用户界面友好，功能强大，可以对“最大能量差”和“最大结构数”进行修改，以限制预测的次优结构的数量，同时可以添加实验数据对结构进行约束。此外，RNAstructure还可以预测单链RNA和两个序列共有的结构，这种方法在研究中得到了广泛的应用。

5.4.2 非编码RNA三级结构预测

非编码RNA三级结构在许多生物学过程中有至关重要的作用。RNA

---

[1] YANG Y，ZHAN L L，ZHANG W J，et al. RNA secondary structure in mutually exclusive splicing [J]. Nature Structural and Molecular Biology，2011，18（2）：159-168.

可以在不同条件下改变自身的三级结构，使其能够与其他RNA、配体、蛋白质或自身相互作用。下面介绍9种预测非编码RNA三级结构的方法。

1. FARNA

FARNA源于Rosetta蛋白质三级结构预测方法，利用粗粒度模型作为虚拟原子，取代每个碱基的中心，寻找自由能最小的RNA三级结构。对长度小于30 nt的短RNA序列，主链的预测精度可达4Å的均方根偏差（Root-Mean-Square-Deviation，RMSD）。结合实验确定的二级结构信息，可以进一步提高该方法的预测精度。近年来，研究人员将全原子项引入FARNA，使FARNA成为一种全原子结构预测方法。和众多采样策略相比，FARNA具有更高的计算效率。然而，FARNA只能预测小的RNA分子的三级结构（<40 nt）。预测更长的RNA分子或复杂拓扑结构的三级结构，仍然面临挑战。FARNA操作流程图如图5-4所示。

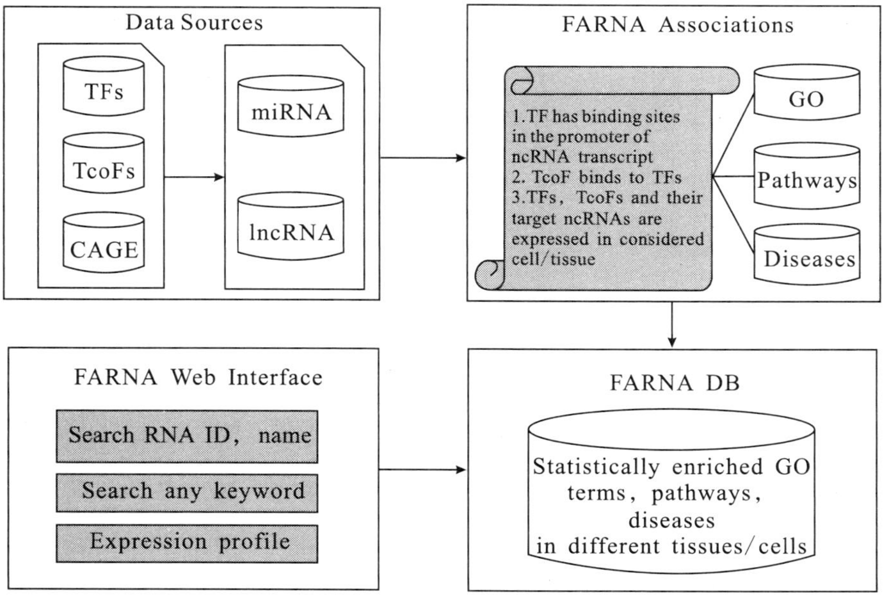

图5-4　FARNA操作流程图

下面对FARNA操作流程图进行说明。

Data Sources：来自不同细胞/组织的所有转录因子（TFs）、TF协同因子（TcoFs）、帽分析基因表达（CAGE）数据以及miRNA和lncRNA转录本的资源库。使用CAGE数据过滤掉低表达ncRNA转录本、TFs和TcoFs。

FARNA Associations：该模块考虑TFs、TcoFs与RNA转录本的关联，并以细胞/组织特异性的方式确定与RNA转录本相关的统计功能。

FARNA DB：该模块使用Elasticsearch平台索引所有相关的函数注释。

FARNA Web Interface：用于用户探索FARNA注释的RNA转录本在不同细胞/组织中的功能和表达谱的Web界面。

2. NAST

核酸模拟工具（The Nucleic Acid Simulation Tool，NAST）基于粗粒度模型，利用知识的能量函数自动预测RNA的三级结构。NAST要求目标RNA分子的二级结构和三级结构的关联信息来指导折叠。该模型首先利用经验的RNA几何分布生成可信的RNA结构，然后利用单点碱基模型获得较快的建模速度，最后利用实验数据对模型进行约束和过滤以提高NAST的预测精度。由于计算的复杂性，对大的RNA分子进行建模仍然具有一定的困难。

3. iFoldRNA

iFoldRNA利用离散分子动力学（DMD）快速构象探索RNA三级结构。与传统的动态分子模拟相比，DMD的快速构象采样能力有助于加快结构预测的速度。iFoldRNA可以预测小RNA分子（<50 nt）的三级结构，拓扑结构简单。当预测更大的RNA分子（>50 nt）的三级结构时，则需要更长的时间来采样构象空间，所需时间呈指数级增长。最近，从实验中获得的碱基配对、碱基堆叠和疏水相互作用等参数已被整合到iFoldRNA中，以约束更大的RNA分子的结构预测。

4. BARNACLE

BARNACLE是RNA结构的概率模型，提供了RNA在连续空间中构象的采样。目前的预测方法主要是基于实验获得的短片段来构建合理的原生类三级结构，如FARNA。然而，这些方法存在一些计算抽样问题，使得可能的BARNACLE有效采样RNA的3D构象在一个较短的尺度。当RNA序列小于50 nt时，BARNACLE可以准确预测RNA三级结构。然而，由于较大的RNA分子和具有复杂拓扑结构的RNA分子的自由度太大，结构取样变得困难，因此，BARNACLE的序列和进化信息需要进一步研究。

5. CG模型

粗粒度（CG）模型基于一种新的统计粗粒度势，用分子动力学来模拟RNA结构。由于减少了角度、键和扭转的计算，CG模型的计算效率高于全原子模型。研究人员已经通过分子动力学模拟进行了测试，15RNA分子长度为12~27 nt。如果提供二级或三级结构的相互作用信息，那么所有的RNA分子都具有折叠成RMSD小于6.5Å的结构。与其他方法类似，CG模型局限于预测拓扑结构简单的小RNA分子。

6. RNA2D3D

RNA2D3D基于辅助模型构建与能量细化衍生的未配对碱基和A形螺旋的规范碱基配对来模拟RNA三级结构。而RNA三级结构中存在的原子重叠、共价键解离等结构是由RNA2D3D自动生成的。因此，需要对模型进行进一步优化，以获得合理的RNA三级结构。Martinez等人[1]对RNA2D3D进行调整和优化，成功构建了端粒酶RNA的伪结结构，长度为48 nt，RMSD达到7Å。

7. Vfold模型

V组折叠（Vfold）模型是一种基于物理的方法，用于从核苷酸序列预测更大、更复杂的RNA分子结构。该方法使用了一种多尺度策略，其中二级和三级结构都是以串行方式获得。与其他方法相比，Vfold模

[1] MARTINEZ H M, MAIZEL JR J V, SHAPIRO B A. RNA2D3D: a program for generating, viewing, and comparing 3-dimensional models of RNA [J]. Journal of Biomolecular Structure and Dynamics, 2008, 25 (6): 669-683.

型可以预测更大的RNA分子结构，如122 nt的5S rRNA结构域（RMSD 7.4 Å）。Vfold模型的最大优点是它对RNA三级结构的构象熵进行了统计力学计算。然而，该方法在无环能量最小化中没有考虑与序列相关的作用，如一般的环路和环路–螺旋相互作用。

8. RSIM

RSIM是一种基于RNA二级结构约束，利用片段组装法预测RNA三级结构的改进方法。它克服了FARNA的缺陷，如减少了抽样构象空间的大小和利用碎片组装方法合理的基对约束。然而，RSIM不能自动预测具有伪结结构的RNA分子的三级结构。

9. 3dRNA

3dRNA基于RNA序列和二级结构信息，是一种快速、自动化构建RNA三级结构的方法。与其他方法相比，3dRNA可以获得来自不同RNA家族的RNA三级结构模板。

5.5 本章小结

非编码RNA研究已成为后基因组时代生命科学的前沿，并有力地带动了现代医学和农学的发展。非编码RNA的发现及其作为新基因资源的利用，对深入解析非编码RNA的生成与代谢、结构与功能起着重要作用。此外，非编码RNA如何作为新的信息分子参与重要生命活动的调控（如介导遗传与表观遗传表达、控制细胞分化及生物发育等）已成为该研究领域的关键科学问题。基于快速发展的生命组学技术以及真核与原核生物巨大的遗传和表观遗传多样性，非编码RNA研究正迅速进入生物大数据时代，该领域正酝酿着现代生命科学及技术方面新的重大突破。

第 6 章

非编码RNA与疾病关系

关联分析通常用于发现隐藏在数据集中数据间的联系，在本章中，我们将介绍关联分析在生物信息学中的应用，以发现非编码RNA与疾病潜在的关系。

长期以来，人们认为RNA只是将遗传信息从DNA传递到蛋白质的中间分子。事实上，非编码RNA涉及多种细胞活动，包括基因激活和沉默，RNA剪接、修饰和编辑以及蛋白质翻译，在生命活动中发挥着重要作用。此外，非编码RNA对疾病的发生和演化有着重要影响，尤其是在肿瘤的发生和转化中。例如，核富集丰富转录物1（NEAT1）是一种lncRNA，它在肿瘤组织中的表达水平与患者的生存率相关。研究表明，lncRNA的失调会造成肿瘤发生以及神经系统疾病、心血管疾病、糖尿病和获得性免疫缺陷综合征的临床表现，这表明lncRNA可以为阿尔茨海默病提供独特的研究途径和可能的治疗靶点。

传统的生物学实验方法是探索不同分子的功能和特性以及研究癌症发病机制的重要且有效的方法。传统的生物学实验比较昂贵、操作复杂且易受外界影响，通常难以大规模进行。快速积累的高通量数据为关联分析方法的发展创造了前所未有的条件，使揭示非编码RNA与疾病之间潜在的关系成为可能。在本章中，我们将重点介绍一些常见的非编码RNA（lncRNA、miRNA和circRNA）与疾病的关联预测方法[1]。

---

[1] LEI X J，MUDIYANSELAGE T B，ZHANG Y C，et al. A comprehensive survey on computational methods of non-coding RNA and disease association prediction［J/OL］. Briefings in Bioinformatics，2021，22（4）：bbaa350（2021-07）［2023-04-23］. https://doi.org/10.1093/bib/bbaa350.

6.1 非编码RNA-疾病关系几种嵌入模型

6.1.1 相似度计算与网络构建

疾病之间的相似性可以通过语义描述和外部生物分子的影响来描述。此外，非编码RNA之间以及非编码RNA与其他生物分子之间存在多种相互作用，这些相互作用在一定程度上量化了它们的相似性。

接下来，我们对非编码RNA和疾病进行相似度计算与异构网络构建进行介绍。

1. 疾病相似性

大多数计算方法通过计算疾病的相似度来预测非编码RNA与疾病的关系。这些方法主要可以概括为基于疾病语义的方法和基于与其他生物分子关系的方法。前者是将疾病名称归纳为树结构，通过测量疾病祖先节点的贡献来计算相似度。后者是基于其他相关生物分子来衡量疾病的相似性，如基于基因模块的GIP核相似性等，旨在通过疾病对生物分子的共同影响来评估疾病的相似性。

2. 非编码RNA相似性

计算疾病相似度的方法也可以用于计算非编码RNA之间的相似度。由于非编码RNA本身具有丰富的信息，如序列信息、表达信息和调节信息等，因此可以从这些生物信息中衡量它们之间的相似性。同时，我们也可以利用它们对其他生物分子的影响来衡量它们在生物功能上的相似性，例如采用基于miRNA和基因之间关系的GIP核计算方法。

3. 异构网络构建

在获得相似性之后，研究人员通常选择构建异构网络来描述潜在的关系。$G=(V,E)$表示一个图，其中V表示顶点或节点集，E表示边集。假设$v_i \in V$表示节点，$e_{ij}=(v_i,v_j)\in E$表示从v_i到v_j的边[1]。如果节点之间

---

[1] LUO J W，DING P J，LIANG C，et al. Collective prediction of disease-associated miRNAs based on transduction learning [J]. IEEE/ACM Transactions on Computational Biology and Bioinformatics，2016，14 (6)：1468-1475.

存在一些关系，如相似度得分超过0或v_i和v_j存在确定的关联，那么认为它们之间存在边。我们将图G_1和G_2构建为根据相关相似性构建相应的疾病相似网络和非编码RNA相似网络。如果G_1中的节点和G_2中的节点之间存在已知关联，那么我们可以使用边来连接它们。最终构建出异构网络G_3，如图6-1所示。

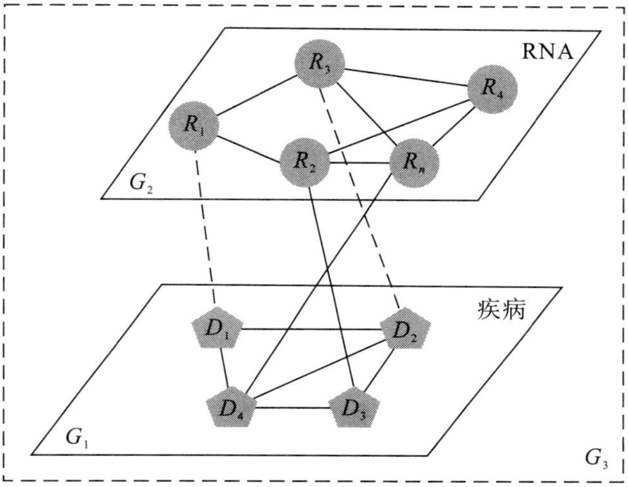

图6-1　异构网络[1]

6.1.2 非编码RNA-疾病预测模型

在完成非编码RNA与疾病的网络构建后，我们将介绍非编码RNA-疾病预测模型。

当前，在生物信息学领域有许多可运用的预测方法。在这里，我们主要介绍几种经典的方法，包括网络传播方法、矩阵填充方法、机器学习方法和深度学习方法。

1. 网络传播方法

（1）RWR

重启的随机游走（RWR）是布朗运动的理想数学状态，其概念接近

[1] LEI X J，MUDIYANSELAGE T B，ZHANG Y C，et al. A comprehensive survey on computational methods of non-coding RNA and disease association prediction［J/OL］. Briefings in Bioinformatics，2021，22（4）：bbaa350（2021-07）［2023-04-23］. https://doi.org/10.1093/bib/bbaa350.

布朗运动。研究人员将已通过实验证实与疾病相关的非编码RNA视为种子非编码RNA，并通过RWR提取最潜在的非编码RNA–疾病关联[1]。

（2）PageRank

当非编码RNA节点A连接疾病节点B时，可以认为节点B已获得对其贡献的分数，该值的多少取决于节点A本身的重要性，即节点A的重要性越大，节点B获得的贡献值就越高。

（3）KATZ

KATZ是一种基于搜索路径的社会关联研究方法，根据每两个节点之间的路径数量和每条路径的长度进行关联预测。该方法已逐渐在生物信息学领域得到推广。一般情况下，短路径比长路径对每两个节点之间的影响更大。

（4）HeteSim

异构网络可以看作是一种特殊的信息网络，包括各种类型的对象和连接。为了度量具有相同或不同类型对象之间的相关性，研究人员提出了一种基于搜索路径的路径约束框架HeteSim，该搜索路径所连接的两个对象中包含了多种节点类型。

2. 矩阵填充方法

（1）非负矩阵分解

非负矩阵分解（NMF）算法是Lee等人[2]于1999年提出的。经过几十年的发展，它已广泛应用于图像分析、数据挖掘和生物信息学等领域。如图6-2，其核心思想是将一个原始非负矩阵分解为两个非负矩阵相乘的形式：$Y \approx WH$。

非负矩阵分解算法是识别非编码RNA–疾病相关性的常用算法。它将非编码RNA和疾病映射到潜在的k维特征空间。例如，非编码RNA–

[1] HU Y，ZHAO T Y，ZHANG N Y，et al. Identifying diseases-related metabolites using random walk [J]. BMC Bioinformatics，2018，19（5）：37-46.

[2] LEE D D，SEUNG H S. Learning the parts of objects by non-negative matrix factorization [J]. Nature，1999，401（6755）：788-791.

疾病关联Y_{23}可以通过W_2乘以$H_{,3}$来估计，其中，W_2和$H_{,3}$分别表示非编码RNA R_2和疾病D_3的潜在特征。

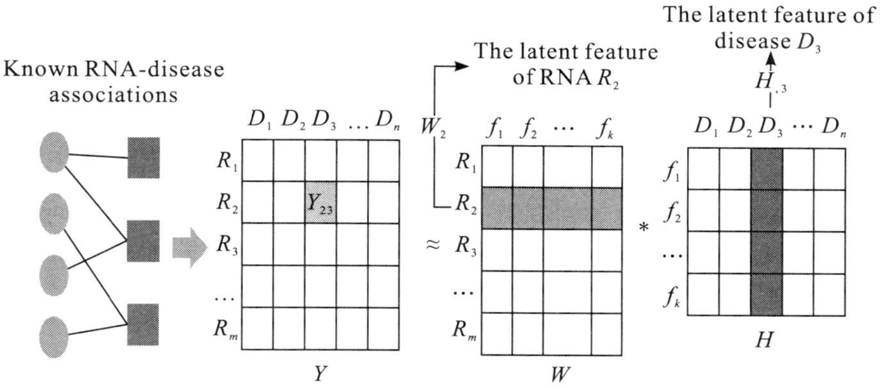

图6-2　非负矩阵分解[1]

（2）奇异值矩阵分解

奇异值矩阵分解（SVD）也是一种矩阵分解算法，已成功应用于推荐系统。利用SVD可以将具有r行、c列和秩m的初始关联矩阵$\boldsymbol{A}$分解为三个矩阵的乘积[2]。

$$\boldsymbol{A} = \boldsymbol{U\Sigma V}^T \tag{6-1}$$

式中，矩阵$\boldsymbol{U}$和$\boldsymbol{V}$是定义矩阵$\boldsymbol{A}$的左右奇异向量的正交向量；矩阵$\boldsymbol{\Sigma}$是包含相应奇异值的对角矩阵。

3. 机器学习方法

（1）支持向量机

支持向量机（SVM）是一种基于统计学习理论的机器学习方法。如图6-3，SVM的主要目标是选择一个最优超平面，该超平面不仅可以无误差地将对象分隔为两类，还可以生成两个最大间隙空间。

---

[1] LEI X J，MUDIYANSELAGE T B，ZHANG Y C，et al. A comprehensive survey on computational methods of non-coding RNA and disease association prediction［J/OL］. Briefings in Bioinformatics，2021，22（4）：bbaa350（2021-07）［2023-04-23］. https://doi.org/10.1093/bib/bbaa350.

[2] BILLSUS D，PAZZANI M J. Learning collaborative information filters［C］// International Conference on Machine Learning. Morgan Kaufmann Publishers Inc.，1998，98：46-54.

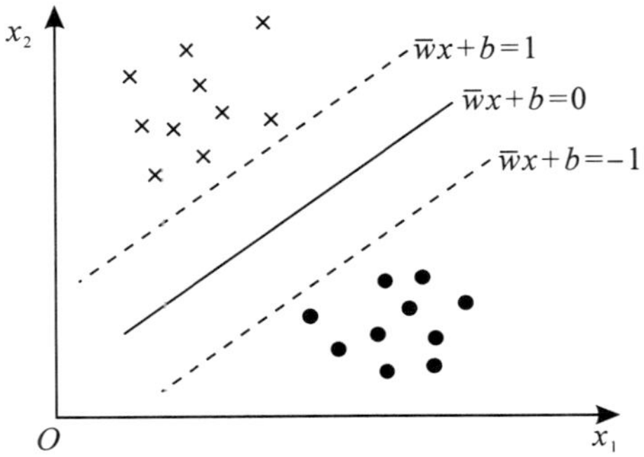

图6-3 支持向量机

（2）随机森林

随机森林（RF）[1]是通过集成学习的思想将多棵树集成的一种算法，它结合了几个弱分类器，并对最终结果进行投票或平均，该方法产生的结果具有较高的准确性和泛化性。鉴于此，随机森林已被用于各种分类和预测问题。当大量数据丢失时，也可以使用随机森林来获得良好的精度。

（3）自适应增强

自适应增强（AdaBoost）算法是由 Freund 和 Schapire[2]基于在线分配算法提出的。自适应增强算法的核心思想是为每个样本分配权重，在每一轮迭代过程中，算法会增加之前被错误分类的样本的权重，以确保这些难以分类的样本在下一轮迭代中得到更多关注。最终，自适应增强算法将各轮迭代中的预测结果进行集成，形成最终的预测输出。如图6-4所示。

---

[1] BREIMAN L. Random forests [J]. Machine Learning，2001，45：5-32.

[2] FREUND Y， SCHAPIRE R E. A decision-theoretic generalization of on-line learning and an application to boosting [J]. Journal of Computer and System Sciences，1997，55（1）：119-139.

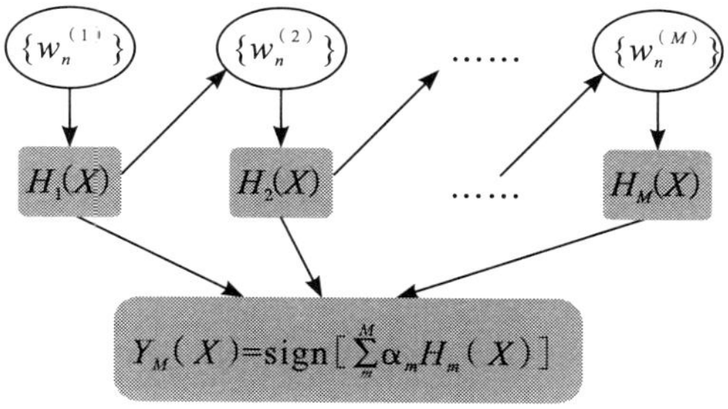

图6-4 自适应增强[1]

（4）梯度提升决策树

梯度提升决策树（GBDT）是机器学习算法中最接近真实分布的算法之一[2]。GBDT是一种数据分类和回归算法，可用于分类和回归，也可用于过滤特征。该算法采用加法不断减少训练过程中产生的残差。如图6-5，GBDT通过多次迭代生成弱分类器，并根据前一个分类器的残差对每个分类器进行训练。弱分类器通常要求足够简单、低方差和高偏差。此外，GBDT通过经验风险最小化确定下一个弱分类器的参数。

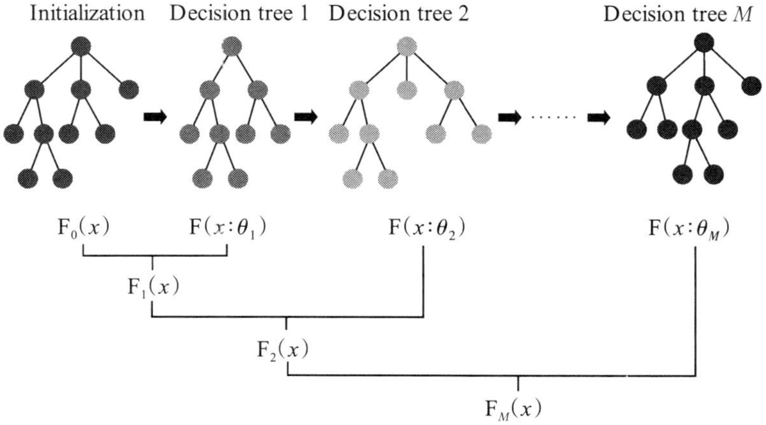

图6-5 梯度提升决策树[3]

[1] LEI X J, MUDIYANSELAGE T B, ZHANG Y C, et al. A comprehensive survey on computational methods of non-coding RNA and disease association prediction [J/OL]. Briefings in Bioinformatics, 2021, 22 (4): bbaa350 (2021-07) [2023-04-23]. https://doi.org/10.1093/bib/bbaa350.

[2] CHENG J, LI G, CHEN X H. Research on travel time prediction model of freeway based on gradient boosting decision tree [J]. IEEE Access, 2018, 7: 7466-7480.

[3] 同 [1].

（5）核岭回归

核岭回归（KRR）是一种基于L2范数正则化的线性最小二乘法，具有良好的稳定性和泛化能力。其目的是了解特征与因变量之间的映射关系。但核岭回归不能有效地解决初始变量之间的非线性关系。因此，研究人员建议使用核岭回归将数据映射到核空间，以便实现数据在核空间中的线性分离。

4. 深度学习方法

（1）自动编码器

自动编码器（AE）[1]是一种无监督学习算法，它使用反向传播算法使输出值等于输入值。AE由编码器和解码器组成，编码器可以将输入压缩为潜在的空间表示，解码器可以从潜在的空间表示重构输入。AE的计算过程如图6-6所示。在整个过程中，我们只使用了输入数据x，没有使用与输入数据对应的数据标记。

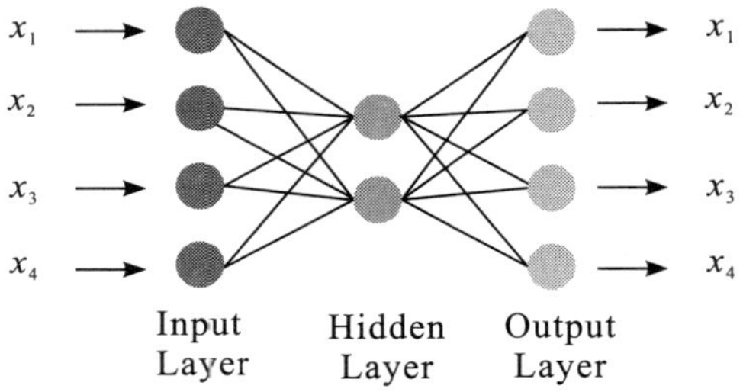

图6-6 自动编码器[2]

（2）卷积神经网络

卷积是将滤波器应用于输入的操作，其结果是生成一个特征图，呈现检测到的特征的位置和强度。这些特征图通过非线性处理，如ReLU

[1] LE CUN Y，FOGELMAN-SOULIÉ F. Modèles connexionnistes de l'apprentissage［J］. Intellectica，1987，2（1）：114-143.

[2] LEI X J，MUDIYANSELAGE T B，ZHANG Y C，et al. A comprehensive survey on computational methods of non-coding RNA and disease association prediction［J/OL］. Briefings in Bioinformatics，2021，22（4）：bbaa350（2021-07）［2023-04-23］. https://doi.org/10.1093/bib/bbaa350.

处理后经过池化层，从而能够从输入数据中检测高级特征，同时在卷积神经网络（CNN）[1]的特征提取过程中过滤噪声。

（3）图卷积神经网络

由于CNN在深度学习方面的作用，需要对图数据重新进行卷积运算，图卷积神经网络（GCN）[2]则被设计用来处理图结构的数据。基于空间的GCN利用中心节点的关系聚集邻居节点的表示来学习新的嵌入表示，如图6-7所示。

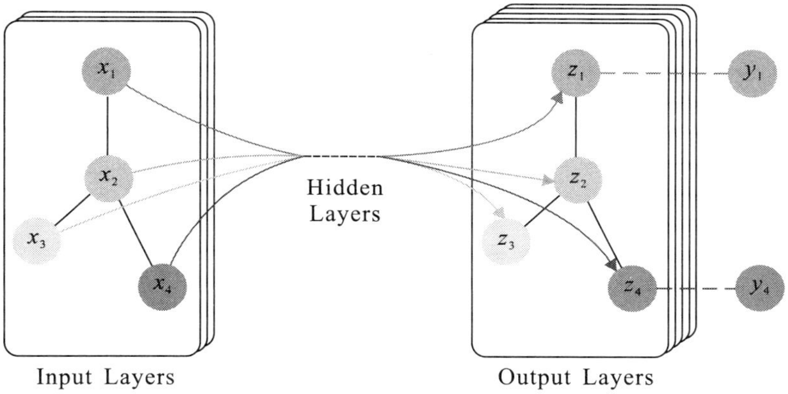

图6-7　图卷积神经网络[3]

（4）图注意力网络

注意力机制允许模型为输入分配不同的权重。其目的是将邻居节点按不同重要性进行综合，以获得有意义的表示，从而使某些节点可能比其他节点对分类更具有辨别力。图注意力网络（GAT）将注意力机制嵌

---

[1] LE CUN Y，BOSER B，DENKER J S，et al. Backpropagation applied to handwritten zip code recognition［J］. Neural Computation，1989，1（4）：541-551.

[2] KIPF T N，WELLING M. Semi-supervised classification with graph convolutional networks［C/OL］// International Conference on Learning Representations. ICLR，2017：02907（2017-02-22）［2023-04-23］. https：//doi.org/10.48550/arXiv.1609.02907.

[3] LEI X J，MUDIYANSELAGE T B，ZHANG Y C，et al. A comprehensive survey on computational methods of non-coding RNA and disease association prediction［J/OL］. Briefings in Bioinformatics，2021，22（4）：bbaa350（2021-07）［2023-04-23］. https：//doi.org/10.1093/bib/bbaa350.

入到图神经网络中[1]，但GAT无法直接检测不同节点之间的关系，为解决这个问题，研究人员基于注意力的GCN提出一种解决方法，即在卷积块后面增加一个注意层，为输入分配不同的权重。

6.2 非编码RNA-疾病关系预测

6.2.1 数据库介绍

本小节将详细介绍一些比较常用的lncRNA数据库、miRNA数据库以及circRNA数据库。相关数据库汇总如表6-1所示。

表6-1 数据库汇总

数据库类型	数据库名称	网址
lncRNA 数据库	lncRNADisease	http://www.rnanut.net/lncrnadisease/
	lnc2Cancer	http://bio-bigdata.hrbmu.edu.cn/lnc2cancer
	MNDR	http://www.rna.society.org/mndr/
	TANRIC	http://bioinformatics.mdanderson.org/main/TANRIC:Overview
miRNA 数据库	miRCancer	http://mircancer.ecu.edu/
	miR2Disease	http://www.mir2disease.org/
	HMDD	http://www.cuilab.cn/hmdd
	miREC	http://www.mirecdb.org
circRNA 数据库	CircR2Disease	http://bioinfo.snnu.edu.cn/CircR2Disease_v2.0/
	circR2Cancer	http://www.biobdlab.cn:8000/
	circad	http://clingen.igib.res.in/circad/
	circRNADisease	http://cgga.org.cn:9091/circRNADisease/

[1] VELICKOVIC P, CUCURULL G, CASANOVA A, et al. Graph attention networks [C/OL]// International Conference on Learning Representations. ICLR, 2018: 10903 (2018-02-04) [2023-04-23]. https://doi.org/10.48550/arXiv.1710.10903.

1. lncRNA数据库

（1）lncRNADisease

lncRNADisease数据库[1]收录了lncRNA、mRNA与miRNA之间的转录调控关系，为每个lncRNA–疾病关联提供了一个置信度分数，整合了经实验验证的循环RNA–疾病关联。截至2023年4月，lncRNADisease数据库收录了超过20万个lncRNA–疾病关联。

（2）lnc2Cancer

lnc2Cancer[2]旨在提供经实验验证与癌症相关的lncRNA，并整合其详细信息，如简要功能描述、实验技术、lncRNA表达模式、原始参考和附加注释信息等。截至2023年4月，在lnc2Cancer 3.0版本中，人工筛选了10 303条lncRNA与癌症关联的条目，包括743种人类lncRNA和216种人类癌症。为了进一步扩展数据资源，lnc2Cancer数据库还提供了一个提交页面，供研究人员提交新的经实验验证的lncRNA–癌症关联数据。

（3）MNDR

截至2023年4月，MNDR数据库[3]包含超过100万个条目，与之前的版本相比，数据增加了4倍。实验和预测的circRNA–疾病关联已被整合，非编码RNA的类别增加到5个，哺乳动物物种的数量增加到11个。此外，该数据库还增加了非编码RNA–疾病相关的药物注释和关联，以及非编码RNA的亚细胞定位和相互作用。

[1] BAO Z Y，YANG Z，HUANG Z，et al. LncRNADisease 2.0：an updated database of long non-coding RNA-associated diseases [J]. Nucleic Acids Research，2019，47（D1）：D1034-D1037.

[2] NING S W，ZHANG J Z，WANG P，et al. Lnc2Cancer：a manually curated database of experimentally supported lncRNAs associated with various human cancers [J]. Nucleic Acids Research，2016，44（D1）：D980-D985.

[3] NING L，CUI T Y，ZHENG B Y，et al. MNDR v3.0：mammal ncRNA-disease repository with increased coverage and annotation [J]. Nucleic Acids Research，2021，49（D1）：D160-D164.

（4）TANRIC

TANRIC[1]是一个开放访问的网络资源库，用于癌症中lncRNA的交互探索。它表征了20种癌症类型的大型患者队列中lncRNA的表达谱，包括癌症基因组图谱（TCGA）和独立数据集。截至2023年4月，TANRIC涵盖8 143个数据样本。TANRIC将lncRNA表达数据与临床和基因组数据集成，并提供了一个由6个模块组成的界面：摘要、可视化、下载、我的lncRNA、分析所有lncRNA、细胞系中的lncRNA。

2. miRNA数据库

（1）miRCancer

miRCancer[2]是一个miRNA–癌症关联数据库，通过PubMed文献的文本挖掘和手动确认构建。截至2023年4月，miRCancer数据库中记录了878个miRNA与癌症的关联，其中包括236个miRNA和79种人类癌症。这些经验记录将为对miRNA生物标志物感兴趣的研究人员提供有价值的信息。

（2）miR2Disease

miR2Disease[3]是一个手动管理的数据库，它提供了各种人类疾病中miRNA的数据资源。截至2023年4月，miR2Disease数据库包含3 273个miRNA与疾病关联条目，涵盖349个miRNA和163种疾病。每个条目都记录了详细的miRNA与疾病关联信息，包括miRNA表达模式、检测方法和参考文献。

---

[1] LI J，HAN L，ROEBUCK P，et al. TANRIC：an interactive open platform to explore the function of lncRNAs in cancer. The atlas of noncoding RNAs in cancer［J］. Cancer Research，2015，75（18）：3728-3737.

[2] XIE B Y，DING Q，HAN H J，et al. miRCancer：a microRNA-cancer association database constructed by text mining on literature［J］. Bioinformatics，2013，29（5）：638-644.

[3] JIANG Q H，WANG Y D，HAO Y Y，et al. miR2Disease：a manually curated database for microRNA deregulation in human disease［J］. Nucleic Acids Research，2009，37（suppl_1）：D98-D104.

（3）HMDD

HMDD[1]是一个收集实验支持的miRNA与疾病关联证据的数据库。截至2023年4月，当前版本（HMDD v3.2）从19 280篇论文中收集了35 547个miRNA–疾病关联条目，包括1 206个miRNA和893种疾病。每个条目都提供了miRNA与疾病关联的详细注释，包括遗传学、表观遗传学以及循环miRNA和miRNA与靶基因相互作用的数据。

（4）miREC

miREC[2]是一个专注于miRNA–子宫内膜癌特异性疾病关联的数据库。截至2023年4月，该数据库包含228个miRNA和920个靶基因。miREC数据库将促进有关miRNA在子宫内膜癌发病机制中作用的研究。

3. circRNA数据库

（1）CircR2Disease

CircR2Disease[3]是一个手动管理的数据库，它收录了各种疾病与CircRNA关联的丰富资源。截至2023年4月，CircR2Disease数据库包含3 077个circRNA与312种疾病之间的725个关联。CircR2Disease数据库中的每个条目都包含circRNA与疾病关联的详细信息，包括circRNA名称、坐标以及基因符号、疾病名称、circRNA的表达模式、实验技术、circRNA与疾病关联的简要描述等。CircR2Disease数据库提供了一个用户友好的浏览界面，以便用户搜索、下载和提交新的疾病相关circRNA数据。

---

[1] HUANG Z，SHI J C，GAO Y X，et al. HMDD v3. 0：a database for experimentally supported human microRNA-disease associations［J］. Nucleic Acids Research，2019，47（D1）：D1013-D1017.

[2] ULFENBORG B，JURCEVIC S，LINDLÖF A，et al. miREC：a database of miRNAs involved in the development of endometrial cancer［J］. BMC Research Notes，2015，8（104）：1-9.

[3] JIANG Q H，WANG Y D，HAO Y Y，et al. miR2Disease：a manually curated database for microRNA deregulation in human disease［J］. Nucleic Acids Research，2009，37（suppl_1）：D98-D104.

（2）circR2Cancer

circR2Cancer[1]是一个手动管理的数据库，提供了经实验验证的circRNA与癌症之间的关联。通过从现有文献和数据库中提取数据，截至2023年4月，circR2Cancer数据库包含1 135个circRNA和82种癌症之间的1 439个关联。此外，circR2Cancer数据库包含从疾病本体中提取的癌症信息和从circBase数据库中提取的circRNA的生物学信息。同时，circR2Cancer数据库为用户提供了一个简单友好的界面，方便用户浏览、搜索和下载数据。

（3）circad

circad[2]是一个手动管理的与疾病相关的circRNA数据库。截至2023年4月，该数据库包含与150种疾病相关的1 300多个circRNA。circad数据库提供了现成的引物，以便研究者使用circRNA作为生物标记物或进行功能研究。同时该数据库列出了和多聚酶链式反应（polymerase clain Reoetion，PCR）的引物细节，还根据ICD（Internation classification of Diseases）代码提供标准疾病命名。

（4）circRNADisease

截至2023年4月，circRNADisease[3]数据库记录了1 454个circRNA和283种疾病之间的1 773种关系。circRNADisease数据库中的每个条目都包含有关circRNA疾病关联的详细信息，包括circRNA ID或名称、疾病名称、circRNA表达模式、实验检测技术、circRNA生物功能的简要描述、参考文献、其他注释信息等。circRNADisease数据库提供了

[1] LAN W，ZHU M R，CHEN Q F，et al. CircR2Cancer：a manually curated database of associations between circRNAs and cancers［J/OL］. Database，2020，2020：baaa085（2020-11-11）［2023-04-23］. https://doi.org/10.1093/database/baaa085.

[2] ROPHINA M，SHARMA D，POOJARY M，et al. Circad：a comprehensive manually curated resource of circular RNA associated with diseases［J/OL］. Database，2020，2020：baaa019（2020-03-27）［2023-04-23］. https://doi.org/10.1093/database/baaa019.

[3] ZHAO Z，WANG K Y，WU F，et al. CircRNA disease：a manually curated database of experimentally supported circRNA-disease associations［J/OL］. Cell Death and Disease，2018，9（5）：475（2018-04-27）［2023-04-23］. https://doi.org/10.1038/s41419-018-0503-3.

一个用户友好的、开放访问的web界面，允许用户在数据库中浏览、搜索和上传circRNA与疾病关联数据。

6.2.2 非编码RNA-疾病关系预测

本小节将从网络传播方法、矩阵填充方法、机器学习方法以及深度学习方法4个方面分别介绍非编码RNA（lncRNA，miRNA以及circRNA）与疾病关系预测方法。非编码RNA-疾病关系预测方法汇总如表6-2所示。

表6-2 非编码RNA-疾病关系预测方法汇总

类别	网络传播方法	矩阵填充方法	机器学习方法	深度学习方法
lncRNA-疾病关系预测	RWRlncD	ILDMSF	LRLSLDA	GANLDA
	RWRHLD	SIMCLDA	LNCSIM	LDICDL
	KATZLDA	GMCLDA	ILNCSIM	GCNLDA
miRNA-疾病关系预测	RWRMDA	RLSMDA	MCMDA	VGAE-MDA
	MIDP	MiRAI	RKNNMDA	VAEMDA
	NTSMDA	ILRMR	KRLSM	MDA-CNN
circRNA-疾病关系预测	BRWSP	MRLDC	IMS-CDA	KGANCDA
	RWRKNN	ICircDA-MF	AANE	IGNSCDA
	BWHCDA	DMFCDA	NSL2CD	DWNN-RLS

1. lncRNA-疾病关系预测

（1）网络传播方法

①RWRlncD

Sun等人[1]提出了一种称为重启随机游走（RWRlncD）的全局网络传播方法来预测lncRNA-疾病相关性。RWRlncD首先构建lncRNA功能相似网络、疾病相似网络和lncRNA-疾病关联网络，然后在lncRNA网络上执行重启随机游走，以推断lncRNA与疾病之间的潜在关联。但是RWRlncD仅考虑已经与疾病相关的lncRNA，对于目前与任何疾病无关

[1] SUN J, SHI H B, WANG Z Z, et al. Inferring novel lncRNA-disease associations based on a random walk model of a lncRNA functional similarity network [J]. Molecular BioSystems, 2014, 10 (8): 2074-2081.

的lncRNA，还无法推断其与候选疾病的关联。

②RWRHLD

Zhou等人[1]提出了RWRHLD方法来预测lncRNA与疾病的关联。该方法基于这样的假设：具有更常见的miRNA相互作用伙伴的lncRNA往往与相似的疾病相关。实现RWRHLD方法包含四个步骤：（a）通过考虑基于“ceRNA假说”的lncRNA转录本上MREs的显著共现，预测和构建一个miRNA相关的lncRNA串联网络；（b）基于有向无环图（DAG）结构构建一个疾病–疾病相似性网络；（c）利用从lncRNADisease数据库中获得的经实验证实的lncRNA–疾病关联，通过连接lncRNA网络和疾病网络构建异质网络；（d）在异质网络上实施带重启的随机游走算法，获得稳定的概率并对候选疾病相关的lncRNA进行排序。

③KATZLDA

KATZLDA[2]是KATZ度量的模型。它是一种基于图的计算方法，通过整合已知的lncRNA–疾病关联、lncRNA表达谱、lncRNA功能相似性、疾病语义相似性和高斯相互作用谱核相似性，将链接预测的问题转化为计算异质网络中节点间的相似性问题，进而实现lncRNA–疾病关联预测。值得一提的是，KATZLDA可以对没有已知相关lncRNA的疾病和没有已知相关疾病的lncRNA发挥作用。

（2）矩阵填充方法

①ILDMSF

Chen等人[3]建立了一种基于lncRNA相似性、疾病相似性和支持向

[1] ZHOU M, WANG X J, LI J W, et al. Prioritizing candidate disease-related long non-coding RNAs by walking on the heterogeneous lncRNA and disease network [J]. Molecular BioSystems, 2015, 11 (3): 760-769.

[2] CHEN X. KATZLDA: KATZ measure for the lncRNA-disease association prediction [J/OL]. Scientific Reports, 2015, 5 (1): 16840 (2015-11-18) [2023-04-23]. https://doi.org/10.1038/srep16840.

[3] CHEN Q F, LAI D H, LAN W, et al. ILDMSF: inferring associations between long non-coding RNA and disease based on multi-similarity fusion [J]. IEEE/ACM Transactions on Computational Biology and Bioinformatics, 2019, 18 (3): 1106-1112.

量机的新型lncRNA–疾病关联预测方法（ILDMSF）。相似网络融合方法（SNF）分别整合lncRNA相似性和疾病相似性，然后利用SVM计算每个lncRNA–疾病的得分，并进一步排序出top关联。

②SIMCLDA

SIMCLDA[1]是一种基于归纳矩阵实现潜在lncRNA–疾病关联的预测方法。该方法首先从已知的lncRNA与疾病的相互作用，以及基于疾病–基因、基因–基因关联的功能相似性中计算出lncRNA的高斯核相似度。然后通过主成分分析，分别从lncRNA的高斯核相似度和疾病的功能相似性中提取主要特征向量。对于一个新的lncRNA，根据其邻居的相互作用计算出相互作用谱。最后根据归纳矩阵，利用构建的特征矩阵中的主要特征向量完成关联矩阵。

③GMCLDA

Lu等人[2]设计了一种新的方法，称为GMCLDA，以推断基于几何矩阵实现的基础关联。GMCLDA首先根据疾病本体论（DO）的层次结构计算疾病语义相似性，并根据已知的相互作用谱计算lncRNA高斯相互作用谱核相似性。然后，GMCLDA使用Needleman-Wunsch算法计算lncRNA序列的相似性。对于一个新的lncRNA，GMCLDA根据其序列相似性定义的K最近邻来预填交互谱。最后，GMCLDA根据几何矩阵来估计关联矩阵的缺失项。

（3）机器学习方法

①LRLSLDA

Chen等人[3]基于如下假设：类似的疾病往往与功能相似的lncRNA

---

[1] LU C Q，YANG M Y，LUO F，et al. Prediction of lncRNA-disease associations based on inductive matrix completion［J］. Bioinformatics，2018，34（19）：3357-3364.

[2] LU C Q，YANG M Y，LI M，et al. Predicting human lncRNA-disease associations based on geometric matrix completion［J］. IEEE Journal of Biomedical and Health Informatics，2019，24（8）：2420-2429.

[3] CHEN X，YAN G Y. Novel human lncRNA-disease association inference based on lncRNA expression profiles［J］. Bioinformatics，2013，29（20）：2617-2624.

相关，在半监督学习框架下开发了LRLSLDA计算方法。该方法通过整合从lncRNADisease数据库、疾病相似性网络和lncRNA相似性网络中获得的已知表型——lncRNA组网络，对目标疾病的整个lncRNA组进行优先排序。LRLSLDA是一种全局性的方法，可以同时对所有疾病的候选疾病–lncRNA进行排序。

②LNCSIM

Chen等人[1]基于功能相似的lncRNA往往与相似的疾病有关的假设，开发了两个新的lncRNA之间功能相似性计算模型（LNCSIM）。该模型包括以下三个步骤：（a）确定与lncRNA u 和 v 相关的疾病，并构建疾病有向无环图（DAG）；（b）计算与lncRNA u 和 v 相关的疾病组中疾病的语义相似性；（c）通过计算与每个lncRNA相关的疾病组的相似性，获得lncRNA u 和 v 的功能相似性。

③ILNCSIM

Huang等人[2]通过改进lncRNA功能相似性得到ILNCSIM模型，该模型基于如下假设：具有高相似性的疾病往往与功能相似的lncRNA有关，反之亦然。ILNCSIM整合了已知的lncRNA–疾病关联和疾病DAG，并通过一个基于边缘的计算模型计算疾病的相似性。ILNCSIM由以下步骤组成：（a）ILNCSIM计算疾病对最有信息量的共同祖先；（b）根据描述疾病关系的DAG计算它们的语义相似性；（c）ILNCSIM根据与这两个lncRNA相关的疾病组的语义相似性，进一步计算两个lncRNA的功能相似性。为了进一步评估ILNCSIM的性能，研究人员将ILNCSIM与LRLSLDA模型相结合，利用计算出的lncRNA功能相似度来预测lncRNA与疾病的关联。

---

[1] CHEN X，YAN C C，LUO C，et al. Constructing lncRNA functional similarity network based on lncRNA-disease associations and disease semantic similarity［J/OL］. Scientific Reports，2015，5（1）：11338（2015-07-10）［2023-04-23］. https://doi.org/10.1038/srep11338.

[2] HUANG Y A，CHEN X，YOU Z H，et al. ILNCSIM：improved lncRNA functional similarity calculation model［J］. Oncotarget，2016，7（18）：25902-25914.

（4）深度学习方法

①GANLDA

Lan等人[1]提出了一个基于图注意网络的端到端计算模型（GANLDA），旨在预测lncRNA和疾病之间的关联。该方法首先结合了lncRNA和疾病的异质性数据并以此为原始特征；然后，使用主成分分析（PCA）来减少原始特征的噪声；接着，利用图注意网络从lncRNA和疾病的特征中提取有用的信息；最后，通过多层感知器来推断lncRNA与疾病的关系。

②LDICDL

Lan等人[2]提出了一个基于协作深度学习的计算模型（LDICDL），旨在识别lncRNA–疾病关联。首先，LDICDL使用一个自动编码器，分别对多个lncRNA特征信息和多个疾病特征信息进行去噪；然后，采用矩阵分解算法来预测潜在的lncRNA–疾病关联。此外，为了克服矩阵分解的局限性，Lan等人还开发了混合模型来预测新的lncRNA与疾病之间的关联。

③GCNLDA

Xuan等人[3]提出了一种基于图卷积网络和卷积神经网络的新方法——GCNLDA，用于推断与疾病相关的lncRNA候选者。该方法构建包含lncRNA、疾病和miRNA节点的异质网络，并根据lncRNA、疾病和miRNA的各种生物学数据，构建了lncRNA–疾病节点对的嵌入矩阵。同时，该方法开发了一个基于图卷积网络和卷积神经网络的新框架来学习lncRNA–疾病的网络和局部表征，并通过图卷积的自动编码器深入整合了异质性lncRNA–疾病–miRNA网络内的拓扑信息。此外，

[1] LAN W，WU X M，CHEN Q F，et al. GANLDA：graph attention network for lncRNA-disease associations prediction［J］. Neurocomputing，2022，469：384-393.

[2] LAN W，LAI D H，CHEN Q F，et al. LDICDL：LncRNA-disease association identification based on collaborative deep learning［J］. IEEE / ACM Transactions on Computational Biology and Bioinformatics，2020，19（3）：1715-1723.

[3] XUAN P，PAN S X，ZHANG T G，et al. Graph convolutional network and convolutional neural network based method for predicting lncRNA-disease associations［J］. Cells，2019，8（9）：1012-1017.

由于不同的节点特征对关联预测结果有不同的贡献，该方法在节点特征层面上构建了一个关注机制。

2. miRNA–疾病关系预测

（1）网络传播方法

①RWRMDA

Chen等人[1]基于全局网络相似性度量和功能相关性假设，即miRNA倾向于与表型相似的疾病相关，开发了一种名为重启随机游走miRNA–疾病关联（RWRMDA）的方法。该方法通过在miRNA功能相似性网络上进行随机游走，对疾病的候选miRNA进行优先级排序，推断潜在的miRNA–疾病关联。

②MIDP

MIDP是Xuan等人[2]提出的一种基于网络随机游走的新预测方法，即对一些已知相关miRNA的疾病，将网络节点分为有标签的节点和无标签的节点，并为这两类节点建立过渡矩阵。此外，不同类别的节点有不同的过渡权重，以使节点的先验信息全部被采用，同时整合了不同类别的节点周围的拓扑结构。

通过重启随机游走，可以控制游走者离标记节点的距离，这对缓解噪声数据的负面影响是有帮助的。此外，对没有任何已知相关miRNA的疾病，可以在miRNA–疾病双层网络上进行扩展游走。在预测过程中，疾病之间的相似性、miRNA之间的相似性、已知的miRNA–疾病关联和双层网络的拓扑信息被广泛利用。此外，该方法还考虑了来自网络不同层的信息的重要性。

③NTSMDA

通过整合miRNA功能相似性和疾病语义相似性，在miRNA–疾病网

---

[1] CHEN X，LIU M X，YAN G Y，et al. RWRMDA：predicting novel human microRNA-disease associations［J］. Molecular BioSystems，2012，8（10）：2792-2798.

[2] XUAN P，HAN K，GUO Y H，et al. Prediction of potential disease-associated microRNAs based on random walk［J］. Bioinformatics，2015，31（11）：1805-1815.

络上识别疾病相关的miRNA的计算方法很多。然而，这些方法很少考虑miRNA–疾病关联网络的网络拓扑学相似性。Sun等人[1]开发了一种改进的计算方法，名为NTSMDA。该方法基于已知的miRNA–疾病网络拓扑相似性，旨在发掘更多潜在的与疾病相关的miRNA。

（2）矩阵填充方法

①RLSMDA

从大量的生物数据中预测潜在的miRNA–疾病关联是生物医学研究中的一个重要研究方向。考虑到已有方法的局限性，Chen等人[2]开发了正则化最小二乘法（RLSMDA）来揭示疾病和miRNA之间的关系。RLSMDA不仅适用于没有已知相关miRNA的疾病，还是一个半监督的（不需要阴性样本）和全局的方法，可以对所有疾病的关联进行优先级排序。

②MiRAI

到目前为止，已经开发了多种计算方法来解决miRNA与疾病关联预测的问题。然而，这些方法存在各种局限性。Pasquier等人[3]基于这样一个假设：附着在miRNA和疾病上的信息可以通过分布式语义学来揭示，提出了MiRAI方法。该方法是在一个高维向量空间中表示miRNA和疾病的分布信息，并根据它们的向量相似性来预测miRNA和疾病之间的关联。他们通过在一个已知的miRNA–疾病关联数据集上进行的交叉验证，证明了该方法有良好的性能。

---

[1] SUN D D，LI A，FENG H Q，et al. NTSMDA：prediction of miRNA-disease associations by integrating network topological similarity［J］. Molecular Biosystems，2016，12（7）：2224-2232.

[2] CHEN X，YAN G Y. Semi-supervised learning for potential human microRNA-disease associations inference［J/OL］. Scientific Reports，2014，4（1）：5501（2014-06-30）［2023-04-23］. https：// doi.org/10.1038/srep05501.

[3] PASQUIER C，GARDÈS J. Prediction of miRNA-disease associations with a vector space model［J/OL］. Scientific Reports，2016，6（1）：27036（2016-06-01）［2023-04-23］. https：// doi. org / 10.1038/srep27036.

③ILRMR

Peng等人[1]开发了改进的低秩矩阵恢复（ILRMR），该方法用于miRNA-疾病关联预测。ILRMR是一种全局性的方法，可以同时对所有疾病的潜在关联进行优先级排序，并且不需要阴性样本。ILRMR还可以在没有任何已知相关miRNA的情况下，为所研究的疾病确定有价值的miRNA。

（3）机器学习方法

①MCMDA

Li等人[2]根据HMDD数据库中已知的miRNA-疾病关联，开发了一个矩阵填充miRNA-疾病关联预测模型（MCMDA）。MCMDA模型利用矩阵填充算法来更新已知miRNA-疾病关联的邻接矩阵，并进一步预测潜在的关联。

②RKNNMDA

Chen等人[3]开发了一个基于排名的K最近邻的miRNA-疾病关联预测模型（RKNNMDA）。首先将miRNA的功能相似性、疾病语义相似性、高斯相互作用谱核相似性和已知的miRNA-疾病关联结合起来，KNN算法为miRNA和疾病寻找K最近邻，并根据其他miRNA（疾病）和中心miRNA（疾病）之间的相似度得分，按降序获得K最近邻。然后根据SVM排名模型对这些K最近邻进行重新排序。最后进行加权投票，得到所有可能的miRNA-疾病关联的最终排名。

---

[1] PENG L，PENG M M，LIAO B， et al. Improved low-rank matrix recovery method for predicting miRNA-disease association［J/OL］. Scientific Reports，2017，7（1）：6007（2017-07-20）［2023-04-23］. https://doi.org/10.1038/s41598-017-06201-3.

[2] LI J Q，RONG Z H，CHEN X，et al. MCMDA：matrix completion for MiRNA-disease association prediction［J］. Oncotarget，2017，8（13）：21187-21199.

[3] CHEN X，WU Q F，YAN G Y. RKNNMDA：ranking-based KNN for MiRNA-disease association prediction［J］. RNA Biology，2017，14（7）：952-962.

③KRLSM

Luo等人[1]开发了一个名为KRLSM的新型预测模型，该模型采用综合的相似度测量方法，充分利用多组全向数据来估计疾病和miRNA的相似度，并采用Kronecker正则化最小二乘法将可能与疾病相关的miRNA进行优先级排序。在量化疾病和miRNA的相似性时，考虑了关于疾病的分层有向无环图、已知的miRNA–疾病关联、实验确定的miRNA–基因相互作用以及加权的基因–基因网络。然后，KRLSM将miRNA相似性矩阵和疾病相似性矩阵合并为一个完整的Kronecker乘积相似性矩阵，并使用有效的机器学习方法来训练预测模型。

（4）深度学习方法

①VGAE–MDA

Ding等人[2]提出了一个带有变分图自动编码器的深度学习框架（VGAE–MDA），该框架用于miRNA–疾病关联预测。首先，VGAE–MDA从由miRNA–miRNA相似性、疾病–疾病相似性和已知miRNA–疾病关联构建的异质网络中获得miRNA和疾病的表示。然后，VGAE–MDA构建了两个子网络：基于miRNA的网络和基于疾病的网络。接着，VGAE–MDA基于异质网络部署两个变分图自动编码器（VGAE），分别从两个子网络中计算miRNA–疾病关联分数。最后，VGAE–MDA通过整合这两个子网络的分数，获得miRNA–疾病的最终预测关联分数。与之前的模型不同，VGAE–MDA可以减轻因随机选择而带来阴性样本噪声的影响。

②VAEMDA

Zhang等人[3]提出了一个无监督的深度学习模型，即miRNA–疾病关

[1] LUO J W，XIAO Q，LIANG C，et al. Predicting microRNA-disease associations using Kronecker regularized least squares based on heterogeneous omics data［J］. IEEE Access，2017，5：2503-2513.

[2] DING Y L，TIAN L P，LEI X J，et al. Variational graph auto-encoders for miRNA-disease association prediction［J］. Methods，2021，192：25-34.

[3] ZHANG L，CHEN X，YIN J，et al. Prediction of potential mirna-disease associations through a novel unsupervised deep learning framework with variational autoencoder［J］. Cells，2019，8（9）：1040-1055.

联预测的变分自动编码器（VAEMDA）。该模型通过将集成的miRNA相似性和集成的疾病相似性分别与已知的miRNA–疾病关联相结合，构建了两个矩阵，这些矩阵分别应用于训练变分自动编码器（VAE）。通过整合两个训练好的VAE的分数，得到miRNA和疾病之间的最终预测关联分数。与其它模型不同，VAEMDA可以避免随机选择阴性样本所带来的噪声，并从数据分布的角度揭示miRNA和疾病之间的关联。

③MDA–CNN

Peng等人[1]提出了一个基于机器学习的模型框架，即多领域注意力卷积神经网络（MDA–CNN），用于miRNA–疾病关联识别。首先，该模型基于疾病相似性网络、miRNA相似性网络和蛋白质–蛋白质相互作用网络捕捉疾病与miRNA之间的相互作用特征。然后，该模型采用自动编码器来自动识别每对miRNA和疾病的基本特征组合。最后，该模型以减少的特征表示作为输入，使用卷积神经网络来预测miRNA和疾病之间的关联。

3. circRNA–疾病关系预测

（1）网络传播方法

①BRWSP

Lei等人[2]提出了一个名为BRWSP的计算模型来预测circRNA与疾病的关联，该模型在一个多异质网络上搜索基于有偏随机游走的路径。BRWSP通过使用circRNA、疾病和基因构建一个多异质网络。然后，在多异质网络上运行有偏随机游走算法，搜索circRNA和疾病之间的路径。研究发现，BRWSP的性能明显优于其他算法。此外，BRWSP进一步促进了新型circRNA–疾病关联的发现。

---

[1] PENG J J，HUI W W，LI Q Q，et al. A learning-based framework for miRNA-disease association identification using neural networks［J］. Bioinformatics，2019，35（21）：4364-4371.

[2] LEI X J，ZHANG W X. BRWSP：predicting circRNA-disease associations based on biased random walk to search paths on a multiple heterogeneous network［J/OL］. Complexity，2019，2019：5938035（2019-11-30）［2023-04-23］. https://doi.org/10.1155/2019/5938035.

②RWRKNN

Lei等人[1]提出了一种名为RWRKNN的方法，它整合了RWR算法和KNN算法来预测circRNA与疾病之间的关联。具体来说，该方法将RWR算法应用于具有全局网络拓扑信息的加权特征，并采用KNN算法对特征进行分类，最终得到每个circRNA–疾病对的预测分数。

③BWHCDA

Fan等人[2]提出了一种名为BWHCDA的模型，它在异质网络上应用双随机游走算法来预测circRNA与疾病的关联。首先，根据circRNA–miRNA的相互作用来衡量circRNA的调控相似性，circRNA的相似性是由circRNA调控相似性和疾病GIP相似性的平均值来计算得出的，疾病相似性则是疾病语义相似性和疾病GIP相似性的平均值；然后，通过整合circRNA网络、疾病网络和circRNA–疾病关联来构建异质网络；最后，在异质网络上实施双随机游走算法来预测circRNA–疾病关联。

（2）矩阵填充方法

①MRLDC

Xiao等人[3]提出了MRLDC方法。首先，计算circRNA和疾病的高斯交互轮廓核相似度；然后，通过结合circRNA相似网络、疾病相似网络和已知的circRNA–疾病关联，构建一个异质的circRNA–疾病双层网络；最后，采用加权低秩近似优化算法来预测疾病相关的circRNA。

---

[1] LEI X J, BIAN C. Integrating random walk with restart and k-Nearest Neighbor to identify novel circRNA-disease association [J/OL]. Scientific Reports, 2020, 10 (1): 1943 (2020-02-06) [2023-04-23]. https://doi.org/10.1038/s41598-020-59040-0.

[2] FAN C Y, LEI X J, TAN Y. Inferring candidate circRNA-disease associations by bi-random walk based on circRNA regulatory similarity [C]//Proceedings of the 11th International Conference on Advances in Swarm Intelligence. Springer International Publishing, 2020: 485-494.

[3] XIAO Q, LUO J W, DAI J H. Computational prediction of human disease-associated circRNAs based on manifold regularization learning framework [J]. IEEE Journal of Biomedical and Health Informatics, 2019, 23 (6): 2661-2669.

②ICircDA-MF

Wei等人[1]提出了一种新的计算方法——ICircDA-MF。由于经过实验验证的circRNA与疾病的关联非常有限，因此，该方法首先根据从疾病语义信息中提取的circRNA相似性、疾病相似性、已知的circRNA-基因、基因-疾病和circRNA-疾病的关联来计算潜在的circRNA-疾病关联；然后，circRNA与疾病之间的相互作用谱被邻居的相互作用谱所更新，以纠正假阴性关联；最后，对更新的circRNA-疾病相互作用谱进行矩阵分解，以预测circRNA-疾病的关联。

③DMFCDA

Lu等人[2]提出了一种称为DMFCDA的方法来推断潜在的circRNA-疾病关联。DMFCDA同时考虑了显性反馈和隐性反馈。该方法使用一个投影层来自动学习circRNA和疾病的潜在表征。通过多层神经网络，DMFCDA可以对非线性关联进行建模，以掌握数据的复杂结构。

（3）机器学习方法

①IMS-CDA

Wang等人[3]提出了一种新的基于计算的方法，称为IMS-CDA。该方法基于多源生物信息预测生物中的潜在circRNA-疾病关联。IMS-CDA结合了疾病语义相似性、疾病和circRNA的Jaccard以及高斯相互作用谱核相似性的信息，并使用深度学习的堆叠式自动编码器（SAE）算法提取隐藏特征。

[1] WEI H，LIU B. iCircDA-MF：identification of circRNA-disease associations based on matrix factorization［J］. Briefings in Bioinformatics，2020，21（4）：1356-1367.

[2] LU C Q，ZENG M，ZHANG F H，et al. Deep matrix factorization improves prediction of human circRNA-disease associations［J］. IEEE Journal of Biomedical and Health Informatics，2020，25（3）：891-899.

[3] WANG L，YOU Z H，LI J Q，et al. IMS-CDA：prediction of circRNA-disease associations from the integration of multisource similarity information with deep stacked autoencoder model［J］. IEEE Transactions on Cybernetics，2020，51（11）：5522-5531.

②AANE

Yang等人[1]提出了一个基于加速属性网络嵌入（AANE）算法和堆叠式自动编码器（SAE）的计算模型来预测circRNA与疾病的关联。首先，用AANE算法提取circRNA和疾病的低维特征；然后，用SAE自动提取深度特征；最后，将AANE算法和SAE提取到的特征进行整合，用XGBoost作为二元分类器，得到预测结果。

③NSL2CD

Xiao等人[2]提出了一种新型的基于网络嵌入的自适应子空间学习方法（NSL2CD），用于预测潜在的circRNA-疾病关联，并发现那些与疾病相关的circRNA候选者。该方法首先通过充分利用不同的数据源计算疾病的相似性和circRNA的相似性，并通过网络嵌入方法学习低维节点表示。然后，采用自适应子空间学习模型来发现circRNA和疾病之间的潜在关联。最后，为了保护数据空间的局部几何结构，在模型中加入了综合加权图正则化项和L1、L2约束，以实现投影矩阵的平滑性和稀疏性。

（4）深度学习方法

①KGANCDA

Lan等人[3]提出KGANCDA方法来预测基于知识图谱关注网络的circRNA-疾病关联。首先，该方法通过收集circRNA、疾病、miRNA和lncRNA之间的多种关系数据来构建circRNA-疾病知识图谱。然后，构建知识图谱注意力网络，通过区分相邻信息的重要性来获得每个实体的嵌入。除了低阶邻居信息，该方法还可以从多源关联中获取高阶邻居信

---

[1] YANG J，LEI X J. Predicting circRNA-disease associations based on autoencoder and graph embedding［J］. Information Sciences，2021，571：323-336.

[2] XIAO Q，FU F，YANG Y D，et al. NSL2CD：identifying potential circRNA-disease associations based on network embedding and subspace learning［J/OL］. Briefings in Bioinformatics，2021，22（6）：bbab177（2021-11-01）［2023-04-23］. https://doi.org/10.1093/bib/bbab177.

[3] LAN W，DONG Y，CHEN Q F，et al. KGANCDA：predicting circRNA-disease associations based on knowledge graph attention network［J/OL］. Briefings in Bioinformatics，2022，23（1）：bbab494（2022-01-01）［2023-04-23］. https://doi.org/10.1093/bib/bbab494.

息，从而解决了数据稀少的问题。最后，根据circRNA和疾病的嵌入，应用多层感知器来预测circRNA-疾病关联的亲和力分数。

②IGNSCDA

Lan等人[1]基于改进图卷积网络和负采样的新计算模型提出了一种预测circRNA-疾病关联的方法，称为IGNSCDA。该方法首先基于已知的circRNA-疾病关联构建异质网络；然后设计了一个改进的图卷积网络来获得circRNA和疾病的特征向量；最后采用多层感知器预测基于circRNA和疾病特征向量的circRNA-疾病关联。此外，该方法根据circRNA表达谱的相似性和高斯相互作用谱核的相似性来选择负样本，并采用了负采样方法来减少噪声样本的影响。

③DWNN-RLS

Yan等人[2]开发了一种基于Kronecker积核的正则化最小二乘法（DWNN-RLS）来预测circRNA-疾病关联。该方法是在已知的circRNA-疾病关联的基础上，通过高斯相互作用谱（GIP）计算circRNA的相似性。此外，疾病的相似性是由GIP相似性和语义相似性的平均值整合而成，语义相似性则由疾病的DAG表示法计算。circRNA-疾病的核是由circRNA和疾病的Kronecker积核构成的。研究人员基于circRNA相似性，语义相似性及circRNA-疾病的核，采用DWNN（递减权重的K最近邻）方法计算新的circRNA和疾病的初始关系分数，并基于Kronecker积核的正则化最小二乘法来预测新的circRNA-疾病关联。

[1] LAN W，DONG Y，CHEN Q F，et al. IGNSCDA：predicting circRNA-disease associations based on improved graph convolutional network and negative sampling［J］. IEEE/ACM Transactions on Computational Biology and Bioinformatics，2021，19（6）：3530-3538.

[2] YAN C，WANG J X，WU F X，et al. DWNN-RLS：regularized least squares method for predicting circRNA-disease associations［J/OL］. BMC Bioinformatics，2018，19（suppl_19）：520（2018-12-31）［2023-03-25］. https://doi.org/10.1186/s12859-018-2522-6.

6.3　本章小结

通过计算方法来探索潜在的非编码RNA与疾病之间的关系，可以大大减少生物学实验的时间和资金成本。本章主要对三种非编码RNA（lncRNA、miRNA和circRNA）与疾病的关联预测方法进行介绍。

我们将计算方法分为四类并进行了详细的介绍：（1）基于网络传播方法通常具有快速预测能力，并且易于理解，然而，由于稀疏关系无法获得更真实的网络，使得预测精度受到了限制。（2）基于矩阵填充的方法往往具有很强的学习能力，能够更好地提取非编码RNA和疾病的特征，然而，在预测了非编码RNA-疾病关联时，需要添加相应的约束，使得约束的构造成为预测性能的关键。（3）机器学习有严格的假设和理论推导，可解释性较高。（4）深度学习具有较强的学习和预测能力，随着图神经网络的发展，网络和生物学的特性得到了完美的结合。

目前，大多数计算方法的局限性如下：（1）使用的已知非编码RNA-疾病关系的数量很少。（2）正负样本不平衡。（3）相似度的计算过于依赖已知的非编码RNA-疾病关联，这将不可避免导致偏差。（4）现有方法不适用于没有任何已知关联的新的非编码RNA和疾病。（5）生物数据融合不够。

基于上述局限性，获得可靠的关联网络对于预测方法的实现非常重要。因此，未来研究中收集更多的非编码RNA和经过生物学实验验证的疾病关系，并探索更多的生物学相似性尤为关键。主要可以从以下几个方面进行：（1）进一步丰富和改进数据库，包括数据集扩展和新工具开发。（2）开发更合理的特征提取、相似度计算和融合方法以及网络表示方法。（3）进一步优化深度学习方法，并将其他组学数据与疾病结合，进行更全面的预测分析。（4）根据提取的特征，以更合理、更有生物学意义的方式对结果进行解释和分析。

第 7 章

蛋白质结构预测

蛋白质是生命体重要的组成部分，蛋白质由氨基酸的线性序列组成，只有当它折叠成特定的空间结构才具有活性并发挥特定的生物学功能。关联分析技术可以用于研究蛋白质间的相互作用，若想要真正了解蛋白质的功能则需要清楚认识其准确的空间结构。蛋白质的空间结构能够让人们了解蛋白质如何执行其对应的功能，这对医学、药学、生物学都是非常重要的。同时，了解已知蛋白质的结构也可以为设计新的蛋白质提供可靠的理论依据。因此，本章主要介绍蛋白质结构预测相关的研究，并介绍蛋白质相互作用热点预测的相关内容。

7.1 蛋白质结构概述

蛋白质在生物世界中扮演着各种各样的角色，一些蛋白质向全身输送营养物质，一些蛋白质有助于加速化学反应，其他蛋白质则构建了生命体的结构。虽然蛋白质功能如此广泛，但所有蛋白质都是由22种基本单位构成，这些基本单位称为氨基酸（amino acid）。氨基酸主要由碳、氧、氮、氢原子组成，某些氨基酸还包括少量其他原子，如硒半胱氨酸是一种含有硒原子的标准氨基酸。这些原子形成氨基（amino group）、羧基（carboxyl group）和附属于中央碳原子的侧链（side chain）。侧链是不同的氨基酸中唯一不同的部分，决定着氨基酸的性质。疏水性氨基酸具有富碳侧链，因此不能很好地与水相互作用；亲水性氨基酸则可以很好地与水相互作用，带电荷的氨基酸可以与带相反电荷的氨基酸或其他分子相互作用。

表7-1 氨基酸名称及其缩写

名称	三字符号	单字符号	特性	名称	三字符号	单字符号	特性
甘氨酸	Gly	G	疏水性	丙氨酸	Ala	A	疏水性
缬氨酸	Val	V	疏水性	亮氨酸	Leu	L	疏水性
异亮氨酸	Ile	I	疏水性	苯丙氨酸	Phe	F	疏水性
色氨酸	Trp	W	疏水性	酪氨酸	Tyr	Y	亲水性
天冬氨酸	Asp	D	酸性	组氨酸	His	H	碱性
天冬酰胺	Asn	N	亲水性	谷氨酸	Glu	E	酸性
赖氨酸	Lys	K	碱性	谷氨酰胺	Gln	Q	亲水性
甲硫氨酸	Met	M	疏水性	精氨酸	Arg	R	碱性
丝氨酸	Ser	S	亲水性	苏氨酸	Thr	T	亲水性
半胱氨酸	Cys	C	亲水性	脯氨酸	Pro	P	疏水性
硒半胱氨酸	Sec	U	疏水性	吡咯赖氨酸	Pyl	O	亲水性

蛋白质中的氨基酸通过一个氨基酸的氨基与另一个氨基酸的羧基组成肽键，每组成一个肽键时释放一个水分子，这个过程称为脱水缩合。两个氨基酸经脱水缩合形成的化合物称为二肽（dipeptide），三个氨基酸脱水缩合则形成三肽（tripeptide），三个或三个以上氨基酸脱水缩合形成的肽通常称为多肽（polypeptide）或多肽链。连接碳、氮、氧原子的链称为“主链”或“蛋白质骨架”，一条或多条肽链按特定规则组成具有空间结构的蛋白质。其中氨基酸的部分基团（氨基和羧基）参与了肽键的形成，成为蛋白质的一部分，剩余的部分基团被称为氨基酸残基（residue），以区别游离状态的氨基酸。

7.1.1 蛋白质结构

蛋白质不是多条肽链的线性组合，而是肽链经盘曲折叠形成的具有稳定空间结构的大分子。只有肽链处于正确的空间位置，构成的蛋白质才具有相应的生物学活性和理化性质。目前对蛋白质的研究多为测定或预测蛋白质结构，因为只有确定蛋白质的空间结构，才可以进一步分析蛋白质的功能。蛋白质结构可以划分为四级，以描述其不同方面的性质。

1. 蛋白质一级结构

蛋白质一级结构（primary structure）是肽链或蛋白质中氨基酸的线性序列，它由基因和遗传密码确定，可以直接由蛋白质测序或DNA序列推断。描述蛋白质一级结构通常从氨基端（N端）开始到羧基端（C端）结束。

2. 蛋白质二级结构

蛋白质二级结构（secondary structure）是指肽链中主链原子的局部空间排布（构象），不涉及氨基酸残基侧链的构象。最普遍的二级结构是α螺旋（alpha helix）和β折叠（beta sheet），如图7-1所示。α螺旋是肽链上相近的氨基和羧基之间形成的氢键稳定下来后构成的右手螺旋结构，当两个或多个相邻的链被氢键固定时，就形成了β折叠。

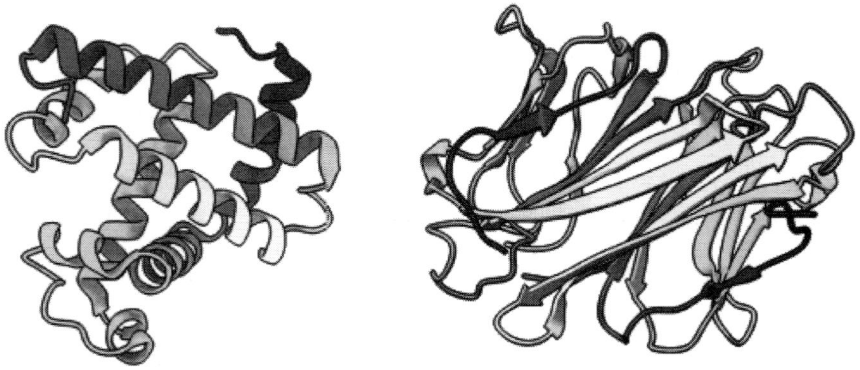

图7-1　由多个α螺旋组成的蛋白质（左）和由多个β折叠组成的蛋白质（右）

蛋白质二级结构是通过蛋白质骨架上的羰基（carbonyl group）和酰胺（acylamide）基团之间的氢键维持的，氢键是稳定蛋白质二级结构的主要作用力。

多个蛋白质二级结构可以组成有规律的更高一级但又低于蛋白质三级结构的超二级结构（super secondary structure），超二级结构也可以作为构成三级结构的单位，常见的超二级结构有αα、ββ、βαβ，其中βαβ结构最为常见。

几个超二级结构和二级结构单元可以进一步卷曲折叠成几个相对独立的近似球形的组装体，称为结构域（domain）。结构域存在于二级结构和三级结构之间，具有生物活性和独立的空间构象。

3. 蛋白质三级结构

蛋白质三级结构（tertiary structure）是由二级结构和超二级结构进一步盘绕、折叠形成的稳定空间结构，也是蛋白质分子处于天然折叠状态的三维构象，通常为紧密的球状或椭球状实体。三级结构主要靠氨基酸侧链之间的疏水相互作用、氢键、范德华力和静电作用维持。

许多蛋白质的功能依赖于它们的三维形状，例如，血红蛋白形成一个袋状结构以在其中心保持血红素。

4. 蛋白质四级结构

蛋白质四级结构（quaternary structure）是多条具有独立三级结构的肽链通过非共价键相互连接而形成的聚合结构。在具有四级结构的蛋白质中，每一个具有三级结构的肽链称为亚基或亚单位，缺少一个亚基或亚基单独存在都不具有活性。血红蛋白具有四个亚基，它们相互合作使它们的复合物可以在肺部吸收更多的氧气并将其释放到身体中。

只有一个亚基的蛋白质称为单聚体，有两个亚基的蛋白质称为二聚体，以此类推。通常情况下，细胞中的蛋白质复合物很少超过八聚体。

7.1.2 蛋白质折叠

根据蛋白质结构可知，蛋白质一级结构指形成肽链的氨基酸序列，而氨基酸序列并不具备蛋白质的性质和功能，从氨基酸序列到蛋白质过程中获得其功能性和构象的这一过程称为蛋白质折叠（protein folding）。

生物化学家克里斯蒂安·伯默尔·安芬森（Christian Boehmer Anfinsen）在研究时发现，蛋白质会在加热或某些环境下变形，并使三级结构解体，而当环境恢复到原本状态时，蛋白质可以在不到一秒的时间内折叠至原来的立体结构，于是安芬森提出一个重要结论，即安芬森法则：蛋白质一级结构决定其立体结构。

安芬森法则对于蛋白质结构和功能的研究至关重要，因为蛋白质的空间结构决定了蛋白质的功能和性质，而根据已知的基因序列可以翻译成对应蛋白质的氨基酸序列，即蛋白质的一级结构。如果从蛋白质的一级结构就可以推断出其立体结构，那么就可以直接从基因推测其编码的蛋白质所对应的生物学功能。

然而蛋白质在形成三维结构之前，理论上可以折叠的方式数量是天文数字。1969年，赛勒斯·莱文塔尔（Cyrus Levinthal）指出，通过蛮力计算的方式来枚举蛋白质的所有可能构象需要的时间比宇宙的年龄还长，他估计一般蛋白质有10^{300}种可能的构象。然而自然界中蛋白质是自发折叠的，可以在极短的时间内从一级结构折叠至立体结构，但目前还没有一种方法可以快速且准确地根据氨基酸序列推断出蛋白质空间结构。预测蛋白质结构有助于了解蛋白质的作用，了解蛋白质如何行使其生物学功能，认识蛋白质与其他蛋白质或其他分子之间的相互作用，无论是对生物学还是对医学和药学，都是非常重要的。对于新发现或者未知功能的蛋白质分子，通过结构分析，可以进行功能注释，指导设计功能确认的生物学实验。通过分析蛋白质的结构，确认功能单位或者结构域，可以为遗传操作提供目标，为设计新的蛋白质和改造已有蛋白质提供可靠的依据，同时为新的药物分子设计提供合理的靶分子结构。

传统的蛋白质结构测定方法包括X射线晶体衍射、核磁共振、冷冻电镜等，但这些方法需要耗费大量人力、物力，确定单一的蛋白质结构需要数月甚至数年的努力，一般科研课题组根本无法负担。因此，一些生物学家将目光转向了计算机科学，期望用计算机强大的计算能力预测蛋白质结构。

1994年，第一届蛋白质结构预测技术评估大赛（CASP1）正式举办，此后每两年举办一次。一直以来，该比赛的成绩虽在缓慢提升，但距离真实蛋白质结构还有一定差距。直到2020年，谷歌旗下DeepMind公司基于深度学习建立的AlphaFold2模型取得了92.4的得分，远远超过其他预测方法，且预测出的结构已经非常接近蛋白质的真实结构，这意味着以往需要生物学家耗时几年才能破解的蛋白质结构可能仅需要几个小时就可以计算出来。DeepMind的工作在生命科学领域掀起了巨大的波澜，那些没有充足经费购买先进设备来分析蛋白质结构的小型团队，可以用AlphaFold2模型计算出蛋白质的大致立体结构，这将推动生命科学的快速发展，大大加速人类对生命过程的理解。

7.2　蛋白质数据库

蛋白质的结构预测、功能分析以及药物研发等问题均离不开已有的蛋白质结构测定结果，目前相关数据主要收录于蛋白质结构数据库PDB[1]和蛋白质结构分类数据库SCOP[2][3]、CATH[4]等。

7.2.1 蛋白质结构数据库PDB

蛋白质结构数据库PDB（Protein Data Bank，https://www.wwpdb.org）是一个大型生物分子（如蛋白质和核酸）的三维结构数据库，是1971年建立的国际上最著名、最完整的蛋白质三维结构数据库。这些数据通过X射线晶体衍射、核磁共振或冷冻电镜获得，并由世界各地的生物学家和生物化学家提供，可通过其成员组织（PDBe、PDBj、RCSB和BMRB）的网站在互联网上免费访问。PDB由一个名为全球蛋白质数据

[1] BERMAN H，HENRICK K，NAKAMURA H. Announcing the worldwide protein data bank ［J］. Nature Structural and Molecular Biology，2003，10（12）：980.

[2] ANDREEVA A，HOWORTH D，CHOTHIA C，et al. SCOP2 prototype：a new approach to protein structure mining ［J］. Nucleic Acids Research，2014，42（D1）：D310-D314.

[3] ANDREEVA A，KULESHA E，GOUGH J，et al. The SCOP database in 2020：expanded classification of representative family and superfamily domains of known protein structures ［J］. Nucleic Acids Research，2020，48（D1）：D376-D382.

[4] ORENGO C A，MICHIE A D，JONES S，et al. CATH：a hierarchic classification of protein domain structures ［J］. Structure，1997，5（8）：1093-1109.

库（wwPDB）的组织监管。PDB在结构生物学领域十分关键，大多数科学期刊和一些资助机构现在都要求研究人员向PDB提供蛋白质的结构数据。此外，许多其他数据库均会使用PDB中的蛋白质结构，例如，蛋白质结构分类数据库SCOP和CATH也采用了PDB中的数据对蛋白质结构进行分类。

PDB的诞生由两个主要原因促成：一个原因是当时通过X射线衍射获得了少量蛋白质结构，且确定的蛋白质结构数量还在缓慢增加；另一个原因是1968年推出的布鲁克海文光栅显示器（Brookhaven RAster Display，BRAD）可以以3D的形式显示蛋白质结构。1969年，在布鲁克海文国家实验室瓦尔特·汉密尔顿（Walter Hamilton）的赞助下，生物化学家埃德加·梅耶（Edgar Meyer）开始编写软件，以通用格式存储原子坐标文件，使其可用于几何和图形评估。到1971年，一个名为“SEARCH”的项目使研究人员能够远程访问数据库中的信息，离线研究蛋白质结构。SEARCH项目的实施标志着PDB功能的开始。截至2023年5月，PDB已经收录了超过20万个蛋白质结构。

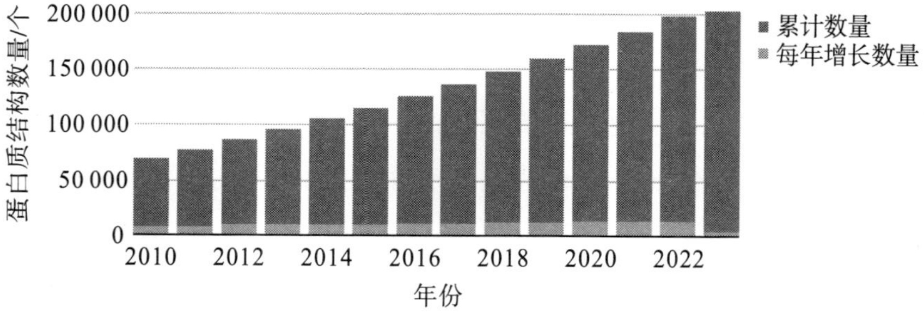

图7-2　PDB数据库近年收录蛋白质结构数量变化

PDB数据库提供蛋白质结构序列、3D视角的在线预览以及蛋白质结构文件下载等服务。

7.2.2 蛋白质结构分类数据库SCOP

蛋白质结构分类数据库SCOP（Structure Classification of Proteins，

https：//scop.mrc-lmb.cam.ac.uk）主要基于蛋白质结构和氨基酸序列的相似性对蛋白质结构域进行手动分类，这种分类的动机是确定蛋白质之间的进化关系，形状相同但序列或功能相似度很小的蛋白质被分类到不同的超家族（superfamily）中，且被认为只有一个非常遥远的共同祖先。具有相同形状和某些序列或功能相似度较大的蛋白质被置于家族（family）中，并被假定具有更接近的共同祖先。

SCOP的数据来源于PDB，分类单位是蛋白质结构域。在SCOP中结构域的形状称为折叠（fold），属于同一折叠的结构域具有相同的二级结构并具有相同的拓扑连接。截至2022年5月30日，SCOP2数据库中包括72 448个非冗余结构域，代表858 316个蛋白质结构。

SCOP数据库旨在对蛋白质之间的结构和进化关系提供详细且全面的描述，它们的三维结构已知并保存在蛋白质结构数据库中。SCOP数据库分类的主要级别如下。

（1）家族。有明确证据证明的，具有相同进化起源的蛋白质集合，它们之间有明确的进化关系。在大多数情况下，它们之间的关系可以通过当前的序列比较方法获得。

（2）超家族。更远源的蛋白质结构域的集合。它们的序列相似度较低，相似性通常局限于共同的结构特征和功能特性，但具有共同的进化起源。

（3）折叠。基于超家族主要成员的全局结构特征产生的集合，它的分类依据为二级结构的排列和拓扑结构，只要蛋白质二级结构具有相同的排列和拓扑结构，不论它们是否有共同的进化起源，都可以认为具有相同的折叠方式。

（4）固有非结构蛋白质区域（Intrinsically disordered or Unstructured Protein Region，IUPR）。固有无序蛋白质区域中的蛋白质通常存在于不同构象的整体中，即它们在自由状态下无结构，在与其他大分子结合时会形成有序构象。

（5）类（class）。fold和IUPR按不同的二级结构分类形成的集合，主要包括α螺旋、β折叠、混合α螺旋β折叠（α/β）、分离型α螺旋β折叠（α+β）、很少或者没有二级结构的小型蛋白质。

（6）蛋白质类型（protein type）。将fold和IUPR分为四组：可溶性、膜、纤维和固有无序。每种类型在很大程度上都与特征序列和结构特征相关。

7.2.3 蛋白质结构分类数据库CATH

蛋白质结构分类数据库CATH（https://www.cathdb.info）是一个免费的、公开的在线资源库，提供有关蛋白质结构域进化关系的数据库。它由伦敦大学学院的克里斯汀·奥伦戈教授及其同事于20世纪90年代中期创建，并由奥伦戈团队负责持续维护。CATH与SCOP对蛋白质结构的分类有许多相同点，但在许多领域的详细分类中差异很大。

CATH数据库的蛋白质结构数据同样来自PDB数据库，在特定的情况下，蛋白质结构会被拆分为连续的多肽链，之后采用半人工半自动化的方法对这些多肽链的蛋白质结构域进行分类。结构域可分为以下四个结构等级：（1）类（class），该级别根据蛋白质的二级结构进行分类，分为α螺旋、β折叠、混合α螺旋β折叠和稀有二级结构；（2）架构（architecture），架构描述了由二级结构方向确定的结构域的整体形状，但忽略了二级结构之间的连通性。目前架构采用二级结构简单描述的方式分类且由人工分配，如桶状（barrel）或三层三明治（3-layer sandwich）架构；（3）拓扑（topology），该级别根据结构域核心中是否具有相同的拓扑或折叠进行分组；（4）同源超家族（homologous superfamily），这一级别把那些具有相同祖先的同源蛋白质结构域分在一组，它们的相似性通过二级结构校准程序（Secondary Structure Alignment Program，SSAP）的序列识别和结构比较来衡量。

7.3　蛋白质结构预测

蛋白质结构预测指根据蛋白质的氨基酸序列预测蛋白质三维结构，即从蛋白质一级结构预测它的折叠和二级、三级、四级结构。目前已知的蛋白质数量超过2亿种，但能够确定结构的蛋白质只有几十万种，几十年来科学家们一直在努力通过研究氨基酸序列解开蛋白质结构之谜。蛋白质结构预测是生物信息学与理论化学所追求的重要目标之一。同时，它对于医学（如药物设计）和生物技术（如新的酶的设计）也非常重要。

根据预测目标蛋白质和已知蛋白质结构的关系，蛋白质结构预测可以分为模板建模法（template based modeling）和从头预测法（ab initio prediction）。

7.3.1 模板建模法

模板建模可以分为同源建模法（homology comparative modeling）和穿线法（threading）。顾名思义，模板建模把已知的蛋白质结构作为模板，在预测蛋白质结构时，从模板库中选择相关的模板，经过模板聚合、模型选择和一系列微调操作后得到预测结果。

模板建模包括四个关键步骤：（1）识别在结构上与目标蛋白质相关的模板；（2）对齐目标蛋白质和模板蛋白质；（3）通过复制对齐的模板区域构建初步的结构框架；（4）构建未对齐的区域，微调全局结构。前两个步骤通常在模板识别过程中完成，后两个步骤通常在结构细化过程中完成。

1. 同源建模法

同源建模法是蛋白质结构预测的首选方法，同源建模法认为相似的氨基酸序列也应该具有相似的蛋白质结构。当目标蛋白质序列与一种或多种已知蛋白质存在明确关联时，可以假设它们的三维结构也是相似的。因此，初始模型可以基于最相似的已知氨基酸序列模板进行建模。

一般来说，目标序列与模板序列的一致度需要大于30%。这时预测的难点在于找到一个确定目标蛋白质结构和已知蛋白质结构间的细节差异的方法，即在目标序列匹配模板时，如何调整主链位置、侧链方向使得目标序列与模板序列之间的差距足够小。

2. 穿线法

穿线法或折叠识别法（fold identification）不考虑蛋白质序列的相似性，认为即使不相似的氨基酸序列依然具有相似的拓扑结构。穿线法尝试用目标蛋白质序列拟合每一个已知的蛋白质拓扑结构，即序列像线一样“穿”进每一个折叠，最后使用拟合函数（fitting function）评估序列和结构的匹配程度。当序列与结构足够匹配时，则认为该结构是目标序列的预测结构。拟合函数的构建主要依赖能量的高低，一般情况下，蛋白质的三维结构相对稳定，具有更低的能量，因此，能量最低的结构被认为是目标序列的正确结构。

随着预测方法的发展，同源建模法和穿线法的界限逐渐模糊，目前大多数的预测方法通常使用穿线法开始识别模板。因为不同的穿线法需要设计不同的对齐算法和得分函数，所以对于相同的目标序列模板，识别和对齐的结果往往也是不同的，这导致元穿线法（metathreading）[1]被广泛应用，该方法从一组互补的穿线法中合并对齐的共识性高的模板，因此比单一穿线法的计算结果准确率更高。

实际上穿线法只提供阿尔法碳原子的轨迹，这对于解释蛋白质功能和配体筛选没有实际用处。目前已经出现了许多根据对齐的模板来细化整个模型原子结构的程序。

[1] ZHENG W，ZHANG C X，WU-YUN Q Q G，et al. LOMETS2：improved meta-threading server for fold-recognition and structure-based function annotation for distant-homology proteins [J]. Nucleic Acids Research，2019，47（W1）：W429-W436.

7.3.2 从头预测法

从头预测法也称作自由建模法，来源于拉丁文ab initio和de novo，前者的意思是不依靠蛋白质同源序列、蛋白质数据库以及蛋白质二级结构等信息，仅依靠蛋白质序列预测三维结构；后者的意思是不需要同源模板但需要其他结构来实现预测。从头预测法可以分为三个阶段，即确定能量函数、构象搜索、模型选择。

1. 确定能量函数

首先需要确定一个能够区分正确构象和其他构象的能量函数（又称打分函数、势能函数），理想的能量函数应该能够表达蛋白质所有原子空间位置与能量的关系，通过最小化能量函数找到正确的天然构象。

能量函数分为基于物理的能量函数和基于知识的能量函数，基于物理的能量函数采用分子动力学，通过分析各种粒子间的相互作用，计算蛋白质能量，但这类能量函数的计算量过大，通常只用于蛋白质结构精修，即调整低分辨率蛋白质模型的部分侧链和主链，使模型更接近天然构象。基于知识的能量函数利用PDB中已知的结构数据作为学习样本，计算得到具有统计意义的参数，并利用这些参数构建出一个能量函数。

2. 构象搜索

确定了能量函数之后，构象搜索将在构象空间中确定最小化能量函数的同时找到合适的构象。实际上蛋白质的构象空间极大，即使限定某些自由度构象，构象搜索仍然是一个极其复杂的问题。目前常用的方法有蒙特卡洛法（Monte Carlo，MC）和分子动力学法（Molecular Dynamics，MD）。

蒙特卡洛法是一种常用的随机搜索方法。该方法在蛋白质结构预测中得到了广泛应用，并发展了许多不同的策略。该方法首先假设蛋白质的折叠过程是一个具有唯一吸收状态的马尔科夫过程，其次利用Metropolis采样算法搜索构象，这一过程的优化模型被称为模拟退火模型，它可以最大程度地避免模型陷入局部最优解。

分子动力学法可以模拟原子运动，但此方法在每一步都需要计算运动的状态量，计算过程需要消耗大量资源。因此，该方法可以用于精修低分辨率蛋白质结构。

3. 模型选择

大多数情况下，模型提供多个候选构象，需要根据适当的规则选择正确的蛋白质结构模型。

7.3.3 基于深度学习的蛋白质结构预测

利用深度学习技术来产生高质量的几何特征，使蛋白质结构预测领域发生了很大的变化。深度学习的一个重要优势是深度神经网络带来的模型训练的高精确度，它的另一个重要优势是能够预测多种结构特征，包括接触、距离、残基间旋转角和氢键。这些结构特征与经典的折叠模拟方法相结合，极大地提高了蛋白质结构预测的精度，特别是对于缺乏同源模板的蛋白质。

在蛋白质结构预测领域，深度学习早期研究的重点是利用接触图（contact map）进行预测，接触预测在该领域有着悠久的历史。RaptorX-Contact方法[1]将成对的接触预测问题描述为图像分割任务，将整个接触图视为图像，每个残基对都对应图像中的一个像素。这种方法的实现，部分归功于深度学习技术，它能够同时考虑全局的成对相互作用，而不是每次只考虑某个相互作用，从而可以更准确地区分直接和间接接触。研究人员通过对RaptorX-Contact方法的改进研究出ResPRE[2]和

[1] WANG S，SUN S Q，LI Z，et al. Accurate de novo prediction of protein contact map by ultra-deep learning model［J/OL］. PLoS Computational Biology，2017，13（1）：e1005324（2017-01-05）［2023-04-23］. https://doi.org/10.1371/journal.pcbi.1005324.

[2] LI Y，HU J，ZHANG C X，et al. ResPRE：high-accuracy protein contact prediction by coupling precision matrix with deep residual neural networks［J］. Bioinformatics，2019，35（22）：4647-4655.

TripletRes[1]等方法，这些方法使用了类似的深度学习架构，但有一套独特的特征，比如直接从多序列比对（MSA）推导出多个共进化耦合矩阵，而无须进行后期处理。

之后一些方法不利用接触图进行预测，而是通过两个残基间的距离落在一个给定范围内的概率对蛋白质结构进行预测[2]。AlphaFold[3]在CASP13上的实验结果证明了可以利用距离图来引导蛋白质折叠，初代AlphaFold使用220个残差块组成的深度神经网络预测目标蛋白质的距离图。这些距离图用来指导蛋白质的拼接和模拟折叠，最终得到整个蛋白质的结构。AlphaFold还使用一种片段生成策略，不依靠模板从头生成短片段结构，即训练一个生成网络，根据选定的蛋白质区域的扭转角预测并生成短片段结构。这种方法可以根据输入的特征生成片段结构，使得在预测时不需要从数据库中查找同源蛋白质来辅助预测。

基于深度学习的接触图和距离图可以成功预测蛋白质结构，同时也提出了这样一个问题：深度学习到底可以预测哪些约束条件。随着对蛋白质结构研究的不断深入，研究人员发现基于知识的能量函数往往不如同时使用距离和方向的能量函数准确，残基间扭转角方向预测是距离预测的一个自然延伸。能量函数对于扭转角方向的预测非常重要，由于某些类型的残基间相互作用不仅需要距离上的接近，还需要残基对之间的特定方向。因此，如果没有扭转角方向的信息，仅靠距离信息不能区分镜像结构，那么就不能确定唯一的几何形状。

---

[1] LI Y，ZHANG C X，BELL E W，et al. Deducing high-accuracy protein contact-maps from a triplet of coevolutionary matrices through deep residual convolutional networks [J]. PLoS Computational Biology，2021，17（3）：6507-6528.

[2] XU J B. Distance-based protein folding powered by deep learning [J]. Proceedings of the National Academy of Sciences，2019，116（34）：16856-16865.

[3] SENIOR A W，EVANS R，JUMPER J，et al. Improved protein structure prediction using potentials from deep learning [J]. Nature，2020，577（7792）：706-710.

trRosetta[1]通过使用统一深度残差网络从同源特征中同时预测残基对间的距离和扭转角，改进了残基间旋转角预测的思路。此外，还有一些研究将深度学习预测器TripletRes扩展到深度势能（Deep Potential），并预测了接触图、距离图、旋转角图和氢键图，这些研究极大地提高了CASP14比赛中非同源蛋白质的模型预测效果。

1. AlphaFold2

2020年11月30日，DeepMind公司发表了一篇题为《AlphaFold：一个困扰生物学界50年难题的解决方案》的博客，首次介绍了他们的蛋白质结构预测模型AlphaFold2[2]，这标志着蛋白质折叠问题已经得到初步解决。实际上，AlphaFold一代在参加CASP13时已经取得了当时的最佳成绩，这使得研究人员开始意识到人工智能在蛋白质折叠研究领域的潜力，但距离最终解决还有很长的路要走。

终于，AlphaFold2在2020年的CASP14比赛中取得了良好的预测结果，CASP用于衡量预测准确性的主要指标是全局距离检验（GDT），范围是0~100。简单来说，GDT可以近似地被认为是距离正确位置的阈值距离内的氨基酸残基的百分比。根据CASP联合创始人Moult教授的说法，当GDT得分高于90分时，则可以粗略地认为预测结果达到了实验结果的准确度，而AlphaFold2的GDT得分为92.4分，它的预测均方根偏差（RMSD）约为1.6埃，相当于一个原子的直径。即使对于最具挑战的自由建模类别中的目标蛋白质，AlphaFold2的GDT得分也达到了87.0分。

[1] YANG J Y, ANISHCHENKO I, PARK H, et al. Improved protein structure prediction using predicted interresidue orientations [J]. Proceedings of the National Academy of Sciences, 2020, 117 (3): 1496-1503.

[2] JUMPER J, EVANS R, PRITZEL A, et al. Highly accurate protein structure prediction with AlphaFold [J]. Nature, 2021, 596 (7873): 583-589.

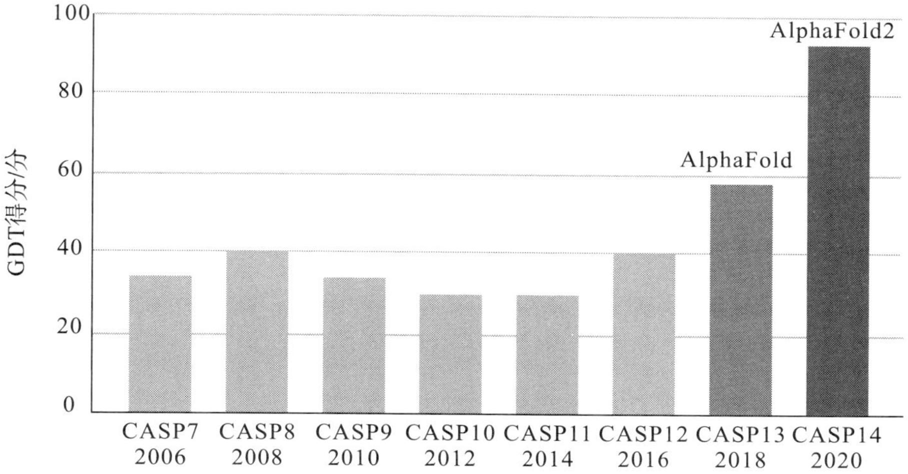

图7-3 历届CASP比赛中最佳团队的自由建模预测的GDT得分

（1）AlphaFold2整体网络架构

AlphaFold通过结合最新的神经网络架构，基于蛋白质结构的进化、物理和几何约束的训练过程，极大地提高了结构预测的准确性。

AlphaFold2的模型可以大致分为三个部分，如图7-4所示。左侧是数据特征提取阶段，中间是以Evofomer为核心的特征编码阶段，右侧是经过Structure module的解码阶段，最后得到目标蛋白质的三维结构，即原子坐标、距离直方图和每一个残基的置信得分。

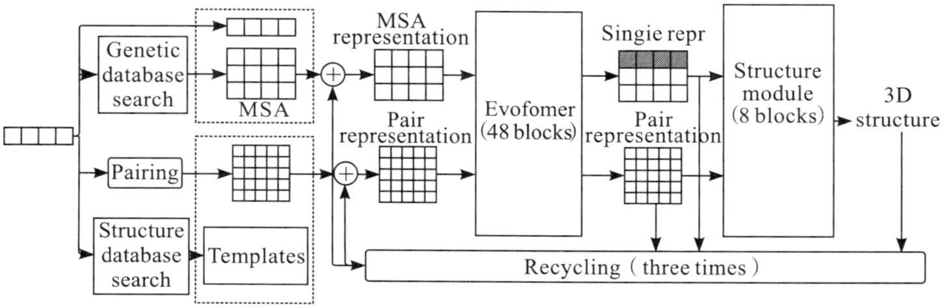

图7-4 AlphaFold2模型架构

（2）数据特征提取

数据特征提取是AlphaFold2模型运行的第一步，它需输入mmCIF文件（训练数据）或FASTA文件（推理数据），并为模型生成输入特征。在训练模式下，单个mmCIF文件可以将每一个肽链作为一个训练样本，从而用一个文件生成多个训练样本。

①解析输入

AlphaFold2将输入mmCIF文件或FASTA文件解析为不同类型的数据。mmCIF文件包括序列信息、原子坐标、发布日期、名称和分辨率，而FASTA文件只包括序列信息和名称。

②基因搜索

基因搜索通过多序列比对获得大量相似的蛋白质序列，用以学习相似蛋白质间的序列特征。

基因搜索的工具包括JackHMMER v3.3[1]和HHBlists v3.0-beta.3[2]。数据库包括MGnify[3]、UniRef90[4]和Uniclust30[5]。

③模板搜索

模板搜索指在蛋白质结构数据库中根据原子坐标搜索少数的同源结构作为模板。基因搜索和模板搜索都设置了高召回率，因此，搜索结果可能包含一些匹配度不高的序列和模板，这样设置可以增强网络的健壮性，使模型减少对序列和模板的依赖。

---

[1] JOHNSON L S，EDDY S R，PORTUGALY E. Hidden Markov model speed heuristic and iterative HMM search procedure［J］. BMC Bioinformatics，2010，11（1）：431-438.

[2] REMMERT M，BIEGERT A，HAUSER A，et al. HHblits：lightning-fast iterative protein sequence searching by HMM-HMM alignment［J］. Nature Methods，2012，9（2）：173-175.

[3] MITCHELL A L，ALMEIDA A，BERACOCHEA M，et al. MGnify：the microbiome analysis resource in 2020［J］. Nucleic Acids Research，2020，48（D1）：D570-D578.

[4] SUZEK B E，WANG Y Q，HUANG H Z，et al. UniRef clusters：a comprehensive and scalable alternative for improving sequence similarity searches［J］. Bioinformatics，2015，31（6）：926-932.

[5] MIRDITA M，VON DEN DRIESCH LARS，GALIEZ C，et al. Uniclust databases of clustered and deeply annotated protein sequences and alignments［J］. Nucleic Acids Research，2017，45（D1）：D170-D176.

④训练样本设置

训练样本有25%来自PDB数据库中已知的蛋白质结构，75%来自蒸馏（self-distillation）数据集。训练过程中每一次采样都要经过一系列的随机过滤、MSA预处理和残基剪切。这意味着每一轮训练过程都有不同的目标蛋白质、不同的MSA数据和不同的氨基酸区域。

⑤自蒸馏数据集

为了构建一个蛋白质序列数据集，研究人员在同一个数据库中计算了Uniclust30中每个集群的多序列比对（MSA）结果，之后删除重复的MSA序列，删除长度大于1 024和少于200的氨基酸序列，删除MSA对齐少于200的氨基酸序列。最终的蛋白质数据集包括355 993个序列。

为进一步构建预测结构的蒸馏数据集，研究人员使用了一个未蒸馏的模型，即在PDB数据集上训练的模型，来预测新构建出的序列数据集的结构，这些新得到的序列和结构将和PDB数据集一起当作训练样本来训练模型。

（3）特征编码阶段

特征编码阶段的核心是Evoformer模块，Evoformer模块的结构如图7-5所示。

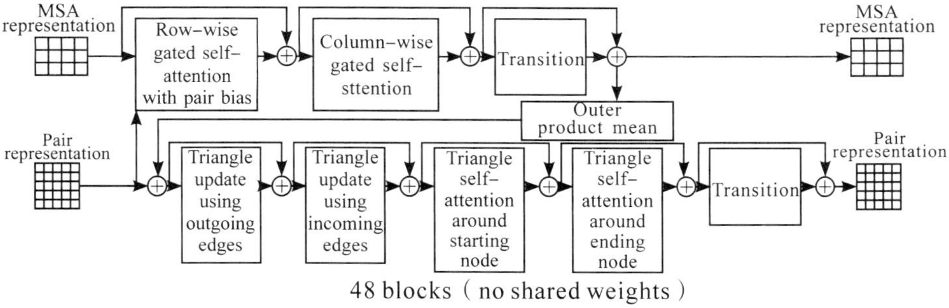

图7-5 Evoformer模块

Evoformer模块的输入和输出相同，分为两部分，第一部分是MSA特征表示（MSA representation），它是通过MSA方法获得的与目标蛋白质序列相似的其他氨基酸序列，第二部分是特征表示（Pair representation），表示目标蛋白质中氨基酸之间的两两关系特征。Evoformer模块共包含9

个子模块，分别为带偏移的按行门控自注意力、按列门控自注意力、MSA编码过渡、外积均值、“出边”三角更新、“入边”三角更新、起始结点的三角自注意力、结束结点的三角自注意力、对编码过渡。整个Evoformer模块不共享权重重复48次，即编码器由48层Evoformer组成。

①按行（列）门控自注意力

按行与按列门控自注意力模块用来提取MSA氨基酸序列间的特征，模型架构如图7-6所示，其中按行计算会对真实氨基酸序列编码，因此在模型中加入了氨基酸对之间的关系，即图7-6中的Pair representation。

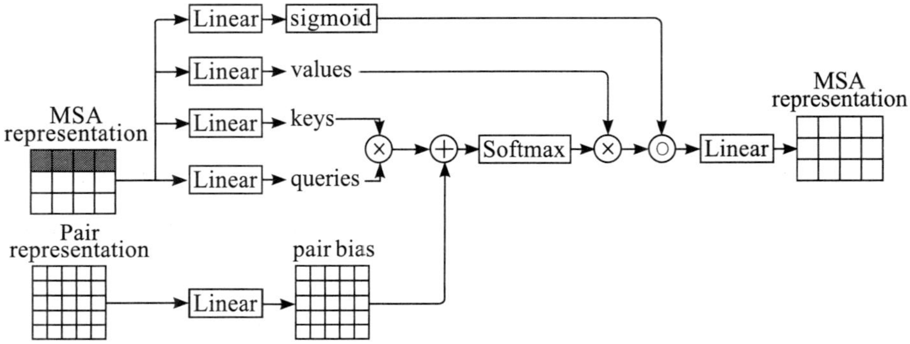

图7-6 带偏移的按行门控自注意力模块

按列计算与按行计算的模型类似，相比于按行编码少了对偏移，其目的是提取编码相似的氨基酸在同一位置的特征。因此，按列的位置信息编码不涉及氨基酸对表示。

②MSA编码过渡

过渡层由两个全连接层构成，注意力机制是对不同信息进行混合，全连接层的目的是提炼出其中真正有用的信息。其中，每一个氨基酸向量的线性变换共享权重。如图7-7所示。

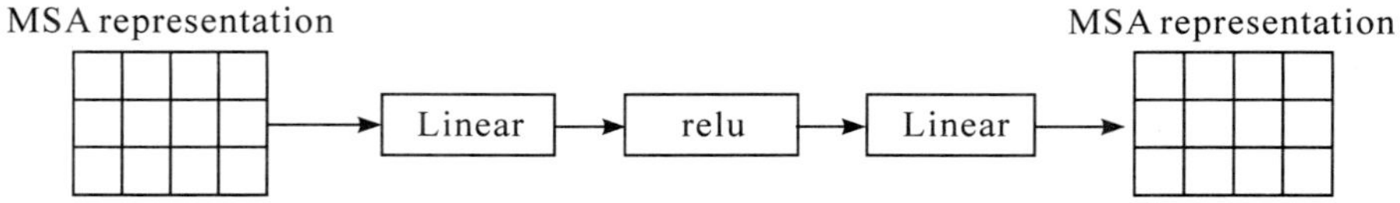

图7-7 MSA编码过渡层

③外积均值

外积均值的目的是在MSA特征中提取位置对的特征，每一个位置i和另一个位置j最终会编码成一个向量，表示位置i与j的关系。输出的结果维度与对特征表示相同，把两种信息相加，即得到带有位置信息编码的对特征表示。如图7-8所示。

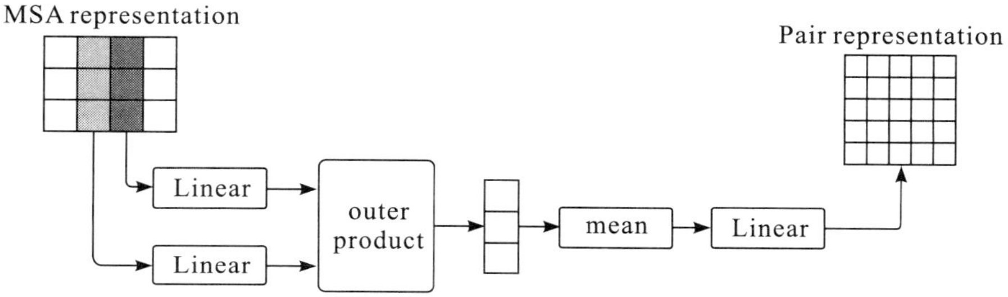

图7-8　外积均值

④“出边”（“入边”）三角更新

三角更新用于更新任意两个氨基酸对之间的信息，对氨基酸对(i，j)，“出边”更新使用（i，k）和（j，k）更新特征（k遍历每一个位置）；“入边”更新使用（k，i）和（k，j）更新特征（k遍历每一个位置）。模型细节如图7-9所示。

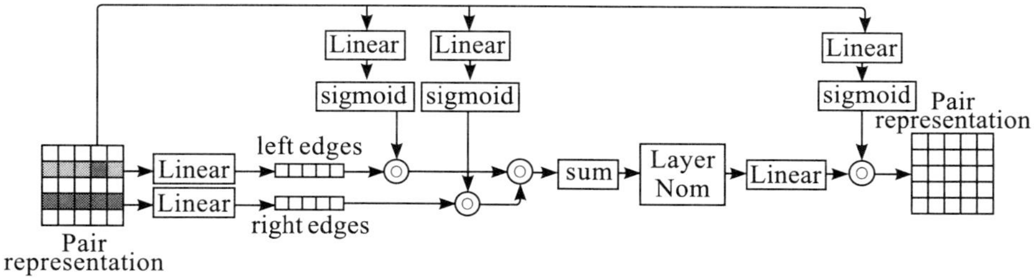

图7-9　“出边”三角更新

⑤起始（结束）结点的三角自注意力更新

三角自注意力更新与按行（列）门控自注意力模型相同，区别在于输入为氨基酸对特征，起始（结束）结点对应按行（列）门控自注意力中的按行与按列编码。如图7-10所示。

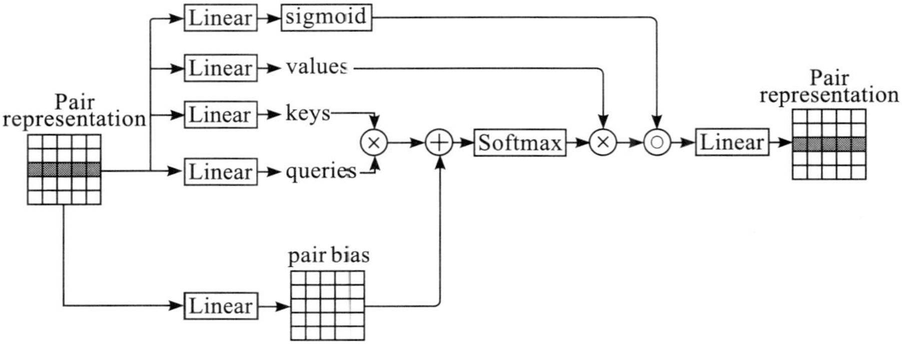

图7-10 起始结点的三角自注意力更新

⑥对编码过渡

对编码使用一个带有Relu激活层的线性层提取氨基酸对的特征。Evoformer中的各个模块均使用残差连接输入与输出，使模型可以搭建得足够深，而不用担心梯度消失或者梯度爆炸的问题。

（4）特征解码阶段

特征解码由Structure Module实现，它的模型架构如图7-11所示。

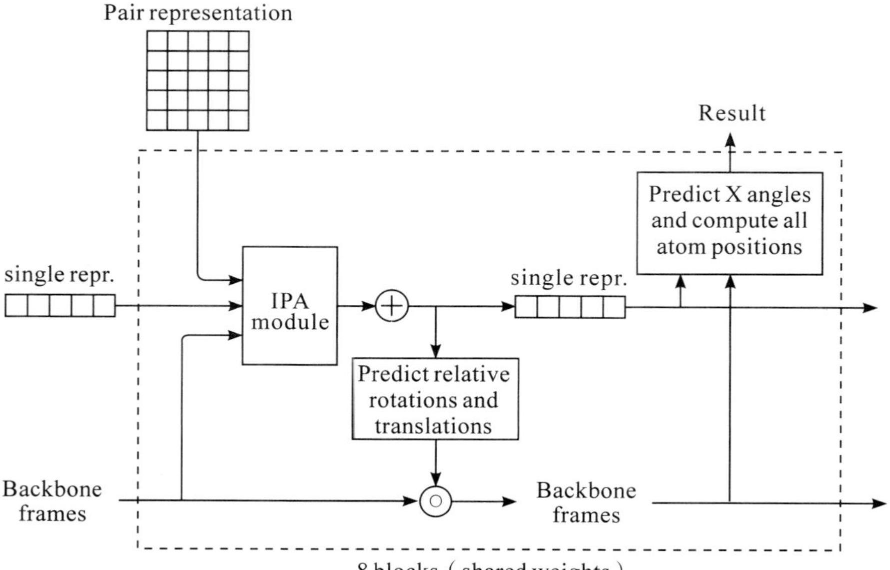

图7-11 Structure Module架构图

模块的输入包括三部分，即序列特征、对特征和蛋白质骨架坐标，其中序列特征只需要目标蛋白质的序列特征，蛋白质骨架坐标用于表示最终结构，初始位置都位于坐标原点。

模型最终的预测目标是得到准确的蛋白质三维结构，即得到每一个原子的空间坐标。通常情况下平移和旋转操作不会改变蛋白质的空间结构，但原子的空间坐标却完全不同，因此，模型采用相对位置来确定蛋白质骨架，每一个氨基酸只要知道它相对于前一个氨基酸的位置偏移，就可以还原出整个蛋白质骨架结构。确定骨架位置之后，每个氨基酸的侧链折叠可以通过旋转角度来确定。预测过程如图7-12所示。

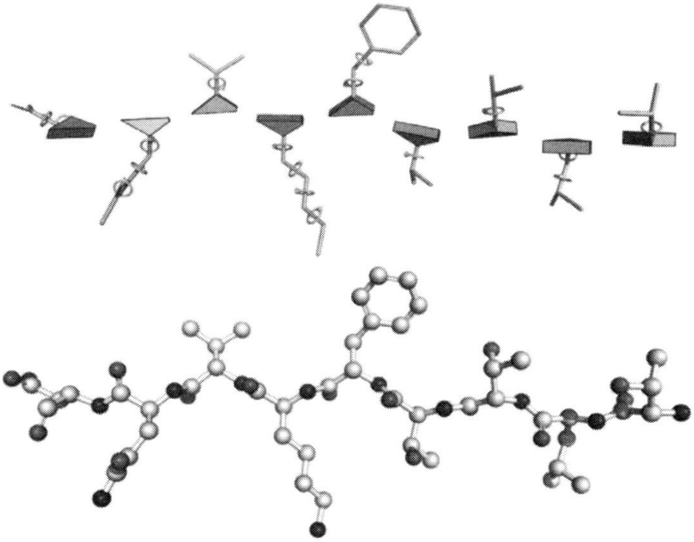

图7-12 蛋白质折叠预测示意图

图7-12中，三角块代表蛋白质骨架，确定骨架位置后，侧链可以按照生物规则旋转，图上侧圆圈代表可以旋转的部分，确定骨架位置和侧链旋转角度，蛋白质结构就被确定了下来。

模块中的IPA（Invariant Point Attention）表示不变点注意力，IPA的目的是进一步融合氨基酸的表示信息和骨架偏移信息，使得更新后的序列特征包含蛋白质骨架的相对位置数据和侧链的旋转数据。

更新后的序列特征经过两个预测模块得到最终的蛋白质三维结构。需要注意的是，生成的三维结构是具有物理意义的，因此，预测模块的构建需要保证输出可控而不会过于随机。

（5）AlphaFold2的意义

PDB数据库自建立以来，一共积累了19万余个蛋白质结构，这些结构还包括很多重复蛋白和片段蛋白，如果去掉重复的部分可能仅剩余数万个蛋白质结构，这还是50年来生物学家们积累下来的科研成果。而AlphaFold2发布的同时，一次性公布了35万个蛋白质的结构信息，使蛋白质数据集的数据增加了一个数量级，后续AlphaFold2共公布了超过2亿个蛋白质结构。AlphaFold2的发布推动一个新的研究领域的诞生，即基于AlphaFold2预测的蛋白质结构从而研究蛋白质功能。目前还有很多的生物现象无法解释，我们知道它一定与某种蛋白质有关，但与哪种蛋白质有关，蛋白质是如何作用的都没办法研究，主要原因是过去没有一种低成本且高效的方法获得蛋白质结构，而AlphaFold2的诞生打破了这一壁垒，加速了我们对各种生命现象的探索。在未来，它必将对生物制药、疾病诊断等领域产生巨大的推动作用。

2. RoseTTAFold

在AlphaFold论文发表的同一天，*Science*期刊刊登了来自华盛顿大学、哈佛大学、德克萨斯大学西南医学中心等团队的研究人员发表的另一个蛋白质结构预测工具RoseTTAFold[1]，它的预测准确度接近AlphaFold2，同时所需要的计算资源相对较小。

RoseTTAFold结合了AlphaFold2的架构思想，把两轨网络改为三轨网络，分别处理一维序列、二维距离图和三维坐标信息。三轨网络的结构预测精度接近AlphaFold2的预测精度，并且对未知结构的蛋白质也能提供一些思路。除此之外，该网络还能够根据序列信息快速生成准确的蛋白质复合物模型，相较于传统的对单个亚基进行建模，然后对接的方

[1] BAEK M，DIMAIO F，ANISHCHENKO I，et al. Accurate prediction of protein structures and interactions using a three-track neural network［J］. Science，2021，373（6557）：871-876.

法，简化了预测流程。RoseTTAFold架构如图7-13所示。

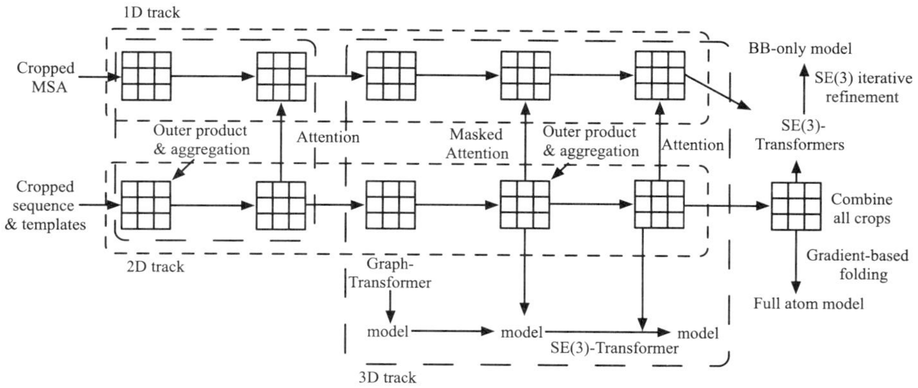

图7-13　RoseTTAFold架构图[1]

RoseTTAFold架构具有1D、2D和3D注意力轨迹，轨道之间的多个连接允许网络同时学习序列、距离和坐标之间的关系。图7-14展示了RoseTTAFold和AlphaFold2在CASP14中的得分。

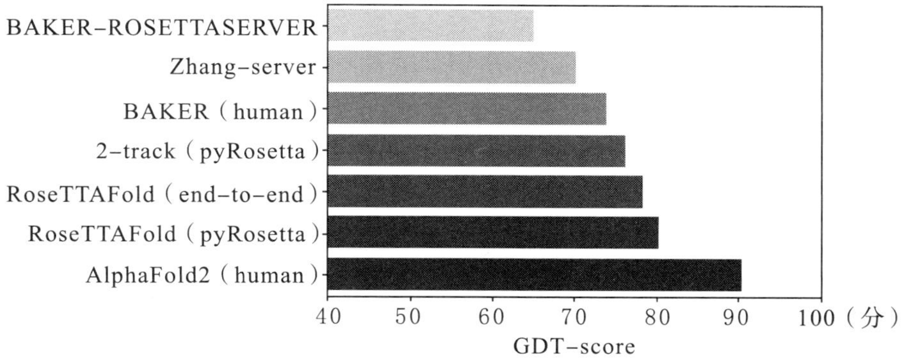

图7-14　CASP14部分方法得分[2]

[1] BAEK M，DIMAIO F，ANISHCHENKO I，et al. Accurate prediction of protein structures and interactions using a three-track neural network [J]. Science，2021，373（6557）：871-876.

[2] 同 [1].

3. Meta AI

Meta AI[1]由Meta公司发布，与AlphaFold一样，它也是利用深度学习来预测蛋白质结构的系统。Meta AI力图在蛋白质折叠预测速度上获得突破，AlphaFold等方法的预测虽然仅需几分钟或几小时，相较于过去动辄数年的传统预测方法已经有巨大的提升，但对于目前数十亿且仍呈指数级增长的蛋白质序列，预测速度仍需要进一步提升。Meta AI模型架构图如图7-15所示。

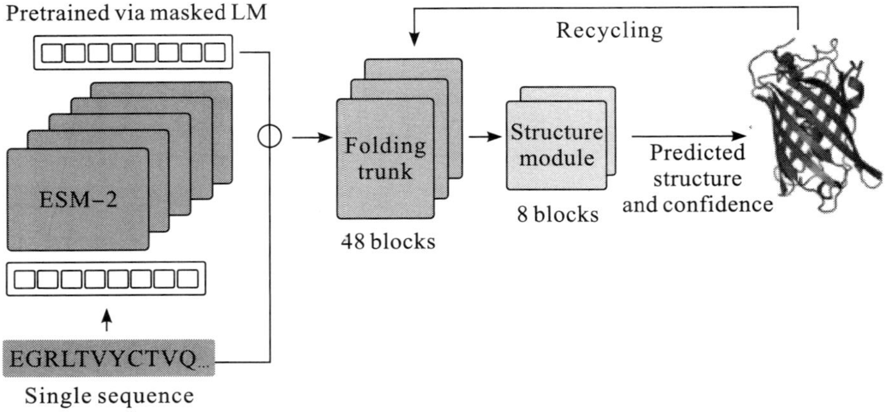

图7-15 Meta AI模型架构图

根据图7-15所示的模型架构，Meta AI的目标是在宏基因组规模上做预测，而这即使采用最新的计算工具预测数亿个蛋白质序列的结构也可能需要数年之久。但Meta公司发现，使用蛋白质序列训练的语言模型可以极大地提高预测速度，仅仅用了两周时间，便预测了超过6亿个宏基因组的蛋白质结构。

Meta AI参考语言模型进行了模型架构。语言模型可以学习数十亿的序列信息，通过填词完成预测下一个词等任务，展现了强大的序列信息处理能力。因此，Meta训练了一个包含150亿个参数的大型语言模型，该模

[1] LIN Z M, AKIN H, RAO R, et al. Evolutionary-scale prediction of atomic-level protein structure with a language model [J]. Science, 2023, 379 (6637): 1123-1130.

型在数亿蛋白质规模的宏基因组学数据库中创建了蛋白质结构的第一个全面视图，在保持分辨率和准确性相近的基础上将蛋白质结构预测速度提升了60倍。基于此，Meta AI预测了超过6亿个蛋白质结构，这些结构为认识那些难以理解的蛋白质提供了一个前所未有的视角。Meta公司将所有的预测结果发布在ESM Metagenomic Atlas（https://esmatlas.com）上。

Meta AI的研究人员认为，蛋白质序列中包含了可以传递蛋白质折叠结构信息的统计模式。例如，如果蛋白质的两个位置可以协同进化，即其中一个位置出现某种氨基酸时，通常会与另一个位置的氨基酸相匹配，这可能意味着这两个位置在折叠结构中有相互作用。类似一块大拼图中的两块小拼图，协同进化必须选择能够在折叠结构中拼在一起的氨基酸，这意味着可以通过观察蛋白质序列的模式来推断蛋白质的结构。

Meta公司由此提出了进化建模（Evolutionary Scale Modeling，ESM）来学习蛋白质序列中的模式。序列信息的建模采用了语言建模常用的掩码语言模型（masked language model），通过屏蔽序列中的某些词，让模型来预测缺失部分。2020年，Meta公司发布了ESM1b蛋白质语言模型，这个模型被用于帮助预测新型冠状病毒的进化和致病基因的发现等。

7.4 蛋白质相互作用热点预测

蛋白质与蛋白质的相互作用在许多生理活动中发挥着重要作用，如基因复制、转录、翻译，细胞周期调节、信号转导、免疫反应等。为了理解和利用这些相互作用，必须确定相互作用界面的残基。研究表明，蛋白质相互作用界面通常很大，一个典型的相互作用界面为1 200~2 000 Å，但只有少数（<5%）被称为热点的残基贡献了大部分的结合自由能，并对蛋白质结合的稳定性起到重要作用[1]。深入探索蛋白质相互

[1] MOREIRA I S，FERNANDES P A，RAMOS M J. Hot spots：a review of the protein-protein interface determinant amino-acid residues［J］. Proteins：Structure，Function，and Bioinformatics，2007，68（4）：803-812.

作用的热点对分子识别机制和调节至关重要，也是蛋白质工程和药物设计等生物工程研究的基础保障，这种基础在未来仍可能为识别癌症诱发基因提供关键线索。热点的实验鉴定通常是通过丙氨酸扫描诱变进行的，该过程为在结合和非结合状态下将感兴趣的残基突变为丙氨酸，并计算结合自由能的变化（ΔΔG）。广泛使用的实验验证热点数据库包括丙氨酸扫描能量学数据库（ASEdb）[1]、结合界面数据库（BID）[2]、蛋白质–蛋白质相互作用热力学数据库（PINT）[3]以及突变蛋白质相互作用的动力学和能量学结构数据库（SKEMPI）[4]。

对热点的组成、结构、机制的分析和探索是研究蛋白质相互作用热点预测方法的基础。研究表明，热点并非由氨基酸随机组成，色氨酸（21%）、精氨酸（13.3%）和酪氨酸（12.3%）出现的概率较高。大多数能量热点都紧紧吸附在蛋白质的互补容器中，这些容器在非结合状态下是预先组织好的，它们在形状和氨基酸排列上与热点表现出极大的互补性。Clackson和Wells提出了“O”形环理论[5]，该理论揭示了热点通常位于蛋白质界面的中心，它们被不太重要的残基所包围，这些残基的形状像一个“O”形环，可以阻止水分子的侵入，它们为功能性热点提供了一个合适的溶剂环境。Li和Liu提出了双水排斥假说[6]，该假说描述了热点及其

[1] THORN K S，BOGAN A A. ASEdb：a database of alanine mutations and their effects on the free energy of binding in protein interactions [J]. Bioinformatics，2001，17（3）：284-285.

[2] FISCHER T B，ARUNACHALAM K V，BAILEY D，et al. The binding interface database（BID）：a compilation of amino acid hot spots in protein interfaces [J]. Bioinformatics，2003，19（11）：1453-1454.

[3] KUMAR M D S，GROMIHA M M. PINT：protein-protein interactions thermodynamic database [J]. Nucleic Acids Research，2006，34（suppl_1）：D195-D198.

[4] MOAL I H，FERNÁNDEZ-RECIO J. SKEMPI：a structural kinetic and energetic database of mutant protein interactions and its use in empirical models [J]. Bioinformatics，2012，28（20）：2600-2607.

[5] CLACKSON T，WELLS J A. A hot spot of binding energy in a hormone-receptor interface [J]. Science，1995，267（5196）：383-386.

[6] LI J Y，LIU Q. “Double water exclusion”：a hypothesis refining the O-ring theory for the hot spots at protein interfaces [J]. Bioinformatics，2009，25（6）：743-750.

相邻残基的拓扑结构。这些发现促使预测能量热点的计算方法的进一步发展。

现有的热点预测方法大致可以分为三种类型：基于知识的方法、分子模拟技术和机器学习方法[1]。第一种类型是基于知识的经验函数，通过还原利用实验得到的经验模型来评估结合自由能的变化。第二种类型为引入的分子动力学模型，使用丙氨酸通过诱变技术进行定点扫描，通过检测突变为丙氨酸过程中结合能的变化来预测热点。然而，该类型受到实验设备昂贵、计算时间长、测试的热点数量有限等因素的限制。第三种类型是机器学习方法，为热点预测提供了一种更方便的方法。

通常情况下，首先，热点预测模型的输入是由各种序列、结构和能量特征编码的目标界面残基组成。其次，使用降维（特征选择或特征提取）来去除不相关的、冗余的信息，并获得一组主变量。最后，使用高效的机器学习算法建立预测模型。接下来重点讨论基于机器学习的方法，并介绍采用这些方法进行热点预测时应考虑的一些重要问题，包括特征生成、降维以及算法设计等。

7.4.1 特征工程

使用机器学习来预测热点的步骤通常包括数据准备、特征工程、选择机器学习模型、训练和测试模型以及预测输出。特征工程是开发有效的热点预测方法的关键步骤，因为特征对预测性能有显著的影响。通常从蛋白质序列、结构和能量数据中收集大量的特征或属性。一般使用降维方法来为分类任务获得最有效的特征。

1. 特征生成

序列特征已经被广泛用于计算生物学中，包括氨基酸的理化特征、位置特异性评分矩阵（Position-Specific Scoring Matrix，PSSM）、局部结

[1] DENG L, GUAN J H, WEI X M, et al. Boosting prediction performance of protein-protein interaction hot spots by using structural neighborhood properties [J]. Journal of Computational Biology, 2013, 20 (11): 878-891.

构熵（Local Structure Entropy，LSE）和进化保守性得分。从氨基酸索引数据库（AAindex）[1]中提取氨基酸理化特征（如疏水性、亲水性、极性和平均可接近表面积）来预测热点。位置特异性评分矩阵是一种常用的序列特征，可以通过PSI-BLAST从NCBI非冗余数据库中获得[2]。局部结构熵主要描述蛋白质序列的一致性程度，实验证明它在热点预测中也有一定的作用。进化保存性得分是利用多序列排列（Multiple Sequence Alignment，MSA）和系统发育树来计算的[3]。Higa等人[4]将保存分数、进化图谱和其他结构特征结合起来，预测结合热点残基。Shingate等人[5]开发了一种名为ECMIS的计算方法，利用保护得分、质量指数得分和能量评分方案来识别热点。

蛋白质三级结构是指氨基酸在三维空间的折叠排列，它可以帮助研究人员在分子水平上理解蛋白质的功能。结合结构特征可以更好地将蛋白质的空间结构特征应用于热点预测，通常可以获得比基于序列特征更好的结果。溶剂可及表面积（Solvent Accessible Surface Area，SASA）为虚拟溶剂分子在蛋白质表面滚动时的中心位置，它通常由蛋白质二级结构定义词典（Definition of Secondary Structure of Proteins，

---

[1] KAWASHIMA S，KANEHISA M. AAindex：amino acid index database［J］. Nucleic Acids Research，2000，28（1）：374.

[2] ALTSCHUL S F，MADDEN T L，SCHÄFFER A A，et al. Gapped BLAST and PSI-BLAST：a new generation of protein database search programs［J］. Nucleic Acids Research，1997，25（17）：3389-3402.

[3] ASHKENAZY H，EREZ E，MARTZ E，et al. ConSurf 2010：calculating evolutionary conservation in sequence and structure of proteins and nucleic acids［J］. Nucleic Acids Research，2010，38（suppl_2）：W529-W533.

[4] HIGA R H，TOZZI C L. Prediction of binding hot spot residues by using structural and evolutionary parameters［J］. Genetics and Molecular biology，2009，32（3）：626-633.

[5] SHINGATE P，MANOHARAN M，SUKHWAL A，et al. ECMIS：computational approach for the identification of hotspots at protein-protein interfaces［J］. BMC Bioinformatics，2014，15（1）：303-312.

DSSP）[1]和Naccess[2]计算，与SASA相关的特征已经被广泛应用于蛋白质–蛋白质相互作用界面和热点预测中。此外，生物化学接触，包括原子接触、残基接触、氢键和盐桥，也是预测热点的重要结构特征。

目前，许多研究人员已经把能量特征应用于热点预测。Kortemme等人[3]使用兰纳–琼斯势、隐式溶解模型、方向依赖的氢键势和对未折叠参考状态能量的线性组合来预测能量上重要的氨基酸残基。Tuncbag等人[4]应用统计学的残基对势来提高热点预测的准确性。Lise等人[5]在预测热点残基时，计算了范德瓦尔斯电位、溶解能、侧链分子间能、环境分子间能和侧链分子内能。Deng等人[6]将侧链能、残基能、界面倾向以及ENDES[7]计算的两个综合能量分数纳入能量特征。

2. 特征降维

特征选择是机器学习应用中的一种降维方法，可以更深入地了解产生数据的基本手段，避免过度拟合，并提高预测性能。典型的特征选择算法包括F-score、随机森林、支持向量机–递归特征消除、最小冗余度最大相关性和最大相关性最大距离等。一些特征选择方法已被用

[1] JOOSTEN R P, TE BEEK T A H, KRIEGER E, et al. A series of PDB related databases for everyday needs [J]. Nucleic Acids Research, 2010, 39 (suppl_1): D411-D419.

[2] LEE B, RICHARDS F M. The interpretation of protein structures: estimation of static accessibility [J]. Journal of Molecular Biology, 1971, 55 (3): 379-400.

[3] KORTEMME T, KIM D E, BAKER D. Computational alanine scanning of protein-protein interfaces [J]. Science's STKE, 2004, 2004 (219): pl2.

[4] TUNCBAG N, KESKIN O, GURSOY A. HotPoint: hot spot prediction server for protein interfaces [J]. Nucleic Acids Research, 2010, 38 (suppl_2): W402-W406.

[5] LISE S, ARCHAMBEAU C, PONTIL M, et al. Prediction of hot spot residues at protein-protein interfaces by combining machine learning and energy-based methods [J]. BMC Bioinformatics, 2009, 10 (1): 365-381.

[6] DENG L, GUAN J H, WEI X M, et al. Boosting prediction performance of protein-protein interaction hot spots by using structural neighborhood properties [J]. Journal of Computational Biology, 2013, 20 (11): 878-891.

[7] LIANG S, MEROUEH S O, WANG G, et al. Consensus scoring for enriching near - native structures from protein-protein docking decoys [J]. Proteins: Structure, Function, and Bioinformatics, 2009, 75 (2): 397-403.

于热点预测。

特征提取是机器学习应用中的另一种降维方法。主成分分析（PCA）和线性判别分析（LDA）是两种常用的特征提取技术。PCA的工作原理是建立数据的正交变换，将一组可能相关的变量转换成一组线性不相关的变量，即主成分。已有部分实验证实了PCA在热点预测的有效性。

7.4.2 热点预测的机器学习方法

除了选择有效的特征和特征组合，使用适当的机器学习方法也能对提高热点预测的性能起到重要作用。近年来，机器学习方法，如近邻法、支持向量机、决策树、贝叶斯网络、神经网络和集成学习等，已被广泛用于蛋白质相互作用热点的预测。

1. 近邻法

近邻法是一种基于实例的即时学习方法，也是机器学习算法中最简单的方法之一，该方法的思路非常简单直观：如果一个样本在特征空间中的K个最相似（即特征空间中最邻近）的样本中的大多数属于某一个类别，则该样本也属于这个类别。该方法在分类决策上只依据最邻近的一个或者几个样本的类别来决定样本所属的类别。

基于近邻法的蛋白质相互作用热点预测，分类器由改进的基于实例的K-means算法和K最近邻算法来实现，克服了近邻算法对一些数据敏感的缺点。

2. 支持向量机

支持向量机是使用最广泛的机器学习方法。它在高维特征空间中建立最优超平面，通过保证最小的结构风险来保证分类风险。它具有效率高、精度高的优点，但也有不足之处，如输入数据需要打标签。使用支持向量机进行蛋白质热点预测通常要先经过人工或自动算法的特征筛选，得到最佳特征，将得到的特征输入支持向量机来预测热点。

3. 决策树

决策树作为一种广泛使用的监督学习方法，它表示预测模型中特征和标签之间的映射关系。每个分支是一个预测的输出，每个叶子节点代表一个类别。决策停止分支的方式之一是剪枝，剪枝有助于实现树的平衡。决策树具有易于理解和数据准备简单的优点。经典的KFC（Knowledge-based FADE and Contacts）方法[1]使用K-FADE和K-CON两个决策树模型的组合来预测蛋白质相互作用的热点区域。

4. 贝叶斯网络

作为贝叶斯方法的延伸，贝叶斯网络与假设每个变量都是离散的朴素贝叶斯相比，放大了每个变量在前提假设上的独立性。这种基于概率推理的数学模型，是基于贝叶斯原理与图论的结合，在解决强相关的问题上有很好的表现，其缺点主要体现在不能对变量进行筛选。PCRPi方法[2]结合了三个主要的信息来源，即贝叶斯网络的能量、结构和进化决定因素。大量的实验证明，PCRPi方法可以在热点预测中提供稳定而准确的结果。最重要的是，PCRPi方法可以处理一些缺失的蛋白质数据。

5. 神经网络

随着神经网络的发展，大量基于深度学习的方法被用来预测蛋白质相互作用的热点区域，深度学习在模式识别、生物和医学领域都展现了强大的能力。神经网络的优势在于不限制输入内容，特征选择和特征抽取可以由网络自动完成，使用神经网络来预测蛋白质相互作用热点仅需要输入蛋白质序列，甚至不需要知道与它相互作用的配对蛋白质。

6. 集成学习

集成学习通过将多个分类器组成一个预测模型来提高预测性能，每个分类器独立学习并做出预测，最后综合考虑所有预测得到的结果，因

[1] DARNELL S J, PAGE D, MITCHELL J C. An automated decision-tree approach to predicting protein interaction hot spots [J]. Proteins: Structure, Function, and Bioinformatics, 2007, 68 (4): 813-823.

[2] ASSI S A, TANAKA T, RABBITTS T H, et al. PCRPi: presaging critical residues in protein interfaces, a new computational tool to chart hot spots in protein interfaces [J]. Nucleic Acids Research, 2010, 38 (6): e86.

此，预测结果通常优于单一模型。

7.5 本章小结

本章简单介绍了与蛋白质相关的内容，包括蛋白质的组成、蛋白质的结构和蛋白质的折叠问题，同时介绍了目前比较知名的蛋白质结构数据库和蛋白质结构预测方法，重点介绍了目前最新的利用深度学习的方法进行蛋白质结构预测的研究进展，最后扩展了蛋白质相互作用的热点预测方法。

蛋白质折叠问题困扰了生物学界50余年，终于被人工智能解决，但是预测蛋白质结构不是目的而是手段。了解蛋白质结构，可以揭示蛋白质的功能，推断蛋白质相互作用，更好地设计针对特定蛋白质的药物，促进生物科学的发展和进步。也许在未来，人工智能可以更进一步预测蛋白质的功能和蛋白质间的相互作用，真正地破译人类基因密码。

第 8 章

基因序列组装和应用

在全基因组关联研究（Genome-Wide Association Studies，GWAS）的流程中，测序和基因序列组装是最先要进行的步骤，在这一步骤中，由测序技术获取的基因片段被算法分析并最终组装成可供分析的基因链，同时一些先进的关联分析技术还能在此过程中获得基因链的插入、变异等模式的统计。

基因组组装（genome assembly）是指使用测序方法获得待测物种的基因组序列片段，并根据片段之间的重叠区域对片段进行拼接。首先，为了确保基因序列组装的可信度，选择合适的种（此处专指尚未分化出亚种的、未产生生殖隔离的单一生物物种），并获取该种足够多、足够丰富的基因数据，这是关联分析的基础。经过质控，测序得到的序列（reads）被重新组装成更长的连续序列（contigs），这些contigs共同组成准备进行研究的基因组，随后再将其拼接成更长的、允许包含空白序列（gap）的支架（scaffolds），通过消除scaffolds中包含的错误和空白序列，将这些scaffolds最终定位到染色体上，从而得到高质量的全基因组序列。通过对组装后的contigs和scaffolds进行基因预测，并去除样品间高度相似的基因序列，得到非冗余基因集。基因的丰度、分类和功能都是基于这个基因集进行量化处理，从而进行后续的关联分析研究。因此，建立一个高质量的参考基因集是关联分析的基础。

在组装基因组和转录组小片段序列数据的过程中，由于庞大的数据量而衍生出了许多问题：单条序列测序错误率高、序列重复模式多、测序深度不均匀等。此外，高通量测序技术使得利用多种微生物的元基因组数据和元转录组数据对样本进行测序成为可能，使研究人员能够了解微生物之间的相互作用。然而，组装这些元基因组数据和元转录组数据也给研究人员带来了更多的挑战。

在本章中，首先描述基因序列组装的重要性和面临的挑战；然后详细介绍自第一个DNA测序方法发展以来，基因序列组装算法的关键进展及其应用；最后结合最新前沿技术讨论组装方法的发展方向。

8.1 基因测序

核苷酸链包括脱氧核糖核酸链和核糖核酸链，核苷酸链中核苷酸的排列顺序包含了地球上绝大部分生命的遗传信息，掌握不同生物体的核苷酸序列对于分析生物体的不同生物特性、解析生物体与环境或与其他生物体的相互作用、探明一组生物体的进化关系都十分重要。这就要求相关生物学研究工作者必须具备测量和推断核苷酸序列的能力。

1953年，沃森和克里克提出了DNA的三维结构，为人类解码出完整的核苷酸序列提供了理论基础。DNA是由腺嘌呤（A）、胞嘧啶（C）、鸟嘌呤（G）和胸腺嘧啶（T）构成的脱氧核苷酸序列，用于编码所有遗传信息，控制世界上除某些病毒外的大多数生物体的生长、发育、代谢和繁殖等生命活动。同一生物体内的每个细胞都含有一套几乎相同的DNA序列，细胞中储存遗传信息的全部DNA叫作基因组。RNA是由腺嘌呤（A）、胞嘧啶（C）、鸟嘌呤（G）和尿嘧啶（U）构成的核苷酸序列。除少数病毒的RNA可以直接合成外，绝大部分生命的RNA由基因组的功能区域转录形成。RNA直接或间接携带可以翻译生成支持细胞内的大多数代谢活动的蛋白质。细胞中产生的一整套RNA被称为转录组。

从基因理论被提出开始，科学家就一直在不断尝试和更新基因测序方法，但基因测序依旧经历了一个较为漫长的发展过程。早期的测序工作只能在单个短RNA序列上开展。1964年，Holley等人发现了第一个核苷酸序列；1972年，Fiers等人确定了噬菌体MS2的外壳蛋白基因；

1976年，Fiers等人测定了噬菌体MS2的全基因组（RNA）。直到1977年，Sangeretal在噬菌体上确定了第一个有5 368个核苷酸的DNA基因组。之后Sangeretal开发了“散弹枪”测序技术，应用于基因组越来越长的不同生物体。自1990年开始，经过13年的努力，拥有30亿个核苷酸的完整人类基因组才被确定。

在过去的半个世纪里，来自全球的众多研究人员投入了大量的时间和资源来开发和改进基因测序技术。基因测序过程主要包含两个步骤：测序和组装。测序是将长DNA或RNA序列随机打断为能够读取序列信息的小片段，进而对所有片段的序列进行解析；组装是分析测序获得的一组已知序列的小片段，不断地将它们重组复原为原始DNA或RNA序列，从而获得长DNA或RNA序列。第一代测序技术主要是Sanger（链终止法）测序和Maxam-Gilbert（链降解法）测序，这两种测序技术每小时仅仅可以采样1 000 nt左右的序列长度，每个核苷酸的误差为0.1%，且设备运行时间长、通量低，获得大量序列的成本很高。此外，第一代测序技术只适合对已知突变位点进行检测且只能测出部分变异形式，如检测点突变、小片段插入、缺失。第二代测序技术主要有454（焦磷酸）测序、SOLiD（大规模扩增和高通量并行）测序和Solexa测序，它们支持测序过程大规模并行，大大提高了测序速度，且获得单条序列的成本非常低。然而第二代测序技术受限于技术原因，单次读取的序列长度较短，这要求具有高测序覆盖率，间接提高了完整测序的成本。第三代测序技术也叫从头测序技术，即单分子实时测序技术，主要的特点是能对单个分子进行测序，测序的过程也不需要使用PCR进行扩增，这就防止了在扩增过程中人为引入的基因突变，并且第三代测序技术理论上可以测定无限长度的核酸序列。目前应用最广泛的是PacBio测序。

第一代和第二代测序技术效率低、成本高，不适合对长基因组进行测序。近年来，第三代测序技术获得空前发展，可以产生更长的读长（reads），可达到100 000 bp，具有更快的读取速度（每天百万甚至十亿次读取）。第三代测序技术可以快速确定更多的基因组，然而它也给组装过程带来了新的挑战。

8.2 基因序列组装算法及应用

生物体基因组内的DNA测序方法的发展已经彻底改变了生物医学研究，并导致了当前的基因组革命。目前，成千上万的细菌和病毒、人类个体以及其他生物体的基因组序列已经完成，基因组技术和服务已经成为一种商品。

基因测序技术尽管取得了巨大进步，但目前的测序仪器只能读取基因组的一小部分，从100个碱基对（如Illumina测序）到10~20 kb（如PacBio测序）不等。相比之下，人类基因组的长度超过3 Gb，甚至细菌的基因组长度也超过1 mb，因此，要重建整个生物体的基因组序列，就需要将测序获得的许多小的序列片段合在一起。

早期重建基因组序列主要依靠分子技术对重叠的基因组片段进行迭代排序，由于相应序列片段的顺序和位置是由实验装置确定的，即使没有计算机的帮助，也很容易将单个序列片段合成一个完整的基因组序列[1]。但这种简单的方法既费时又费力，在一个DNA片段完成测序之前，下一个DNA片段无法进行测序。1979年，Staden提出了另一种序列组装算法，称为鸟枪法测序[2]。这种算法本质上是可扩展的，因为原始的DNA被随机分成了许多可测序的片段，然后对所有片段进行并行测序。但片段化过程具有随机性（通常通过DNA的机械剪切来实现），生成的单个片段之间可能产生数据的相互重叠，因此，可以通过比较相应片段的DNA重叠序列来识别这些重叠部分，最终实现片段之间的拼接。实现该算法需获得大量的数据，其工作量相当庞大，需要计算机程序辅

[1] SANGER F. The croonian lecture，1975 nucleotide sequences in DNA［J］. Proceedings of the Royal Society of London. Series B，Biological sciences，1975，191（1104）：317-333.

[2] SHABANZADE F，KHATERI M，LIU Z. MR and PET image fusion using nonparametric Bayesian joint dictionary learning［J］. IEEE Sensors Letters，2019，3（7）：1-4.

助，这一需求导致第一个基因组序列组装计算软件的诞生。下面介绍几种常见的序列组装算法，如图8-1所示。

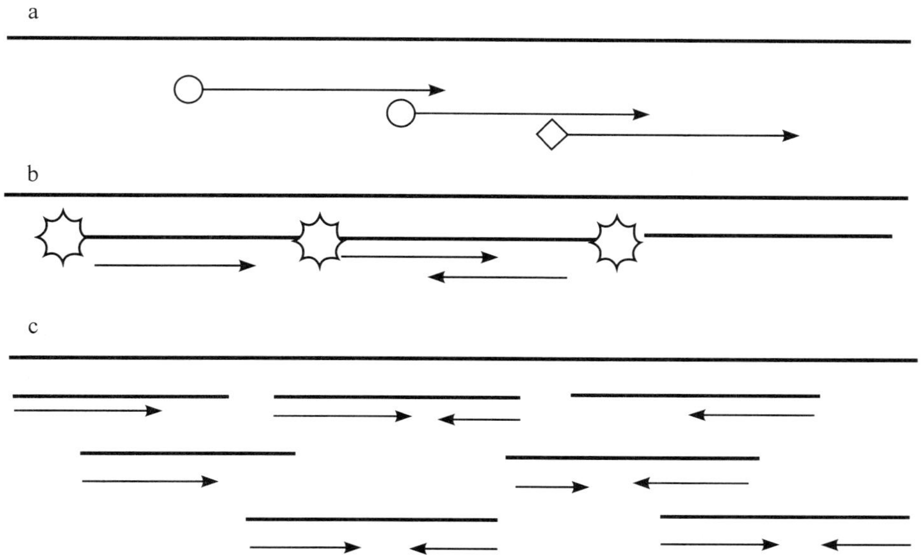

图8-1　不同的DNA测序方法（粗线表示未知的DNA被测序，细线箭头表示序列读取和它们各自的方向）

（1）引物步移法。使用特定的已知序列引物（符号），在特定位置启动测序，直到一次读取结束时的序列可以设计下一个序列引物，从而扩展总的已知序列，如图8-1（a）所示。

（2）限制消化。测序从用一种或多种限制性内切酶（用星号表示限制性位点）消化获得的片段末端开始，如图8-1（b）所示。

（3）鸟枪测序。测序从随机剪切原始DNA获得的片段末端开始，如图8-1（c）所示。

鸟枪测序过程的简单性引起数学家和计算机科学家的兴趣，并导致基因组序列组装理论的快速发展。Lander和Waterman提出了一组计算方程，这组方程提供了可以组装数据的关键特征的上限，可以从一组序列读取中重建连续基因组片段的大小和数量[1]。研究表明，基因组序列可以通过低至十分之一的序列读取覆盖率进行有效重建。Ukkonen等人研究了组装问题的计算复杂性，将其形式化为最短公共超弦问题的一个实例，提出了将所有读取作为子字符串的最短字符串的假设[2]，研究表明，基因组序列组装在计算上难以处理的，找到正确的解决方案可能需要探索大量可能的解决方案。找到正确的解决方案尽管存在一定的困难，但寻找近似解的尝试导致第一个实用的基因组序列组装器产生（如可证明接近最短解的超弦）。最短的超弦问题忽略了复杂基因组的一个重要特征：重复。大多数基因组包含几乎相同形式的重复DNA片段，基因组序列的正确重建可能不是其中最短的序列组合。基于图的序列组装模型，是当前所有基因组序列组装器的基础。需要注意的是，即使使用这样的模型，基因组组装被证明在计算上也是难以处理的。重复问题以及它们在组装过程中引入的复杂性是关于从鸟枪序列数据组装整个人类基因组的可行性的激烈辩论的关键[3]。

在过去的几十年中，序列组装取得了明显的进展，但计算理论发展缓慢。理论与实践之间的差距，可能原因是理论上的难以处理的结果是基于最坏的情况，而这在实践中很少发生。序列组装的复杂性取决于序列读长的大小与重复序列大小之间的比率，当序列读长的大小大于重复序列的大小时，可以解决组装问题，而当序列读长的大小小于重复序列的大小时，组装问题是不明确的，因为可以重建与输入读长集兼容的指数数量的基因组。

---

[1] LANDER E S, WATERMAN M S. Genomic mapping by fingerprinting random clones: a mathematical analysis [J]. Genomics, 1988, 2 (3): 231-239.

[2] MAIER D. The complexity of some problems on subsequences and supersequences [J]. Journal of the Association for Computing Machinery, 1978, 25 (2): 322-336.

[3] NAGARAJAN N, POP M. Parametric complexity of sequence assembly: theory and applications to next generation sequencing [J]. Journal of Computational Biology, 2009, 16 (7): 897-908.

8.2.1 贪婪算法

组装基因组序列较为简单的策略之一是按照重叠质量的递减顺序迭代地将读长连接在一起。该过程先连接两个重叠最好的读长，然后重复此过程直到达到预设质量的最小阈值。新生的组装序列（即重叠群）通过添加新读取或与先前构建的重叠群连接来实现增长，与已构建的重叠群冲突的读取重叠将被忽略。这种策略被称为贪婪算法[1]。贪婪算法是最早被应用于HTS拼接策略的算法。基于greedy策略的拼接算法首先通过一定的最优化规则来获取reads或contigs作为初始种子序列，其次基于这个种子序列向两边添加更多的reads或contigs，基于最大重叠长度和投票机制两种方式延伸，直到reads或contigs无法再继续延伸为止，重复上述过程，直到所有序列拼接完成[2]。该策略在每一步都做出最贪婪（局部最优）的选择。它虽然很简单，但是这种方法及其变体为最佳组装提供了一个很好的近似值。

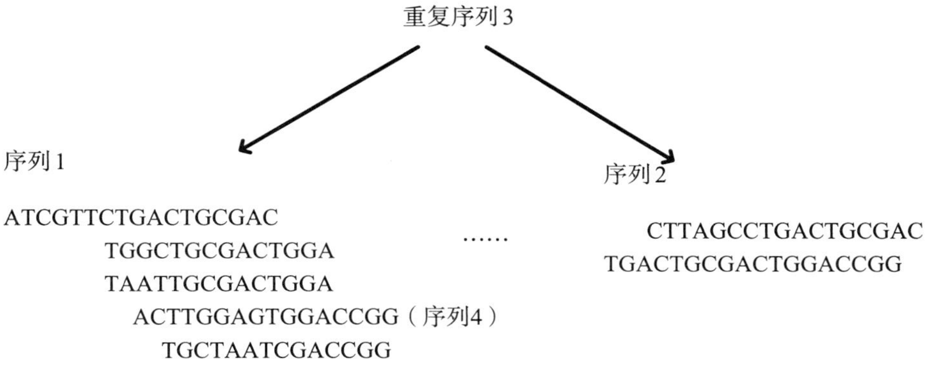

图8-2　贪婪算法拼接示意图

图8-2中，在序列1的拼接过程中，第一条待拼接序列和序列1在序

---

[1] BHARDWAJ J，NAYAK A. Haar wavelet transform-based optimal Bayesian method for medical image fusion［J］. Medical and Biological Engineering and Computing，2020，58（10）：2397-2411.

[2] LIU Y C，SCHMIDT B，MASKELL D L. Parallelized short read assembly of large genomes using de Bruijn graphs［J］. BMC Bioinformatics，2011，12：354-363.

列比对过程中有一个错配G，且有9个碱基匹配，而下面的其他3条序列错配数分别为2，3，2，匹配数分别为8，5，4，因此将选取第一条序列进行拼接。但需要注意的是，由于重复序列3的影响，贪婪策略也可能会导致在实际拼接过程中将序列1和序列4拼接在一起，从而产生错误拼接，进而影响拼接精确度。

许多早期的基因组序列组装都依赖于这种贪婪的策略，包括phrap基因组序列组装器、TIGR汇编器、CAP系列工具、wiseScaffolder算法、npScarf算法、ALPS算法和ISEA算法等。phrap是人类基因组计划期间用于组装人类基因组序列的主要基因组序列组装器；TIGR汇编器是第一个用于重建生物体的基因组序列组装器；CAP系列工具已被大量用于重建人类和许多其他生物的转录组；wiseScaffolder是一种建立在重叠群上并支持手工控制的迭代扩展算法，该算法是由paired-end reads拼接而成的重叠群并与Meta-pair reads进行比对；npScarf是一种能在长reads测序过程中进行短reads序列拼接的迭代扩展算法，该算法利用了Nanopore测序的实时特征；ALPS是一种基于贪婪策略的从头拼接算法，该算法通过整合已测序的肽序列、序列的位置置信度、数据库以及同源性搜索信息，首次以较高的精确度自动地拼接出完整的单克隆抗体序列；ISEA是一种利用双端信息和拼接距离分布进行从头拼接的迭代种子扩展算法，具有较好的统计学意义。

贪婪算法尽管早期取得了巨大的成功，但其有一个严重的局限性：只关注了局部最优解，不能有效地处理重复的基因组区域。随着被测序的基因组的大小和复杂性的增加，贪婪算法已经被更复杂的基于图的算法所取代，这些算法能够更好地建模并解析高度重复的基因组序列。

8.2.2 OLC图算法

基于图的序列组装模型将序列读取及其相互推断的关系表示为图中的顶点和边，既能较好地重建底层基因组，又能避免由于重复导致的错误路径而产生错误组装。目前主要有OLC图算法和德布鲁因图算法，如

图8-3所示。

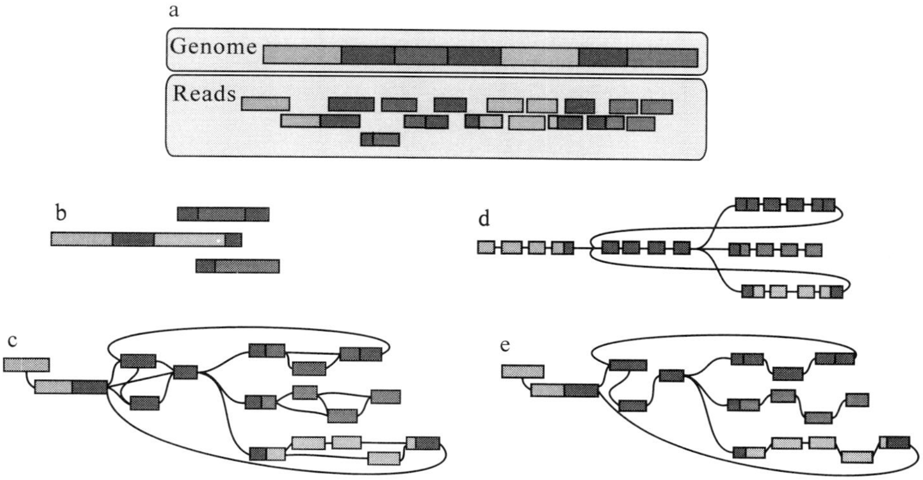

（a）包含多个重复序列（具有相同色块的片段）的基因组布局，以及一组鸟枪序列读取；（b）贪婪算法：可能通过折叠重复序列（深色块）来错误组装基因组；（c）OLC图算法：将每个读取表示为一个节点，并在节点重叠时连接节点；（d）德布鲁因图算法，用于建模长度为k的短序列（k-mer）之间的关系。重复区域在图结构中很明显；（e）字符串图算法，通过删除传递边来简化图，重复的位置在字符串图中比在OLC图中更明显。

图8-3 基因组组装范式

OLC图算法：在最简单的基于图的模型中，每个read都是图中的一个顶点，用一条边连接这些顶点，这条边代表读取的序列。如果它们重叠，则一对顶点与一条边相连，重叠用从一个read的终端顶点到另一个read的终端顶点的边来表示。不管图的表示形式是什么，装配过程通常遵循三个主要阶段。首先，检测重叠的reads，该阶段对所有参与拼接的reads进行两两比对，计算其reads间的重叠关系。当两两比对reads的重叠区域达到一定阈值时，将其保留，用于建立重叠图；其次，构造图，根据上一步中的重叠关系建立关于整个reads序列之间的重叠图，并找到读取的适当顺序和方向，通过遍历重叠图找出能够经过图中大多数顶点且只经过一次的路径作为contigs；最后，使用配对信息根据顺序和定向读取计算出一致序列。遵循这种范式的基因组组装器被称为OLC组装器[1]。

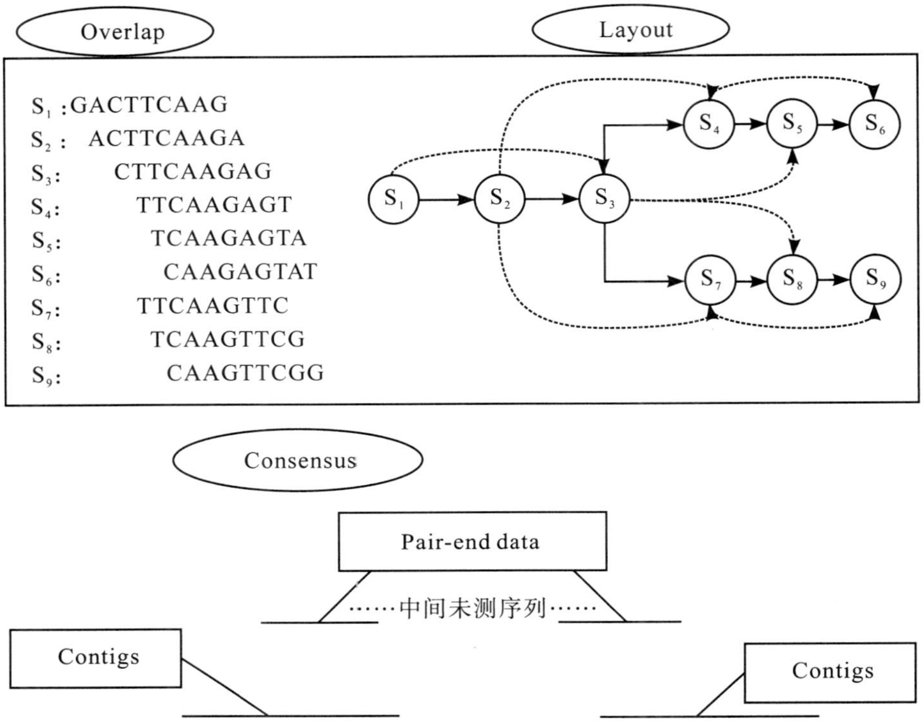

图8-4 OLC图算法拼接示意图

重叠检测通常需要消耗大量的计算时间。基于OLC策略的拼接算法由于涉及大量的序列比对过程，使用动态编程简单地比较所有读取对，以检查每对是否具有显著的重叠（通常由重叠的长度和重叠区域内的相似性决定），由于拼接短reads序列时的计算开销过大，OLC图算法常用于组装第一代或第三代测序技术产生的较长序列数据。但对于第三代测序技术，其测序reads碱基的错误率达到了15%，拼接组装该类测序数据时一般都需要对其初始序列进行预纠错。为了加速重叠检测，可以构造

[1] MYERS E W. Toward simplifying and accurately formulating fragment assembly [J]. Journal of Computational Biology，1995，2（2）：275-290.

一个索引，将k-mers映射到包含k-mer的读取列表（k通常在16到24个碱基之间）。该索引用于快速筛选可能重叠的读长，然后执行动态编程以验证重叠。这种技术大大缩小了搜索空间，并已被广泛使用。

由于组装布局阶段的全局最优解决方案在计算上是不可行的，布局阶段通常会尝试生成单元，单元是读取的集合，可以明确组装而不会出现严重的组装错误。组装器首先会删除可能是测序伪影的低质量序列读长和重叠，然后在称为传递缩减的过程中删除冗余边，最后通过布局算法找到图中明确的区域。在对读取进行排序和定向之后，从重叠链构建多重对齐，并推断出一致序列。

OLC图算法在处理基于毛细管的序列数据方面非常成功，Celera基于OLC图算法构建的人类基因组序列仍然是全基因组鸟枪法测序的典范[1]。但在处理第三代测序仪器生成的大量短读长数据时，这种方法具有较大的局限性；Canu算法[2]是一种高效且准确利用自适应k-mers权重以及拆分重复序列的组装算法，该算法可用于拼接包含大量重复序列以及高错误率reads的PacBio和纳米孔（Nanopore）测序数据，该算法具有低开销、高覆盖度的优势，突破了计算具有高噪声单分子测序数据重叠关系的瓶颈；DBG2OLC拼接算法[3]是一种综合利用NGS（Next-Generation Sequencing）和3GS数据来解决3GS长reads拼接高错误率问题并降低测序开销的混合算法；miniasm算法[4]是基于OLC策略的从头拼接算法，是一种用于拼接SMRT（Single-Molecule Sequencing in Real

[1] WANG Y P，DANG J W，LI Q，et al. Multimodal medical image fusion using fuzzy radial basis function neural networks［C］// 2007 International Conference on Wavelet Analysis and Pattern Recognition. IEEE，2007，2：778-782.

[2] KOREN S，WALENZ B P，BERLIN K，et al. Canu：scalable and accurate long-read assembly via adaptive k-mer weighting and repeat separation［J］. Genome Research，2017，27（5）：722-736.

[3] YE C X，HILL C M，WU S G，et al. DBG2OLC：efficient assembly of large genomes using long erroneous reads of the third generation sequencing technologies［J/OL］. Scientific Reports，2016，6（1）：31900（2016-08-30）［2023-05-05］. https://doi.org/10.1038/srep31900.

[4] WANG Z B，MA Y D. Medical image fusion using m-PCNN［J］. Information Fusion，2008，9（2）：176-185.

Time）测序和ONT（Oxford Nanopore Technologies）测序所产生的高噪声长reads而无须进行错误纠正和抛光的算法。重叠计算步骤是一个特殊的瓶颈，当面对包含数百个千兆碱基序列的数据集时，以二次方为尺度的简单方法显然无法计算。即使通过索引k来减少搜索空间k-mers，但由于短读长导致的虚假匹配极大地影响了重叠计算，重叠图中的边数随覆盖深度和重复拷贝数二次增长，当面对高深度数据和许多虚假重叠时，结果可能不切实际。由于这些原因，组装高通量短读序列数据的大多数工作都依赖于德布鲁因图算法。

8.2.3 德布鲁因图算法

序列组装的德布鲁因图（de Bruijn graph）算法源于20世纪80年代后期[1]。佩夫兹纳（Pavzner）研究了仅知道其组成k聚体的集合时重建基因组序列的问题。在这种类型的组装中，每次读取都被分解为一系列重叠的k-mers。该方法首先将不同的k-mer作为顶点添加到图中，并且通过边连接源自读取中相邻位置的k-mer。然后，将组装问题表述为在图中找到一条遍历图中的每条边一次的路径问题，即欧拉路径问题。在实践中，排序错误和采样偏差使图变得模糊，即使通过整个图的欧拉路径可以找到，由于序列重复的原因，它也不太可能反映基因组的准确序列，因此通常不需要对整个图进行完整的欧拉遍历。因为图的欧拉遍历潜在数量是指数级的，其中只有一个是正确的。在大多数情况下，汇编程序试图构造由图中明确的、无分支的区域组成的重叠群，这项理论工作为基于德布鲁因图的全基因组测序数据组装奠定了基础。

基于德布鲁因图策略的拼接算法一般包含如下过程。

建立阶段：首先将所有待拼接的reads分割成长度为k的序列片段，称为k-mers，且同一reads中的相邻k-mers有（k-1）个碱基重叠；然后利用这些k-mers建立德布鲁因图，其中k-mers作为图的节点，图中相邻

[1] TENG J H，WANG S H，ZHANG J Z，et al. Neuro-fuzzy logic based fusion algorithm of medical images［C］//International Congress on Image and Signal Processing. IEEE，2010，4：1552-1556.

节点间有（k-1）个碱基重叠，只有两k-mers首尾的第一个碱基不同。

构建阶段：在德布鲁因图建立完成后，一般需要利用启发式算法消除由测序错误以及杂合位点引起的tips和bubbles等错误来简化图结构，并找出只经过德布鲁因图中每条边一次的欧拉路径作为contigs。

拼接阶段：将构建阶段中获得的contigs与原始测序reads进行比对，并根据比对信息以及reads位置信息填充无连接contigs之间的空位，通过组装最终得到一致性序列。

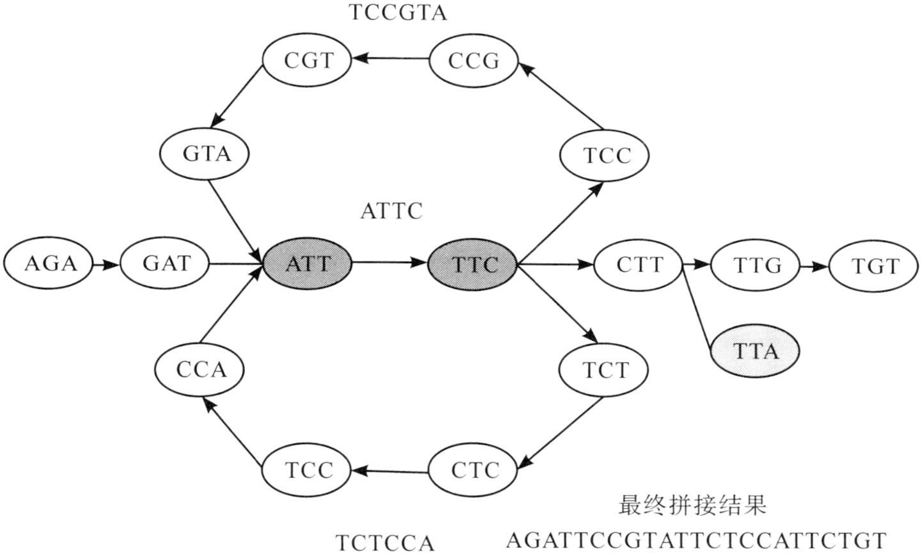

图8-5　德布鲁因图算法拼接示意图

在德布鲁因图中，k-mers的大小为3（k值一般为奇数），浅灰色图节点表示tips结构，深灰色图节点则为重复序列，其中上下两条回路所连接的图节点都表示bubbles结构。简化该bubbles结构后可得碱基序列，如图8-5中的序列TCCGTA和TCTCCA。右下角为contigs拼接结果，其中Consensus阶段和OLC策略类似。

德布鲁因图算法尽管是为毛细管测序开发的，但直到高通量短读长测序方法出现后，它才变得突出。与基于重叠的组装策略相比，德布鲁因图算法具有显著的计算优势：它不需要找到读取对之间的重叠。相反，该方法读取之间的重叠在图的结构中是隐含的。同时，该图可以很容易地在数据的两次传递中构建：首先，从读取中提取一组k-mers并添加为图中的顶点；其次，相邻的k-mers可以从读取中提取并添加为图中的边。通过选择合适的数据结构来表示图，这个过程读取数据速度非常快。

Zerbino[1]和Chaisson[2]等人的早期研究表明，使用基于德布鲁因图的方法，可以通过短读长有效地组装细菌基因组序列。组装的质量尽管受到短读长的限制，但该方法大幅降低生成部分基因组序列组装的成本，这是测序领域的一个转折点。德布鲁因结构最早是运用在欧拉拼接算法中，该数据结构非常适合用于对具有重叠关系的短重复的reads序列进行测序，且该算法能够极大地减少序列冗余所带来的内存消耗。德布鲁因图算法很好地弥补了HTS数据中测序序列长度较短的缺点，在拼接过程中支持并行化且只需要较少的比对操作，极大地缩短了基因组序列的拼接时间，提高了拼接效率。但由于错误的k-mers和大量重复序列会极大地降低基于该算法的组装效果，因此该类算法一般都需要对拼接reads、德布鲁因图以及已拼接完成的一致性序列进行纠错，以提高其拼接精确度，同时需要利用三代测序数据、“linked reads”数据以及光学图谱技术提高拼接的完整度。

然而，由于基因组中的每个碱基大约有一个k-mer，真核生物基因组的德布鲁因图有数十亿个顶点，德布鲁因图组装所消耗的内存成本很高。同时，测序错误使这个问题更加复杂，因为每个这样的错误都会将真正的基因组序列破坏为多达k个错误的k-mers。这些错误的k-mers为图引入了新的顶点和边，显著扩大了它的规模。在较少的内存中表示德布鲁因图成为该领域的一个关键问题。

---

[1] ZERBINO D R，BIRNEY E. Velvet：algorithms for de novo short read assembly using de Bruijn graphs [J]. Genome Research，2008，18（5）：821-829.

[2] CHAISSON M J，PEVZNER P A. Short read fragment assembly of bacterial genomes [J]. Genome Research，2008，18（2）：324-330.

为了解决德布鲁因图算法占用大量内存的问题，ABySS（短序列汇编）汇编器引入了一种没有显式存储边的图表示方法。它将图表示为k-mers的哈希表，每个k-mer存储一个字节，表示其8个可能的相邻k-mers的存在或不存在。这种表示允许散列表分布在计算机集群中。当遍历德布鲁因图时，查询分布式哈希表以恢复给定顶点的相邻k-mers。这种分布策略降低了德布鲁因图算法的内存要求。Conway提出了将德布鲁因图表示为一组简单的k-mers的想法，他的核心思想是将每个k-mer表示为［0，4*k*）范围内的数字，并在大小为4*k*的数组中设置相应的位。可以查询这个位数组来恢复图的顶点和边。存储一个大小为4*k*的数组对于除非常小的*k*值之外的所有值显然是不切实际的。为了解决这个问题，Conway和Bromage使用了稀疏位向量编码技术来表示位向量[1]。这将使用27-mers组装人类基因组序列的内存要求缩小到28.5bits/k-mer，这是对ABySS编码方法的显著改进。

近年来，也有使用布隆过滤器来表示一组k-mers。与Conway的方法不同，布隆过滤器使用多个哈希函数来计算并为特定的k-mer设置位索引。在查询时，使用相同的哈希函数，过滤器检查相应的位，如果它们被设置，过滤器则称k-mer存在于集合中。该算法保证如果将k-mer添加到集合中，那么它将在查询时报告为存在。然而，情况并非如此，布隆过滤器不保证*k*报告为存在的k-mers实际上已添加到集合中，这些误报的产生率由底层位向量的大小和使用的散列函数的数量控制。为了减少内存的使用，必须容忍更高的误报率。

8.2.4 字符串图算法

字符串图算法有三个主要阶段：纠错、组装和基架。纠错阶段首先为读取建立FM索引（sga索引），其次执行纠错（sga校正）；组装阶段

[1] OKANOHARA D，SADAKANE K. Practical entropy-compressed rank/select dictionary［C］//2007 Proceedings of the Ninth Workshop on Algorithm Engineering and Experiments（ALENEX）. Society for Industrial and Applied Mathematics，2007：60-70.

将更正后的读取作为输入，重新索引，删除重复和低质量的读取，然后构造重叠群；基架阶段使用重测序数据分析（Burrows Wheeler Alignment，BWA）软件将原始读取重新与重叠群对齐，使用对齐方式构造基架图，并以FASTA格式输出最终的一组基架，如图8-6所示。为清楚起见，图中省略了算法的次要步骤。

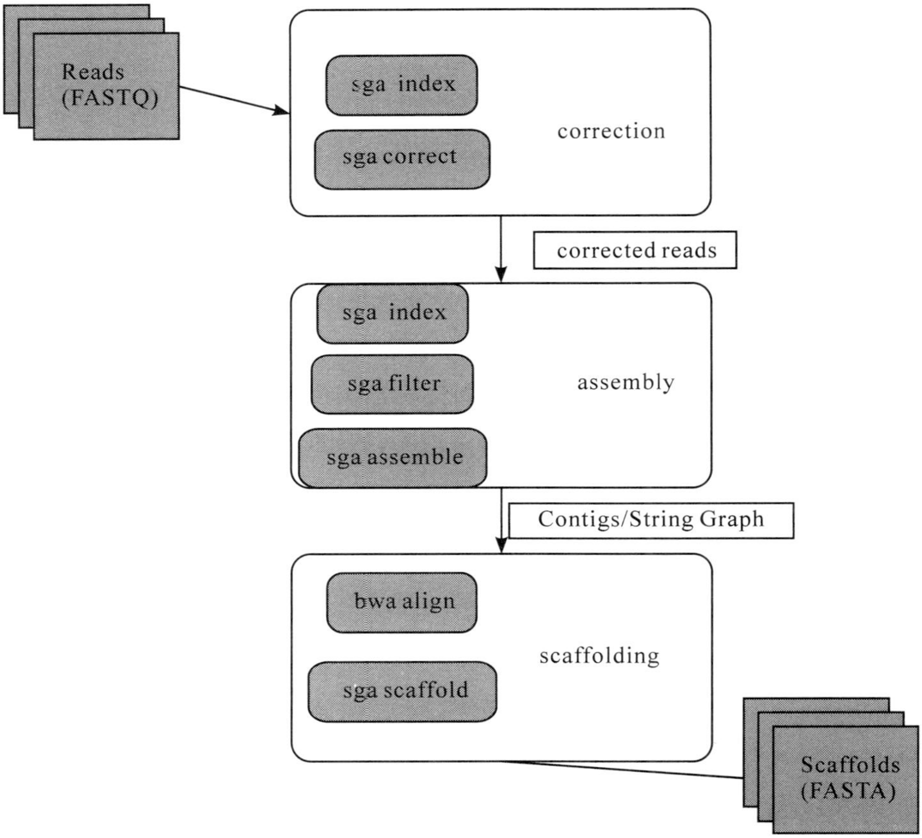

图8-6 字符串图算法实现示意图

德布鲁因图具有重复折叠的属性：重复的所有副本在图8-6中表示为具有多个入口点和出口点的单个段，这提供了基因组结构的简明表示。2005年，Myers通过对重叠图执行两次转换，可以获得基于重叠的组装方法的类似特性。实现步骤如下：首先，将作为其他读取的子字符串的读取删除；其次，从图中删除传递边。生成的图（称为字符串图）与德布鲁因图共享许多属性，无须将读取分解为k-mers。字符串图算法基于对一组序列读取构造的FM索引执行查询。字符串管道通过预处理获得序列读取，以筛选或修剪具有多个低质量或不明确基本调用的读取。FM指数由滤波后的读取集构成，并同时使用k-mers频率检测以纠正基数调用错误。更正后的读取将重新编入索引，然后删除重复的序列，过滤掉剩余的低质量序列，并构建字符串图。如果配对端或配对数据可用，则从字符串图组装重叠群并将其构造为基架。

Edena汇编程序将字符串图算法应用于早期短读序列数据。随后关于使用FM索引高效构建字符串图的理论工作实现了大型基因组的高效内存组装器[1]。

8.2.5 应用——变异检测

组装人类基因组序列的技术越来越多地用于发现基因组变异，如图8-7所示。从第一个人类短读长基因组测序研究中可以清楚地看出，发现插入和缺失多态性（indels）这种基因结构性变异比发现单核苷酸多态性（SNP）更具挑战性，这是由于难以映射具有复杂差异的读长参考基因组序列。基于组装的变体检测可以直接从组装图的结构中推断变体来帮助解决这个问题：Fermi组装器使用字符串图算法来探索基于组装的变异检测与基于对齐方法的比较；Cortex算法旨在寻找种群中的变体，它在德布鲁因图中表示多个样本，包括基因组序列；体细胞突变查找器（SMUFIN）直接比较癌症研究中肿瘤/正常对的读长以发现体细胞突变；字符串图汇编器（SGA）从头汇编器被修改以通过组装人类和癌症基因组序列数据来查找变体；完全从头组装的替代方法是执行目标区域的本地组装，在该方法中，读长被映射到参考基因组上的大致位置，然后重新组装到位以推断携带变体的新单倍型。

[1] SIMPSON J T，DURBIN R. Efficient de novo assembly of large genomes using compressed data structures［J］. Genome Research，2012，22（3）：549-556.

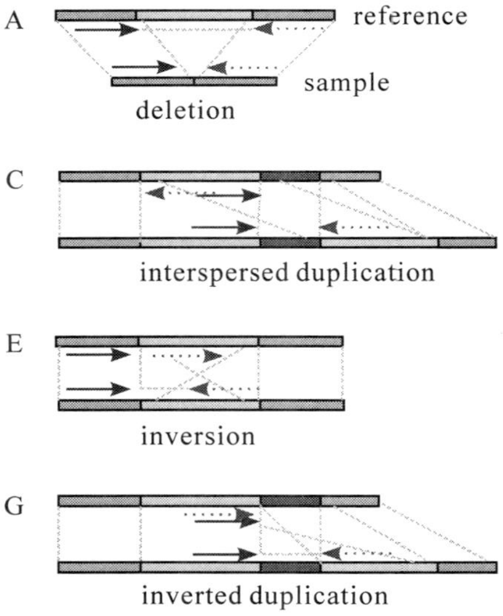

A：序列删除；B：序列插入；C：序列在基因组上的散在重复；D：序列串联重复；E：序列倒置；F：序列易位；G：序列倒置重复

图8-7　基因组变异图解

8.3　基因组的比对与组装

8.3.1 从配对信息中组装基因组

目前，描述基因组主要集中在单个序列读长的组装上，即由DNA测序仪读取的连续DNA片段。最常用的信息是与配对相关的信息，这些信息可以通过实验估计其在基因组内的分离和相对方向的序列读长对。目前存在多种生成配对信息的技术，这些技术根据具体的实验特征生成配对信息，包括配对末端、片段结束或跳转库。为方便讨论，这里指的是配对过程，而不考虑其中使用的底层技术。

配对信息为基因组组装中序列读长的相对位置提供了有价值的限制信息，这些信息可以用于检测配对组件的准确性。配对信息可用于将独立的重叠群连接到一组重叠群中，其相对顺序和方向是已知的，并且由一系列已知大小的间隙隔开。重叠群之间的间隙代表了由于数据缺失

（如DNA测序技术的系统偏差）或数据重复而无法由组装器重建的基因组部分。配对信息也可用于解析某些重复序列，这可能产生更长或更准确的重叠群。

在使用配对信息时，重要的是要认识到配对读长之间的间距（也称为库大小），库大小的实验估计通常是不准确的。因此，使用配对信息的软件时必须重新估计库大小。一个常见的策略是在分析之前使用长重叠群中的读取位置来估计片段分布的大小。对于远程配偶对（如从大于20 kb的片段中获得的配偶），由于完全在重叠群内映射的配偶对数量很少，因此可能不容易恢复准确的估计。

目前，研究人员已经提出了几种用于生成支架的策略，它们都遵循大致相同的步骤。首先，配对信息用于推断重叠群之间的链接（一致配对的捆绑），在这个过程中，不正确的配对信息被排除在进一步考虑之外。其次，重叠群的相对方向是根据配对信息施加的约束来确定的。在存在错误（如不正确的配对链接）的情况下，定向任务是一个NP-hard问题（多项式复杂程度的非确定性问题），这意味着找到正确答案需要筛选成指数级的可能答案集。最后，确定重叠群的线性排列，以最大限度地减少与配对数据的不一致，这一步也是NP-hard问题，研究人员已经提出了几种启发式方法，包括以分层方式处理不同的配对库，如Bambus；配对读取组装的统计优化，如Celera Assembler和SOPRA；通过线性规划或者通过构造支架的贪婪算法进行扩展，并执行详尽的搜索，如Opera。

配对也可以在组装过程中使用，从而解决重复问题。具体来说，配对信息施加的约束可以限制装配图的可能遍历，从而减少或消除重复引入的问题。通过识别与配对约束一致的装配图的遍历，在装配过程中明确考虑配对信息（见图8-8）。

使用配对解决重复问题的简单描述掩盖了问题的实际复杂性。配偶对的端点的路径连接数量随着端点的增加而指数级增加，所以无法找到与分离配偶对的DNA长度一致的一条或几条路径。因此，配对对重复解析的有用性随着其长度的增加而降低。此外，配对对解析重复序列最有用的间隔大小与重复序列本身的大小密切相关，这表明需要调整测序方法以适应被测序的基因组的实际结构，或者使用混合具有不同尺寸范围的配对。这种方法由ALLPATHS-LG程序的开发人员提倡，只有根据建议的方式构建数据时才能使用该汇编程序。同时，这种方式需要一个非常短的具有重叠末端读长的配对库、一个短程配对库以及跨越数千到数万个碱基对的跳跃库的混合物。跳跃库可用于跨越越来越大的重复以及跨越不可解析的重复连接重叠群。

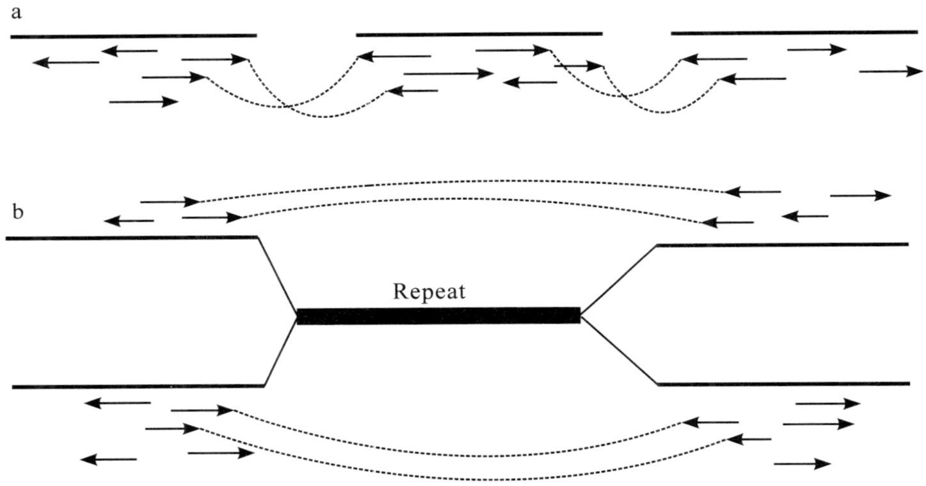

图8-8 使用配对进行序列组装

图8-8中实线表示正在测序的未知DNA，箭头表示序列读长及其各自的方向，通过虚线连接箭头表示配对过程，约束组装序列中读取的相对位置。图8-8（a）配对信息，用于根据彼此（支架）对重叠进行排序和定向。图8-8（b）通过定义侧面单拷贝区域的物理关系来解析重复区域的配对信息。

8.3.2 长读组件

许多开发小组专注于更长的重叠群和支架策略的生成，如

SOAPdenovo的开发人员使用多个配对库将熊猫基因组序列组装成兆大小的碱基支架。此外，ALLPATHS-LG小组引入了一个定义更加明确的实验方案，该方案是由一系列短插入和长插入配对文库组成，用于组装大型基因组的序列；SPAdes（St. Petersburg Genome Assembler）专注于细菌基因组序列的组装。MaSuRCA（Maryland Super-Read Celera Assembler）为Celera汇编器使用了一个高效的基于德布鲁因图的预组装模块，这使得它能够组装非常大的大叶松基因组序列。

近年来，短读长组装算法虽然取得了巨大进步，但是读取长度仍然是一个基本的限制。由于这个原因，一些项目选择使用可以产生更长读取的低通量技术。454测序平台是首批的下一代测序仪器之一，它可以生成与基于毛细管的技术相似长度的读长序列，还可以与OLC组装器Newbler结合使用。该技术已用于许多不同生物细胞的基因组测序，包括大西洋鳕鱼、面包小麦和番茄。

PacBio仪器使用单分子成像来生成读长。由于PacBio数据相对较高的错误率，最初将其用于混合组装，在使用OLC方法组装之前可用Illumina对PacBio读长进行纠错。分层基因组组装过程（HGAP）管道被开发用于组装PacBio生成的数据，而无须使用短读数据进行校正。HGAP是一个分层管道，它首先选择其中最长的PacBio读取作为开始组装工作的基础，并使用剩余的数据对该组装读取子集进行错误纠正；其次组装校正后的长读数据，并使用完整的数据集生成最终的共有序列。这种方法通常用于生成的细菌基因组的单重叠群组装。对PacBio的组装研究，促进了基因组组装算法的开发和更大规模的基因组测序的应用。

8.3.3 从生物体混合物中组装基因组

目前的研究主要是基于单个基因组的序列，这给生物体混合物（宏基因组学）、二倍体或多倍体生物体的基因组测序带来了额外的挑战。例如，重复检测不能再依赖简单的覆盖深度统计数据，需要对装配图或脚手架图进行更仔细的分析。生物体混合物中可能包含多种不同的生物体，这些生物体的基因组可能有相似或不同的特征。同时它们的丰度和相似性也各不相同，因此很难准确地分离和组装它们的基因组。在这种情况下，识别和表征密切相关的共组装基因组序列与单倍型之间的差异变得很重要，这两者都可以增加组装的连续性，并增强数据的生物学解释。在宏基因组环境中，检测基因组变异的方法包括能够手动检查装配体的工具。

一种可行的从生物混合物中组装基因组方法是结合使用长读程和短读程测序技术，如纳米孔测序技术和Illumina测序技术。长线程测序可以产生较长的DNA片段，这些片段可以跨越重复区域，提高组装的连续性。短线程测序可以提供更高的准确度和覆盖率，从而纠正长线程组装中的错误和缺口。

Wick等人[1]研究描述了一种利用纳米孔和Illumina测序技术组装完美细菌基因组的方法。他们首先使用一种名为Trycycler的工具生成多个长读程组装，再将它们组合成一个共识组装。然后，他们使用Medaka对长读程进行抛光，并使用Polypolish对短读程进行抛光。此外，他们还使用了其他短读程抛光工具和手工操作来进一步提高组装质量。

另一种从生物混合物中组装基因组的可行方法是使用长读测序技术，将读长数据分割成理想情况下代表单一基因组的子集，然后单独组装每个子集。这可以通过不同的生物信息学策略实现，如k-mer频率分析、基于比对的聚类或机器学习方法。

8.3.4 基因组序列组装的验证

基因组序列组装是一项复杂的计算挑战。没有任何算法可以保证从现代DNA测序仪生成的短序列中准确、完整地重建大基因组的序列。此外，不能保证实现汇编算法的软件工具没有编程错误。因此，使用组装

[1] WICK R R，JUDD L M，HOLT K E. Assembling the perfect bacterial genome using Oxford Nanopore and Illumina sequencing ［J/OL］. PLoS Computational Biology，2023，19（3）：e1010905（2023-03-02）［2023-05-05］. https://doi.org/10.1371/journal.pcbi.1010905.

工具时必须警惕组装器生成的重叠群和支架中的错误。在分析结果数据时，必须考虑这些错误，从单核苷酸错误到基因组的大规模错误表述。

检测此类错误并非易事，组装通常用于重建之前未知的序列，因此没有可用的黄金标准来验证。这个问题在基因组序列组装的早期应用中很明显，由此开发了几种从头计算的方法来评估组装的正确性，这些方法基于输入数据特征的知识或假设，来识别重建数据中的内部不一致。假设配对的位置沿着组装与估计的库大小和已知配对读取的相对方向一致，研究人员基于这个假设来证明第一个细菌基因组序列的正确性，多年来研究人员已经开发了几种方法来检测这种不一致，如TAMPA（用于分析装配中配对的工具）、AMOS验证、CE（压缩/膨胀）统计量和REAPR（使用配对读取识别程序集错误）。

其他错误指标包括异常深度覆盖的区域。举一个可能不直观的例子，想象一个两份串联重复，它们被错误地替换为汇编程序输出中的单个实例。在正确的基因组重建中，与两个重复拷贝之间的边界重叠的读长不能适合错误组装的基因组，因此保持未组装。然而，它们与序列组装的比对，揭示了一种一致的模式，即所有这些读取部分都与错误组装重复的开头和结尾对齐，凸显了错误组装的存在，如图8-9所示。

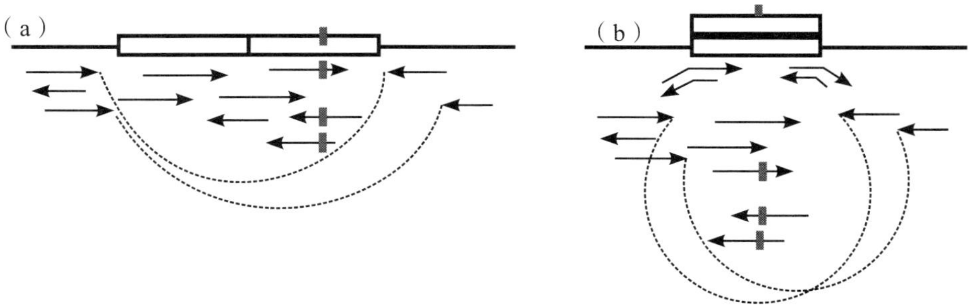

图8-9 装配错误的示意图

图8-9中粗线表示正在测序的未知DNA，细的箭头表示已测序的读长及其各自的方向。图8-9（a）中的两个框表示串联重复序列的正确组装，竖直的短线条是其中一个副本包含变体。图8-9（b）中的错误组

装，突出了几个特征：配对之间的压缩距离（弯曲的虚线），共组装读取之间的不一致（竖直的短线条），以及跨越重复之间边界的读取的部分读取对齐（弯曲箭头）。

考虑到测序过程的参数，基因组序列组装的内部一致性也可以在组装数据与组装特征之间的拟合中进行全局查看。这些方法是有效的统计假设检验，将读取沿装配的理论分布与实际装配中发现的分布进行比较。这种表述最初是迈尔斯（Myers）在1990年提出的，最近又重新出现在文献中。

组装机性能的评估一直是多个基准测试竞赛的重点。组织者根据捕捉集合的连续性、完整性和准确性的各种指标对每个条目进行评分。在所有这些比赛中，都得出了相同的结论：装配管道和数据集之间的性能差异很大。在基因组组装金标准评价（GAGE）竞赛中，组件的连续性和准确性没有很好的相关性，输入数据的质量是最终组件质量的主要决定因素。在Assemblathon竞赛中，没有一个管道在所有场景中都表现最好。组织者建议用户对他们的数据使用多个组装器，并根据多个指标选择“最佳”组装，而不是针对单个指标进行优化。

研究发现，序列组装而开发的算法与识别基因组结构变异的工作之间具有相似性，结构变体和错误组装具有相似的特征，因此可以在两种情况下应用相似的方法。

8.4 其他技术

8.4.1 亚克隆技术

在某种程度上，可以通过将鸟枪法测序过程集中在基因组的较小部分上来降低基因组序列组装的复杂性。具体来说，可以设想一个分层过程，其中基因组被剪切成一组大片段，然后通过传统的鸟枪测序对每个片段进行测序。人类基因组计划最初采用了这种策略来对人类基因组进行测序。将50~200 kb的DNA片段克隆到细菌人工染色体（BAC）中，并对每个BAC进行测序。可以预期给定的BAC克隆包含很少或不包含重复，从而使组装问题变得更简单。值得注意的是，在重复丰富的基因组中，如人类基因组，即使在相对较小规模的单个克隆中，由于重复的密集簇，组装仍然具有挑战性。研究人员将组装的BAC序列视为非常长的读长，并使用上述组装算法中的任何一个进行组装，这些序列的组装要简单得多，因为BAC“读长”的长度超过了典型基因组中大多数重复序列的长度。

使用亚克隆时一个重要的考虑因素是对单个克隆进行测序的成本。随着测序通量的增加和测序成本的降低，单个克隆构建鸟枪文库相关的成本成为总成本的重要组成部分，甚至可能超过测序本身的成本。因此，研究人员开发了几种方法来减少鸟枪文库数量。从广义上讲，这些方法通过汇集多个克隆，然后从池中构建鸟枪文库（而不是单个克隆）来工作，Csűrös等人[1]首次使用了这种方法。为了重建单个克隆的身份，每个克隆都被冗余地放置在以矩阵形式设计的多个池中，以确保每个克隆的池成员身份都是不同的。

8.4.2 光学测绘

由于测序实验产生的数据本质上是本地的：读取最多跨越几千个碱基对，甚至配偶对也不会将这个范围扩展太多（超过数万个碱基对的库不但昂贵且难以可靠地构建），使得许多序列组装具有较大的挑战。基于光学显微镜的技术，可以快速构建染色体的有序物理图谱，且支持的光学作图技术提供跨越更长基因组范围的信息，通常跨越数十万个碱基对或更多。然而，这些信息很少，仅包含基因组中特定限制位点的位置。单个限制位点无法相互区分，光学绘图仪器生成的信息仅由限制片段大小的有序列表组成。

---

[1] CSÜRÖS M，MILOSAVLJEVIC A. Pooled Genomic Indexing（PGI）：Mathematical Analysis and Experiment Design ［C］// International Workshop on Algorithms in Bioinformatics. Berlin，Heidelberg：Springer Berlin Heidelberg，2002：10-28.

光学作图产生的数据集具有更大的规模且更难检出大量重复的数据，此外，还具有难以剔除的噪声影响，这需要更加合理和专业的算法进行处理。一个常用的策略是分治策略，即将原始数据集分割成多个更小的数据集，使用计算机集群并行地删除掉其中重复的部分，这样经过多次迭代循环计算后，可以获得可信程度更高的、经过筛选的光学数据集，这个更加可信的数据集是基于重叠群生成的。尽管如此，这些信息仅是对测序数据的补充，并更多地被应用于验证基因组序列组装的正确性以及辅助指导基因组支架的构建。然而，由于硬件原因和噪声问题，原始光学测绘数据具有很高的错误率，这些都需要专门的组装过程和降噪算法来纠正错误并扩展光学数据地图的范围。尽管如此，跨越整个染色体的组装光学图谱在复杂基因组产生的序列中所蕴含的价值是无法估量的。

8.4.3 组装和验证的集成

如上所述，基因组序列的验证是在组装之后发生的独立过程。然而，这两个过程可以交织在一起。例如，可以纠正验证过程检测到的错误组装，并将纠正后的数据反馈到组装器中，从而改善结果。大多数汇编程序都在一定程度上使用了这种方法。目前开发的基于可能性的组装质量全球测量方法，也催生了将质量纳入组装过程进行考虑的新方法。例如，研究人员将装配表述为以最大化装配可能性的方式遍历装配图的任务，并使用网络流算法解决了这个问题；Boža 等人[1]使用模拟退火算法找到最大化似然分数的组件；Koren 等人[2]使用似然分数在多个基因组序列组装器之间以及每个给定组装器的多个可能参数之间进行选择，以便为给定数据集找到最佳组装策略。

---

[1] BOŽA V，BREJOVÁ B，VINAŘ T. GAML：genome assembly by maximum likelihood ［J］. Algorithms for Molecular Biology，2015，10（1）：18-27.

[2] KOREN S，TREANGEN T J，HILL C M，et al. Automated ensemble assembly and validation of microbial genomes ［J］. BMC Bioinformatics，2014，15（1）：126-134.

8.5 基因组序列组装方法面临的挑战及其展望

对基因组序列组装的研究跨越了半个世纪。在此期间，许多算法和软件包被开发出来。在本章中，我们介绍了这一领域的关键技术，并特别关注了当前该技术所面临的挑战，主要有以下方面。

（1）高错误读长。第三代DNA测序技术产生的读长比之前（数万个碱基对）的长得多，其代价是错误率更高，这不得不通过更高的重复覆盖率来弥补。

（2）宏基因组学/生物体混合物。无论是在宏基因组学的背景下还是在临床样本（如肿瘤细胞的混合物）中，越来越多的研究人员正在对生物体混合物中的基因组进行测序。大多数序列组装的理论框架都是为分离的基因组开发的。需要开发新的方法来处理和表征密切相关基因组内的异质性。

（3）大数据。随着DNA测序成本的下降，研究人员越来越专注于更大的基因组（如植物基因组）和混合物（如土壤宏基因组）。因此，将需要新的方法来优化基因组序列组装器，使其能根据生成的大规模数据量进行扩展。

组装算法的发展与基因测序技术的快速发展密切相关，这两个领域的早期进展是研究者密切互动的结果。随着技术的成熟，这些相互作用尽管变得不那么明显，但近年来，生物学和计算机科学之间更紧密的整合已经出现，这是应对目前正在快速生成的海量数据的必然选择。

8.6 本章小结

基因序列组装研究历史悠久，更长的序列读取使组装基因组序列更容易。实验设计和计算必须结合在一起才能有效地进行基因组序列组装。

然而，DNA测序技术的最新进展可能使序列组装变得不必要。随着高通量测序成本的降低，标记数量越来越多，曾经的许多问题已经得到解决。过去35年的大部分发展都致力于减轻DNA测序技术的局限性——测序读长比基因组重复要短得多，在数万个碱基对中产生读段的DNA测序技术在很大程度上解决了这个问题，使得复杂的组装算法变得没有必要，至少对细菌基因组而言。在未来几年，预计该领域将专注于DNA测序技术新兴应用带来的新挑战。在真核生物种群内（如人群）或宏基因组环境中的分析基因组的变异是基因组测序中一个新兴且未解决的问题。此外，由于微生物本身具有样本数量不充分、样本纯度难以保证的问题，微生物群落的基因测序与组装也是未来技术发展的方向之一。基因组序列组装的计算挑战推动了高通量基因组测序技术的大量算法开发和应用。

第 9 章

生物学通路识别

全基因组关联分析（GWAS）已经成为当前揭示复杂疾病遗传机理必不可少的方法。十余年来，对GWAS方法的研究逐步深入，由最初的单位点、单性状分析发展到多位点、多性状联合分析，然而研究结果仅能解释很少一部分遗传力。因此，针对GWAS方法的研究具有十分重要的意义。

临床和流行病学研究表明，复杂疾病往往发生在同一个人或同一个家庭的不同成员身上，但导致这一共病现象的内在遗传机制尚不明确。随着高通量测序技术的迅速发展和研究成本的不断降低，越来越多的样本用于复杂疾病的GWAS研究中，大样本GWAS能够带来更好的统计效果，其结果能够为后续深入研究复杂疾病提供参考。因此，基于大样本GWAS结果的关联分析能够帮助人们进一步认识复杂疾病的共同遗传机制。

本章将系统地介绍生物学通路识别的主要方法及其特点，分析通路识别面临的主要困难和研究现状，总结若干基于网络的通路分析方法及基于基因组关联分析通路的癌症分类方法。

9.1 通路识别定义

癌症如今已成为全球人类发病和死亡的主要原因。2022年国家癌症中心发布了最新一期的全国癌症统计数据[1]，我国整体癌症粗发病率仍持续上升，反映出我国癌症问题面临巨大的挑战，在过去的十余年里，恶性肿瘤生存率呈现逐渐上升趋势，目前，我国恶性肿瘤的5年相对生存率约为40.5%，与十年前相比，我国恶性肿瘤生存率总体提高约10个百分点，与发达国家相比还有很大差距，主要原因是我国癌谱与发达国家癌谱存在差异。

在致癌因子的作用下，细胞内的原癌基因突变导致异常激活或抑癌基因突变导致功能缺失，丧失调控细胞生长、增殖的功能，进而导致体细胞加速积累，最终导致癌症。包括碱基置换突变、移码突变、缺失突变和插入突变在内的基因突变可能会引起氨基酸序列发生改变，影响其编码蛋白的结构和生物活性，调控基因突变可能引起原癌基因和抑癌基因的表达量变化，造成致癌蛋白的产生和抑癌蛋白的缺失，进而引发癌症，如图9-1所示。

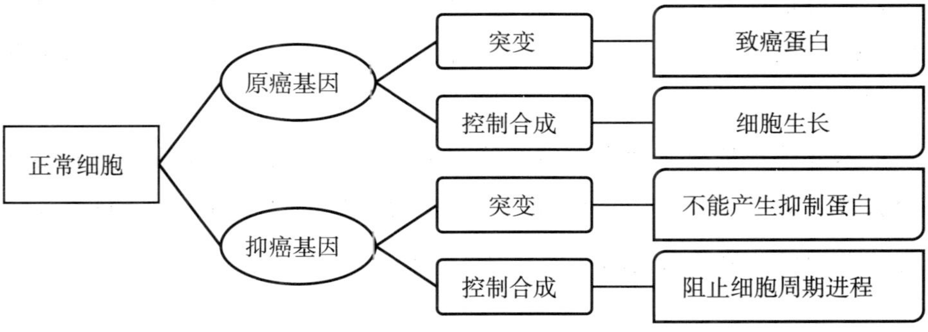

图9-1　基因突变与癌症

---

[1] 李木子.一个基因突变让人类更易患癌［N］.中国科学报，2022-05-11（2）.

信号通路是指能将细胞外的分子信号经细胞膜传入细胞内，并在细胞内发挥效应的一系列酶促反应通路，细胞内存在各种各样的信号通路。细胞内各种信号通路中的生理生化反应由不同组合的生物大分子调节组成，执行着不同的生理生化功能。可以说，信号通路的功能是由一系列基因通过差异表达完成的，经过无数个信号通路构成了细胞的生理生化反应。它们的极端复杂性使研究人员必须使用生物信息技术作为研究工具，从海量的信息中进行规律分析研究，从而达到了解信号传导通路的目的，这对疾病的诊断、治疗以及了解生命的奥秘都具有重要意义。

目前，信号通路对癌症精准诊疗和个性化医疗越来越重要，使得癌症驱动通路识别问题成为生物信息学的研究热点。由于高通量测序技术产生的组学数据具有噪声多和不完整的特点，且单一组学数据包含的信息有限。因此，充分利用不同组学数据的潜在信息非常重要，可通过整合多组学数据以提高数据的完整性和准确性。接下来，研究人员将对基于多组学数据的癌症驱动通路识别问题展开研究。

随着生物技术的快速发展，高通量生物实验技术的不断进步，大量的生物组学数据可以通过检测轻松获得，如基因组、蛋白组、代谢组数据，现代生物医学的研究中也出现了越来越多的关系型数据。2022年，生物医学领域权威数据库PubMed储存的全球的医疗数据量达到万亿GB。由于基因数据量非常庞大，研究人员想要进行一次全面的基础生物信息测序会产生达上百GB的生物基因组数据。因此，使用大量人群样本的数据收集和分析技术在生物理论研究中已经成为一种趋势。

近年来，研究人员开展了国际肿瘤基因组协作组、癌症基因组图谱计划等大规模的肿瘤基因测序项目，获得了海量的癌症基因组数据，并且使用网络拓扑学计算方法以及基于人工智能等数据挖掘工具来学习这些海量数据的关系，分析其中的内在规律，这将对于深入理解癌症的发病机理，发明治疗癌症的化学药物等产生积极的作用，使癌症患者能及时被诊断并得到有效治疗成为可能。接下来，研究人员基于第二代高通量测序数据对信号通路问题进行研究，通过数据挖掘方法挖掘分析TCGA、ICGC、GTEx等数据库中的癌症表达数据，识别出具体癌症的信号通路，为后续生物医学实验研究提供可靠的依据[1]。

高通量测序技术经过近几十年的发展，依靠现在高性能的处理器，能够一次性对几百万条DNA分子序列进行并行计算，该技术不但使DNA测序成本大大降低，同时也实现了对人类全基因组序列进行快速、高效分析的目标。高效和低成本的高通量测序技术，一方面，能够获取大量患癌病人的诊疗数据，从而为研究者解析癌症肿瘤的致病机制提供充分的帮助。另一方面，高通量测序技术也对生物信息学的高速发展起到了促进作用。在数据大爆发的时代，生物信息学能够解决的癌症疾病问题也越来越多，尤其是涉及个人基因组的精准医学。如果可以测出1亿人甚至更多人类的基因组、转录组等多组学数据，再加上个人疾病信息、临床药物信息等，这些信息和数据积累得越多，生物信息分析起到的作用就越大，对癌症的作用机理的分析也就越有价值。疾病常见的信号通路实例如下。

（1）Wnt信号通路。Wnt信号通路主要存在于动物体内，它们在生物物种进化的过程中往往呈现出高度保守的状态。如果Wnt信号通路中那些起决定作用的蛋白质中某一个或几个发生突变，从而使该条通路发生异常活化，那么癌症就可能在此基础上被诱导发生。Wnt信号通路可以分成四个部分，包括典型Wnt/β-catenin信号通路（canonical Wnt/β-catenin pathway），该通路通过激活活化细胞核内部靶基因的表达来产生作用；平面细胞极性通路[2]（planar cell polarity pathway），该通路通过激活蛋白激酶（JNK）来对细胞骨架进行重排；Wnt/Ca^{2+}通路，该通路通过释放细胞内Ca^{2+}来激活磷脂酶C（PLC）和蛋白激酶C

[1] SUNG B，PRASAD S，YADAV V R，et al. Cancer cell signaling pathways targeted by spice-derived nutraceuticals [J]. Nutrition and Cancer，2012，64（2）：173-197.

[2] WANSLEEBEN C，MEIJLINK F. The planar cell polarity pathway in vertebrate development [J]. Developmental Dynamics，2011，240（3）：616-626.

（PKC），从而影响相关基因表达来起到细胞粘连的作用；调节纺锤体的方向和非对称细胞分裂的胞内通路。

（2）Ras信号通路。Ras信号通路中的Ras基因编码蛋白在Ras信号通路中可以控制细胞分化、细胞增殖和细胞存活。在各种实验室模型中，突变的Ras致癌基因编码组成活性蛋白可诱发恶性肿瘤。

（3）MAPK信号通路。MAPK信号通路是将真核细胞外部刺激信号转换为细胞内反应的重要信号通路，其主要通过三级激酶级联的形式将胞外的生物信号传导到细胞内部。MAPK传递胞外信号的生物过程可以表示为胞外信号→MAPK激酶的激酶（MKKK）→MAPK激酶（MKK）→MAPK→调节细胞的生长、分化和死亡等。

自2007年由Hopkins提出网络药理学（network pharmacology）开始，研究者利用生物分子网络去分析系统生物学和药理学，不必消耗大量实验材料与试剂进行探索性研究，因此，网络药理学的研究方法可以大大节省科研时间和费用。信号通路识别作为网络药理学的重要研究目标之一，也得到了飞速发展，目前已构建了相关研究的三类数据库。下面对这三类数据库进行简要介绍。

1.体细胞突变数据库

体细胞突变数据库TCGA[1]（The Cancer Genome Atlas）是由美国癌症研究所和人类基因组研究所于2006年联合启动的项目。TCGA数据库试图通过应用基因组分析技术，特别是采用大规模的基因组测序，将人类全部癌症（近期目标为50种包括亚型在内的肿瘤）的基因组变异图谱绘制出来，并进行系统分析，旨在找到所有致癌和抑癌基因的微小变异，了解癌细胞发生、发展的机制，并在此基础上取得新的诊断和治疗方法，最后勾画出整个新型“预防癌症的策略”。TCGA数据库已经记载了超过36种癌症类型的研究数据，是目前世界范围内最大的癌症基因信息数据库。该数据库还在不断完善，将为相关癌症研究的工作人员提供

[1] GANINI C，AMELIO I，BERTOLO R，et al. Global mapping of cancers：the cancer genome atlas and beyond [J]. Molecular Oncology，2021，15（11）：2823-2840.

重要的原始数据。

COSMIC[1]（the Catalogue of Somatic Mutations in Cancer）是目前世界上最大和最全面的体细胞突变数据库。COSMIC数据库是一个在人类癌症中发现的体细胞获得性突变的在线数据库，该数据库功能强大，全面收录癌症相关的体细胞位点，基因突变导致的蛋白结构域的变化以及相关的突变基因。此外，该数据库还收录了融合基因、某一突变基因和癌症细胞系等综合信息。截至2023年8月，COMIC数据库已经收录了超过2.5万篇文献和3.2万个基因组详细数据。

Cancer3D数据库提供了一种开放且友好的界面来分析基于蛋白质3D结构的癌症错义突变。该数据库能帮助用户分析癌症突变的分布模式以及它们与药物活性变化的关系。Cancer3D数据库整合了来自TCGA数据库和癌症细胞系百科全书（CCLE）数据库的体细胞错义突变信息，在蛋白结构水平上分析其对蛋白功能的影响。该数据库通过e-Driver和e-Drug两种算法，帮助用户分析突变的分布模式及其与药物活性变化的关系。截至2023年4月底，该数据库收录超过1.47万种蛋白质的突变，且有助于用户可视化突变的分布，并在其分布中识别新的三维模式。

2. 蛋白质相互作用网络数据库

蛋白质相互作用网络数据库（Biological General Repository for Interaction Datasets，BioGRID）[2]是有关模式生物及人类的遗传和蛋白质相互作用的数据库，该数据库于2003年创建，主要记录、整理包括蛋白、遗传和化学互作的数据，涵盖人类和所有主要的模式生物。截至2023年8月，BioGRID收录超过150万种来自高通量数据集和个人重点研究，这些研究来自文献中的6.3万多份出版物。

---

[1] FORBES S A，TANG G，BINDAL N，et al. COSMIC（the Catalogue of Somatic Mutations in Cancer）：a resource to investigate acquired mutations in human cancer［J］. Nucleic Acids Research，2010，38（suppl_1）：D652-D657.

[2] STARK C，BREITKREUTZ B J，REGULY T，et al. BioGRID：a general repository for interaction datasets［J］. Nucleic Acids Research，2006，34（suppl_1）：D535-D539.

3. 网络及通路数据库

网络及通路数据库KEGG[1]（Kyoto Encyclopedia of Genes and Genomes）是日本京都大学于1995年建立的生物信息学数据库。其中KEGG PATHWAY数据库是手动绘制的KEGG通路图的集合，它将基因组的信息与基因功能联系起来，旨在揭示生命现象的遗传与化学蓝图。KEGG主要将生物代谢通路分为三个层次，一级分类分为新陈代谢、遗传信息处理、环境信息处理、细胞过程、生物体系统、人类疾病和药物发展。每个一级分类下又分为二级分类，共包括57个子通路，三级分类则是每个二级分类下的通路图。

STRING数据库与KEGG数据库一样，也是一个重要的网络及通路数据库。STRING数据库主要用于查看实验结果中驱动通路中各基因之间的连通性；KEGG数据库在实验后期来识别生物通路信息，并查看识别到的基因集合中基因富集在重要生物通路的情况。

路径交互数据库（Pathway Interaction Database，PID）[2]是由人类分子信号传导和调控事件以及关键细胞过程组成的，并经过同行评审的通路集合数据库。该数据库由美国国家癌症研究所和自然出版集团（Nature Publishing Group）合作创建的，可作为癌症研究社区和对细胞通路感兴趣的人员（如神经科学家、发育生物学家和免疫学家）的研究工具。PID提供了一系列搜索功能以促进通路探索。用户可以浏览预定义的通路集或创建以感兴趣的单个分子或细胞过程为中心的相互作用网络图。此外，批处理查询工具允许用户上传分子（如从微阵列实验中获得的分子）的长列表，并将这些分子叠加到预定义的通路上或可视化完整的分子连接图中。

随着生物学的发展，研究人员在构建生物学通路上的努力产生了大

[1] KANEHISA M，GOTO S. KEGG：kyoto encyclopedia of genes and genomes [J]. Nucleic Acids Research，2000，28（1）：27-30.

[2] SCHAEFER C F，ANTHONY K，KRUPA S，et al. PID：the pathway interaction database [J]. Nucleic Acids Research，2009，37（suppl_1）：674-679.

量的通路数据库（Pathway Databases，PDBs）。这些数据库对数据的收集和描述方法大同小异，如EcoCyc、KEGG、RegulonDB、Pathway Commons等，这些通路数据库[1]都是研究人员基于计算和实验而构建的，旨在揭示生命现象的分子遗传机制，为科学家验证和分析已有的通路，研究开发新的通路提供了有力的支撑。

判断基因的突变是驱动突变还是乘客突变需要通过生物实验手段检测基因的生物功能，然而这样的检测方法，尤其是从大量患者样本中对每个频发突变的基因集合位点进行生物实验，其验证的成本高、工作量大，在当前技术水平和研究能力中比较难实现。此外，高通量测序技术的飞速发展产生了大量的基因组、表观基因组、转录组和蛋白质组等多维生物数据。因此，通过计算的方式预测致癌突变、驱动通路识别研究具有重要的理论意义和实践价值。国内外已有大量研究机构和学者对驱动通路识别方法进行研究，提出了一些高效且准确的驱动通路识别方法，根据识别通路数量的不同，可将这些方法分为两大类，即单通路识别方法和协同通路识别方法。

9.2 生物学通路识别方法

随着靶向生物学通路治疗癌症的成功应用，研究人员认识到生物学通路在癌症的形成和发展中发挥着重要作用，因此，近年来，识别癌症相关生物学通路已成为生物信息挖掘和组学数据分析的研究热点。在发展过程中，随着先验知识的不断积累，从生物学数据中挖掘到的知识越来越与真实生物学过程相吻合。这些方法大概可以分为三类，第一类是基于基因集功能富集的通路识别，包括基于显著表达分析（Over-Representation Analysis，ORA）的通路识别和基于功能类得分

[1] HONDO F，WERCELENS P，SILVA W D，et al. Data provenance management for bioinformatics workflows using NoSQL database systems in a cloud computing environment［C］// 2017 IEEE International Conference on Bioinformatics and Biomedicine（BIBM）. IEEE，2017：1929-1934.

（Functional Class Scoring，FCS）的通路识别；第二类是基于网络的通路识别，包括基于通路拓扑结构（PT-Based）的通路识别和基于网络拓扑结构（NT-Based）的通路识别；第三类是基于个性化分析（PA-Based）的通路识别。接下来，主要介绍基于网络的通路识别。

9.2.1 基于关联分析的基因型识别方法

关联分析最早是从基因型和表型出发，利用数学、统计学相关理论和计算机技术，将全基因组范围内的所有标记逐个扫描一遍，找出与表型在统计学意义上存在显著关联的遗传变异。这种每次仅针对单个标记进行检验的方法称为单位点GWAS方法。2006年美国康奈尔大学Yu等人[1]认为导致GWAS中存在假阳性的主要原因是群体结构和亲缘关系与真正的遗传信号之间存在混杂。随后一系列单位点GWAS方法被提出，如EMMA[2]、P3D[3]、FaST-LMM[4]、GEMMA[5]、GCTA[6]等。这些方法都是基于线性混合模型而开发的。

值得注意的是，单位点GWAS方法没有考虑到多个标记的联合效应，并且还需要进行多重检验校正，其显著性阈值难以确定。尽管国际上规定人类性状的显著性阈值为5×10^{-8}，但该标准对于动植物性状来说过于严格，会导致很多真正关联的标记无法被检测出来。

[1] YU J M，PRESSOIR G，BRIGGS W H，et al. A unified mixed-model method for association mapping that accounts for multiple levels of relatedness［J］. Nature Genetics，2006，38（2）：203-208.

[2] KANG H M，ZAITLEN N A，WADE C M，et al. Efficient control of population structure in model organism association mapping［J］. Genetics，2008，178（3）：1709-1723.

[3] KANG H M，SUL J H，SERVICE S K，et al. Variance component model to account for sample structure in genome-wide association studies［J］. Nature Genetics，2010，42（4）：348-354.

[4] LIPPERT C，LISTGARTEN J，LIU Y，et al. FaST linear mixed models for genome-wide association studies［J］. Nature Methods，2011，8（10）：833-835.

[5] ZHOU X，STEPHENS M. Genome-wide efficient mixed-model analysis for association studies［J］. Nature Genetics，2012，44（7）：821-824.

[6] YANG J，LEE S H，GODDARD M E，et al. GCTA：a tool for genome-wide complex trait analysis［J］. The American Journal of Human Genetics，2011，88（1）：76-82.

为了规避单位点GWAS方法的缺陷，统计学中的Lasso[1]、弹性网（Elastic Net）[2]、AAEN[3]、自适应Lasso[4]和贝叶斯Lasso[5]等高维变量选择方法被用于GWAS方法的研究中。例如，Wu等人[6]针对二分性状样本开发了基于Lasso惩罚逻辑回归的GWAS方法；Cho等人[7]采用弹性网正规化方法对类风湿性关节炎开展GWAS研究；Xu[8]提出了基于经验贝叶斯Lasso的数量性状GWAS方法。这些研究都考虑了多个标记的联合作用，属于多位点GWAS方法。然而，此类方法仅适用于标记数目是样本数目若干倍的情形，而不适用于标记数目远大于样本数目的情形。若将成千上万个标记全部放入一个模型中进行分析，必然会导致模型“过饱和”严重而无法计算。为了解决“过饱和”问题，主要有以下两种策略。

第一种策略是“边筛选边估计”，即先采用某种准则选出最可能关联的标记，然后带入模型中进行参数估计，如此循环下去，直到所选出的标记集与表型的关联程度最大为止。

---

[1] OSBORNE M R，PRESNELL B，TURLACH B A. On the lasso and its dual［J］. Journal of Computational and Graphical Statistics，2000，9（2）：319-337.

[2] ZOU H，HASTIE T. Regularization and variable selection via the elastic net［J］. Journal of the Royal Statistical Society：Series B（Statistical Methodology），2005，67（2）：301-320.

[3] ALGAMAL Z Y，LEE M H. High dimensional logistic regression model using adjusted elastic net penalty［J］. Pakistan Journal of Statistics and Operation Research，2015，11（4）：667-676.

[4] ZOU H. The adaptive lasso and its oracle properties［J］. Journal of the American Statistical Association，2006，101（476）：1418-1429.

[5] KYUNG M，GHOSH M，GILL J，et al. Penalized regression，standard errors，and Bayesian lassos［J］. Bayesian Analysis，2010，5（2）：369-411.

[6] WU T T，CHEN Y F，HASTIE T，et al. Genome-wide association analysis by lasso penalized logistic regression［J］. Bioinformatics，2009，25（6）：714-721.

[7] CHO S，KIM H，OH S，et al. Elastic-net regularization approaches for genome-wide association studies of rheumatoid arthritis［C/OL］//BMC proceedings. BioMed Central，2009，3（supple_7）：S25（2009-12-15）［2023-05-05］. https://doi.org/10.1186/1753-6561-3-S7-S25.

[8] XU S. An expectation-maximization algorithm for the Lasso estimation of quantitative trait locus effects［J］. Heredity，2010，105（5）：483-494.

2012年，Segura等人[1]采用传统变量选择中的向前选择、向后剔除的逐步回归方法来进行多位点GWAS研究。在每一次回归中，遗传方差和残差方差都会被重新估计一次，从而得到遗传效应的估计概率和每个基因组上单个核苷酸的变异（SNP）经过F检验后的概率。选择显著性最强的SNP加入线性混合模型中并作为因子，重复此过程，当遗传方差估计值与表型方差之比趋近于零时，则结束向前选择。然后执行向后剔除，每一步都剔除模型中显著性最弱的因子。该算法相比单位点GWAS方法具有更高的统计功效和更低的假阳性率。

2016年，Klasen等人[2]提出了一种既不需要校正群体结构，又能比单位点GWAS方法更能反映复杂性状的多基因背景特征的多位点GWAS方法，即QTCAT算法。该方法假设与表型性状关联的标记会形成一个聚类，并采用聚类法进行分析。首先按照SNPs是否完全相同进行聚类，每类随机选择一个SNP作为该类的代表；其次运用K-medoids聚类法将这些作为代表的SNPs分成K类；最后将这K类SNPs分别做层次聚类，在其根部合并为K个分层聚类结构。这样只有高度相关的SNPs才能组成一个类，并解释部分表型的变异。运用重复的样本分割过程实现分层推断检验，从而检测与表型高度相关的SNPs组成的类。仿真数据显示，QTCAT算法明显优于传统的单位点线性混合模型方法，并且通过该算法检测到了人类、老鼠和拟南芥中所有已知的关联标记和一些之前未被检测出来的标记。

第二种策略是“先筛选后估计”，即先找出与表型可能存在潜在关联的标记以达到降维的目的，然后采用较为成熟的高维变量选择方法来

[1] SEGURA V，VILHJÁLMSSON B J，PLATT A，et al. An efficient multi-locus mixed-model approach for genome-wide association studies in structured populations [J]. Nature Genetics，2012，44（7）：825-830.

[2] KLASEN J R，BARBEZ E，MEIER L，et al. A multi-marker association method for genome-wide association studies without the need for population structure correction [J / OL]. Nature Communications，2016，7：13299（2016-11-10）[2023-05-05]. https：// doi. org / 10.1038 / ncomms13299.

估计遗传效应并进一步筛选标记。

2011年Li等人[1]首先通过有监督的主成分分析法找出与表型高度相关的且由SNPs组成的子集，其次利用贝叶斯Lasso方法进行遗传效应的估计和SNPs的进一步选择。

2016年以来，华中农业大学章元明教授团队充分利用单位点GWAS方法能够扫描大量标记、选择高维变量以及考虑标记之间联合效应的优势，提出了先采用单位点GWAS方法初步筛选潜在关联的SNPs，再采用高维变量选择方法进行进一步筛选的想法。

另外，由于一个基因可能会影响多个具有相关性的表型，即基因存在多效性，将具有相关性的多个表型性状进行联合分析，可以带来更高的统计功效。因此，研究人员也提出了一系列多性状GWAS方法。例如，MTMM[2]、mvLMM[3]、MTG2[4]、LIMIX[5]、mtSet[6]和LiMMBO[7]等。

9.2.2 基于关联网络通路拓扑结构的通路识别方法

现有的通路数据库不但提供了每个通路的组成成分，而且提供了成分间的交互关系，即通路的拓扑结构。每一个通路组成成分间的拓扑关

---

[1] LI J H, DAS K, FU G F, et al. The Bayesian lasso for genome-wide association studies [J]. Bioinformatics, 2011, 27 (4): 516-523.

[2] KORTE A, VILHJÁLMSSON B J, SEGURA V, et al. A mixed-model approach for genome-wide association studies of correlated traits in structured populations [J]. Nature Genetics, 2012, 44 (9): 1066-1071.

[3] ZHOU X, STEPHENS M. Efficient multivariate linear mixed model algorithms for genome-wide association studies [J]. Nature methods, 2014, 11 (4): 407-409.

[4] LEE S H, VAN DER WERF J H J. MTG2: an efficient algorithm for multivariate linear mixed model analysis based on genomic information [J]. Bioinformatics, 2016, 32 (9): 1420-1422.

[5] LIPPERT C, CASALE FP, RAKITSCH B, et al. LIMIX: genetic analysis of multiple traits [J/OL]. BioRxiv, 2014: 003905 (2014-05-21) [2023-05-05]. https://doi.org/10.1101/003905.

[6] CASALE F P, RAKITSCH B, LIPPERT C, et al. Efficient set tests for the genetic analysis of correlated traits [J]. Nature Methods, 2015, 12 (8): 755-758.

[7] MEYER H V, CASALE F P, STEGLE O, et al. LiMMBo: a simple, scalable approach for linear mixed models in high - dimensional genetic association studies [J/OL]. BioRxiv, 2018: 255497 (2018-01-30) [2023-05-05]. https://doi.org/10.1101/255497.

系都是生物学家通过一定的实验方法测得的，是宝贵的先验知识。基于此，PT-Based的通路识别方法被开发了出来，PT-Based方法把通路的拓扑结构作为一种先验知识融入通路分析中，将每个通路看作一个小网络，这也为融合多组学数据提供可能。

表9-1 常用PT-Based方法

名称	获取途径
SPIA	http://www.bioconductor.org/packages/release/bioc/html/SPIA.html
PARADIGM	http://sbenz.github.io/paradigm/
PARADIGM-Shift	http://github.org/paradigmshift
PathOlogist	http://pubmed.ncbi.nlm.nih.gov/34238814/
TopoGSA	www.topogsa.org
CePa	https://cran.rstudio.com/web/packages/CePa/index.html
ROntoTools	https://bioconductor.org/packages/release/bioc/html/ROntoTools.html

为了深入理解PT-Based方法，下面针对此类方法中三个经典的方法（SPIA、PARADIGM和PathOlogist）分别做详细分析，为研究人员开发出更好的PT-Based方法提供参考。

1.SPIA

SPIA[1]方法假设一个基因表达值的变化受两种因素影响，一是自身变化的影响，二是其他基因或成分的影响。同样，一个通路状态的变化也受两方面变化的影响，一是通路内分子成分自身变化的影响，二是通路内外分子成分互作所导致的影响。SPIA方法就是通过集成这两方面的信息来描述通路的变化，该方法首先定义因子β_{ij}表示基因g_i的上游基因g_j对它的作用，如果基因g_j对基因g_i起抑制作用，因子β_{ij}就设为-1，反之，如果基因g_j对基因g_i起激活作用，因子β_{ij}就设为1。其次定义

[1] TARCA A L，DRAGHICI S，KHATRI P，et al. A novel signaling pathway impact analysis [J]. Bioinformatics，2009，25（1）：75-82.

$\Delta E(g_i)$来表示基因g_i在两种表型下的差异变化。最后，定义扰动因子$PF(g_i)$来描述基因g_i自身的变化和它的m个上游基因对它的作用，如式（9-1）所示。

$$PF(g_i)=\Delta E(g_i)+\sum_{j=1}^{m}\beta_{ij}\cdot\frac{PF(g_i)}{N_{ds}(g_j)} \tag{9-1}$$

式中，$N_{ds}(g_j)$为标准化因子，表示基因g_j下游的基因个数。

对于拥有n个基因的通路，则用扰动矩阵$PF(g)$来描述，如式（9-2）所示。

$$PF(g)=\begin{pmatrix}PF(g_1)\\ \cdots\\ PF(g_n)\end{pmatrix}=\begin{pmatrix}\Delta E(g_1)\\ \cdots\\ \Delta E(g_n)\end{pmatrix}+\begin{pmatrix}\frac{\beta_{11}}{N_{ds}(g_1)} & \cdots & \frac{\beta_{1n}}{N_{ds}(g_1)}\\ \vdots & \ddots & \vdots\\ \frac{\beta_{n1}}{N_{ds}(g_n)} & \cdots & \frac{\beta_{nn}}{N_{ds}(g_n)}\end{pmatrix}\cdot\begin{pmatrix}PF(g_1)\\ \cdots\\ PF(g_n)\end{pmatrix} \tag{9-2}$$

基于以上定义，SPIA方法具体步骤如下：

首先，对于一个给定的通路m，先通过$P_{\mathrm{NDE}}=P(X\geqslant N_{\mathrm{DE}}\mid H_0)$计算通路内分子成分的自身变化对通路的影响，其中$NDE$代表一个通路中显著差异表达基因的数目，$H_0$表示零分布。$N_{\mathrm{DE}}$服从超几何分布，因此，可以通过超几何分布计算获得$P_{\mathrm{NDE}}$值。

其次，对于给定的通路m，根据上述定义，$\mathrm{Effect}(g_i)$表示一个通路内基因g_i的上游基因对它的影响，所以一个通路中所有上游基因对下游基因的整体影响可由公式$t_A=\sum_i \mathrm{Effect}(g_i)$计算得到。然后通过公式$P_{\mathrm{PERT}}=P(T_A\geqslant t_A\mid H_0)$计算$t_A$的显著性水平。因为不清楚$t_A$服从的分布，所以此过程是通过随机置换拟合出$t_A$的分布，然后根据拟合分布计算获得$P_{\mathrm{PERT}}$。

最后，融合上述两步的计算结果。假设P_{NDE}和P_{PERT}相互独立，通过式（9-3）融合两种因素的影响来表示给定通路m在表型变化下的显著性分数。

$$P_{\mathrm{G}}=P_{\mathrm{NDE}}(m)\cdot P_{\mathrm{PERT}}(m)-P_{\mathrm{NDE}}(m)\cdot P_{\mathrm{PERT}}(m)\cdot\ln P_{\mathrm{NDE}}(m)\cdot P_{\mathrm{PERT}}(m) \tag{9-3}$$

对于多个通路，重复以上步骤，计算出每个通路的显著性变化分数

P_G，然后进行排序，从而识别与表型相关的通路。Tarca等人在包含12个疾病组织样本和10个正常组织样本的结直肠癌数据库中，使用SPIA方法并与经典的ORA方法进行了比较，实验结果显示，SPIA方法显著地识别出与结直肠癌密切相关的通路，正是结构信息因子P_{PERT}的加入，才提高了SPIA方法的灵敏度。SPIA方法的优点是在差异表达分析基础上，融合通路拓扑结构信息，结合了基因在通路中的位置信息，该方法是融合网络拓扑信息这类方法开创性代表之一，与功能类得分方法基因富集分析（Gene Set Enrichment Analysis，GSEA）相比，灵敏度更高。SPIA方法的缺点是拓扑结构信息不丰富，融合的组学数据单一。

2.PARADIGM

PARADIGM[1]方法利用概率图模型，集成各组学信息来对生物学通路进行分析。模型由离散因子图组成，包含用于表示基因不同分子状态的变量和表示分子间相互作用的因子，如图9-2所示。

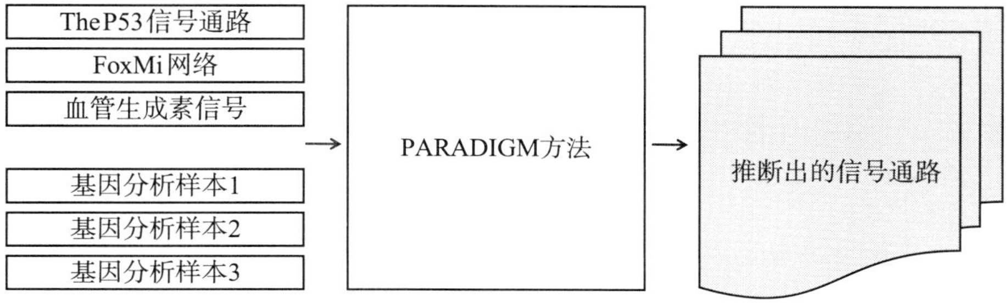

图9-2　PARADIGM方法工作流程

由中心法则可知，遗传信息通过特定的核苷酸排列顺序存储在DNA上，然后通过DNA的复制使得遗传信息代代相传，在生物后代的成长过程中，DNA中的遗传信息转录到RNA，再由RNA翻译成生物体内各种蛋白。中心法则阐述了遗传信息的传递过程。PARADIGM方法使用中心

[1] VASKE C J，BENZ S C，SANBORN J Z，et al. Inference of patient-specific pathway activities from multi-dimensional cancer genomics data using PARADIGM [J]. Bioinformatics，2010，26（12）：i237-i245.

法则来描述编码蛋白基因，分别对每个样本中的每个基因的DNA拷贝数、mRNA表达状态、蛋白表达状态和蛋白质活性用独立的变量进行建模。中心法则既描述了模型的分子状态，又指明了信息流的方向。此外，PARADIGM方法借助通路数据库中通路的拓扑结构来构建通路模型，该模型允许表达多种相互作用类型，包括转录激活、转录抑制以及激酶信号传导。这些相互作用除了方向，每个相互作用都有一个符号：正号或负号，分别表示对目标分子的诱导或抑制。

以乳癌数据库为例对PARADIGM方法和SPIA方法进行比较，只有PARADIGM方法发现信号通路the AKT1–related PI3K具有明显的显著性，并且信号通路the AKT1–related PI3K已被证实与乳腺癌密切相关。与SPIA相比，由于PARADIGM方法融入部分通路层次的交互信息，假阳性率更低。此外，通过模型可以联合多层面组学信息，推导隐藏变量信息。利用PARADIGM方法进行生存分析可以为肿瘤病人个性化治疗提供辅助信息。PARADIGM方法的缺点是要求分析人员具备丰富的生物学知识，通过分析能够抽象出具有具体生物意义的生物实体。研究人员引入朴素贝叶斯假设，对PARADIGM方法进行改进，降低了计算复杂度。

3.PathOlogist

PathOlogist[1]方法将通路定义为分子相互作用的网络，每个相互作用由一个或多个输入基因、启动子和抑制剂以及一个或多个输出基因组成。基于所有输入和输出基因的表达，为每个交互计算活动（activity）得分和一致性（consistency）得分。活动得分提供了交互发生的可能性度量，而一致性得分确定这些交互是否遵循定义的网络结构逻辑。PathOlogist方法使用基因mRNA表达值估计基因处于功能活跃/不活跃状态的概率。为此，PathOlogist方法假设“活动”和“不活动”的概率分布（对应于基因功能）

[1] EFRONI S，SCHAEFER C F，BUETOW K H. Identification of key processes underlying cancer phenotypes using biologic pathway analysis ［J/OL］. PLoS ONE，2007，2（5）：e425（2007-05-09）［2023-05-05］. https：//doi.org/10.1371/journal.pone.0000425.

都遵循伽马分布，并且整个基因表达分布被认为是服从混合伽马分布（对应于“活跃”/“不活跃”状态）。

PathOlogist方法独立地考虑通路中的每个交互，并计算交互的活动得分和一致性得分，最终得到通路的活动得分和一致性得分。研究人员通过对PathOlogist和SPIA、PARADIGM方法的比较分析，发现这三种方法能同时交叉重叠发现一些通路的显著性（如Pi3k信号通路、histone deacytelase信号通路等），PathOlogist方法还能发现一些已经被证实与胶质母细胞瘤有关而SPIA、PARADIGM方法没能发现的通路，如RAC1、CDC42和FAS等信号通路。PathOlogist方法的优点是可以对通路同时进行定性和定量分析，并提出活动得分和一致性得分两个度量指标。PathOlogist方法的缺点是仅能分析已带有拓扑结构的通路，另外，通路分数是与通路内的每个相互作用相关联的度量的平均值，因此，与临床特征真实关联小的相互作用子集可能被其他非相关的相互作用所掩盖，尤其是在大的通路网络中。

基于通路拓扑结构的通路识别方法虽然考虑了通路本身的拓扑结构，但也仅仅局限于静态的拓扑结构。生物过程是复杂的，通路的拓扑结构也会随时间变化而变化，未来在通路的分析过程中如何加入拓扑结构，将是研究人员面临的挑战。此外，很多通路的拓扑结构信息不完善，人们所知道的通路组成成分间的拓扑关系都是生物学家通过实验手段测得，由于技术和水平的限制，生物学家对通路的拓扑信息认识还不全面，导致现有的通路数据库中通路的拓扑结构信息是不完善的，这些都限制了基于通路拓扑结构方法的进一步发展。

9.2.3 单通道驱动基因识别方法

驱动基因识别方法是将突变频率大于背景突变率（Background Mutation Rate，BMR）的基因识别为与癌症相关的基因。例如，Matsui

等人[1]在250个基因中发现的同义体细胞突变来估计BMR，然后在188个肺腺癌样本中鉴定出26个显著突变的基因。然而，该方法简单地将肺腺癌的BMR视为恒定值，忽略基因突变的异质性，导致癌症相关基因识别准确率低。过高的BMR会导致识别结果假阴性，过低的BMR又会导致识别结果假阳性，BMR的高低直接影响癌症相关基因识别的准确性。为了得到一个相对合理的BMR，一些方法结合多种特征来估计BMR，从而提高驱动突变识别的敏感性和特异性。MutSigCV[2]结合突变类型、样本特异性突变率和基因特异性特征来预测BMR。例如，大多数肺癌样本拥有共同的碱基突变C→A，碱基突变C→T是黑色素瘤的主要诱因。相同癌症类型的患者因组织类型和暴露环境的差异导致基因突变频率存在显著差异。此外，基因表达水平和细胞生命周期中DNA区域复制的时间也会影响基因突变频率。

单驱动通路识别方法主要分为两大类：一类是基于先验知识的方法，另一类是基于从头识别方法。

1. 基于先验知识的方法

基于先验知识的方法是识别驱动通路的重要方法。一般来说，基于先验知识的方法可以在一个给定的基因相互作用网络中鉴定显著突变的子网络，并且检测出频繁突变的驱动子基因，这些基因是经常发生突变的子网络的成员。例如，HotNet在生物信息网络上采用热扩散处理相近的节点信息，每个突变基因将突变信号（热）传导到其附近，然后通过两阶段的多假设检验确定一些经常发生变异的子网络；NetBox使用由蛋白质—蛋白质相互作用和信号传导通路组成的统一分子相互作用网络，在给定的输入基因列表中检测网络模块，并获取该网络模块的统计学意

[1] IQBAL S，HALIM Z. Orienting conflicted graph edges using genetic algorithms to discover pathways in protein-protein interaction networks [J]. IEEE/ACM Transactions on Computational Biology and Bioinformatics，2020，18 (5)：1970-1985.

[2] AMIROCH S，PRADANA M S，IRAWAN M I，et al. A simple genetic algorithm for optimizing multiple sequence alignment on the spread of the sars epidemic [J]. The Open Bioinformatics Journal，2019，12 (1)：30-39.

义；DriverNet通过基因在mRNA表达网络上的作用识别基因突变。

基于先验知识的方法最显著的缺陷是这类方法需要的先验知识很重要，而对于研究人员来说，先验知识的获取和使用是有难度的。如在给定基因相互作用网络时，基因的数量十分庞大，而人类在基因间的相互作用方面的知识尚不完善，这样就可能导致因先验知识不完善甚至错误而导致实验结果的可靠性大幅度降低。

由于人类基因和蛋白质的知识尚不够完善，现有的相互作用网络和基因通路数据库尚不能准确显示细胞内的通路及其相互作用关系。将多种生物数据集成并研究致癌驱动通路可能会发现某些具有生物功能显著性的基因集合。近年来，研究者对基因组图谱进行分析，研究驱动基因是如何出现在一个通路中，提出了将高覆盖性和高互斥性相结合的模式。目前多数生物学者认为互斥的突变基因集合强有力地展示了驱动突变基因和生物通路之间存在的关联关系。因此，在计算生物学研究领域，研究者基于突变基因间的互斥性提出了多种计算方式，并用以检测癌症的突变驱动通路。

MEMO是Ciriello等人[1]基于先验通路和相互作用网络提出的候选驱动子网络。该子网络具有三个属性：①驱动通路包含的基因反复在一组肿瘤样本中发生变异。②驱动通路包含的基因倾向于富集在同一生物通路。③驱动通路包含的基因高度互斥。MEMO方法首先根据先验通路和相互作用网络知识评估两个基因之间的相似程度，并基于相似程度构建一个网络图；其次从该图中提取符合要求的最大派系，这些派系代表局部簇；最后通过马尔可夫链蒙特卡罗算法测试识别到的群体是否高度排斥。MEMO能有效解决中等规模的识别问题，但由于先验知识的不确定性使得结果较为局限。

---

[1] CIRIELLO G，CERAMI E，SANDER C，et al. Mutual exclusivity analysis identifies oncogenic network modules [J]. Genome Research，2012，22（2）：398-406.

Mutex方法是Babur等人[1]于2015年引入的一种新的统计方法，该方法用于衡量多个突变基因之间的互斥度，融合现有的先验通路知识来识别具有共有下游目标且互相排斥的突变基因集合。Mutex方法首先收集交互数据库建立聚集通路模型；其次将具有突变基因的集合作为初始种子，并用候选基因对其进行贪婪扩展，获得分数较高的基因集；最后进行置换测试，控制基因集中的错误发现率。该方法的局限在于扩展的搜索空间和假设检验降低了统计能力，使这项工作变得很困难。

2. 基于从头识别方法

在实际应用中，可利用的先验知识并不完善，可能会带来一些噪声。因此，一些研究人员尝试基于从头识别方法（de novo identification methods）进行驱动通路的识别。

Dendrix方法是Vandin等人[2]于2012年首次提出的驱动通路识别方法。该方法具备两个重要特性，即“高覆盖度”和“高互斥度”，并基于这两个特性定义了权重函数W，之后采用马尔可夫链蒙特卡罗算法求解该模型，使权重函数W达到最大，该问题被称为最大权重子矩阵问题。在大多数情况下，使用Dendrix方法可获得较优基因集合，但是该方法可能会陷入局部最优且无法跳出，因此会获得局部最优解。

MDPFinder方法是Zhao等人[3]于2012年提出的两种求解癌症驱动通路算法的整合软件包。其中一种为通过二进制线性规划（BLP）算法来精确求解最大权重子矩阵问题，该方法与Dendrix方法相比具有更高效的运行效率。另外一种为改进的MWS模型，该模型基于遗传算法对其进行求解。改进的MWS模型在Dendrix方法中融入了基因之间的皮尔逊

---

[1] BABUR Ö，GÖNEN M，AKSOY B A，et al. Systematic identification of cancer driving signaling pathways based on mutual exclusivity of genomic alterations [J/OL]. Genome Biology，2015（16）：45（2015-02-26）[2023-05-05]. https://doi.org/10.1186/s13059-015-0612-6.

[2] VANDIN F，UPFAL E，RAPHAEL B J. De novo discovery of mutated driver pathways in cancer [J]. Genome Research，2012，22（2）：375-385.

[3] ZHAO J F，ZHANG S H，WU L Y，et al. Efficient methods for identifying mutated driver pathways in cancer [J]. Bioinformatics，2012，28（22）：2940-2947.

相关系数，使得在同一驱动通路中基因之间的联系更加紧密。遗传算法可以获得较高的执行效率，并且能适应更加复杂的模型。

iMCMC方法是Zhang等人[1]于2013年提出的一种基于网络的识别癌症突变模块方法。该方法整合了体细胞突变、拷贝数变异和基因表达三种数据，并将这三种数据通过提出的方法整合为一个基因网络后再进行后续的模块提取。iMCMC方法不受规模大小的限制，可同时提取多个具有高度关联的突变模块。

MOGA方法是Zheng等人[2]于2016年提出的一种基于遗传算法的多目标优化模型。该方法通过在正常样本和癌症样本中选取基因表达差异过大的基因进行加权操作，以融入基因表达数据，并且通过多目标优化模型对Vandin等人提出的最大权重子矩阵问题进行改进，旨在协调模型中的高覆盖度和高互斥度。

PGA-MWS方法是Wu等人[3]于2019年提出的一种改进的MWS模型，同时还提出单亲遗传算法求解该模型的方法。在改进的MWS模型中重新定义了一个最大权重子矩阵模型，通过使用一个通路中基因的平均权重来调节覆盖度和互斥度，旨在找出中覆盖度和高互斥度的驱动通路。在PGA-MWS方法中，研究者还提出了一种基于贪心变异算子的单亲遗传算法对模型进行求解，获得了较高的执行效率。

9.2.4 协同驱动通路识别方法

随着对癌症研究的不断深入，研究发现多个驱动通路协同作用促

[1] ZHANG J H，ZHANG S H，WANG Y，et al. Identification of mutated core cancer modules by integrating somatic mutation，copy number variation，and gene expression data ［J/OL］. BMC Systems Biology，2013，7（suppl_2）：S4（2013-10-14）［2023-05-05］. https：//doi.org/10.1186/1752-0509-7-S2-S4.

[2] ZHENG C H，YANG W，CHONG Y W，et al. Identification of mutated driver pathways in cancer using a multi-objective optimization model ［J］. Computers in Biology and Medicine，2016，72：22-29.

[3] WU J L，CAI Q R，WANG J Y，et al. Identifying mutated driver pathways in cancer by integrating multi-omics data ［J］. Computational Biology and Chemistry，2019，80：159-167.

使正常细胞向肿瘤细胞转化[1]。例如，对来自TCGA数据库的乳腺癌（BRCA）和子宫内膜癌（UCEC）的公开癌症数据构建了相互作用关联网络，同时，基于基因、miRNA和pathway节点之间已知的内部关系，构建一个由它们组成的异构网络，并将量化的驱动权重分配给基因—路径和基因—miRNA关系边，实验结果有效地识别候选驱动基因。因此，学者开始关注协同驱动通路识别的方法，主要包括基于体细胞突变数据的协同驱动通路识别方法和基于数据整合的协同驱动通路识别方法。

Multi-Dendrix[2]将求解最大权重子矩阵问题扩展为求解最大权重集合问题，并用整数线性规划求解识别具有高覆盖性和互斥性的基因集。然而，Multi-Dendrix不能保证识别的多个驱动基因集的协同关联作用。随后，CoMDP[3]用二元线性规划模型求解权重函数识别基因突变共现的驱动通路。

细胞内的生物分子之间存在很多协同作用，细胞的生长、衰老和死亡都依赖于多种生物分子的共同调节。与单驱动通路识别方法相比，协同驱动通路识别方法更加遵循细胞内生物分子之间的运行规律。但是只考虑体细胞突变数据的协同驱动通路识别方法，局限于最大子矩阵问题。这种方法只是把单驱动通路识别方法中求解最大子矩阵问题简单扩展为求解k个最大子矩阵问题，模型的求解难度严重依赖于k值和样本数量。当k值较大且样本数量较小时，模型的求解难度会急剧增加，求解结果可能不再具备生物解释性。

---

[1] LIN J Y，CHEN H，LI S，et al. Accurate prediction of potential druggable proteins based on genetic algorithm and Bagging-SVM ensemble classifier［J］. Artificial Intelligence in Medicine，2019，98：35-47.

[2] STORN R，PRICE K. Differential evolution：a simple and efficient heuristic for global optimization over continuous spaces［J］. Journal of Global Optimization，1997，11（4）：341-359.

[3] NERI F，TIRRONEN V. Scale factor local search in differential evolution［J］. Memetic Computing，2009，1（2）：153-171.

CoDP[1]协同分解基因表达矩阵和miRNA表达矩阵得到目标癌症相关的基因模块。该方法在异质信息网络（由基因、miRNA和路径组成）上应用随机游走来补充基因通路关联，然后将基因模块映射到路径上，以识别协同驱动通路。然而，CoDP忽略癌症研究中的基因突变数据，不能充分考虑突变基因对目标癌症的影响。随后，CoPath[2]在基因信号网络上使用贪婪搜索来识别基因互斥模块，并引入双正则化的双聚类方法来识别协同互斥基因模块。CDPathway[3]用基因引力模型计算基因对目标癌症的驱动程度，构建由基因、miRNA和路径组成的异质信息网络，然后协同分解异质网络的邻接权重矩阵，重构通路—通路相互作用网络来识别协同驱动通路。

基于数据整合的协同驱动通路识别方法比仅使用单一数据的识别方法引入了更多的生物指导信息，总体上能够提高识别的有效性。但与基于数据融合的单一通路识别方法相似，它们也面临着数据噪声和数据来源可靠性的问题。除此之外，基于约束基因的突变互斥以及功能交互的BeCo-WithMEFun[4]方法面临着由于样本数量相对基因数量过少而造成的可能没有可用解的问题。

---

[1] RAKHSHANI H，IDOUMGHAR L，LEPAGNOT J，et al. Speed up differential evolution for computationally expensive protein structure prediction problems ［J/OL］. Swarm and Evolutionary Computation，2019，50：100493（2009-01）［2023-05-05］. https：//hal.science/hal-03489223/document.

[2] JI J Z，XIAO H H，YANG C C. HFADE-FMD：a hybrid approach of fireworks algorithm and differential evolution strategies for functional module detection in protein-protein interaction networks ［J］. Applied Intelligence，2021，51（2）：1118-1132.

[3] ALATAS B，AKIN E，KARCI A. MODENAR：multi-objective differential evolution algorithm for mining numeric association rules ［J］. Applied Soft Computing，2008，8（1）：646-656.

[4] DAO P，KIM Y A，WOJTOWICZ D，et al. BeWith：a between-within method to discover relationships between cancer modules via integrated analysis of mutual exclusivity，co-occurrence and functional interactions ［J/OL］. PLoS Computational Biology，2017，13（10）：e1005695（2017-10-12）［2023-05-05］. https：//doi.org/10.1371/journal.pcbi.1005695.

9.2.5 通路识别面临的挑战

运用以上各类驱动通路识别方法识别了一些驱动通路，研究者对通路与癌症发生的联系有了更深入的理解。但由于生物数据的不完整性、癌症致病原理的复杂性以及模型假设和实验设计的局限性，现有的驱动通路识别方法还面临着很多挑战。

（1）现有的方法存在一个共同的问题就是生物数据的不完善，甚至有些现有的数据可能是错误的。相对于癌症发生的复杂性和基因数量的庞大，目前对癌症发生起作用的基因通路信息了解较少。这导致的问题是可靠信息量少，计算量大，计算的结果可靠性低。

（2）对不同方法计算结果的度量标准不统一。已有的一些通路识别方法往往是针对单一通路，而很少对不同通路的协同作用进行分析。此外，对通路进行分析后，经过验证对癌症发生有重要作用的驱动通路数量也较少，未经过验证的还需要真实的生物实验对其进行验证。这就导致对不同的计算方法的性能判定由于很难有一个可靠的标准而比较困难。

（3）对通路、基因以及基因产物等之间的相互作用考虑较少。基因以及基因产物在癌症发生过程中有着重要作用。然而，大多数的方法对它们之间的相互作用关系考虑较少，已有的少量方法挖掘它们之间的潜在联系，却由于庞大的基因数量使得计算效率很低。因此，如何设计高效、快速的方法对癌症发生的相关数据进行分析，以便准确识别更多的驱动通路仍值得做进一步的研究。

（4）多组学能在一定程度上解决单一数据包含的噪声问题，但是由于组学融合方法需要结合更多的组学之间的关联，目前还没有十分明确的组学关联以供参考，原因是癌症是复杂且多变的，每个患者的组学关联并不相同，这对多组学数据的融合带来很大的挑战。因此，多组学数据之间的关系研究对组学融合工作十分重要，需要更加完善且适用度更广的融合方法。

9.3 疾病相关的信号通路富集分析方法

9.3.1 基因富集分析

基因富集分析[1]（Gene Set Enrichment Analysis，GSEA），又称基因集合富集分析，通常是分析一组基因在某个功能节点上相比于随机的基因组出现的次数是否多的分析方法。富集分析原理可以由单个基因的简单注释扩展到多个基因集合的成组分析。高通量生物技术的应用，产生了大量的基因表达谱数据以及RNA-seq表达数据。要获取这些表达数据中包含的生物学信息，首先需要对这些数据进行预处理。经过预处理后，这些表达数据通常会被转换到一个包含基因或蛋白质表达值的列表中。这个列表包含一些在特定现象或表型中起作用的基因或蛋白质，但对于研究人员来说，这个列表却不能直观地体现生物疾病一些潜在的生物学机制。因此，高通量技术的发展也带来了新的挑战，即如何从大量的基因和蛋白质表达数据中获取需要的生物学信息，并依据获取到的生物学信息解释一些生物疾病的生物学机制。

基因富集分析的作用在于一组基因直接注释的结果是得到大量的功能节点，这些功能节点具有概念上的交叠现象，导致分析结果冗余，不利于进一步的精细分析，所以研究人员希望对得到的功能节点加以过滤和筛选，以便获得更有意义的功能信息。目前最常用的方法是基于GO和KEGG的富集分析。首先通过多种方法获取大量的基因，如差异表达基因集、共表达基因模块、蛋白质复合物基因簇等，其次寻找研究目标所在的基因集显著富集的GO节点或者KEGG通路，这有助于研究人员进行进一步深入细致的实验研究。

关联分析中常用的统计方法有累计超几何分布、Fisher精确检验等。在进行富集分析时通常需要同时进行大量检验（多重检验），所以需要采用多重检验校正的方法对检验结果进行校正，常用的校正方法包括bonferroni

---

[1] SHI J，WALKER M G. Gene set enrichment analysis（GSEA） for interpreting gene expression profiles［J］. Current Bioinformatics，2007，2（2）：133-137.

校正[1]、benjiamini false discovery rate校正[2]。利用富集分析方法，对基因注释数据库做生物信息学研究产生了很多富集分析工具，包括DAVID在线分析工具、R包clusterProfiler和Metascape等，这些工具对促进基因功能分析以及研究高通量测序技术产生的生物学知识发挥了关键作用。

基因富集分析首先通过生物学实验或计算机算法等手段获取一组基因，并将该组基因以基因列表、表达图谱和基因芯片等形式展示。同时，构建好基因注释数据库，如GO、KEGG和MSigDB等。其次通过特定的算法，根据基因注释数据库的知识对基因进行分类，经过聚类分析去除冗余的结果，得到最终的基因富集结果。

9.3.2 常见的信号通路富集分析方法

常见的信号通路富集方法有Fisher判别法和基因集合富集分析（GSEA）方法，下面分别进行介绍。

1.Fisher判别法[3]

Fisher判别法又被称为“2×2表法”，主要是基于超几何分布来实现信号通路分析。该方法主要评估的是一条信号通路中差异表达基因数目的相对多少，其公式如下：

$$P = 1 - \frac{\binom{t}{r}\binom{m-t}{n-r}}{\binom{m}{n}} \tag{9-4}$$

式中，表达数据中总共包含m个基因，m个基因中有n个基因是差异表达基因；被评估的信号通路中包含t个基因，t个基因中有r个差异

[1] PERNEGER T V. What's wrong with Bonferroni adjustments [J]. British Medical Journal, 1998, 316 (7139), 1236-1238.

[2] BENJAMINI Y. Discovering the false discovery rate [J]. Journal of the Royal Statistical Society: Series B (Statistical Methodology), 2010, 72 (4): 405-416.

[3] FISHER E A, GINSBERG H N. Complexity in the secretory pathway: the assembly and secretion of apolipoprotein B-containing lipoproteins [J]. Journal of Biological Chemistry, 2002, 277 (20): 17377-17380.

表达基因。

2.基因集合富集分析[1]

基因集合富集分析用来评估一个信号通路中的基因在与表型相关度排序的基因表中的分布趋势，从而判断其对表型的贡献。该方法在进行信号通路分析时需要输入的数据包含两部分，一部分是各种信号通路，另一部分是基因表达矩阵。该方法首先根据基因与表型的关联度（一般是基因表达值的大小）从大到小对基因进行排序，其次评估判断信号通路中的基因是落在排序后的基因表上部还是下部，最后以此为依据判断该信号通路中基因表达值间的协同变化对表型变化的影响。基因集合富集分析主要分为以下几个步骤。

（1）计算各个信号通路富集得分

富集得分可以反映信号通路s中的基因在排序基因列表L两端富集的程度。富集得分的计算方式是从基因列表L的第一个基因开始，计算一个累计统计值。若基因列表L中的基因可以匹配信号通路s中的基因，则增加统计值。若基因列表L中的基因不能匹配信号通路s中的基因，则减少统计值。富集得分增加或减少的幅度与基因的表达变化大小是相关的，即与对应表型的变化大小是相关的。最终的富集得分则是在增加或减少过程中富集得分的最大值。若最终的富集得分为正值，则表示信号通路在基因列表的顶部富集；若最终的富集得分为负值，则表示信号通路在基因列表的底部富集。

（2）评估最终富集得分的显著性

通过对样本的重新排列，排列过程中只改变基因的表型而不改变基因之间关系，检验计算观察到的最终富集得分出现的可能性。

（3）多重假设检验矫正

首先，根据信号通路中包含的基因数目对计算后的富集得分进行标

[1] KULESHOV M V，JONES M R，ROUILLARD A D，et al. Enrichr：a comprehensive gene set enrichment analysis web server 2016 update［J］. Nucleic Acids Research，2016，44（W1）：W90-W97.

准化，得到一个标准化的富集得分；其次，针对标准化富集得分计算假阳性率；最后，使用Leading-edge subset找到对富集得分贡献最大的基因成员并进行矫正。

9.4 信号通路分析方法

随着研究的不断深入，研究人员逐渐意识到信号通路在疾病的发生、发展中所起的重要作用，随着各种不同的先验知识的加入，信号通路分析挖掘到的知识也与真实的生物过程越来越吻合。因此，信号通路分析已经成为研究复杂疾病的热点。

信号通路分析方法的发展历程大致可以分为四代，分别为过表达分析方法（ORA）、动能类评分方法（FCS）、基于通路拓扑结构的信号通路分析方法和基于基因权值的信号通路分析方法。

9.4.1 过表达分析方法

过表达分析方法是第一代信号通路分析方法。早期使用的基因组分组数据库，每个分组里仅包含具有相同功能或相同结构的基因和蛋白质的信息，这些数据库的出现促使过表达分析方法的诞生。过表达分析方法在评估一个信号通路的显著性时，主要使用基本的统计学方法来计算表达发生重大变化的那些基因在该信号通路所有基因中所占的比例。基于信号通路数据库使用过表达分析方法时，只需对通路数据库中每个信号通路所包含的基因进行关联分析，并不需要这些基因之间相互作用的信息（即通路的拓扑结构信息）。过表达分析方法有很多，其中最具有代表性的方法有Fisher判别法、Onto-Express和GOEAST。

进行信号通路过表达分析需要三个步骤：第一步，确定一个能够筛选出有生物意义基因的阈值，然后根据这个阈值选取基因并得到基因列表，比如研究者可能会选取p值小于0.05的基因作为差异表达基因并将其作为输入的基因列表；第二步，对于待分析的每一条信号通路，通过基本的统计学方法计算输入的基因列表与信号通路中的所有基因的交集基因在该信号通路所有基因中所占的比例；第三步，对计算得到的比例进行校正，根据校正过的比例大小来判断哪些信号通路是过表达的。每一种过表达分析方法都有各自特有的统计学评估检测方法，其中最常用的统计学方法是超几何检验、卡方检验和二项分布检验等。

很多被广泛使用的信号通路分析方法尽管都是基于过表达分析方法进行改进的，但过表达分析方法还是有很多固有的缺陷。第一，过表达分析方法需要输入的基因列表往往只包含一组研究人员感兴趣的基因名，这样就丢失了很多重要的信息，比如基因表达值变化的大小。这种操作使过表达分析方法将信号通路中的所有的基因都看作是一样的，但是，对于生物复杂的系统来说，不同基因的作用是不同的，甚至对于相同的基因在不同的疾病状态下的作用也是不相同的。第二，在筛选输入基因时，过表达分析方法使用了阈值，这同样会丢失一些基因的信息，比如选用倍数变化大于等于2和p值小于等于0.05作为阈值时，倍数变化等于1.999或者p值等于0.050 01的基因就会被排除在输入基因列表之外，但实际上这些基因与倍数变化等于2以及p值等于0.05的基因的作用差别不大。另外，有些基因尽管倍数变化小于2或p值大于0.05，而这些基因微小的表达变化对整个信号通路意义也是重大的，但这种信息也被丢失了。第三，过表达分析方法在进行信号通路分析时，将信号通路中的基因看作单独的个体，忽略了这些基因之间存在复杂的相互作用关系。

9.4.2 功能类评分方法

功能类评分方法是第二代信号通路分析方法。功能类评分方法的理论基础是除单个基因表达的巨大变化会对信号通路的显著性产生较大的影响外，一些表达变化不是很大但与功能相关的基因也是会对相关的信号通路的显著性有较大的影响。功能类评分方法与过表达分析方法一样是基于早期基因分组数据库提出的，所以在进行信号通路分析时只需要提供信号通路中包含的基因信息。功能类评分方法的代表方法是基因集合富集分析方法。

进行功能类评分方法需要以下步骤：第一，使用统计学方法计算出基因组中单个基因或蛋白质在两种不同状态下的差异表达的信息，比如使用t检验计算出单个基因在两种状态下对比产生的t值。第二，根据功能类评分方法将某一信号通路中所有基因的统计表达量整合为该信号通路的统计表达量。信号通路的统计表达量的大小一般来说取决于信号通路中差异表达基因的比例、信号通路中基因的数量以及信号通路中基因间的相关性。第三，评估信号通路统计表达量的统计学意义。

功能类评分方法可以解决过表达分析方法的三个缺陷：①功能类评分方法的输入信息除了基因名还包括基因在不同条件下差异表达的信息，这样就考虑到了基因在不同状态下表达值的变化；②功能类评分方法输入的是某个信号通路中所有基因的统计表达量，不需要设置阈值，这样就不会损失信息；③功能类评分方法考虑的是信号通路中基因表达的协调变化，这样可以在一定程度上把基因之间的相互关系考虑进去。

但是，功能类评分方法也存在缺陷。功能类评分方法需要计算出基因在不同状态下的统计表达值来对基因进行排序，排序的顺序决定了基因的重要性。如果一个信号通路中存在两个有相同统计表达值的基因，那么在功能类评分方法中这两个基因的重要性被看作是等同的，但是基因在生物过程中是有完全不同的作用的，不同的作用就会有不同的重要性。所以功能类评分方法的缺陷之一就是没有考虑到基因不同的重要性。另外，功能类评分方法虽然能考虑信号通路中基因之间的相互关系，但是信号通路中的基因之间是存在真实的相互作用关系的，这与功能类评分方法考虑的相互关系完全不同。所以功能类评分方法的另一个缺陷是没有考虑信号通路中基因之间存在的真实的相互作用关系。

9.4.3 基于通路拓扑结构的信号通路关联分析方法

基于通路拓扑结构的信号通路关联分析方法是第三代信号通路分析方法，其中信号通路影响分析（SPIA）方法是第三代方法的代表。随着各种生物技术的发展，通路数据库提供的信息也越来越多，这些数据库与GO数据库不同，它们不仅提供信号通路中包含的基因信息，还提供信号通路中各种基因产物以及基因产物之间的作用关系等信息。过表达分析方法和功能类评分方法只考虑一个信号通路上差异表达的基因数目或信号通路上基因表达量的总量和平均量，而忽略了信号通路中基因产物之间的相互作用关系等信息。而不同于过表达分析方法和功能类评分方法，基于通路拓扑结构的信号通路关联分析方法可以有效地将这些信息都考虑进信号通路分析中。

基于通路拓扑结构的信号通路关联分析方法实现信号通路分析需要三个步骤：第一步，根据基因表达数据计算基因在两组不同的样本中的统计表达量；第二步，找到某一信号通路中所有基因的统计表达量，然后将这些基因的统计表达量的值使用整合信号通路拓扑结构信息的统计方法合并在一起，进而得到合并的统计量；第三步，根据合并的统计量计算信号通路的显著性。

但是，基于通路拓扑结构的信号通路关联分析方法也存在缺陷。该方法相对于过表达分析方法和功能类评分方法的优势是其考虑了信号通路中基因产物之间的调控关系，但该方法将基因看作具有相同功能的个体，忽略了不同基因具有不同的重要性。

9.4.4 基于基因权值的信号通路关联分析方法

基于基因权值的信号通路关联分析方法是第四代信号通路分析方法，PADOG方法就是其中的代表。以往的方法只是将信号通路中的基因看作等同作用的个体，而忽略了这些基因在不同的位置、不同的条件下发挥的不同作用而有着不同的重要性。基于基因权值的信号通路分析方法就是通过对基因不同的重要性进行赋值，然后将计算得到的权值加入信号通路分析方法中。

9.4.5 信号通路分析方法性能评估

目前，还没有一个能够被所有人都完全接受的方法来进行信号通路分析方法的性能评估。早期的信号通路分析方法的性能评估方法首先需要使用不同的信号通路分析方法分析少量的基因表达数据集得到结果，然后根据得到的结果进行文献搜索来分析结果中哪些信号通路与数据集对应的疾病有关系，并比较与疾病相关的信号通路的比例。但这种方法存在很多不足：①这种方法只是基于少量的数据集来进行分析，这样的结果是没有代表性的。②这种方法需要研究人员手动进行文献搜索，这样的文献搜索具有一定的主观性。③人类疾病是十分复杂的，往往与很多信号通路都存在直接或间接的关系，所以在进行文献搜索时，会发现几乎所有的信号通路都与数据对应的疾病有关系。

早期的信号通路分析性能评估方法被研究人员广泛应用于比较各种不同的信号通路分析方法，这种方法需要使用n_d个（n_d大于等于10）基因表达数据集，每个基因表达数据集都有一条与这个数据集表型对应的目标信号通路，比如结直肠癌表达数据对应的目标信号通路就是结直肠癌通路。这种方法主要从两个方面比较信号通路分析方法的性能：①使用某个信号通路方法分析所有n_d个基因表达数据集后得到n_d个目标信号通路的p值的中值，用p值的中值来反映该信号通路分析方法的敏感性，中值越小，敏感性越好。②使用某个信号通路方法分析所有n_d个基因表达数据集后，得到n_d个目标信号通路排名的中值，用排名的中值来反映信号通路分析方法的准确性，中值越小，准确性越好。

2015年，Kleinkauf等人[1]提出：之前的性能评估比较方法虽然能够在一定程度上评估比较各种方法的性能，但只看目标信号通路的p值与排名存在一定的片面性。为了进一步比较信号通路分析方法的性能，

---

[1] KLEINKAUF R，HOUWAART T，BACKOFEN R，et al. antaRNA：Multi-objective inverse folding of pseudoknot RNA using ant-colony optimization［J］. BMC Bioinformatics，2015，16（1）：389-395.

Nguyen等人[1]提出了一种新的性能评估方法，该方法需要使用m_d（m_d大于等于10）个基于基因敲除实验的基因表达数据集。该方法假设包含有被敲除的基因的信号通路是真阳性的信号通路，没有包含被敲除基因的信号通路是真阴性的信号通路。他们将p值小于0.05的信号通路看作显著信号通路（包含真阳性信号通路与假阳性信号通路），p值大于0.05的信号通路是不显著的信号通路（包含真阴性信号通路与假阴性信号通路）。分析某个基因敲除实验数据集后得到的结果中的真阳性信号通路数目（TP）、真阴性信号通路数目（TN）、假阳性信号通路数目（FP）以及假阴性信号通路数目（FN），就可以以此计算该数据集中此方法的准确性（accuracy）、敏感性（sensitivity）以及特异性（specificity），其表达式如下：

$$\text{accuracy} = \frac{TP + TN}{TP + TP + FP + FN} \tag{9-5}$$

$$\text{sensitivity} = \frac{TP}{TP + FN} \tag{9-6}$$

$$\text{specificity} = \frac{TN}{TN + FP} \tag{9-7}$$

同时，还可以根据结果中信号通路的显著性以及信号通路的阴阳性计算出该数据集下该方法的受试者工作特征曲线（AUC），AUC可以评判一种方法区分信号通路阴阳性的能力。分别计算出所有m_d个基因敲除实验数据集下该方法的m_d个准确性、m_d个敏感性、m_d个特异性以及m_d个AUC，然后分别找出它们的中值，这个中值就是该方法的准确性、敏感性、特异性以及AUC。中值越大，则说明信号通路分析方法在某一方面的性能越强。

信号通路分析方法使疾病研究从基因水平上的分析转变为系统水平上的分析，能够全面地帮助解析疾病发生发展的机制。如果将信号通路

[1] NGUYEN T M，SHAFI A，NGUYEN T，et al. Identifying significantly impacted pathways: a comprehensive review and assessment［J/OL］. Genome biology，2019，20（1）：203（2019-10-09）［2023-05-05］. https：//doi.org/10.1186/s13059-019-1790-4.

中的各种蛋白转换为它们对应的基因，那么信号通路就可以转换为一个包含基因、基因间相互作用以及发挥效应功能的效应基因的基因互作网络。然而，目前信号通路分析方法性能评估还存在一些不足，导致不能全面地利用信号通路中包含的所有信息，主要表现在以下几个方面。

（1）在基因方面。目前有很多基于基因权值的信号通路分析方法虽然被开发出来，但是这些方法中考虑的基因权值在不同的疾病下都是相同的，然而事实上对于不同的疾病，基因也会有着不同的重要性，它们的权值也应该是不同的，比如同一基因发生突变导致的疾病有可能会不同。此外，现有的基于基因权值的信号通路分析方法都是基于ORA和FCS方法，都没有考虑到信号通路中基因之间复杂的相互作用的信息。

（2）在基因间复杂的相互作用方面。目前所有的方法都只考虑信号通路中基因的表达值在两种不同状态下（如疾病状态和正常状态）的差异，忽视了信号通路中基因之间相互作用强度在两种不同状态下的差异。

（3）在效应基因方面。在解析信号通路分析方法的结果时，人们注意到疾病的发生往往与信号通路中最下游的效应基因接收到的异常信号所引起的细胞功能异常有关。而之前的方法没有考虑到信号通路中效应基因接收到信号的异常，它们主要关注的是信号通路中上游基因包含的信息。此外，之前大部分方法的结果只能提供一个异常信号通路的整体显著性，并不能根据结果知道一条信号通路中哪个部分或者哪个功能异常与疾病有关。

（4）现有信号通路分析方法得到的结果只包含信号通路的显著性大小，不能给研究人员提供更多的信息，而根据信号通路显著性的大小只能判断出信号通路是否与疾病存在潜在的相关关系。但是与疾病有关系的信号通路中有些信号通路与很多疾病都相关，如Wnt signaling pathway[1]。

[1] LUSTIG B，BEHRENS J.The Wnt signaling pathway and its role in tumor development［J］. Journal of Cancer Research and Clinical Oncology，2003，129（4）：199-221.

有些信号通路只与几个特定的疾病相关，如 lncRNA 功能相似性网络[1]、colorectal cancer[2]等。只根据信号通路显著性大小无法分辨出这些信号通路哪些是疾病广谱性信号通路，哪些是疾病特异性信号通路。

9.5　本章小结

本章节介绍了常用的生物学通路识别方法，包括通路识别方法、信号通路富集分析方法和信号通路常见的关联分析方法。在每个小节，首先介绍了各种方法的应用领域及其发展情况。通过对各种信号识别方法的研究，可以更好地识别胞外分子信号在经过细胞膜传递到细胞内后，发生一系列酶促反应通路的过程。富集分析方法可以将单个基因扩展到多个基因集合的成组分析，并通过对功能节点的过滤和筛选来获得更有意义的功能信息，有助于进一步深入细致地进行实验研究。其次在初步获得富集后的信号通路后，通过信号通路挖掘疾病的发生和发展机制，随着不同的先验知识的加入，信号通路关联分析方法挖掘到与真实生物过程越来越吻合。最后总结了通路分析方法的性能评估方法，以便更好地评估通路识别的各种方法和富集分析方法的性能。

---

[1] CHEN X，YAN C C，LUO C，et al. Constructing lncRNA functional similarity network based on lncRNA-disease associations and disease semantic similarity [J/OL]. Scientific Reports，2015，5（1）：11338（2015-07-10）[2023-04-23]. https://doi.org/10.1038/srep11338.

[2] MÁRMOL I，SÁNCHEZ-DE-DIEGO C，DIESTE A P，et al. Colorectal carcinoma：a general overview and future perspectives in colorectal cancer [J]. International Journal of Molecular Sciences，2017，18（1）：197-235.

第 10 章

多模态医学影像的融合与放射组学研究

随着医疗领域科技的巨大进步，出现了各种医学成像设备，这些设备所产生的影像提升了临床医学诊断的水平，不同的医学影像模态如今已被广泛用于疾病的临床应用。医学诊断通常需要看到人体组织不同的结构，仅仅依赖一种模态的影像很难对病变组织进行观察，这是由于单一的影像所蕴含的信息有限，难以提取到所需的完整信息，难以保证临床疾病诊断的准确性。因此，越来越多的多模态影像融合方法将来自不同模式的医学影像结合在一起，构建一组信息更丰富的影像，从而向临床医生提供更多的疾病信息。

在当前的医学影像的研究中，对多模态影像融合的研究日益增多。广泛使用的多模态医学影像融合是将来自单个或多个模态的影像组合在一起的过程，其主要目标是生成具有改进的质量和显著特征的复合融合影像。

关联分析是一种统计方法，用于探索不同变量之间是否存在相关性。其中一种关联分析算法是典型关联分析（Canonical Correlation Analysis，CCA），它可以同时考虑两组变量之间所有可能存在的相关性，并找出两组变量之间最大化相关性的线性组合。CCA 可以应用于图像融合任务中，通过将两种或多种模态图像转换为相同维度空间，并使它们之间共享信息量最大化来实现图像融合[1]。然而，在本章中我们并不讨论CCA或其他关联分析算法在多模态医学影像融合中的应用，有以下几

[1] LI Y M，YANG M，ZHANG Z F. A survey of multi-view representation learning［J］. IEEE Transactions on Knowledge and Data Engineering，2018，31（10）：1863-1883.

个原因：CCA或其他关联分析算法在多模态医学影像融合中的应用还处于初级阶段，目前还没有被广泛验证和应用；CCA或其他关联分析算法在多模态医学影像融合中的应用需要解决一些问题，例如如何处理不同模态图像之间的尺度、对齐、噪声、缺失等；CCA或其他关联分析算法在多模态医学影像融合中的应用可能会忽略一些重要的信息，例如不同模态图像之间的非线性关系、局部特征、语义信息等；CCA或其他关联分析算法在多模态医学影像融合中的应用并不适用于所有类型和场景的多模态医学影像，例如一些需要保留原始图像细节和对比度的任务。

在本章中我们主要介绍多模态医学影像融合技术的类型和方法，并探讨它们在放射组学中如何帮助提高对肿瘤等复杂疾病诊断和预后评估能力。

10.1　多模态医学影像

在医学领域，每种成像方式都有其独特的信息和特点，用于筛查和诊断人体不同疾病的医学成像模式，它们具有不同的波长和频率，也显示出不同的特征。电磁波成像的原理是当电磁波击中物体时，电磁波被物体散射、反射或吸收。核磁共振成像（MRI）产生一个磁场，诱导体内的质子往相同的方向运动，当向患者施加射频电流时，质子被激活，并在磁场中不停地旋转。X射线和CT影像的频率范围从3×10^{16}到3×10^{20}赫兹，具有很强的辐射；而核成像技术，如PET和SPECT，则使用伽马射线来诊断人体器官的功能活动，伽马射线的频率大于10^{19}赫兹且具有更强的辐射。X射线、CT、PET和SPECT是基于电离原理成像，而MRI是基于非电离原理成像。此外，每种影像采集过程也不尽相同，有些使用内部射线源进行影像采集，有些使用外部射线源进行影像采集，而另一些则使用内部和外部相结合的射线源进行影像采集。以下为目前常见的多模态医学影像。

10.1.1 放射成像

利用放射成像生成的医学影像通常使用电离、无线电波和伽马射线。X射线、CT和MRI都涉及电离放射，而PET和SPECT使用伽马射线进行成像。

1895年首次应用的X射线成像是最早在医疗领域中使用的成像技术，主要用于诊断骨折的解剖结构。CT影像也属于X射线成像的一种，X射线成像只在一个方向上使用辐射，而CT影像从不同的角度和距离发射到器官部位。CT影像以器官横截面积的形式展示，因此成像数据由许多2D影像组成，并通过重建获得3D的CT影像。CT影像可用于诊断骨折、肿瘤、心脏组织和肺栓塞等。

MRI医学成像利用强磁场，使得人体内在不同的方向运动的大量的质子重新排列并产生共振，MRI影像通常由许多切片序列组成。与CT影像相比，MRI影像包含更多的软组织内部信息，通常需要更长的采集时间。MRI影像常用于检查血管、脑部问题，乳房肿瘤、异常组织和脊柱损伤等。MRI的成像方式通常是无创的，但有时也可能是有创的，这取决于成像的应用和要求。功能磁共振成像（fMRI）是一种用于获取人体功能信息的核磁共振成像，如大脑活动、血氧水平等。

血管造影术是一种侵入性技术，通过一个小切口将一根细长的管子插入动脉，使其到达目标区域，再将造影剂注入该血管，获得一系列X射线影像，以检测血管情况并检查心、脑、眼和手等器官的动脉中的血流。PET和SPECT也是有创技术，将放射性同位素注入患者体内，以获得诊断肝脏癌症、分析软组织血流以及检测脑和胰腺肿瘤的功能信息。

10.1.2 可见光成像

在可见光成像中，患者受到可见光源光线的照射，从而产生彩色或灰度影像。皮肤科和内窥镜医学影像是可见光成像方式的两个重要的应用领域。皮肤科通过使用光线来评估皮肤疾病，如皮肤过敏、皮肤损伤和皮肤感染等。内窥镜检查则使用可见光来检查人体的内部结构。可见光影像对手术前、手术中和手术后的诊断都很有用。小型光学相机通常安装在内窥镜管上以获取医学影像，例如眼科是一门应用可见光成像来研究眼睛的结构、功能和疾病的学科。

10.1.3 显微成像

显微成像是从其他模式无法获得影像的小型生物对象中收集的医学影像信息。显微镜主要包括电子显微镜和光学显微镜，电子显微镜包括扫描式和透射式两种，成像时诊断对象需暴露在电子束中。光学显微镜是光线通过显微镜的透镜从而放大物体并获得诊断医学影像。常见的显微影像显示设备有相差显微镜（PCM）、亮光显微镜（BLM）、荧光显微镜和暗场显微镜（DFM）。

10.1.4 多模态影像

单模态影像只能显示有限的医疗信息，解剖和刚性结构信息通常只能从CT影像和X射线影像中获取，而具有某些功能的结构信息可以从MRI影像中获取。此外，SPECT和fMRI影像也能显示较详细的功能信息。由于单模态影像的信息有限，临床上在使用单一的成像模式时经常面临诊断疾病困难的挑战。因此，引入了多模态影像融合的概念，它通过融合算法将一个或多个模态的影像数据与另一个模态的数据进行融合，以获得详细影像信息。常见的多模态影像融合有CT-MRI、PET-CT、PET-MRI和MRI-SPECT等。

CT-MRI影像融合：CT是一种结构成像方式，它可以清晰地显示骨骼系统。MRI也是一种结构成像方式，在软组织之间生成高对比度影像，因此适合应用于肿瘤的检测，如脑肿瘤。通过CT和MRI的影像融合，同时获得硬组织信息和软组织信息。这将有助于医生确定肿瘤的确切位置、大小和形状，并实施治疗。

PET-CT影像融合：PET是一种功能型成像方式，用于显示新陈代谢和血流等生理功能的变化。PET和CT影像的融合可以产生包含结构和功能信息的融合影像。

PET-MRI影像融合：PET扫描显示的代谢变化发生在细胞水平层面，从而在细胞水平层面揭示了不同的生理机制变化，同时，疾病通常始于细胞水平层面，PET扫描则可用于肿瘤和器官其他功能障碍的早期诊断，从而使得PET-MRI影像数据成为临床肿瘤诊断研究的关键。

MRI-SPECT融合：SPECT与PET的功能相同，同样提供了组织的功能信息，但相比PET，它的分辨率较低。MRI-SPECT融合技术可生成同时具有结构和功能细节的影像。

以上是常见的多模态影像融合，来自一种或多种成像模态的多个影像的融合既提高了影像精度和质量，同时也保留影像的互补信息。融合的数据对象主要涉及MRI、PET、CT和SPECT，PET和SPECT提供影像的空间分辨率虽然较低，但是它们包含生理功能信息，如新陈代谢、软组织运动和血液流动的细节。MRI、CT提供空间高分辨率的影像，提供有关身体的解剖信息。多模态影像融合通过将功能影像与结构影像合并，为诊断临床疾病提供更丰富的信息。

10.2 多模态影像融合方法

在多模态影像融合的过程中，需要使用适当的融合方法选择两个或多个成像模式进行融合。首先，将新输入的单模态影像数据与参考影像数据进行映射来配准，并用影像融合过程的特征来关联和匹配等价影像。然后，利用融合方法将输入的影像分解为子影像和融合系数，运用融合规则来提取子影像之间的关系等重要信息和子影像的多个特征。最后，通过使用影像重建算法合并子影像来融合影像。

影像融合的方法主要有六种：频率融合、空间融合、决策层融合、深度学习融合、混合融合和稀疏表示融合。这六种方法可分为像素级影像融合和特征级影像融合。在像素级影像融合方法中，影像直接利用单个像素进行组合并做出融合决策，频率融合、空间融合这两种方法则属于像素级影像融合。特征级影像融合的方法有决策层融合、深度学习融合、混合融合和稀疏表示融合，这些方法从输入的医学影像中提取互补特征进行融合，例如不同的区域、边缘、尺寸、影像段和形状。研究证明，基于特征级影像融合比基于像素级的影像融合具有更显著的融合效果。基于特征级的融合方法分为基于区域的融合和基于机器学习的融合，其中神经网络、PCNN、K-均值和模糊聚类是常用的机器学习融合的算法，而基于区域的融合则是将输入影像分割成子影像区域，然后从这些区域中确定特征再使用算法进行融合。下面分别介绍这六种影像融合的方法。

10.2.1 频率融合方法

频率融合方法首先通过傅里叶变换将输入影像转换为频域，然后将融合算法应用于变换后的影像，最后进行傅里叶逆变换以获得最终的融合影像。频率融合方法可进一步分成金字塔融合和变换融合方法。金字塔融合方法包括高斯、微分、拉普拉斯和形态金字塔，还包括滤波器抽取金字塔和斜率金字塔。变换融合方法包括小波分解、轮廓波变换和曲波变换。小波分解融合方法包括离散小波变换、双树复小波、提升小波和冗余离散小波方法；轮廓波变换融合方法包括对偶数复数轮廓波变换和非下采样轮廓变换；曲波变换融合方法包括了脊波、曲波和带波。

频率融合方法已被广泛应用和研究，Qu等人[1]提出了一种求不同带宽、不同层数的输入影像的小波变换模极大值的融合方法。为了量化融合影像，计算了基于互信息（MI）测量的度量并应用在CT和MRI大脑输入影像的融合中。该方法的优点是既保留了融合影像中的成分信息，又保留了边缘特征信息，这是由于互信息依赖于非线性配准和熵影像信息。

［1］QU G H，ZHANG D L，YAN P F. Medical image fusion by wavelet transform modulus maxima［J］. Optics Express，2001，9（4）：184-190.

Liu等人[1]提出了一种基于多小波变换的多模态影像融合方法，并利用PET和CT胸部影像进行了融合。Yang等人[2]提出一种多模态体积医学影像融合方法，该方法利用上下文隐马尔可夫模型（Hidden markov Model，HMM）对3D剪切波变换进行多尺度几何分析，获得了许多特征。实现该方法的步骤如下：首先，利用3D剪切波变换将输入影像分解为低频子带和高频子带；然后，在低频子带上应用局部能量最大值融合规则，对高频子带进行有效的多特征融合，与体积医学影像的2D剪切波变换工具相比，3D剪切波变换提供了更好的分解性能。Yin等人[3]基于NSST提出了一种新的医学影像多尺度分解方法，利用参数自适应脉冲耦合神经网络来确定影像的高频段。Arif等人[4]提出了一种基于轮廓波变换和遗传算法的多模式影像融合方法。他们利用遗传算法对影像中存在的不确定性和随意性进行计算，优化融合过程，该方法在使用MRI、MRA、PET和SPECT模式的脑影像上进行了验证。

10.2.2 空间融合方法

空间融合方法，通常是通过计算影像像素值以实现所需的结果。空间融合方法包括主成分分析、独立成分分析、高通滤波方法、饱和度分析、简单最大值、简单平均和加权平均。然而空间融合方法的问题在于它们会在融合的影像中产生空间失真，这被认为是融合过程中的负面因素。因此，研究人员提出了一种HSV模型，该模型通过使用颜色编码模

---

[1] LIU Y H, YANG J Z, SUN J S. PET/CT medical image fusion algorithm based on multiwavelet transform [C]//2010 2nd International Conference on Advanced Computer Control. IEEE, 2010, 2: 264-268.

[2] YANG L, GUO B L, NI W. Multimodality medical image fusion based on multiscale geometric analysis of contourlet transform [J]. Neurocomputing, 2008, 72 (1-3): 203-211.

[3] YIN M, LIU X N, LIU Y, et al. Medical image fusion with parameter-adaptive pulse coupled neural network in nonsubsampled shearlet transform domain [J]. IEEE Transactions on Instrumentation and Measurement, 2018, 68 (1): 49-64.

[4] ARIF M, WANG G J. Fast curvelet transform through genetic algorithm for multimodal medical image fusion [J]. Soft Computing, 2020, 24: 1815-1836.

式融合从MRI和SPECT模态中获得解剖和功能信息，通过与离散小波变换方法进行比较，发现其性能更好。此外，这种利用颜色编码模式融合MRI和SPECT影像获得解剖和功能信息的HSV模型比RGB模型性能更好，该模型能够快速、简单和直观地回溯并确定融合影像中的功能颜色编码。该方法应用于脑影像，并对PET和MRI两种HSV模型的颜色处理技术进行了评价。PET生成的医学影像具有合理的色彩和较低的空间分辨率，而MRI则提供了合适的空间分辨率和彩色外观。Bashir等人[1]提出了一种基于主成分分析和小波变换的模型，并在多种医学影像中进行测试。结果表明，在多模式融合中，主成分分析具有明显的对比度和亮度，取得了较好的融合效果。

10.2.3 决策层融合方法

决策层融合方法使用特定的预定义标准来决定每个输入影像，然后根据每个结果的可信度合并为全局最优值，以进行影像融合。字典学习和贝叶斯融合技术是决策层融合中应用最广泛的方法。在决策层面，通常融合三种方法来获得融合影像，这些方法包括联合测量、贝叶斯融合技术、混合共识方法、投票和模糊决策规则。其中，贝叶斯融合技术基于组合来自各种传感器数据的概率，该技术依赖于贝叶斯假设。非参数贝叶斯、HWT贝叶斯和DWT群优化则是贝叶斯融合技术实现影像融合的实例。

Shabanzade等人[2]基于非参数贝叶斯稀疏表示的方法对PET和MRI影像进行融合。在他们的研究中，使用了20例PET和MRI数据来进行实验。在视觉和定量比较中，这项技术的表现优于其他三种稀疏表示方

[1] BASHIR R，JUNEJO R，QADRI N N，et al. SWT and PCA image fusion methods for multi-modal imagery［J］. Multimedia Tools and Applications，2019，78（2）：1235-1263.

[2] SHABANZADE F，KHATERI M，LIU Z.MR and PET image fusion using nonparametric bayesian joint dictionary learning［J］. IEEE Sensors Letters，2019，3（7）：1-4.

法。在执行时间方面，该方法也更快。Bhardwaj等人[1]使用了Brats数据库，提出了一种基于分数BSA的贝叶斯融合方法，这种方法通过使用HWT从原始影像生成的小波，使得用于融合的贝叶斯参数计算成为可能，融合影像变得更容易。

10.2.4 深度学习融合方法

深度学习融合方法由多个层组成，其中每一层的输入都是从前一层获取，深度学习通常用于大数据操作的复杂架构的结构分层。深度学习融合方法包括卷积神经网络、卷积稀疏编码，以及深度卷积神经网络。

卷积神经网络是一种常用的深度学习融合技术，该技术能够进行持续训练，并且经过调整后可以在多层框架中学习输入数据的特征，在卷积神经网络中，每一层都由几个特征图组成，这些特征图保存了神经元的系数。在多个阶段中，特征图使用不同的计算方法与每个阶段连接，包括空间池化、卷积和非线性激活。

另一种常见的深度学习融合技术是卷积稀疏编码，它起源于反卷积神经网络，该方法的主要目标是在稀疏约束条件下实现影像的卷积分解，首先输入影像的多级特征并通过分解的层次结构从反卷积神经网络中学习，然后在多个分解中以分层的方式重建输入影像。

Wang等人[2]为了实现自适应影像融合，提出了一种基于模糊径向基函数神经网络的多模态影像融合方法，该方法采用了遗传算法，并将人工模糊的医学影像加入到样本集中。实验结果表明，与其他传统的融合方法相比，该方法更适合模糊输入影像。此外，Wang等人[3]也

[1] BHARDWAJ J, NAYAK A. Haar wavelet transform-based optimal Bayesian method for medical image fusion [J]. Medical and Biological Engineering & Computing, 2020, 58 (10): 2397-2411.

[2] WANG Y P, DANG J W, LI Q, et al. Multimodal medical image fusion using fuzzy radial basis function neural networks [C] // 2007 International Conference on Wavelet Analysis and Pattern Recognition. IEEE, 2007, 2: 778-782.

[3] WANG Z B, MA Y D. Medical image fusion using m-PCNN [J]. Information Fusion, 2008, 9 (2): 176-185.

提出并测试了一种新的多通道m-PCNN，用于4种不同医学成像模式的多模态影像融合，在互信息准则下表现出良好的性能。Teng等人[1]提出了一种神经模糊逻辑与BP反向传播和最小均方（LMS）相结合的融合技术来训练和调整隶属度函数的参数，基于神经模糊逻辑的融合影像保留了前馈神经网络的纹理特征，与BP神经网络技术相比，神经模糊逻辑的融合影像包含了更多有用的信息。Sivasangumani等人[2]提出了一种基于区域激发特征PCNN的多模态影像融合方法。该方法非常适合提高医学影像融合的质量，并最大限度地减少融合影像中伪影的影响。Liu等人[3]提出了一种基于细胞神经网络的多模态影像融合技术，该技术利用深度卷积神经网络获得加权地图，该地图综合了两幅输入影像的像素活动信息。融合过程使用金字塔进行多尺度应用，并使用基于局部相似度的技术自适应地调整融合模式以进行系数分解。Hou等人[4]提出了一种基于CNN和双通道皮层棘波模型（DCSCM）的融合方法。首先，他们利用NSST生成影像的低频系数和高频系数；然后，对低频系数进行融合，并将其作为CNN框架的输入，通过对影像的特征映射和应用自适应选择融合规则，获得加权映射，同时，选择高频系数作为DCSCM的输入；最后，通过逆NSST得到融合后的影像。该方法比现有的一些融合方法表现出更好的融合性能。

---

[1] TENG J H，WANG S H，ZHANG J Z，et al. Neuro-fuzzy logic based fusion algorithm of medical images［C］//2010 3rd International Congress on Image and Signal Processing. IEEE，2010，4：1552-1556.

[2] SIVASANGUMANI S，GOMATHI P S，KALAAVATHI B.Regional firing characteristic of PCNN-based multimodal medical image fusion in NSCT domain［J］. International Journal of Biomedical Engineering and Technology，2015，18（3）：199-209.

[3] LIU Y，CHEN X，CHENG J，et al. A medical image fusion method based on convolutional neural networks［C］//2017 20th International Conference on Information Fusion. IEEE，2017：1-7.

[4] HOU R C，ZHOU D M，NIE R C，et al. Brain CT and MRI medical image fusion using convolutional neural networks and a dual-channel spiking cortical model［J］. Medical and Biological Engineering and Computing，2018，57（4）：887-900.

10.2.5 混合融合方法

考虑到传统多模态影像融合方法的效果不理想，混合融合方法的基本思想是结合两种或多种融合技术，如空间融合与深度学习，以提高融合影像的质量和性能。混合融合方法的优点是提高影像融合质量并减少融合影像中的伪影和噪声，例如基于非下采样轮廓线和PCNN的影像融合技术，输入的医学影像最初由非下采样轮廓波变换（NSCT）分解，而低频子带和高频子带分别由融合规则“maxselection”和PCNN融合。NSCT域中的空间频率作为PCNN的输入，并用于后续的融合过程，通过逆NSCT变换得到最终的融合影像。

Kavitha等人[1]开发了一种融合群体智能和神经网络的混合融合方法，以实现更好的融合效果，该方法利用蚁群优化算法对影像边缘进行识别和改进，然后将检测到的边缘作为PCNN的输入。结果表明，提出的混合策略比目前的计算和混合智能技术具有更好的性能。Ramlal等人[2]提出了一种基于NSCT和驻波变换（SWT）的改进混合融合策略。首先，利用NSCT将输入影像分解成不同的子带；然后，利用小波变换将NSCT的估计系数分解成不同的子带，将加权和修正的拉普拉斯系数和系数的熵平方作为融合规则；最后，采用SWT对融合输出影像进行逆NSCT变换，得到最终的融合影像。

10.2.6 稀疏表示方法

稀疏表示（SR）方法是从一系列影像中获得一个完整的字典，以实现源影像的稳定的方法。稀疏表示方法的基本原理是将影像信号处理为预训练字典中学习的不太重要的词的线性组合，其中稀疏系数显示输入

---

[1] KAVITHA C T，CHELLAMUTHU C. Medical image fusion based on hybrid intelligence [J]. Applied Soft Computing，2014，20：83-94.

[2] RAMLAL S D，SACHDEVA J，AHUJA C K，et al. An improved multimodal medical image fusion scheme based on hybrid combination of nonsubsampled contourlet transform and stationary wavelet transform [J]. International Journal of Imaging Systems and Technology，2019，29（2）：146-160.

影像的重要特征。该方法通常只需要较少数量的词来正确重建信号，从而产生稀疏系数。

综上所述，在研究使用上述方法的过程中也发现了各自的优缺点，例如使用主成分分析来融合影像提供空间优势，但会受到光谱恶化的影响。频域方法减少了频谱失真，但是它比基于像素级的方法具有更高的信噪比，并且比标准融合方法表现更好。通过多级融合可以得到更好的结果，由于使用适当的融合技术将影像融合2次，而在这个过程中，融合影像可能具有较低的空间分辨率，使得这种融合算法比像素级技术更复杂。在稀疏表示方法中，系数是提高融合性能的重要参数。通过增强影像的对比度，可以保留有关影像结构的信息和源影像中更多的细节。深度学习融合方法可以更轻松地优化影像融合过程，并且可以根据应用程序的要求进行调整，当处理大量具有多个维度和多样性的输入数据时，深度学习融合方法优于其他融合技术。然而，该方法具有多个参数的动态过程，并且训练融合模型需要比其他技术更苛刻的硬件环境。此外，深度学习融合方法的另一个缺陷是无法为较小的影像数据集产生可靠的结果。

10.3 多模态医学影像融合在疾病诊断的研究

绝大多数医学诊断是由计算机或医生分析医学影像做出的，然而由于不同模态的医学影像的成像机制不同，各种模态的影像对描述人体信息的侧重点也不同。如一些模态侧重于描述器官和组织的结构，而另一些模态则侧重于描述局部新陈代谢的变化。在这种背景下，融合不同模态的医学影像将大大提高诊断的准确性和效率，同时减少冗余信息。一些疾病不仅会引起组织物理形状的变化，还会增加局部新陈代谢的强度，如肿瘤等疾病。因此，功能和结构医学影像的融合可以提高诊断这些疾病的准确性。此外，医学影像融合可以同步实现疾病诊断和病变定位，这将极大地提高诊断效率，节省后续治疗时间。利用多模态医学影像数据构建的诊断模型在提高诊断的精度和性能方面，表现出了非凡的能力。正是由于这些优势，影像融合已经被应用到一些医疗诊断中，帮助医务人员实现高质量的诊断，基于多模态医学影像融合已成为一个重要的研究领域，它对于为医疗诊断提供高质量的影像具有重要意义。

10.3.1 多模态医学影像融合在脑部疾病的研究

多模态医学影像融合在分析脑部疾病和提高诊断领域的精度和性能方面，表现出了非凡的能力。

Lei等人[1]提出了一种利用判别特征学习实现典型相关分析的多模态影像融合技术，该技术可将多模态的影像特征及其典型相关分析投影相互连接以显示每个受试者的特点，他们利用该技术建立了阿尔茨海默病的诊断模型，该模型对轻度认知障碍疾病的诊断准确率为86.57%，对阿尔茨海默病的诊断准确率为96.93%。Ahmed[2]提出了一种基于多核学习的多模态影像融合方法，该方法将结构磁共振影像的视觉特征与脑影像的扩散张量成像图进行融合，以区分阿尔茨海默病和轻度认知障碍疾病。研究人员分析了155名受试者的MRI-T1和DTI影像数据，其中52名为正常对照组，45名为阿尔茨海默病患者，58名为轻度认知障碍疾病患者。结果表明，与使用单一模态的影像数据相比，结合多模态成像的生物标志物可提高诊断准确率。Chavan等人[3]提出了一种多模态影像融合技术，该技术采用非下采样旋转复数小波变换对CT和MRI医学影像进行融合。他们使用该技术诊断脑囊虫病引起的脑部病变。脑囊虫病是由猪

[1] LEI B Y，CHEN S P，NI D，et al. Discriminative learning for Alzheimer's disease diagnosis via canonical correlation analysis and multimodal fusion［J］. Frontiers in Aging Neuroscience，2016，8（1）：77-94.

[2] AHMED O B，BENOIS-PINEAU J，ALLARD M，et al. Recognition of Alzheimer’s disease and mild cognitive impairment with multimodal image-derived biomarkers and multiple kernel learning［J］. Neurocomputing，2017，220：98-110.

[3] CHAVAN S S，MAHAJAN A，TALBAR S N，et al. Nonsubsampled rotated complex wavelet transform（NSRCxWT） for medical image fusion related to clinical aspects in neurocysticercosis［J］. Computers in Biology and Medicine，2016，81：64-78.

带绦虫引起的一种寄生虫病，影响人脑的中枢神经。

10.3.2 多模态医学影像融合在心血管疾病的研究

Zhang等人[1]提出了一种检测心血管疾病的方法，该方法对接受冠状动脉造影的62名胸痛患者进行建模分析，构建的影像融合模型能够比较因心脏和非心脏原因而出现急性胸痛的患者之间的差异，在构建模型前他们定义了一个多模态影像特征集，包括心电图、心音图、24小时动态心电图以及超声心动图，然后应用混合特征选择模型来识别每个模态影像数据域中最重要的信息特征。完成特征选择过程后，研究人员将数据组合成一个大型特征矩阵。最后，他们使用带有嵌套交叉验证的支持向量机算法，评估了在最终模型中使用的最佳模式数量。结果表明，多模态影像特征模型准确率可以达到96.67%。因此，多模态特征融合和混合特征选择可以为急性CAD检测获得更有效的信息，并为医生在做血管造影前对CAD患者的诊断提供参考。临床医生能够更好地了解心脏功能和结构，通过融合成像模式可以加深对心脏灌注、结构和功能如何影响患者预后的理解，并在理论上实现更好的医疗和手术治疗，从而做出更精确的临床决策。心脏磁共振成像能够更好地表征重要的组织特征，如疤痕的形成，这与扩张型心肌病患者心源性猝死的风险相关。

Hamzah等人[2]提出了一个新的CAD综合无创诊断框架，通过使用三维影像融合，合并CT和MRI影像数据来检测可治疗的病变。

[1] ZHANG H，WANG X P，LIU C C，et al. Detection of coronary artery disease using multi-modal feature fusion and hybrid feature selection [J/OL]. Physiological Measurement，2020，41（11）：115007（2020-12-09）[2023-05-16]. https://doi.org/10.1088/1361-6579/abc323.

[2] HAMZAH N A，OMAR Z，HANAFI M，et al. Multimodal medical image fusion as a novel approach for aortic annulus sizing [J]. Cardiovascular Engineering：Technological Advancements，Reviews and Applications，2020：101-122.

Piccinelli等人[1]提出了一种针对心血管疾病的综合无创诊断方法，旨在通过不同成像模式，使用多模态多参数三维影像融合和先进的三维渲染技术来可视化疾病的多个病理情况。通过使用最先进的影像后处理技术，并将后处理的影像投影到单个图表上，该方法结合了心肌灌注成像和冠状动脉CT血管造影的图像。在评估和比较跨模态的检测能力和融合模型输出的影像时，影像质量被两位放射科医生分别评为“好”和“优秀”。在对多模态融合影像与单模态影像预测的比较进行定性评估时，研究人员利用患者进行了对比，在一个患者示例中，采用多模态医学影像融合实现MRI灌注的可视化并发现灌注缺陷，能够更精确地定位该缺陷并分析病因之间的相关性。在另一个患者示例中，多模态医学影像融合允许绘制LAD狭窄严重程度与组织活力不同区域的差异。多模态医学影像融合的模型比简化的影像处理可能会带来更广泛的研究和更好的临床效用，最终降低影像采集成本并改善临床决策。

10.4 多模态医学影像的放射组学

放射组学是指从放射影像中提取定量且重要的特征，包括人眼难以识别和量化的复杂模式，然后挖掘这些特征与疾病的诊断、预后之间的相关性。放射组学可用于分析组织及其病变特性，如组织形状、组织的异质性，以及组织在连续成像中随时间的变化。放射组学特征也被用于预测临床终点，如生存时间和治疗反应。即使是单个放射组学特征也可能与基因组数据和临床结果相关，当放射组学提供的大量信息中只有其中一小部分放射组学特征与特定疾病相关时，这就需要使用机器学习技术进行处理。此外，放射组学将影像数据与患者特征结合，包括临床数

[1] PICCINELLI M, DAHIYA N, FOLKS R D, et al. Validation of automated biventricular myocardial segmentation from coronary computed tomographic angiography for multimodality image fusion [J/OL]. MedRxiv, 2021 (2021-03-08) [2023-05-16]. https://doi.org/10.1101/2021.03.08.21252480.

据、基因组学和药物反应等，以改进生物医学决策模型的功能。

多模态医学影像包含大量反映疾病发生和发展的有价值的信息。近年来，随着数据挖掘和机器学习技术的进步使得提取许多定量特征以及将迅速增加的医学影像数据转换为可挖掘数据成为可能，从而使得放射组学的研究从单模态逐步向多模态的方向发展。单模态医学影像通常只能反映疾病的某些特征，从单模态医学影像中提取的放射组学特征不可避免地会遗漏一些疾病信息，从而影响后续诊断。为解决这些问题，研究人员将多模态医学影像数据应用于放射组学，这意味着，在足够大的数据集中可发现之前未知的疾病演变、进展和治疗反应的标志物和模式。与之前将医学影像直接进行视觉检查方法相比，多模态放射组学引入了一种挖掘医学影像中包含信息的新方法，该方法比单一模态或序列产生了更好的结果，进一步提高了放射组学的应用能力，使得疾病的有效诊断、预后以及疾病预测工具的开发成为可能。

10.4.1 多模态放射组学的研究步骤

多模态放射组学是提取、分析和建立与预测目标相关的放射组学特征，从而找到医学影像与目标之间的定量映射的预测模型的过程，它包括一系列步骤：影像采集、配准、分割、特征提取、特征降维和预测建模。

（1）影像采集是从常规成像工具获取临床影像，如CT、MRI和PET等；

（2）配准涉及建立不同影像采集之间的空间对应关系；

（3）分割是利用临床、影像和病理知识来描绘医学影像中感兴趣区域（ROI）的过程；

（4）特征提取是从ROI中挖掘高维特征；

（5）特征降维是清理冗余、不相关或无用的特征；

（6）最终建立稳健的预测模型。

多模态放射组学研究可以帮助医生作出临床判断和决策，临床常用的多模态医学影像包括X射线、超声波、CT、MRI、PET等。不同类型的成像技术适用于不同疾病。如对于肺部疾病，通常先选择X射线，然后使用CT来获取更多信息；MRI更常见于脑和脊髓疾病，不同的MRI序列可以为患者提供不同类型数据的准确值。目前，放射组学的研究主要集中于MRI、PET和CT的多模态放射组学。

10.4.2 基于MRI的多模态放射组学

MRI可分为结构MRI、功能MRI、弥散加权成像（DWI）和磁化率加权成像（MWI）等。不同类型的MRI反映不同的病理和生理特征。因此，MRI在放射组学研究中受到了相当大的关注，特别是在精确诊断、治疗反应预测、分子分型和预后分析等方面。与仅通过结构MRI的放射组学特征构建的模型相比，研究人员发现结构MRI与其他MRI序列相结合可以构建更好的多模态影像放射组学模型。如在胶质瘤中，放射组学特征可以从T1对比增强（T1CE）、T2加权（T2WI）和表观扩散系数（ADC）中提取，通过整合从这3个MRI序列中提取的放射组学特征建立列线图，该列线图的最佳预测值高于任何单个序列建立的列线图的最佳预测值。

结合放射组学的5种不同类型的MRI序列（T2WI、DWI、ADC、分数各向异性（FLAIR）和平均峰度）可以准确区分胶质母细胞瘤和低级别胶质瘤，其准确率高达91%[1]。使用来自7种不同类型的MRT序列（T1WI、T1CE、T2WI、FLAIR、弥散张量成像（DTI）、弥散灌注成像和1H-MR光谱）的放射组学特征构建了用于确定胶质瘤等级的模型，其准确率达95.5%、敏感性达95%、特异性达96%、AUC为0.995[2]。在另一项预测IDH基因突变的放射组学研究中，该模型通过使用来自

---

[1] TAKAHASHI S，TAKAHASHI W，TANAKA S，et al. Radiomics analysis for glioma malignancy evaluation using diffusion kurtosis and tensor imaging [J]. International Journal of Radiation Oncology，Biology，Physics，2019，105（4）：784-791.

[2] VAMVAKAS A，WILLIAMS S，THEODOROU K，et al. Imaging biomarker analysis of advanced multiparametric MRI for glioma grading [J]. Physica Medica，2019，60：188-198.

T1CE、T2WI和ASL影像的放射组学特征实现了0.823的准确度[1]。结合年龄使用T1CE、FLAIR和ADC放射组学特征预测IDH基因突变的列线图的AUC为0.913[2]。此外，关键信号通路的预测也可以使用MRI放射组学进行评估，如使用常规MRI和DWI的影像组学特征，预测胶质瘤受体酪氨酸激酶（RTK）模型的AUC为0.88，肿瘤蛋白53（TP53）的AUC为0.76，视网膜母细胞1（RB1）的AUC为0.81，高于仅使用常规MRI的模型[3]。除神经胶质瘤外，该组合方法也已广泛用于其他肿瘤的研究。

T2WI、T1WI、弥散峰度成像（DKI）、ADC和动态对比增强（DCE）药代动力学参数图的影像组学特征可用于构建乳腺癌诊断模型，其中最佳模型为利用T2WI、DKI和DCE的组合构建的模型，其AUC为0.921，准确度为0.833。基于单个T1WI、T2WI、ADC、DKI和DCE药代动力学参数图的模型的AUC分别为0.730、0.791、0.770、0.788和0.836[4]。为了预测乳腺癌是否会对新辅助化疗产生病理完全反应，研究人员使用T2WI、DWI和T1CE的放射组学特征建立的预测模型在训练集中的AUC为0.79，在验证集中的AUC达到0.86[5]。

在前列腺癌诊断中，需要在4~10 ng/mL的前列腺特异性抗原水平下

---

[1] PENG H P，HUO J H，LI B，et al. Predicting isocitrate dehydrogenase（IDH）mutation status in gliomas using multiparameter MRI radiomics features［J］. Journal of Magnetic Resonance Imaging，2021，53（5）：1399-1407.

[2] TAN Y，ZHANG S T，WEI J W，et al. A radiomics nomogram may improve the prediction of IDH genotype for astrocytoma before surgery［J］.European Radiology，2019，29（7）：3325-3337.

[3] JI E P，KIM H S，PARK S Y，et al.Prediction of core signaling pathway by using diffusion and perfusion-based MRI radiomics and next-generation sequencing in isocitrate dehydrogenase wild-type glioblastoma［J］. Radiology，2020，294（2）：388-397.

[4] ZHANG Q，PENG Y S，LIU W，et al.Radiomics based on multimodal MRI for the differential diagnosis of benign and malignant breast lesions［J］. Journal of Magnetic Resonance Imaging，2020，52（2）：596-607.

[5] LIU Z Y，LI Z L，QU J R，et al.Radiomics of multiparametric MRI for pretreatment prediction of pathologic complete response to neoadjuvant chemotherapy in breast cancer：a multicenter study［J］. Clinical Cancer Research，2019，25（12）：3538-3547.

进行活检，这是一个临床问题，研究人员使用从T2WI、DWI和T1CE中提取的放射组学特征构建的预测模型在训练集中的AUC为0.956，在验证集中为0.933[1]。根据从T2WI、ADC和DKI中提取的放射组学特征构建的预测前列腺癌的模型，前列腺癌格利桑评分为8或更高，其AUC为0.72，具有良好的性能。

为了预测结直肠癌肝转移的主要病理生长模式，研究人员从肿瘤-肝界面区域（即肿瘤边缘区域）的多种MRI序列（T1WI、T2WI、DWI、ADC和T1CE）中提取影像组学特征并向外扩展2 mm，向内收缩2 mm，结合这些放射组学特征的预测模型的AUC为0.912。该模型优于从肿瘤区域提取的放射组学特征构建的模型（AUC为0.879）[2]。此外，研究人员从矢状T2WI、轴向T1WI、轴向T2-FS、DWI（b=0）、DWI（b=800）、ADC、矢状T1CE、轴向T1CE和冠状T1CE等9种MRI序列提取了放射组学特征，结合多个序列的放射组学特征构建的模型的AUC达到0.82[3]。为评估胶质母细胞瘤患者的生存风险并预测其无进展生存期，采用T1CE、T1WI和FLAIR序列对胶质母细胞瘤的坏死核心、增强部分和周围水肿进行描绘和注释。从这些特征中提取放射组学特征，可用于降低分层胶质母细胞瘤患者的死亡风险[4]。

---

[1] QI Y F，ZHANG S T，WEI J W，et al. Multiparametric MRI-based radiomics for prostate cancer screening with PSA in 4~10 ng / ml to reduce unnecessary Biopsies［J］. Journal of Magnetic Resonance Imaging，2020，51（6）：1890-1899.

[2] HAN Y Q，CHAI F，WEI J W，et al. Identification of predominant histopathological growth patterns of colorectal liver metastasis by multi-habitat and multi-sequence based radiomics analysis［J/OL］. Frontiers in Oncology，2020，10：1363（2020-08-14）［2023-05-16］. https：// doi.org/10.3389/fonc.2020.01363.

[3] FANG M J，KAN Y Y，DONG D，et al. Multi-habitat based radiomics for the prediction of treatment response to concurrent chemotherapy and radiation therapy in locally advanced cervical cancer［J / OL］. Frontiers in Oncology，2020，10：563（2020-05-05）［2023-05-16］. https：//doi.org/10.3389/fonc.2020.00563.

[4] BEIG N，BERA K，PRASANNA P，et al.Radiogenomic-based survival risk stratification of tumor habitat on Gd-T1w MRI is associated with biological processes in glioblastoma［J］. Clinieal Cancer Research，2020，26（8）：1866-1876.

10.4.3 基于PET的多模态放射组学

癌细胞通常摄入更多的显像剂，导致恶性肿瘤组织在PET影像上比周围更亮。恶性肿瘤摄取显像剂的量取决于恶性肿瘤的代谢水平，因此PET放射组学也称为代谢放射组学。PET通常与CT相结合，临床上最常见的是PET-CT多模态的放射组学研究。在预测肺癌患者的研究中使用PET和CT的影像组学特征，建立的预测模型的列线图的AUC为0.96，远高于仅通过CT影像组学特征建立的预测模型的列线图的AUC（AUC=0.79）和仅通过PET影像组学特征建立的预测模型的列线图的AUC（AUC=0.93）[1]。

为了区分鳞状细胞癌和肺腺癌，包含2个临床因素、2个肿瘤标志物、7个PET放射组学和3个CT放射组学参数的组合模型与单独使用这些参数相比，在预测非小细胞肺癌亚型方面具有较高的预测效率和临床实用性，该模型在训练集和验证集中的AUC分别为0.932（95%CI 0.900~0.964）和0.901（95%CI 0.840~0.957，$p<0.05$）[2]。

为预测鼻咽癌患者的预后情况，研究人员结合PET和CT影像组学特征与临床参数构建的模型与仅使用PET、CT或临床参数的模型相比，具有相同或更高的预后性能（训练和验证队列的C指数分别为0.71~0.76对0.67~0.73和0.62~0.75对0.54~0.75），而局部晚期鼻咽癌的预后表现显著改善（C指数为0.67~0.84对比0.64~0.77，p值为0.001~0.059）[3]。

为了预测口咽鳞状细胞癌中的人类乳突病毒状态，研究人员从PET

[1] KANG F K，MU W，GONG J，et al. Integrating manual diagnosis into radiomics for reducing the false positive rate of ^{18}F-FDG PET/CT diagnosis in patients with suspected lung cancer [J]. European Journal of Nuclear Medicine and Molecular Imaging，2019，46：2770-2779.

[2] REN C Y，ZHANG J P，QI M，et al. Machine learning based on clinico-biological features integrated ^{18}F-FDG PET / CT radiomics for distinguishing squamous cell carcinoma from adenocarcinoma of lung [J]. European Journal of Nuclear Medicine and Molecular Imaging，2021，48（5）：1538-1549.

[3] LV W B，YUAN Q Y，WANG Q S，et al. Radiomics analysis of PET and CT components of PET/CT imaging integrated with clinical parameters：application to prognosis for nasopharyngeal Carcinoma [J]. Molecular Imaging and Biology，2019，21：954-964.

和非增强CT扫描中的原发性肿瘤病变和转移性颈部淋巴结中提取放射组学特征。分别使用PET和CT的模型产生相似的分类性能，在独立验证中没有显著差异；然而，结合PET和CT特征的模型优于基于单模态PET或CT的模型，在交叉验证和独立验证中模型的AUC分别为0.78和0.77[1]。

目前在PET和MRI的双模态放射组学研究方面也取得了一些进展。研究对比增强MRI（CE-MRI）和静态O-(2-［18F］氟乙基-L-酪氨酸（^{18}F-FET）PET联合纹理特征在区分局部复发性脑转移和放射损伤中的潜力，放射组学特征分别从以上两个影像中提取。CE-MRI纹理特征的诊断准确率为81%（敏感性为67%，特异性为90%）。^{18}F-FET PET纹理特征的诊断准确率为83%（敏感性为88%，特异性为75%）。然而，结合CE-MRI和^{18}F-FET PET特征获的诊断准确率为89%（敏感性为85%，特异性为96%）[2]。大约15%~30%的局部晚期直肠癌（LARC）将对新辅助治疗产生病理完全缓解（pCR）。为了预测LARC是否对新辅助治疗有反应，从PET和MRI中提取了放射组学特征，包含6个影像组学特征（5个来自PET，1个来自MRI），利用这些特征构建的模型在区分pCR+和pCR-患者方面产生了较高的可预测性（AUC为0.86，敏感性为86%，特异性为83%）[3]。

对于乳腺癌激素受体状态和增殖率的预测，研究人员结合PET和MRI的放射组学特征构建的模型在AUC方面取得了较好的结果（雌激素

---

［1］HAIDER S，MAHAJAN A，ZEEVI T，et al. PET/CT radiomics signature of human papilloma virus association in oropharyngeal squamous cell carcinoma［J］. European Journal of Nuclear Medicine and Molecular Imaging，2020，47（13）：2978-2991.

［2］LOHMANN P，KOCHER M，CECCON G，et al. Combined FET PET / MRI radiomics differentiates radiation injury from recurrent brain metastasis［J］. Neuroimage：Clinical，2018，20：537-542.

［3］GIANNINI V，MAZZETTI S，BERTOTTO I，et al. Predicting locally advanced rectal cancer response to neoadjuvant therapy with ^{18}F-FDG PET and MRI radiomics features［J］. Molecular Imaging and Biology，2019，46（4）：878-888.

受体，AUC为0.87；孕激素受体，AUC为0.88）[1]。为了在术前区分非小细胞肺癌和良性炎症性疾病，基于移植而来的聚类方法将PET/CT分成不同的亚区域。基于亚区域的PET/CT放射组学模型的AUC为0.727 0±0.014 7，与传统方法相比，其识别性能显著提高（$p < 0.001$）[2]。

10.4.4 基于CT的多模态放射组学

CT反映了检测区域内组织强度的空间分布。它是临床实践中最常用的医学检查手段。癌症CT的放射组学已被广泛研究。研究表明，将普通CT与增强CT（CE-CT）结合的放射组学研究取得了比单独使用普通CT更好的结果。当使用CE-CT和CT平扫来预测非小细胞肺癌患者的表皮生长因子受体突变状态时，融合放射组学特征在测试集中产生了最高的AUC，分别为0.756和0.739[3]。

CE-CT可以分为不同的阶段，其中包含不同的肿瘤信息。为了构建和验证基于放射组学的列线图，研究者对胰腺NET患者的1级和2/3级肿瘤进行了术前预测，从动脉期（AP）和门静脉期（PVP）CT影像中提取放射组学特征。融合放射组学特征（CT和CE-CT）在训练集（AUC为0.970；95%CI 0.943~0.997）和验证集（AUC为0.881；95%CI 0.760~1.000）队列中均取得了较好的性能[4]。

---

[1] UMUTLU L，KIRCHNER J，BRUCKMANN N M，et al. Multiparametric integrated ^{18}F-FDG PET/MRI-based radiomics for breast cancer phenotyping and tumor decoding [J/OL]. Cancers，2021，13（12）：2928（2021-06-11）[2023-05-16]. https://doi.org/10.3390/cancers13122928.

[2] CHEN L，LIU K F，ZHAO X，et al. Habitat imaging-based ^{18}F-FDG PET/CT radiomics for the preoperative discrimination of non-small cell lung cancer and benign inflammatory diseases [J/OL]. Frontiers in Oncology，2021，11：759897（2021-10-06）[2023-05-16]. https://doi.org/10.3389/fonc.2021.759897.

[3] YANG X Y，LIU M，REN Y H，et al.Using contrast-enhanced CT and non-contrast-enhanced CT to predict EGFR mutation status in NSCLC patients：a radiomics nomogram analysis [J]. European Radiology，2022，32（4）：2693-2703.

[4] GU D S，HU Y B，HUI D，et al. CT radiomics may predict the grade of pancreatic neuroendocrine tumors：a multicenter study [J]. European Radiology，2019，29（12）：6880-6890.

为了使用影像组学模型预测结直肠肝转移瘤（CRLM）的组织病理学生长模式（HGP），研究人员从AP和PVP-CT影像中提取了影像组学特征。三个阶段融合的放射组学特征证明了区分替代和促纤维增生HGP的最佳预测性能（训练队列和外部验证队列中的AUC分别为0.926和0.939）[1]。从AP或PVP影像中共提取了384个放射组学特征并在术前区分I-II期和III-IV期的胰腺导管腺癌（PDAC），从而预测PDAC总生存期。AP和PVP影像中提取的放射组学特征在三个放射组学特征中表现出最佳性能（训练集的AUC为0.919；验证集的AUC为0.831）[2]。

在临床实践中，CT和MRI是最常用的成像方式。联合CT和MRI放射组学的性能通常优于单独使用其中任何一种。

为了预测LARC新辅助化疗的治疗反应，需从CT、ADC、T1CE和高分辨率T2加权成像（HR-T2WI）中提取放射组学特征。对于单个MRI序列，HR-T2WI模型（AUC为0.859，ACC为0.896）优于CT（AUC为0.766，ACC为0.792）、T1CE（AUC为0.812，ACC为0.854）和ADC（AUC为0.828，ACC为0.833）模型；组合放射组学模型（AUC为0.908，ACC为0.812）比单独的T1CE、HR-T2WI和ADC等模型具有更好的性能[3]。

为了建立直肠癌淋巴管浸润（LVI）的预测模型，需从T2WI、DWI和CE-CT中提取放射组学特征。组合模型在所有单模态模型中达到了最佳的AUC，在训练集和验证集中的AUC分别为0.884和0.876，同时，在训练集和验证集中具有高敏感性和特异性，敏感性分别0.938和0.929，

---

[1] CHENG J，WEI J W，TONG T，et al.Prediction of histopathologic growth patterns of colorectal liver metastases with a noninvasive imaging method［J］. Annals of Surgical Oncology，2019，26（13）：4587-4598.

[2] CEN C Y，LIU L Y，LI X，et al. Pancreatic ductal adenocarcinoma at CT：a combined nomogram model to preoperatively predict cancer stage and survival outcome ［J/OL］. Frontiers in Oncology，2021，11：594510（2021-05-24）［2023-05-16］. https://doi.org/10.3389/fonc.2021.594510.

[3] LI Z Y，WANG X D，LI M，et al. Multi-modal radiomics model to predict treatment response to neoadjuvant chemotherapy for locally advanced rectal cancer［J］. World Journal of Gastroenterology，2020，26（19）：2388-2402.

特异性分别为0.727和0.800[1]。

为预测直肠癌患者新辅助治疗后的病理完全缓解（pCR），首先建立了基于治疗前CT的影像组学模型。即使是CT放射组学模型在所有队列中产生的AUC最高，为0.997（95%CI，0.990~1.000），在验证队列中AUC为0.82（95%CI，0.649~0.995）。当基于MRI的放射组学特征被添加到之前的CT放射组学模型中时，组合模型CT-MRI的性能明显优于单独的CT放射组学模型（p=0.005）和MRI放射组学模型（p=0.003）（AIC：75.49% vs 81.34% vs 82.39%）[2]。

10.4.5 多模态医学影像放射组学的研究现状

通过结合多模态医学影像，放射组学可以获得更全面的医学影像信息和更好的放射组学模型，甚至可以将医学影像分割出具有不同生物学特征的“子区域”，并基于这些子区域进行更精细的放射组学分析。然而，当前公共数据库和临床实践中的肿瘤基因组学数据均来自肿瘤的单点取样，获得的基因组数据本质上忽略了肿瘤的异质性，并有可能产生重大偏差。使用有偏差的数据训练的放射组学模型的性能可靠性还有待证实。

医学影像可以分析不同的子区域以告知组织活检部位，通过分析从不同肿瘤亚区域采样的基因组信息，可以得出更准确的结论，即利用从不同子区域获得的基因组数据，可以进一步验证放射组学中不同子区域的可靠性。虽然多模态医学影像的组合确实有助于放射组学的进步，但是在实施过程中仍然存在很多问题。例如，对需要结合CT和

---

[1] ZHANG Y Y，HE K，GUO Y，et al. A novel multimodal radiomics model for preoperative prediction of lymphovascular invasion in rectal Cancer [J/OL]. Frontiers in Oncology，2020，10：457（2020-04-07）[2023-05-16]. https://doi.org/10.3389/fonc.2020.00457.

[2] ZHUANG Z K，LIU Z C，LI J，et al. Radiomic signature of the FOWARC trial predicts pathological response to neoadjuvant treatment in rectal cancer [J/OL]. Journal of Translational Medicine，2021，19（1）：256（2021-06-10）[2023-05-16]. https://doi.org/10.1186/s12967-021-02919-x.

MRI的研究，不同模态的医学影像很可能具有不同的空间结构，因为它们通常来自不同的时间点以及患者的不同位置、设备的不同视野，即使患者相同，扫描的切片数量也可能不同。在这种情况下，需要对齐不同模态的医学影像。虽然已经开发了许多影像对齐工具，但是它们并不能产生理想的对齐结果，尤其对于肿瘤等疾病。此外，对多模态医学影像的研究必须分割出多幅影像的感兴趣区域，对手动分割ROI的研究人员来说，工作量无疑增加了数倍。即使是使用自己开发的半自动或全自动分割工具的研究人员，也需要付出更多的努力来开发不同的分割工具，因为单个分割工具不太可能处理不同模态的医学影像。同时，多模态医学影像的放射组学研究还需要更可靠的分割方法。

为了验证放射组学的能力并扩大其应用范围，需要大量各种类型的数据，强大的公共数据库如TCIA和TCGA的构建是应对此问题的有效解决方案之一。然而公共数据库中的数据来自不同的机构，导致其数据质量参差不齐，虽然大数据可以从相对"脏"的数据中得出可靠的结论，但在放射组学的情况下，影像采集的不同参数或影像中的噪声会对放射组学特征造成严重干扰，这将不可避免地影响模型泛化其他数据库的能力。放射组学与临床症状之间的关系已被广泛记录，放射组学与其他数据类型（如基因组学、转录组学、蛋白质组学和代谢组学）之间的相关性是未来研究的主要方向，放射组学和基因组学之间的相关性已在癌症中得到广泛研究，放射组学特征也可用于表示转录组学。放射组学与其他组学的联合研究，即多组学的联合研究，是一个值得继续研究的领域。然而，组学数据之间是相互独立的，即样本可能有基因组学数据而没有放射组学数据，或者样本可能有放射组学数据但缺乏转录组数据。

10.5 本章小结

本章介绍了多模态医学影像融合中使用的各种医学成像模式，详细介绍了频率融合、空间融合、决策层融合、深度学习融合、混合融合和稀疏表示方法及其应用研究。在决定哪种影像融合方法最适合某个应用时，需要考虑许多因素，因此无法说明哪种方法总体上是最好的。近年来，医学影像融合已逐渐用于有效诊断不同的疾病。总体上基于多模态影像融合的疾病预测性能优于单一模态模型，主要的原因是不同的模态可以显示疾病的不同特征。然而多模态影像融合也存在一些问题，主要问题是如何优化组合不同的影像并达到最佳效果，这往往依赖于融合算法设计的能力，从而在特征层、分类器层或决策层进行融合，这为研究人员继续对多模态影像的融合研究提供了一条思路。对于特定的临床医学任务，应该仔细考虑如何使用算法融合影像从而更好地适应该任务。

本章讨论了利用多模态融合技术进行疾病预测，包括了脑部疾病和心血管疾病，这些应用可以给后续的研究提供参考，从而选择最佳影像融合方法，进一步开发合适的影像模型来诊断疾病。本章还介绍了多模态医学影像放射组学研究的最新进展，多模态医学影像融合放射组学充分考虑了每种医学影像模态的独特性，弥补了以往放射组学研究中的信息不足，大大提高放射组学的预测精度。随着放射组学技术的进步、公共数据库的扩展以及深度学习算法的进一步研究，放射组学必将在未来的临床诊断、治疗和预后中发挥重要作用。

第 11 章

基于进化计算的生物信息学研究

基于进化计算（Evolutionary Computation，EC）的关联分析研究在数据挖掘领域取得了显著的成果。这种研究方法充分利用了进化计算在全局搜索和优化方面的优势，提高了关联规则挖掘的效率和准确性。进化算法的关键在于将关联分析问题转化为一个优化问题，这样便可以在关联规则空间中寻找最优的关联规则。为了实现这一目标，研究人员需要定义适应度函数来评估关联规则的质量，如支持度、置信度等。同时，进化算法需要设定种群初始化、选择、变异等操作，以在搜索空间中进行有效的探索。

近年来，随着分子生物学领域的重大理论突破和基因组技术的发展，生物学信息呈爆炸式增长。生物学信息的增长使得对计算机数据库的需求增加，并需要专门的工具对数据进行查询和分析。生物信息学是一个涉及生物学、计算机科学、数学和统计学的交叉学科，该领域的最终目标是发现生物学实体之间的关系，从中得出生物学的统一原则[1]。生物信息学中有三个重要内容：开发新型算法和模型以评估大型生物数据集成员之间的关系；解释各种类型的数据，包括核苷酸和氨基酸序列、蛋白质结构域和蛋白质结构等；开发能够便捷访问和高效管理的工具[2]。本章主要基于进化算法对生物信息学的内容进行研究。

---

[1] PAL S K，BANDYOPADHYAY S，RAY S S. Evolutionary computation in bioinformatics：a review [J]. IEEE Transactions on Systems，Man，and Cybernetics，Part C （Applications and Reviews），2006，36（5）：601-615.

[2] ALTMAN R B. Challenges for intelligent systems in biology [J]. IEEE Intelligent Systems，2001，16（6）：14-18.

11.1　进化算法

进化算法（Evolutionary Algorithm，EA）是一类以生物进化学和自然遗传学为依据的优化算法，在解决生物信息问题方面受到了研究人员的广泛关注。进化算法从大自然中汲取灵感，从随机初始化种群开始，经历几代个体的进化，在每一代中选择合适的个体成为亲代个体，它们相互交叉产生新的个体，这些个体被称为子代个体，然后随机选择的子代个体会发生交叉、突变，随后算法根据预先设计的生存选择方案选择最优的个体保留到下一代[1]。

根据启发来源和实现原理分类，进化算法可被分为两大类。一类是基于演化规则的进化算法。这类算法是直接受到自然选择和遗传机制启发的。它们常常利用概率算子，如选择、交叉和变异来模拟自然进化中的动态过程，从而在搜索空间中寻找优化解。遗传算法（Genetic Algorithm，GA）[2]，作为该类的典型代表，受到了生物进化的原理的启发，模拟了基因交叉、突变和自然选择的过程，广泛用于解决优化和搜索问题。另一个例子是差分进化（Differential Evolutionary，DE）[3]算法，它是针对实数编码的全局优化，其核心思想是利用种群中的差异来指导解的搜索。

另一类是群体智能优化算法。这类算法的灵感来源于生物的集体行为。这些算法强调个体与个体之间的互动和信息共享，模拟群体中的协同效应。例如，蚁群算法（Ant Colony Optimization，ACO）[4]模拟了蚂蚁在寻找食物时通过信息素进行的通信，这为解决组合优化问题提供了

[1] HASSANIEN A E，AL-SHAMMARI E T，GHALI N I. Computational intelligence techniques in bioinformatics [J]. Computational Biology and Chemistry，2013，47：37-47.

[2] WHITLEY D. A genetic algorithm tutorial [J]. Statistics and Computing，1994，4（2）：65-85.

[3] STORN R，PRICE K. Differential evolution：a simple and efficient heuristic for global optimization over continuous spaces [J]. Journal of Global Optimization，1997，11（4）：341-359.

[4] DORIGO M，STÜTZLE T. Ant colony optimization：overview and recent advances [M].Cham：Springer，2019：311-351.

一种有效的方法；粒子群优化算法（Particle Swarm Optimization，PSO）[1]的灵感则来自于鸟群或鱼群的觅食行为，其中每个粒子都代表了一个潜在的解，并在搜索空间中根据自己和邻居的经验进行移动；人工蜂群算法（Artificial Bee Colony Algorithm，ABC）[2]模仿了蜜蜂觅食的模式，依赖于侦查蜂和工蜂的角色来找到高质量的解；蝙蝠算法（Bat Algorithm，BA）[3]则利用蝙蝠的捕猎行为，尤其是它们的回声定位能力来进行搜索。

接下来，我们将更为深入地探讨这两大类进化算法，特别关注它们在生物信息领域的应用和实践。

11.2 基于演化规则的进化算法

基于演化规则的进化算法的灵感来自生物界的自然选择和遗传学的进化思想。这类算法使用交叉、变异和选择等遗传算子，经过交叉、变异和选择等遗传操作之后，种群中部分老一代个体被新一代个体所取代，具有适应性强和自组织性两大优点。基于演化规则的进化算法包括遗传算法和差分进化算法。

11.2.1 遗传算法

遗传算法是用于解决最优化问题的搜索算法。进化算法最初是借鉴进化生物学中的一些现象而发展起来的，这些现象包括遗传、突变、自然选择以及杂交等。对一个最优化问题，一定数量的候选解（称为个体）可具象表示为染色体，优化目标是使得种群向更好的方向进化。

---

[1] KENNEDY J，EBERHART R. Particle swarm optimization [C] // Proceedings of ICNN' 95-International Conference on Neural Networks. IEEE，1995，4：1942-1948.

[2] BANSAL J C，SHARMA H，JADON S S. Artificial bee colony algorithm：a survey [J]. International Journal of Advanced Intelligence Paradigms，2013，5（1-2）：123-159.

[3] YANG X S，HE X. Bat algorithm：literature review and applications [J]. International Journal of Bio-inspired Computation，2013，5（3）：141-149.

解通常用二进制表示（即0和1的串），也可以用其他表示方法。进化从完全随机个体的种群开始，之后逐代进行。在每一代中评价整个种群的适应度，基于该适应度从当前种群中随机地选择多个个体，通过自然选择和突变产生新的种群，并将该种群作为下一次进化的亲代种群[1]。

遗传算法是一种强大且广泛应用的搜索和优化技术，其全局搜索能力、并行计算特性以及对初值不敏感的优势，使其在众多问题的解决中都展现出强大的实力。关联分析作为一种重要的数据挖掘技术，被广泛应用于生物信息学领域。关联分析可以揭示生物数据中的隐藏模式，例如基因之间的关联、疾病与基因的关联等，为生物学研究提供重要依据。随着生物信息数据的不断增长，传统的关联分析方法在处理大规模、高维度的生物信息数据时，常常面临计算效率低和挖掘质量不高的问题。遗传算法的引入，为解决这些问题提供了新的视角。遗传算法能够有效处理大规模、高维度的生物信息数据，挖掘出有价值的关联规则。遗传算法并行搜索的特性和全局优化的能力，使其在生物信息关联分析中表现出色。

遗传算法的执行流程如图11-1所示，它在生物信息关联分析中的应用通常包含以下几个关键步骤。

（1）编码个体和种群初始化。在遗传算法中，问题的解被编码为一个个的个体，每个个体代表一个可能的解。在生物信息关联分析中，一种常见的编码方式是使用二进制串，其中每一位代表一个特定的基因或者是否出现生物特征。例如，一个长度为10的二进制串“1010001100”可能代表了10个基因中的第1、3、7、8个基因的出现。

[1] BOUSSAÏD I，LEPAGNOT J，SIARRY P. A survey on optimization metaheuristics [J]. Information Sciences，2013，237：82-117.

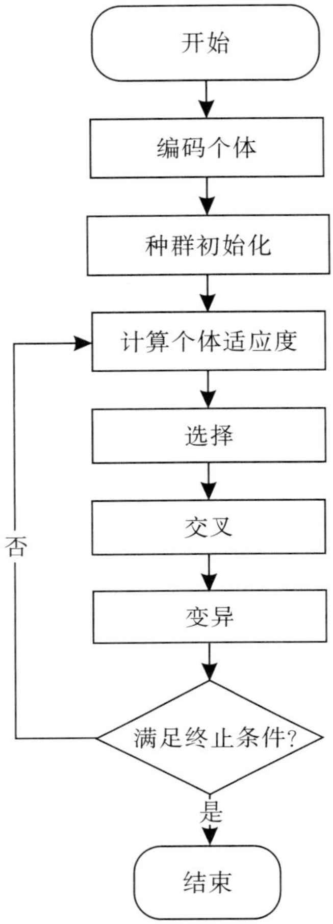

图11-1 遗传算法流程图

（2）计算个体适应度。通常使用适应度函数来评价每个个体（解）的优良程度。在生物信息关联分析中，适应度函数常常是基于关联规则的支持度和置信度来定义的。支持度表示一个规则在总体中出现的频率，而置信度表示在满足规则的前提下结论成立的概率。

（3）选择、交叉和变异。这些是遗传算法中的主要操作。选择操作是根据适应度函数的值，从当前种群中选择出优良的个体进入下一代。交叉操作是在两个个体之间进行，通过交换他们的部分基因来生成新的个体。变异操作是在个体基因上进行随机修改，以保持种群的多样性，防止算法陷入局部最优。

（4）终止。遗传算法的运行需要一个终止条件，如达到了预设的最大迭代次数，或者种群中最优个体的适应度值已经达到了某个阈值。

遗传算法通过以上流程，可以有效地在大规模、高维度的生物信息数据中搜索到优良的关联规则。这些规则有助于我们理解基因之间的相互作用，以及它们如何影响生物的各种特性，从而在基因工程、疾病诊断和治疗等领域发挥重要作用。近年来，与遗传算法相关的生物信息关联分析的部分研究如下。

Iqbal等人[1]在酵母物种的蛋白质相互作用的加权网络中重建了生物学上的重要通路，提出了一种伪引导的多目标遗传算法，通过给加权网络的边缘分配方向来重建通路。研究人员还对过去的研究进行了扩展，对单目标和多目标函数进行了数学建模，实验结果表明，该研究所提出的方法比之前的方法具有更好的性能。

Amiroch等人[2]提出了基于遗传算法优化的SARS疫情传播的多序列比对算法。多重序列比对是一种获得三个以上序列之间基因组关系的方法。在多重序列比对中，有三种突变网络分析系统，即拓扑网络系统、突变区域网络系统和突变模式的网络系统。这三种突变网络分析系统显示了映射突变区域的稳定和不稳定的区域，这一突变区域在系统发育树中得到进一步描述，同时说明了SARS流行病的传播路径。他们还将SARS病毒的传播过程描述为系统发育树的形成过程，对这个过程中的多个排列组合进行了详细分析，然后用遗传算法进行优化。通过多序列比对算法分析，一定程度上模拟了SARS的传播过程。

---

[1] IQBAL S, HALIM Z. Orienting conflicted graph edges using genetic algorithms to discover pathways in protein-protein interaction networks [J]. IEEE/ACM Transactions on Computational Biology and Bioinformatics, 2020, 18 (5): 1970-1985.

[2] AMIROCH S, PRADANA M S, IRAWAN M I, et al. A simple genetic algorithm for optimizing multiple sequence alignment on the spread of the sars epidemic [J]. The Open Bioinformatics Journal, 2019, 12 (1): 30-39.

药物靶点的发现和定位对新药研发具有重要意义。Lin等人[1]提出了一种预测可药物化蛋白质的新方法，该方法首先结合了从多种蛋白质序列中提取的特征，得到了药物靶标数据集。然后通过遗传算法提取药物蛋白数据集的特征信息。最后使用Bagging集成学习改进SVM分类器得到最终药物靶点的预测模型。实验表明，遗传算法能很好地提取蛋白质序列特征，使得整个模型具有良好的预测精度。

遗传算法在生物信息关联分析中的成功应用，不仅提供了一种有效的大规模数据挖掘方法，而且进一步展现了遗传算法解决复杂问题的潜力。然而，如何进一步提高算法的效率和精度，如何更好地适应生物信息数据的特性，以及如何将挖掘出的关联规则更好地应用到实际问题中，仍然是需要进一步研究和探索的问题。总的来说，遗传算法在生物信息关联分析问题中的应用，为我们提供了一种强大的工具，以应对生物信息学领域中的复杂挑战。

11.2.2 差分进化算法

差分进化算法是一种简单而强大的进化算法，已成为解决众多现实问题最具竞争力和通用性的进化计算方法之一。差分进化算法中使用了遗传的算子，如交叉算子、变异算子和选择算子。本质上说，它是一种基于实数编码的具有保优思想的贪婪遗传算法。差分进化算法与遗传算法不同之处在于变异的部分是随机选择的两个解成员变量存在差异，并经过放缩后嵌入当前解成员的变量上，因此差分进化算法无须使用概率分布产生下一代解成员。差分进化算法的原理是通过对遗传个体进行方向扰动，从而实现将个体的适应度下降的目的，与其他进化算法一样，差分进化算法并不依赖函数的梯度信息，所以对函数的可导性和连续性没有要求，具有很强的适用性。此外，差分进化算法与粒子群优化算法

---

[1] LIN J Y，CHEN H，LI S，et al. Accurate prediction of potential druggable proteins based on genetic algorithm and Bagging-SVM ensemble classifier [J]. Artificial Intelligence in Medicine，2019，98：35-47.

也有类似之处，由于差分进化算法在一定程度上考虑了多个变量间的关联性，因此，该算法相对于粒子群优化算法在变量耦合问题上有一定的优势。差分进化算法的变异、交叉、选择表达式如下：

$$v_i^k = x_{r1}^k + F(x_{r2}^k - x_{r3}^k) \tag{11-1}$$

$$u_{i,j}^k = \begin{cases} x_{i,j}^k, & \text{if } \mathrm{rand}_{i,j}(0,1) \leqslant CR \text{ or } i = i_{\mathrm{rand}}, \\ v_{i,j}^k, & \text{otherwise.} \end{cases} \tag{11-2}$$

$$u_i^{k+1} = \begin{cases} u_i^k, & \text{if } f(u_i^k) < f(x_i^k), \\ x_i^k, & \text{otherwise.} \end{cases} \tag{11-3}$$

式中，比例因子F和交叉概率CR两个参数对算法的收敛性起着重要作用，参数自适应机制比固定选择参数更有利于差分进化算法的性能提升。在式（11-1）中，k表示当前代数，F是确定搜索长度$(x_{r2}^k - x_{r3}^k)$的比例因子。在差分进化算法中，二进制交叉和指数交叉是常用的两种交叉方式，式（11-2）描述的是一种均匀交叉。式（11-3）描述的是选择过程，将交叉算子获得的解的适应度与其对应的目标向量的质量进行比较，以确保下一代的个体存活。

差分进化算法的流程图如图11-2所示。差分进化算法的主要优势在于直接、简单、高效且全局搜索能力强，主要用于解决连续优化问题，在离散优化问题中也有应用，包括生物信息关联分析问题。差分进化算法在生物信息关联分析问题中的应用主要包含以下步骤。

（1）编码个体和种群初始化。在运用差分进化算法时，我们需要把问题的解编码为一个个的个体，每个个体代表一个可能的解。在生物信息关联分析问题中，我们通常采用二进制串来进行编码，二进制串中的每一位代表一个特定的基因或者是否出现生物特征等。

（2）计算个体适应度。通常采用适应度函数来衡量每个个体（解）的优良程度。在生物信息关联分析问题中，我们通常根据关联规则的支持度和置信度来构建适应度函数。

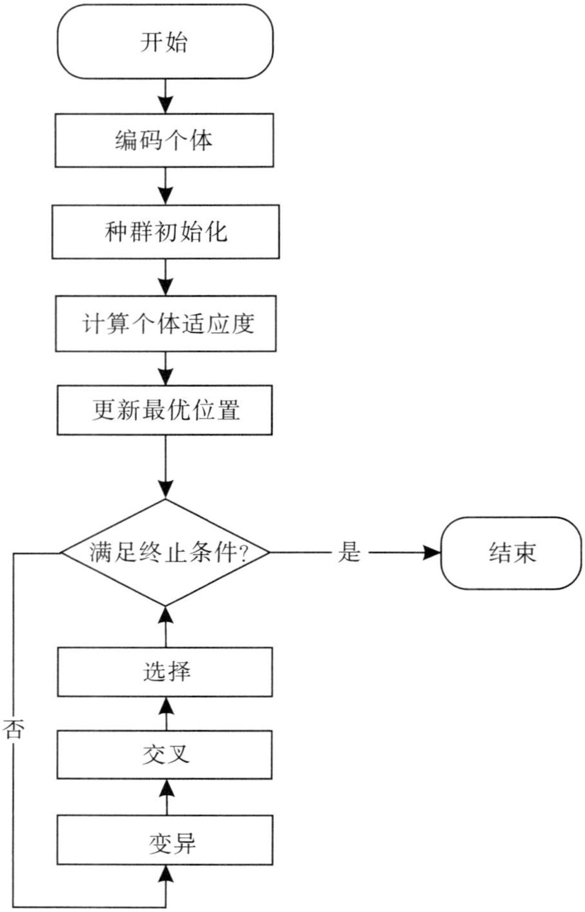

图11-2 差分进化算法流程图

（3）更新最优位置。该步骤称为差分操作，该操作是差分进化算法的核心步骤，它通过对种群中的个体进行差分和重组，生成新的可能解。在生物信息关联分析问题中，我们可以借助差分操作来搜索基因或生物特征的最优组合。

（4）选择、交叉和变异。在差分进化算法中，选择操作用来确定哪些个体能够进入下一代。在生物信息关联分析问题中，我们通常根据个体的适应度来进行选择。交叉操作在两个个体之间进行，通过交换他们的部分基因来生成新的个体。变异操作是在个体基因上进行随机修改，以保持种群的多样性，防止算法陷入局部最优。

（5）终止。差分进化算法的运行需要一个终止条件，如达到预设的最大迭代次数，或者种群中最优个体的适应度值已经达到某个阈值。

在生物信息关联分析问题中，差分进化算法能够帮助我们在大规模、高维度的生物信息数据中有效地搜索到优良的关联规则。这些规则能够揭示基因之间的相互作用，以及它们如何影响生物的各种特性，从而在基因工程、疾病诊断和疾病治疗等领域发挥重要作用。近年来，使用差分进化算法解决生物信息关联分析问题的研究主要包括以下几方面。

蛋白质结构预测（Protein Structure Prediction，PSP）在计算分子生物学领域发挥着重要作用。尽管强大的优化算法已被证明对解决蛋白质结构预测问题有效，但在大型生物数据集下仍然存在耗时久、计算资源消耗大等问题。Rakhshani[1]提出了差分进化算法的一个改进算法，使用计算成本低的代用模型和基因表达编程（Gene Expression Programming，GEP）解决了上述的问题。GEP被用来生成一组多样化的配置，而径向基函数（Radial Basis Function，RBF）代用模型帮助差分进化算法找到最佳配置。此外，该算法还采用了协方差矩阵适应性进化策略（Covariance Matrix Adaptation Evolution Strategy，CMAES）来更有效地搜索空间。实验表明，在蛋白质结构预测问题上，该方法在收敛率和精确度方面都比其他的算法表现更好。在运行时间复杂度方面，该方法在采用全原子模型的情况下明显优于其他算法。

蛋白质-蛋白质相互作用（PPI）网络中的功能模块检测是后基因组时代蛋白质组学研究的重要内容之一。目前，蜂群智能和基于进化

[1] RAKHSHANI H，IDOUMGHAR L，LEPAGNOT J，et al. Speed up differential evolution for computationally expensive protein structure prediction problems ［J/OL］. Swarm and Evolutionary Computation，2019，50：100493（2009-01）［2023-05-05］. https：//hal.science/hal-03489223/document.

的方法已经成为PPI网络中检测功能模块的有效途径。Ji等人[1]提出了一种新的混合方法，即将烟花算法和差分进化策略用于PPI网络中的功能模块检测。该方法首先根据蛋白质节点之间的拓扑和功能信息，在标签传播的基础上将每个烟花个体初始化为一个候选功能模块分区。然后，使用烟花算法的爆炸算子，以及差分进化算法的变异、交叉和选择策略，迭代搜索更好的功能模块分区。实验结果表明，该方法在各个指标方面取得了突出的表现，同时在Precision和F-measure指标方面表现良好[2]。

Alatas等人[3]将蛋白质结构预测问题转化为多目标优化问题，并使用差分进化搜索策略来解决该问题。该方法将基于知识的能量函数作为评估标准，该函数被分解为两项：与方向相关的能量项和与距离相关的能量项。同时，多目标差分进化与用于执行构象空间搜索的外部档案相结合。在构象空间搜索之后，引入了一种从一系列候选结构中选择最终预测的结构的聚类方法。实验结果证明了该方法的有效性，并表明将基于知识的能量函数结合到多目标方法中来解决蛋白质结构预测问题是可行且高效的。

总的来说，差分进化算法在生物信息关联分析中的应用不仅有效地解决了诸多问题，还展示了该算法在处理复杂且高维度数据方面的优势。当然，差分进化算法仍需进一步深入研究和探索，以提高该算法的搜索效率和精度，并更好地适应生物信息数据的特性。

---

[1] JI J Z，XIAO H H，YANG C C. HFADE-FMD：a hybrid approach of fireworks algorithm and differential evolution strategies for functional module detection in protein-protein interaction networks [J]. Applied Intelligence，2021，51（2）：1118-1132.

[2] POWERS D M W. Evaluation：from precision，recall and f-factor to ROC，informedness，markedness and correlation [J]. Journal of Machine Learning Technologies，2011，2（1）：37-63.

[3] ALATAS B，AKIN E，KARCI A. MODENAR：Multi-objective differential evolution algorithm for mining numeric association rules [J]. Applied Soft Computing，2008，8（1）：646-656.

11.3　群体智能优化算法

群体智能优化算法的灵感来源于对以蚂蚁、蜜蜂、鸟群和鲸群等为代表的社会性动物的群体行为的研究，群居性生物通过协作表现出宏观智能行为特征。群体成员通过更新他们的位置来适应各自的环境。

接下来，介绍几种常见的群体智能优化算法：蚁群优化算法（Ant Colony Optimization，ACO）、粒子群优化算法（Particle Swarm Optimization，PSO）、人工蜂群算法（Artificial Bee Colony，ABC）和蝙蝠算法（Bat Algorithm，BA）。

11.3.1 蚁群优化算法

蚁群优化算法是一种在图中进行路径寻优的路径算法，灵感来自蚂蚁在觅食过程中发现觅食路径的行为。起初蚂蚁随机开始搜索巢穴附近的区域，找到食物来源后，蚂蚁会评估食物的数量和质量，并将部分食物带回巢穴。在回程过程中，蚂蚁根据食物的数量和质量在其他蚂蚁的路径上留下化学信息素，这个过程帮助蚂蚁发现巢穴和其他蚂蚁发现的食物来源之间的最短路径，其表达式如下：

$$s=\begin{cases}\operatorname{argmax}\left\{[\tau(j,n)]^{\alpha}\times[\eta(j,n)]^{\beta}\right\}, n\in RN_k(j), & \text{if } r\leqslant r_0,\\ i \text{ with a probability } P_k(j,i), & \text{if } r>r_0.\end{cases} \tag{11-4}$$

为了更好地阐述蚁群优化算法的原理，我们结合旅行商问题（Traveling Salesman Problem，TSP）来描述蚁群优化算法。式（11-4）中k代表蚂蚁的编号，j代表蚂蚁当前所在城市，s代表下一个预计到达的城市。$RN_k(j)$表示第k只蚂蚁没去过的城市，$\tau(j,n)$表示j和n两个城市之间的累计信息素大小，α和β表示信息素对两座城市之间相对距离的影响。r和r_0分别表示0到1的随机数和0到1的用户预设参数。用$P_k(j,i)$表示从城市j转移到城市i的概率，则$P_k(j,i)$的表达式如下：

$$P_k(j,n)=\begin{cases}\dfrac{[\tau(j,n)]^{\alpha}\times[\eta(j,n)]^{\beta}}{\sum\limits_{n\in R_k(j)}[\tau(j,n)]^{\alpha}\times[\eta(j,n)]^{\beta}}, & \text{if } i\in R_k(j),\\ 0, & \text{otherwise.}\end{cases} \tag{11-5}$$

一旦所有蚂蚁完成它们的旅行，最佳旅行的信息素密度就会被修改。在蚂蚁转移过程中有两种更新方法，其一在迭代过程中将信息素更新成迭代过程中的最好的值，其二是在迭代结束后选择最好的值。更新规则如下：

$$\tau_{t+1}(j,s)=(1-\alpha)\times\tau_t(j,s)+\alpha\times\Delta\tau(j,s) \tag{11-6}$$

$$\Delta\tau(j,s)=\begin{cases}\dfrac{1}{L_{\text{best}}}, & \text{if}(j,s)\in \text{local best},\\ 0, & \text{otherwise.}\end{cases} \tag{11-7}$$

为了避免在一次迭代中选择相似的路径，蚁群优化算法采用了局部更新规则。蚁群优化算法流程图如图11-3所示。

蚁群优化算法在生物信息关联分析中的主要步骤如下：

（1）初始化参数。在生物信息关联分析问题中，每个基因或生物特征可以被视为蚁群优化算法中的一个位置，而蚂蚁的路径则代表了特征的组合。我们可以利用二进制串来进行编码，其中二进制中的每一位代表一个特定的基因或是否出现生物特征。

（2）更新信息素。在蚁群优化算法中，蚂蚁会根据启发式信息和信息素的浓度来选择下一个位置。在生物信息关联分析问题中，启发式信息可以通过基因表达水平、基因突变频率等方式来度量基因或生物特征的重要性。信息素则代表了过去找到的最优解的经验。在生物信息关联分析问题中，我们通常根据关联规则的支持度和置信度来构建适应度函数，并通过适应度函数用来衡量每个特征组合（解）的优良程度。每当有蚂蚁找到一个最优的特征组合，就会在这条路径上增加信息素，从而引导其他蚂蚁去搜索这个区域。

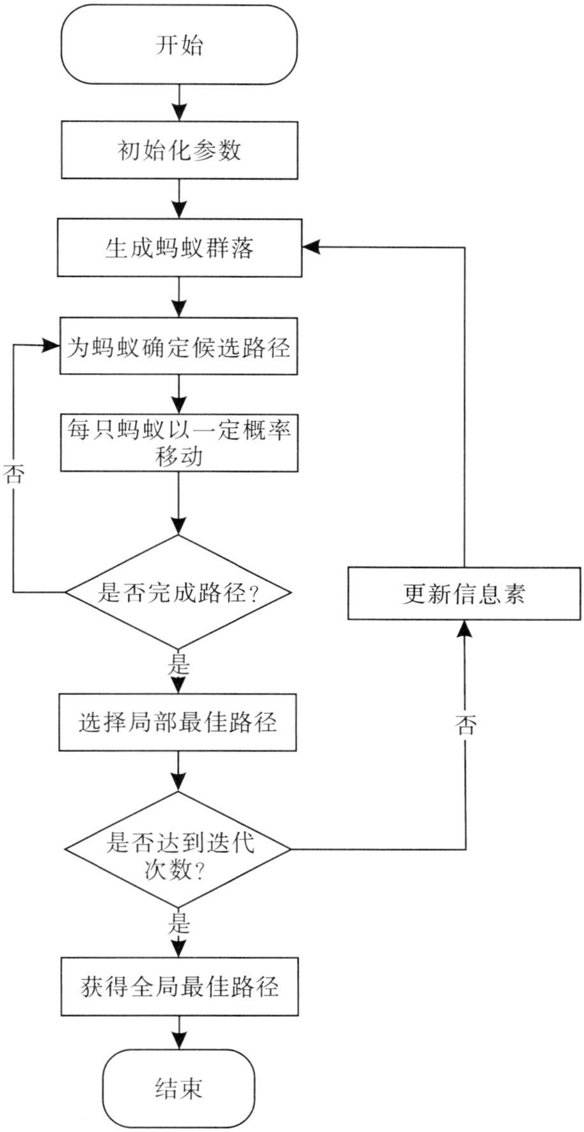

图11-3　蚁群优化算法流程图

（3）获得最佳路径。蚁群优化算法的局部最佳路径是通过蚂蚁之间的信息交流和竞争机制来实现的。在生物信息关联分析问题中，这种策略可以帮助我们在大规模、高维度的生物信息数据中有效地搜索到优良的关联规则。

（4）终止。蚁群优化算法的运行需要一个终止条件，该条件是达到预设的最大迭代次数。

在生物信息关联分析问题中，蚁群算法能够帮助我们在大规模、高维度的生物信息数据中有效地搜索到优良的关联规则。这些规则能够揭示基因之间的相互作用，以及它们如何影响生物的各种特性，从而在基因工程、疾病诊断和治疗等领域发挥重要作用。近年来，使用蚁群优化算法解决生物信息关联分析的部分研究如下：

在全基因组关联研究中，现有的基因相互作用检测方法是根据不同的范式设计的，对于不同的疾病模型，它们的性能差异很大且具有一定的不确定性。产生这种不确定性的一个重要原因是这些模型是基于SNP与疾病之间的单一关联模型所建立的。由于潜在的模型偏好和疾病复杂性，单一关联模型通常会导致检测结果高假阳性率。Jing等人[1]提出了一种多目标启发式优化方法，用于检测遗传基因相互作用，该方法是一种基于内存的多目标蚁群优化算法，能够保留过去迭代中发现的非支配解。实验结果表明，该方法在大数据集中的检测能力和计算可行性方面均优于其他方法。

许多功能性RNA分子折叠成假结结构，该结构对于RNA的3D结构的形成具有重要作用，然而，在生物技术应用中折叠成特定结构（称为RNA反向折叠）的RNA分子的设计很少将假结结构考虑在内。发卡状RNA分子和“吻式”发卡状RNA分子型假结涵盖了广泛的生物学功能假结，可以在二级结构水平上表示。基于此，Kleinkau等人[2]提出一种基于蚁群优化的多目标反向折叠方法，在该方法中的“地形图”是反向折叠问题的图形编码，其加权边代表蚂蚁的信息素，指导它们的搜索。

[1] JING P J，SHEN H B. MACOED：a multi-objective ant colony optimization algorithm for SNP epistasis detection in genome-wide association studies［J］. Bioinformatics，2015，31（5）：634-641.

[2] KLEINKAUF R，HOUWAART T，BACKOFEN R，et al. antaRNA-Multi-objective inverse folding of pseudoknot RNA using ant-colony optimization［J］. BMC Bioinformatics，2015，16（1）：389-395.

在蚂蚁行走的过程中，地形的当前信息素状态会引导蚂蚁做出选择某些边行走的决定，从而产生核苷酸释放顶点。在一次行走中，一只蚂蚁组装一个解决序列。根据序列相对于其结构和到各自约束的距离计算质量分数，地形图的信息素状态根据解的质量分数更新，经过一定数量的连续序列组装和地形适应后，组装序列的特征向预期的输入约束收敛。

蛋白质-蛋白质相互作用（PPI）抑制剂的设计是结构生物信息学所面临的挑战之一。肽，尤其是短肽（5~15个氨基酸长），是抑制蛋白质-蛋白质复合物的天然候选物，因为它有几个吸引人的特征，包括与蛋白质结合位点的结构相容性（模仿其中一种蛋白质的表面）；体积小，能够与蛋白质表面形成强热点结合连接。由于序列长度过长以及肽构象的高度灵活性，高效合理的肽设计仍然是计算机辅助药物设计中的主要挑战。

Zaidman等人[1]提出了一种用于设计蛋白质-蛋白质相互作用的肽抑制剂的新型计算方法，用于探索长度为20^n肽序列的指数空间。该方法有三种模式：蛋白质肽模式、蛋白质模式和蛋白质结合位点模式。蛋白质肽模式的输入为蛋白质-肽复合结构，算法针对原肽的结合位点设计更好的结合肽；蛋白质模式的输入是蛋白质-蛋白质复合物，算法从配体结合位点提取一个线性肽，并将该肽作为设计的初始模板；蛋白质结合位点模式的输入是受体蛋白和结合位点信息，该模式可用于只有一种蛋白质结构可用的情况。在所有三种模式中，在具有初始蛋白质-肽模板结构后，运用蚁群优化算法对初始肽进行突变。每只蚂蚁选择一个肽序列，并构建模型计算其结合能。然后，每只蚂蚁将信息素沉积到信息素网络中，蚂蚁的行为是同时进行的，它们之间通过信息素交流，指引蚂蚁走向更好的序列。最后，将k只最佳蚂蚁的序列打印出来，加上相应的能量参数，形成肽序列的输出文件。

---

[1] ZAIDMAN D，WOLFSON H J. PinaColada：peptide-inhibitor ant colony ad-hoc design algorithm [J]. Bioinformatics，2016，32（15）：2289-2296.

11.3.2 粒子群优化算法

粒子群中的每一个粒子都代表一个问题的可能解，通过粒子个体的简单行为，实现群体内的信息交互的智能性。由于粒子群优化算法操作简单、收敛速度快，因此在函数优化、图像处理、大地测量等众多领域都得到了广泛的应用。

粒子群优化算法的灵感来自对鸟群觅食行为的研究。设想这样一个场景：一群鸟在随机搜寻食物，在这个区域里只有一块食物，所有的鸟都不知道食物在哪里，但是它们知道当前的位置离食物的距离。最简单有效的策略是寻找鸟群中离食物最近的个体来进行搜索。粒子群优化算法就是从这种生物种群行为特性中得到启发并用于求解优化问题。用一种粒子来模拟上述的鸟类个体，每个粒子可视为N维搜索空间中的一个搜索个体，粒子的当前位置即为对应优化问题的一个候选解，粒子的飞行过程即为该个体的搜索过程。粒子的飞行速度可根据粒子历史最优位置和种群历史最优位置进行动态调整。

粒子仅具有速度和位置两个属性，速度表示移动的快慢，位置表示移动的方向。每个粒子单独搜寻的最优解叫做个体极值，将粒子群中最优的个体极值作为当前全局最优解。通过不断迭代，更新粒子的速度和位置，最终得到满足终止条件的最优解。粒子群优化算法有表达式如下：

$$X_i(t)=\left(X_{i1},X_{i2},\cdots,X_{iD}\right) \tag{11-8}$$

$$pbest_i(t)=\left(p_{i1},p_{i2},\cdots,p_{iD}\right) \tag{11-9}$$

$$gbest_i(t)=\left(g_{i1},g_{i2},\cdots,g_{iD}\right) \tag{11-10}$$

$$v_i(t)=\left(v_{i1},v_{i2},\cdots,v_{iD}\right) \tag{11-11}$$

式中，$X_i(t)$表示第i个粒子在第t次迭代中的位置；$pbest_i(t)$和$gbest_i(t)$分别表示第i个粒子在第t次迭代中的局部最优位置和全局最优位置；$v_i(t)$表示第i个粒子第t次迭代时的速度。在迭代过程中，每个粒

子都基于 *pbest* 和 *gbest* 进行更新。在粒子群算法中，利用第 i 个粒子在第 t 次迭代时的位置用来评价粒子的质量。

$$v_{ij}(t+1)=w\times v_{ij}(t)+2\times \mathrm{rand}(0,1)\times\left(pbest_{ij}(t)-X_{ij}(t)\right)+2\times \mathrm{rand}(0,1)\times\left(gbest_{ij}(t)-X_{ij}(t)\right) \tag{11-12}$$

$$x_{ij}(t+1)=x_{ij}(t)+v_{ij}(t+1) \tag{11-13}$$

式（11-12）和式（11-13）分别表示计算粒子在下一次迭代时的速度和位置，其中，$v_{ij}(t+1)$表示第 i 个粒子在第 j 个维度上的速度更新后的值，w 为惯性权重，它的范围为0.8~1.2，较小的 w 用于局部探索，而较大的 w 用于全局探索，$pbest_{ij}(t)$表示 t 时刻第 i 个粒子在第 j 个维度上的最佳位置。$X_{ij}(t)$表示 t 时刻 i 粒子在 j 维度上的位置。粒子群优化算法流程图如图11-4所示。

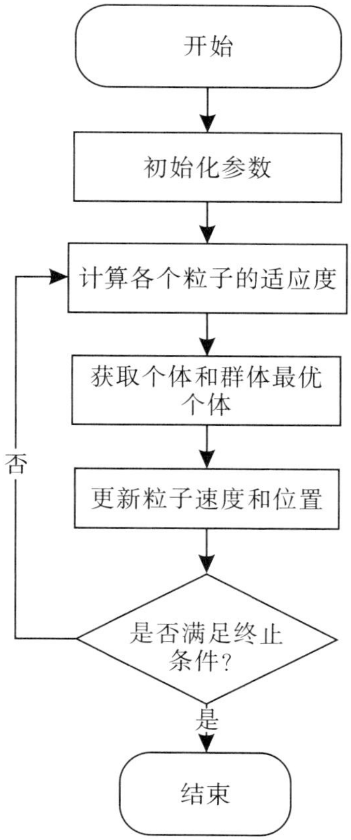

图11-4　粒子群优化算法流程图

粒子群优化算法解决生物信息领域关联分析的主要步骤如下：

（1）初始化参数。在粒子群优化算法中，每个粒子代表一个可能的解决方案。这些粒子的初始位置和速度被随机设定。在这个场景下，位置可以代表一组基因，速度则表示搜索的方向和幅度。

（2）计算各个粒子的适应度。在生物信息关联分析中，使用一个适应度函数来计算各个粒子的适应度，对每个粒子进行评估。适应度函数可以用来计算基因组间的关联性。

（3）更新粒子的速度和位置。在评估了所有粒子之后，更新每个粒子的速度和位置。更新的规则基于两个要素：每个粒子的历史最优位置（个体最优）和全体粒子的历史最优位置（全局最优）。粒子会根据这两个位置调整自己的速度位置。

（4）迭代和终止。重复步骤（2）和步骤（3），当达到一定的迭代次数或者找到了满足条件的解时终止迭代。这个条件可能是适应度函数达到一个设定的阈值，或者粒子群的最优位置在一定次数的迭代中已经不再发生变化。

（5）解析结果。从最优的解决方案中找出那些强相关的基因。这可能涉及进一步的生物信息学分析，例如基因富集分析，寻找这些基因在生物过程中的作用等。

在实际应用中，可能需要具体问题和数据对这个过程进行一些调整。例如，可能需要调整粒子的速度和位置的更新规则或者更改适应度函数。此外，也可能需要并行计算或高性能计算资源来处理大规模的生物学数据。现有的采用粒子群优化算法解决生物信息关联分析的研究如下。

在多序列比对中，分数是用于度量各序列间相似度或匹配度的关键指标。这些分数是基于序列的相似性、结构特点等因素来确定的。但仅依赖这些分数可能会限制对齐的准确性和效果，因为它们可能没有充分捕捉到所有的生物学信息和上下文关系。为了更全面地评估序列间的相似性，引入更为综合的比对方法是至关重要的。为了实现这一目的，研究者们通常采用隐马尔可夫模型或概率一致性方法（如分区函数）。虽然以前的研究在调整隐马尔可夫模型的参数和采用分区函数来计算后验概率方面取得了一定的进展，但这两者之间的高效结合仍是一个挑战。这种结合有望进一步获取更多的序列特征，从而提高比对的准确性。为了填补这一空白，Zhan 等人[1]不仅优化了隐马尔可夫模型的参数，还将其与分区函数结合，运用粒子群优化算法对参数进一步调整。他们成功地结合了来自两种方法的后验概率，从而得出了一个更为综合和准确的比对分数。实验结果证明，这一方法显著地提高了序列比对的准确性。

蛋白质分子构成人体的组织和器官，蛋白质空间结构决定了它所要执行的功能，进而影响甚至决定了人体的生命活动。许多疾病的产生是由于蛋白质分子的结构被破坏或突变，使蛋白质失去稳定状态。此外，蛋白质序列结构的稳定性在疾病的预防和治疗中起着重要作用。Yu 等人[2]提出了一种新的蛋白质结构预测方法，该方法将粒子群优化算法和禁忌搜索方法结合，首先利用粒子群优化算法获取初始解，然后利用禁忌搜索方法构造邻域函数、候选解集、禁忌列表和禁忌准则，从而实现对蛋白质结构的预测。实验表明，该方法与单独使用禁忌搜索或粒子群优化算法相比，整合两种算法之后的新算法能得到更低的蛋白质序列势能值，预测出更合理的蛋白质稳定结构。

基因选择是微阵列数据分类过程中的关键步骤之一。由于粒子群优化算法没有复杂的进化算子，需要调整的参数较少，因此它被越来越多地应用于基因选择的研究中。由于粒子群优化算法容易收敛到局部极小值而导致过早收敛，一些基于粒子群优化的基因选择方法可能会以高概率选择而非最佳基因。为了获得冗余度较低的预测基因，并克服传统的

---

[1] ZHAN Q, WANG N, JIN S L, et al. ProbPFP: a multiple sequence alignment algorithm combining hidden Markov model optimized by particle swarm optimization with partition function [J/OL]. BMC Bioinformatics, 2019, 20 (suppl_18): 573 (2019-11-25) [2023-05-16]. https://doi.org/10.1186/s12859-019-3132-7.

[2] YU S C, LI X X, XUE T, et al. Protein structure prediction based on particle swarm optimization and tabu search strategy [J/OL]. BMC Bioinformatics, 2022, 23 (10): 352 (2022-08-23) [2023-05-16]. https://doi.org/10.1186/s12859-022-04888-4.

基于粒子群优化的基因选择方法的不足，Han等人[1]提出了一种基于基因评分策略和改进的粒子群优化的混合基因选择方法。首先，该方法利用双筛选策略获得初始基因库，采用随机化与超限学习机[2]（Extreme Learning Machine，ELM）相结合的方法对每个基因进行评分，建立三级基因库并进行进一步的基因选择；然后，该方法采用一种改进的粒子群算法，以提高群体的搜索能力并进行基因选择。在改进的粒子群算法中，为了降低收敛到局部最小值的概率，引入了Metropolis准则的模拟退火算法对粒子进行更新，当算法收敛到局部极小值时，则对一半的粒子群进行重新初始化。改进后的粒子群算法通过多种过滤策略获得的基因库能够以较高的概率选择出最优的基因子集。

在生物化学计算领域，预测建模对接工具广泛应用于构建候选蛋白—配体复合物，指导先导化合物的合成等。高质量的对接方法往往为新药开发带来事半功倍的效果。在过去的几十年里，人们为开发效率高、准确性高的新型对接程序付出了巨大的努力。AutoDock Vina[3]对接工具则是这些努力的结果之一，与AutoDock 4.0相比，它在速度和准确性上都有所提高，但该对接工具的性能仍有很大的提升空间。Li等人[4]基于经典粒子群优化和随机漂移粒子群优化，提出了一种新型的多群协同进化策略，即主从模式。在这个模型中，有一个主群和多个从群，每个从群将其最好的经验给主群的单个粒子，以促进粒子的个体经验，而

[1] HAN F，TANG D，SUN Y W T，et al. A hybrid gene selection method based on gene scoring strategy and improved particle swarm optimization [J/OL]. BMC Bioinformatics，2019，20（suppl_8）：289（2019-06-10）[2023-05-16]. https://doi.org/10.1186/s12859-019-2773-x.

[2] HUANG G B，ZHU Q Y，SIEW C K. Extreme learning machine：theory and applications [J]. Neurocomputing，2006，70（1-3）：489-501.

[3] TROTT O，OLSON A J. AutoDock Vina：improving the speed and accuracy of docking with a new scoring function，efficient optimization，and multithreading [J]. Journal of Computational Chemistry，2010，31（2）：455-461.

[4] LI C，LI J X，SUN J，et al. Parallel multi-swarm cooperative particle swarm optimization for protein-ligand docking and virtual screening [J/OL]. BMC Bioinformatics，2022，23（1）：201（2022-05-30）[2023-05-16]. https://doi.org/10.1186/s12859-022-04711-0.

主群将粒子的个人经验传回给相应的从群，以进一步促进从群的探索。此外，基于随机漂移粒子群优化的多群落程序可以实现蛋白质与受体对接的精度，该方法对类药物活性化合物的富集效果突出。Fong等人[1]提出了一种名为PSO Vina的对接工具，它将粒子群优化算法与AutoDock Vina中采用的高效的Broyden - Fletcher - Goldfarb - Shannon（BFGS）局部搜索方法结合，解决对接中的构象搜索问题。在不影响对接和虚拟筛选实验预测精度的情况下，该方法实现了50%~60%的性能提升。

总的来说，粒子群优化算法作为一种强大的优化工具，在生物信息关联分析中有着广泛的应用前景，随着生物信息学领域的不断发展，粒子群优化算法将在处理更多复杂生物信息问题中发挥更大的作用，为科研和实际应用提供强大的工具和研究方法。

11.3.3 人工蜂群算法

人工蜂群算法是模仿蜜蜂行为提出的一种优化方法，是集群智能思想的一个具体应用，它的主要特点是不需要了解问题的具体信息，只需要对问题进行优劣比较，通过各人工蜂个体的局部寻优行为，最终在群体中使全局最优解涌现出来，有着较快的收敛速度。同时，该算法可以解决多变量函数优化问题。

在人工蜂群算法中，蜜源位置代表解，蜜源花粉数量代表解的适应度。所有的蜜蜂被分为三个工种，分别是雇佣蜂、跟随蜂和侦察蜂。雇佣蜂负责寻找蜜源和分享信息，跟随蜂负责跟着雇佣蜂提供的信息去采蜜，侦察蜂在蜜源被抛弃后负责寻找新的蜜源以替代旧蜜源。人工蜂群算法是迭代进行的，在蜂群和蜜源初始化后，反复执行雇佣蜂搜索、跟随蜂跟随和侦察蜂寻找新的蜜源三个阶段，直到寻找到最优解。

---

[1] NG M C K，FONG S，SIU S W I. PSOVina：the hybrid particle swarm optimization algorithm for protein-ligand docking ［J/OL］. Journal of Bioinformatics and Computational Biology，2015，13（3）：1541007（2015-03-23）［2023-05-16］. https://doi.org/10.1142/S0219720015410073.

初始化节点需要设置蜜源数SN、蜜源被抛弃次数$limit$和迭代终止次数。蜜源产生公式如下：

$$x_{ij}=x_{\min j}+\mathrm{rand}(0,1)\left(x_{\max j}-x_{\min j}\right) \tag{11-14}$$

式中，x_{ij}表示第i个蜜源x_i的第j维的值，$i\in\{1,2,\cdots,SN\}$，$j\in\{1,2,\cdots,D\}$；$x_{\min j}$和$x_{\max j}$分别表示第j维的最小值和最大值。初始化蜜源就是对每个蜜源的所有维度通过式（11-14）赋一个在取值范围内的随机值，从而随机生成SN个初始蜜源。雇佣蜂通过以下公式来找蜜源：

$$v_{ij}=x_{ij}+\varphi_{ij}\left(x_{ij}-x_{kj}\right) \tag{11-15}$$

式中，$k\in\{1,2,\cdots,SN\}$，$j\in\{1,2,\cdots,D\}$，且$k\neq i$；φ_{ij}表示取值范围为[-1，1]的随机数。使用式（11-15）得到蜜源后，通过利用贪婪算法比较新旧蜜源的适应度值来择优选择蜜源。

雇佣蜂搜索阶段结束后，随即开始跟随蜂的跟随阶段。在该阶段中，雇佣蜂用舞蹈去分享蜜源信息，跟随蜂通过分析这些信息，采用"轮盘赌"的方式来跟踪、开采蜜源，使用"轮盘赌"的目的是保证适应度高的蜜源被开采的概率更大。与雇佣蜂搜索阶段类似，跟随蜂使用式（11-15）寻找新蜜源。每个蜜源都拥有一个参数$trial$，当蜜源更新被保留时，$trial$为0，反之，$trial$加1。$trail$存储了蜜源没有被更新的次数。如果某个蜜源经过多次开采后未被更新，它的$trial$值过高并超过了$limit$，那么这个蜜源会被抛弃，并重启侦察蜂阶段，侦察蜂依据式（11-14）重新寻找蜜源。人工蜂群算法流程图如图11-5所示。

人工蜂群算法解决生物信息关联分析的主要步骤如下：

（1）初始化种群。在人工蜂群算法中，每只蜜蜂代表一个可能的解决方案，这些蜜蜂的初始位置被随机设定，使用适应度函数来评估每只蜜蜂。在生物信息关联分析中，位置代表一组基因，适应度函数可以用来计算基因组间的关联性。

（2）雇佣蜂阶段。雇佣蜂在当前食源周围搜索新的蜜源，并根据适应度选择是否替换当前蜜源。

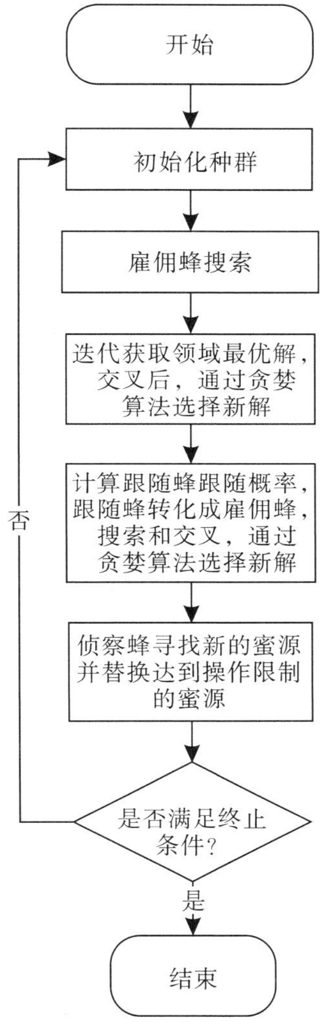

图11-5　人工蜂群算法流程图

（3）跟随蜂阶段。跟随蜂选择雇佣蜂发现的蜜源，对其进行进一步的搜索。

（4）侦察蜂阶段。如果一个位置（蜜源）在一定的循环内不能改进，那么这个蜜源就被放弃，侦察蜂将在搜索区域内随机选择一个新的位置。

（5）迭代。重复步骤（2）（3）（4），当达到一定的迭代次数或者找到了满足条件的解则终止迭代。

（6）解析结果。从最优的解决方案中找出那些强相关的基因。这可能涉及进一步的生物信息学分析，例如通过基因富集分析寻找这些基因在生物过程中的作用。

现有的基于人工蜂群算法解决生物信息关联分析的主要研究如下：

不平衡数据分类问题是数据挖掘领域面临的主要挑战之一。相关研究人员提出了许多解决方案来解决这个问题，例如随机采样和集成学习方法。但是，随机采样容易丢失代表性样本，而集成学习方法并没有利用数据集中片段之间的相关信息。Zhang等人[1]提出了一种带Bagging分类器（HABC）的混合自适应采样来解决上述问题。该方法首先根据数据集的特点计算自适应采样率，然后根据自适应采样率对原始数据集进行基于密度的欠采样和过采样。最后将采样的数据子集送入Bagging分类器，利用分类器对未知数据集进行预测，并结合多目标粒子群优化算法对预测结果进行优化。该方法引入两个目标函数，其中一个目标函数反映了预测概率，另一个目标函数用于保证在优化过程中预测概率不偏离原中心太远。大量实验表明，该方法从效率和精度上都优于其他算法。

蛋白质结构的预测是生物信息学中具挑战性的问题之一。随着蛋白质序列中氨基酸数量的增加，构象空间呈指数级增长。Correa等人[2]为蛋白质3D结构预测问题提出了一种带有数据库信息的第一原理方法，通过设计人工蜂群算法的改进算法来解决计算效率和精度问题。该方法

[1] ZHANG Y Q，LIN M，YANG Y H，et al. A hybrid ensemble and evolutionary algorithm for imbalanced classification and its application on bioinformatics [J/OL]. Computational Biology and Chemistry，2022，98：107646 （2022-02-23）［2023-05-16］. https：// doi. org / 10.1016 / j. compbiolchem.2022.107646.

[2] CORREA L D L，DORN M. A knowledge-based artificial bee colony algorithm for the 3-D protein structure prediction problem ［C］// 2018 IEEE Congress on Evolutionary Computation （CEC）. IEEE，2018：1-8.

基于群体智能概念提出了两个改进的人工蜂群算法来处理蛋白质结构预测问题。第一个是标准人工蜂群算法的变体，基于已有的人工蜂群算法进行优化设计；第二个是标准人工蜂群算法的修改版本（Mod-ABC算法），专注于蛋白质结构预测问题的研究。实验证明，Mod-ABC算法在各项指标上均优于之前的算法，证明了采用该方法处理蛋白质结构预测问题的可行性。

大部分现有的算法在查找DNA序列中的共同核苷酸序列或基序时，效率会随着数据量的增大而降低。启发式方法已成功用于代替经典优化或搜索技术，以可接受的执行时间为复杂的数值或离散优化问题生成合适的解决方案。Karaboğa等人[1]提出了一种并行人工蜂群算法，该算法用于查找DNA序列中的共同核苷酸序列或基序。结果表明，与传统的串行和并行算法模型相比，并行人工蜂群算法的协作模型可以找到更好的解决方案。

人工蜂群算法在生物信息关联分析中的应用，不仅为解决上述问题提供了有效的工具，同时也展现了其在处理复杂且高维度数据问题方面的优越性。当然，我们仍需要进一步研究和探索，以提升人工蜂群算法的搜索效率和解决方案的精度，并更好地适应生物信息数据的独特性。

11.3.4 蝙蝠算法

由于蝙蝠的回声定位行为与函数优化相似，因此可以利用蝙蝠的回声定位行为来寻找最优解。蝙蝠算法是一种基于迭代的优化算法，将蝙蝠看作优化问题的可行解，通过模拟复杂环境中精确捕获食物的机制来解决优化问题。首先，在搜索空间随机分布若干只蝙蝠，确定每只蝙蝠的初始位置及初始速度，并对种群中每只蝙蝠使用适应度函数进行评价，寻找最优个体位置；然后，通过调整频率产生新的解并调整每只蝙

---

[1] KARABOĞA D，ASLAN S，AKSOY A. Finding DNA Motifs with Collective Parallel Artificial Bee Colony Algorithm［C］//2018 International Conference on Artificial Intelligence and Data Processing（IDAP）. IEEE，2018：1-7.

蝠的飞行速度和位置，在蝙蝠的速度和位置的更新过程中，频率本质上控制着这些蝙蝠的移动步伐和范围，蝙蝠在寻优过程中，通过调节脉冲发生率和响度促使蝙蝠朝着最优解方向移动。蝙蝠在刚开始搜索时具有较小的脉冲发生率，有较大的概率在当前最优解周围进行局部搜索，同时，较大的响度使得局部搜索范围比较大，有较大的概率探测到更好的解。随着迭代次数的增加，脉冲发生率增加，响度减少，局部搜索概率减少，局部挖掘的范围也减小，蝙蝠通过不断扫描对目标进行定位，最终搜索到最优解。

为了能将回声定位机制转化成算法，蝙蝠算法将蝙蝠的回声定位、飞行速度和飞行位置进行了理想化建模。假定所有蝙蝠利用对超声波回声的感觉差异判断猎物与障碍物之间的差异，且蝙蝠是以速度v_i、位置x_i、固定频率$f_{\min}$、可变波长λ和响度A随机飞行的，每只蝙蝠通过发出不同脉冲的波长λ和响度A搜索猎物，同时蝙蝠会根据接近猎物的程度自动地调整它们发出脉冲的波长。脉冲的频率范围为$\left[f_{\min}, f_{\max}\right]$，其对应的波长范围为$\left[\lambda_{\min}, \lambda_{\max}\right]$，蝙蝠可以通过调整脉冲的波长来确定搜索范围，可探测区域的选择方式为先选择感兴趣的区域，然后慢慢缩小。

蝙蝠算法中的频率更新、速度更新、位置更新以及局部搜索更新公式如下：

$$f_i = f_{\min} + \left(f_{\max} - f_{\min}\right)\beta \tag{11-16}$$

$$v_i^t = v_i^{t-1} + \left(x_i^{t-1} - x_*\right)f_i \tag{11-17}$$

$$x_i^t = x_i^{t-1} + v_i^t \tag{11-18}$$

$$x_i^{new} = x_i^{old} + \varepsilon A^t \tag{11-19}$$

式中，f_i表示第i只蝙蝠发出声波的频率，用来调节速度；β为$[0,1]$之间的随机数；v_i^t表示第i只蝙蝠在第t代的速度；x_i^t表示第i只蝙蝠在第t代的位置；x_*为当前阶段的最优解；$\varepsilon\in[-1,1]$，是一个随机数；A^t是当前平均响度；x_i^{new}表示通过扰动得到新猎物的位置；x_i^{old}为旧猎物的位置。

蝙蝠发出声波的响度A_i和脉冲发生频率r_i随着迭代逐步更新。蝙蝠一旦发现猎物，响度会逐渐降低，同时脉冲发射频率会逐渐提高。声波强度和脉冲发射频率的更新公式如下：

$$A_i^{t+1} = \alpha A_i^t \tag{11-20}$$

$$r_i^{t+1} = r_i^0[1 - \exp(-\gamma t)] \tag{11-21}$$

式中，α和γ是自定义常数，初始阶段每只蝙蝠发出的响度和频率都是不同的，通常在0到1之间，初始频率一般接近于0。蝙蝠算法流程图如图11-6所示。

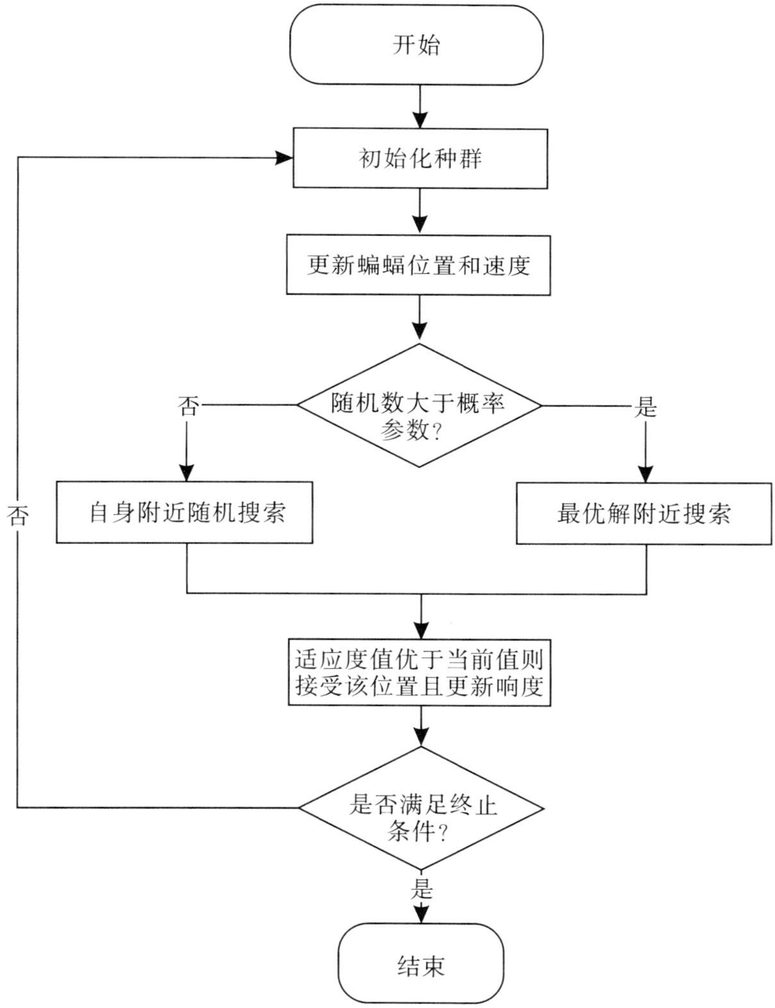

图11-6　蝙蝠算法流程图

蝙蝠算法解决生物信息关联分析的步骤如下：

（1）初始化种群。在蝙蝠算法中，每只蝙蝠代表一个可能的解决方案。该算法需要随机设定这些蝙蝠的初始位置和速度。在生物信息关联分析的场景中，位置可能代表一组基因，速度表示搜索的方向和幅度。

（2）评估蝙蝠。使用适应度函数来评估每只蝙蝠。在生物信息关联分析中，适应度函数可以用来计算基因组间的关联性。

（3）更新蝙蝠位置和速度。每只蝙蝠会根据当前自身位置和速度以及全局的最优解更新自己的速度和位置。同时蝙蝠会根据一定的概率调整其频率，从而实现回声定位。

（4）局部搜索。每只蝙蝠会在当前位置附近进行局部搜索。如果找到更好的解，就更新当前的最优解。

（5）全局搜索。随机选择一只蝙蝠，根据它当前的位置进行全局搜索。如果找到更好的解，就更新当前的最优解。

（6）迭代和终止。重复步骤（3）（4）（5），当达到一定的迭代次数或者找到了满足条件的解时，则终止迭代。

（7）解析结果。从找到的最优解中找出那些强相关的基因。这可能涉及进一步的生物信息学分析，例如通过基因富集分析寻找这些基因在生物过程中的作用。

当前，基于蝙蝠算法解决生物信息关联分析问题的主要研究如下。

生物信息学在药物发现中发挥了重要作用，药物发现的步骤之一是分子对接，分子对接是模拟配体和靶蛋白之间的相互作用，用于体外测试。解决分子对接问题不是一件容易的事，因为分子对接涉及很多自由度。Fernando等人[1]研究了蝙蝠算法在解决分子对接问题中的应用，该研究解决了生物碱化合物SA2014与癌症细胞周期蛋白D1蛋白的分子对

[1] FERNANDO F，IRAWAN M I，FADLAN A. Bat algorithm for solving molecular docking of alkaloid compound SA2014 towards cyclin D1 protein in cancer ［C/OL］// Journal of Physics：Conference Series. IOP Publishing，2019，1366（1）：012089（2019-11-07）［2023-05-16］. https://doi.org/10.1088/1742-6596/1366/1/012089.

接问题，他们将最小结合能定义为分子对接问题的目标函数，较低的能量意味着蛋白质和配体的结合更强。该研究还使用蛋白质结构的均方根偏差（RMSD）来检验该蝙蝠算法的有效性。实验结果表明，相比单独使用蝙蝠算法来进行分子对接研究，将蝙蝠算法与其他算法结合会有更好的效果。Rahmalia等人[1]对登革热病毒和寨卡病毒进行了研究，通过两种病毒序列的比对确定变异病毒与原始病毒之间的相似性，超序列比对（Super Pairwise Alignment，SPA）是生物信息学中用于比对两个病毒序列的方法。由于相似性得分受SPA参数的影响，该研究使用蝙蝠算法优化SPA的参数，从而得到最大化相似性得分。

确定蛋白质最低自由能构象是一个NP-hard问题，而启发式算法在解决NP-hard问题时具有很好的效果。Bahamish等人[2]将蝙蝠算法用于解决蛋白质构象搜索问题，通过利用扭转角、ECEPP（Empirical Conformational Energy Program for Peptides）能量函数和蝙蝠的行为探索蛋白质构象搜索空间。实验表明，所提出的蝙蝠算法能很好地解决蛋白质构象搜索问题。

高通量技术的发展为生物网络中可用数据量的增加提供了可靠的技术保障。研究人员利用网络比对分析这些数据，从而识别保守的功能网络模块并了解物种间的进化关系。因此，网络对齐需要一种有效的计算网络对齐器。Chen等人[3]将经典的蝙蝠算法离散化并应用于网络对齐。在蝙蝠算法的基础上，他们提出了一种全局成对对齐算法。该算法是基于目标函数的搜索算法，以守恒边的数量为优化目标，个体速度和位置

[1] RAHMALIA D，HERLAMBANG T. Bat algorithm application for estimating super pairwise alignment parameters on similarity analysis between virus protein sequences［J］. Jurnal Ilmiah Teknik Elektro Komputer dan Informatika （JITEKI），2020，6（2）：1-10.

[2] BAHAMISH H A，AL-AIDROOS N M，BORAIK A N. Bat algorithm for protein conformational search［C］// 2019 First International Conference of Intelligent Computing and Engineering（ICOICE）. IEEE，2019：1-7.

[3] CHEN J，ZHANG Y，XIA J F. Pairwise biological network alignment based on discrete bat algorithm［J/OL］. Computational and Mathematical Methods in Medicine，2021，2021：5548993（2021-11-03）［2023-05-16］. https://doi.org/10.1155/2021/5548993.

由离散代码表示，网络之间的相似性用于初始化种群。实验结果表明，该算法能够匹配功能一致性高的蛋白质，达到较高的拓扑质量。

由于基因表达数据具有高维度、小样本量和噪声的特征，使用完整的基因数据集实现令人满意的癌症分类仍然是一个巨大的挑战。特征缩减在分类任务中是关键的和敏感的，特别是在异构的多媒体数据中。癌症研究的主要难点之一是从微阵列数据中的数千个可用基因中识别信息基因。传统的特征选择算法无法在大空间数据（如微阵列数据）上进行扩展。因此，需要一种有效的特征选择算法，在不影响分类算法准确性的情况下，通过从数据集中去除非预测基因来探索重要的基因子集。Hambali等人[1]提出了一种信息增益—改进的蝙蝠算法（InfoGain-MBA）特征选择模型，该模型利用二进制进行编码，使用分类精度和选择特征数融合的函数作为蝙蝠算法的适应度函数，并使用C4.5、决策树、随机森林和回归树（CART）四个分类器，从而实现从高维微阵列癌症数据集中选择相关且信息丰富的特征。结果表明，该方法在微阵列癌症数据的分类中具有较好的效果。

11.4 本章小结

本章介绍了常用的进化算法，包括遗传算法、差分进化算法、蚁群优化算法、粒子群优化算法、人工蜂群算法和蝙蝠算法。介绍了各个算法的灵感来源、核心思想以及实现步骤。相比其他算法，进化算法无需使用者具备很强的数学能力和建模能力，也无需深入了解问题的本质，只需将所要解决的问题以合适的方式编码并确定需要优化的适应度函数，通过反复迭代就能找到理想的解。由于进化计算具有简单且高效的优点，使得进化算法在生物信息领域广受欢迎，当生物数据量庞大、个

[1] HAMBALI M A，OLADELE T O，ADEWOLE K S，et al. Feature selection and computational optimization in high-dimensional microarray cancer datasets via InfoGain-modified bat algorithm［J］. Multimedia Tools and Applications，2022，81（25）：36505-36549.

体关系复杂时，通过建模分析发掘个体之间的联系往往效率低下，使用进化算法迭代搜索最优解是一个好的选择。此外，在介绍完每个算法的相关理论知识后，还介绍了部分算法在生物信息学领域中最新应用，进一步帮助读者了解算法及其应用。

第 12 章

基于复杂网络的关系预测

复杂网络是由数量庞大的节点和复杂的节点关系共同构成的网络结构。在生物科学、社会科学和信息科学等领域中都广泛存在着各种具有复杂拓扑特征的网络，节点表示各种社会个体、网络用户、网络站点等，节点之间的链接表示节点所代表的对象之间的通讯或某种关系[1]。

复杂网络中的关系预测主要体现在网络中两个实体之间的连边预测，也称为链接预测，链接预测的任务是要探测潜在的且尚未被观察到的链接，或者是预测尚未存在但可能存在的链接。基于已观测到的网络如何推断潜在连边存在的可能性是复杂网络中链接预测研究的重点问题。近年来涌现出了各式各样的算法，包括基于相似性度量的链接预测算法[2]、概率模型[3]、最大似然模型[4]、Deep Walk以及集成方法[5]等。

尽管解决链接预测的方法层出不穷，但大多数方法都融合了基于相似性度量的链接预测方法并在此类方法基础上进行改进，因此，接下来

---

[1] 潘雨，王帅辉，张磊等.复杂网络社团发现综述［J］.计算机科学，2022，49（S2）：208-218.

[2] LIBEN-NOWELL D，KLEINBERG J. The link-prediction problem for social networks［J］. Journal of the American Society for Information Science and Technology，2007，58（7）：1019-1031.

[3] NEVILLE J，JENSEN D. Relational dependency networks［J］. Journal of Machine Learning Research，2007，8（3）：653-692.

[4] GUIMERÀ R，SALES-PARDO M. Missing and spurious interactions and the reconstruction of complex networks［J］. Proceedings of the National Academy of Sciences，2009，106（52）：22073-22078.

[5] GHASEMIAN A，HOSSEINMARDI H，GALSTYAN A，et al. Stacking models for nearly optimal link prediction in complex networks［J］. Proceedings of the National Academy of Sciences，2020，117（38）：23393-23400.

的章节重点介绍一些经典的、基于相似性度量的链接预测方法以及该类方法结合其他相似性度量指标后的改进方法。

12.1　基于相似性度量的链接预测方法

基于相似性度量的链接预测方法相比其他方法，性价比较高，在保证低复杂度、易于理解、可解释性强等特性的同时，达到了较高的预测精度，该方法也是应用最广泛的相似性度量方法。常用的相似性度量指标如下：

1. Salton Index（SI）系数

$$S_{xy}^{SI}=\frac{|\Gamma_x\cap\Gamma_y|}{\sqrt{k_x k_y}} \tag{12-1}$$

式中，k_x、k_y分别表示节点x和y的度；Γ_x、Γ_y分别表示节点x和y的邻居集合；$|\Gamma_x\cap\Gamma_y|$表示共同邻居（CN）系数。CN系数表示的是共同邻居的数目，也可以理解为两个节点之间长度为2的路径个数。

2. Leicht-Holme-Newman（LHN）系数[1]

$$S_{xy}^{LHN}=\frac{|\Gamma_x\cap\Gamma_y|}{k_x k_y} \tag{12-2}$$

式中，k_x、k_y分别表示节点x，y的度；$|\Gamma_x\cap\Gamma_y|$表示共同邻居系数，$k_x k_y$表示的是两个节点邻居的期望个数。

3. Preferential Attachment（PA）系数

$$S_{xy}^{PA}=k_x k_y \tag{12-3}$$

PA系数常被用于无标度网络，采用优先链接机制，该机制的基本思想是新的链接更可能链接度数较高的节点，因此PA系数的大小与节点的度成正比。

---

[1] LEICHT E A，HOLME P，NEWMAN M E J. Vertex similarity in networks ［J/OL］. Physical Review E，2006，73（2）：026120（2006-02-17）［2023-05-16］. https：// doi. org / 10.1103 / PhysRevE.73.026120.

4. Adamic-Adar（AA）系数

$$S_{xy}^{AA}=\sum_{z\in\Gamma_x\cap\Gamma_y}\frac{1}{\log k_z} \tag{12-4}$$

式中，z表示节x和节点y的共同邻居节点，k_z表示节点z的度。

AA系数是对CN系数的改进，当计算两个相同邻居的数量时，每个邻居的“重要程度”都不一样，当邻居的邻居数量越少时，就越凸显该邻居作为中间节点的重要性。

5. Resource Allocation（RA）系数

$$S_{xy}^{RA}=\sum_{z\in\Gamma_x\cap\Gamma_y}\frac{1}{k_z} \tag{12-5}$$

RA系数是对AA系数的改进，RA系数对于高度数节点的共同邻居具有较高的惩罚力度，与AA系数的区别在于共同邻居的权重随着共同邻居的度增大，衰减更快。CN、AA和RA系数在数学形式上非常相似，唯一区别在于后两者都对共同邻居的贡献进行了更精细的区分，且都减少共同邻居的贡献。从预测效果上看，三者在较小的度异质性的网络中，预测效果不会有显著差异。但在度异质性大且平均度较大的网络中，CN、AA和RA系数在预测效果上存在显著差异。

为解决基于二阶路径相似性指标简并度高的缺点，一些算法尝试通过考虑更长的路径信息来增加算法的分辨率。这些算法的相同点在于路径的贡献随着路径长度的增加而衰减，而长路径的加入主要起到增加连边似然分辨率的作用，例如LP指标和Katz指标[1]。

LP指标同时考虑了连通节点i和节点j的二阶路径信息和三阶路径信息，表达式如下：

$$S_{xy}^{LP}=\left(A^2\right)_{xy}+\varepsilon\left(A^3\right)_{xy} \tag{12-6}$$

式中，ε是一个自定义参数。

Katz指标考虑了连通节点x和节点y的所有可能路径，并通过阻尼参

[1] MARTÍNEZ V，BERZAL F，CUBERO J C. A survey of link prediction in complex networks［J］. ACM Computing Surveys （CSUR），2016，49（4）：1-33.

数β使不同路径长度的贡献呈指数级衰减，表达式如下：

$$S_{xy}^{\mathrm{Kat}}=\beta(A)_{xy}+\beta^{2}\left(A^{2}\right)_{xy}+\beta^{3}\left(A^{3}\right)_{xy} \tag{12-7}$$

以上介绍了基于相似性度量的链接预测方法常用的一些指标，并分析了部分指标的优缺点及其改进方法。基于相似性度量的链接预测方法由于其简单高效的特点，使其在各个领域被广泛应用。基于相似性度量的链接预测方法虽然并不一定能保证在所有应用场景都达到很好的预测效果，但是由于计算简便、时间复杂度低，研究人员往往将其预测结果作为初始参考，并结合其他预测方法，进一步提高算法预测精度。

12.2　基于协同过滤的链接预测方法

协同过滤[1]常用于推荐系统，推荐系统是根据用户的兴趣特点和购买行为，向用户推荐他们感兴趣的信息和商品。“协同”指的是利用多个用户的偏好和使用习惯推断目标用户可能感兴趣的信息和商品。基于协同过滤的推荐系统与基于内容的推荐系统存在差异，后者不需要借助其他用户的个人使用习惯和购买偏好，仅通过抽取目标用户选择过的物品的属性信息计算这些物品与其他物品的相似性，并将相似性高的物品推荐给用户。协同过滤的优点在于无需考虑物品属性，避免额外的无效计算和可能出现的误差传递现象。

推荐问题通常可转化为基于用户–物品二分网络中的链接预测问题，在该网络中用户与物品之间存在连边。协同过滤方法的核心是获取与目标用户最相似的用户群体，再将相似用户喜好的物品推荐给该用户。在简化后的基于用户的协同过滤方法中，用户i对物品α的感兴趣程度可表示为：

[1] RESNICK P，LACOVOU N，SUCHAK M，et al.Grouplens：an open architecture for collaborative filtering of netnews ［C］// Proceedings of the 1994 ACM International Conference on Computer Supported Cooperative Work. ACM，1994：175-186.

$$I_{i\alpha} = \sum_{j \in \Lambda_i} S_{ij} A_{j\alpha} \tag{12-8}$$

式中，Λ_i表示与用户i高度相似的用户集合；S_{ij}表示不同用户之间的相似度值；$A_{j\alpha}$表示二分网络对应的邻接矩阵。当用户j选择物品α时，则$A_{j\alpha} = 1$，反之，$A_{j\alpha} = 0$。

从协同过滤的框架得到的启发是，两个具有共同兴趣的节点会连接相同的节点，而在传统的仅基于拓扑结构进行链接预测的方法中，具有很多共同邻居的节点大概率连接相同的节点。因此，将两种方法有机地结合起来并运用在链接预测中，能一定程度提高预测精度。得到新的链接预测框架如下：

$$\dot{S}_{xy} = \sum_{z} A_{xz} S_{zy} + \sum_{z} A_{yz} S_{zx} \tag{12-9}$$

式中，$\boldsymbol{A}$是目标网络的邻接矩阵。在协同过滤框架中，目标用户i的最相似邻居集合Λ_i由相似性值大于特定阈值的用户构成，而在式（12-9）中最相似邻居集合可由网络的拓扑结构获得，即$\{z|A_{xz} = 1\}$。此外，在该框架中，需要同时考虑两个目标节点x和y的最相似邻居集合。

在一些场景下，用户往往不会购买或者很少购买重复的商品，因此目标用户自身短期之内是不会出现在最相似性的用户集合中。然而在链接预测中，不存在这种情况，两个目标的直接相似性是需要在对应的链接预测框架中考虑的，因此调整过后的协同过滤框架可表示如下：

$$\ddot{S}_{xy} = \sum_{z} A_{xz} S_{zy} + \sum_{z} A_{yz} S_{zx} + S_{xy} + S_{yx} \tag{12-10}$$

使用该框架进行链接预测步骤如下：（1）选择节点a和节点b做链接预测；（2）分别确定节点a和b的邻居集合，记为Γ_a，Γ_b；（3）分别计算Γ_a中所有节点和b的相似度值，以及Γ_b中节点和a的相似度值；（4）将两部分相似度相加获得节点a和节点b的相似度值。

以上我们介绍了一种基于CN系数和协同过滤的链接预测方法，该方法创新地将协同过滤的思想引入链接预测中，将基于相似性的链接预测框架和协同过滤框架进行融合得到了新的框架，使得该框架在不同的网络数据上表现稳定，并一定程度上提高了最终的预测精度。

12.3 基于复杂网络社区结构的链接预测方法

复杂网络的社区结构[1]是复杂网络里的一个子图，该子图内部连接紧密，子图之间连接稀疏，具有高度相似性的节点往往处于同一个社区。因此，将社区结构作为衡量节点关联性因素之一，有助于提高链接预测精度。

为了解决传统链接预测方法局部信息利用率不高的问题，研究人员引入社区划分算法划分社区，将社区信息作为衡量节点相关性依据的一部分，从而更好地预测网络潜在链接。社区结构信息可以为链接预测提供重要的补充。基于节点相似性的链接预测方法，一般会根据节点度或网络拓扑结构来计算网络中节点之间链接的概率。这些方法专注于网络拓扑结构研究而忽略了节点本身所携带的度信息，使得最终的链接预测往往缺乏精确性。因此，在考虑路径信息的同时，要结合节点间路径所经过的节点自身所携带的度信息，将节点路径信息与节点度融合，充分利用节点拓扑结构进行社会网络链接预测，从而提升预测精度。

12.4 基于社区结构和节点拓扑结构的链接预测方法

社区内的节点正相关性（Positive Correlation within the Community，PCWC）是衡量社区内节点之间关联程度的重要指标，如果社区内两个节点相关性为正，则说明同一社区内的两个节点之间存在链接的概率的积极影响。表达式如下：

---

[1] FORTUNATO S，HRIC D. Community detection in networks：a user guide［J］. Physics Reports，2016，659：1-44.

$$PCWC = \frac{\sum_{i=1}^{N_{cw}} \frac{2E'_{cw}}{k_i(k_i - 1)}}{N_{cw}} \tag{12-11}$$

式中，N_{cw}表示本社区的所有节点数；k_i表示节点i的度；E'_{cw}表示节点i所有邻居实际构成边的总数。

社区间的节点负相关性（Negative Correlation between Communities，NCBC）衡量当两个节点处于不同社区时，对这两个节点之间存在链接的概率的消极影响。表达式如下：

$$NCBC = \lambda(k_x + k_y) \tag{12-12}$$

式中，λ表示社区之间的负相关系数，$\lambda \in [-1,0]$；k_x表示节点x所在社区内的链接数；k_y表示节点y所在社区内的链接数。

社区内局部路径指数度量了基于整个网络所有路径的集合，但为了综合考虑准确性和复杂性，将局部路径分成社区内局部路径指数（Local Path Index within the Community，LPWC）和社区间局部路径指数（Local Path Index between Communities，LPBC）。另外引入一个长路径惩罚系数，通过对长路径进行惩罚来减少长路径对节点相似性的影响。社区内局部路径指数表示的是两个目标节点位于同一社区内时的局部路径指数。其数学表达式如下：

$$LPWC = \sum_{i=2}^{n_{\max}} \frac{1}{i-1} l_{xy}^{i} \tag{12-13}$$

式中，节点x和节点y属于同一社区；l_{xy}^{i}表示节点x和y之间的长度为i的路径长。

社区间局部路径指数表示的是两个目标节点位于不同社区时的局部路径指数。其数学表达式如下：

$$LPBC = \sum_{i=2}^{n_{\max}} \frac{1}{i-1} l_{xy}^{i} \tag{12-14}$$

式中，节点x和节点y属于不同社区。

RA指标根据共同邻居的节点的度为每个节点分配一个权重值，即为每个节点度的对数的倒数。受RA指标的启发，路径间节点与社区内其他节点链接得越少，这个节点对这个路径的贡献越大；相反，路径间节点社区内其他节点链接得越多，对节点间产生链接的贡献越小。基于上述假设，通过计算社区内节点度指数（Node Degree index within the Community，NDWC）来衡量节点对路径的贡献程度。NDWC的数学表达式为：

$$NDWC = \sum_{(x',y') \in E_{cw}} \frac{1}{\log\left(k_{x'}\right) + \log\left(k_{y'}\right)} + \sum_{x' = y'} \frac{1}{\log\left(k_{x'}\right)} \tag{12-15}$$

式中，$x' = \Gamma_x$，$y' = \Gamma_y$；E_{cw}表示节点x，y所属社区边的集合；$k_{x'}$、$k_{y'}$分别表示节点x'和y'所属社区的度。

该方法将网络中节点之间的链接细分为社区内目标节点间的链接和社区之间目标节点间的链接。并针对网络中目标节点在社区内部和社区之间两种不同的情况，分别使用不同的链接预测方法来计算目标节点间链接的概率。具体数学表达式如下：

$$S_{xy}^{CW} = LPWC + NDWC \times PCWC \tag{12-16}$$

$$S_{xy}^{CB} = LPBC + NCBC \tag{12-17}$$

式中，S_{xy}^{CW}表示两个目标节点位于同一社区时的潜在链接的相似度指数；S_{xy}^{CB}表示两个目标节点位于不同社区时的潜在链接的相似度指数。

引入社区结构的链接预测方法步骤如下：（1）输入网络邻接矩阵信息；（2）使用社区检测算法检测网络社区结构；（3）划分测试集E^T和训练集E^P；（4）根据得到的社区信息计算社区内节点的$PCWC$和$NCBC$；（5）计算局部路径指数$LPWC$和$LPBC$；（6）分别计算长度为2和3的社区内节点度指数$NDWC$；（7）计算E^P中网络目标节点间的相似值。

该方法同时结合了节点领域的拓扑结构和节点所属的社区结构信息，共同衡量节点之间的相似度，弥补了单相似性度量方法的缺陷，从而提升了链接预测精度。

12.5 基于社区链接指数的链接预测方法

社区链接指数是某一社区内的链接数和与该社区有链接关系的其他链接数的比值，假设$\Lambda\left(c_i\right)=\left\{x \mid x \in c_i\right\}$统计的是社区$c_i$中节点，$\Gamma\left(c_i\right)=\left\{y \mid x \in c_i, y \notin c_i,(x, y) \in E\right\}$统计的是在社区$c_i$中且与$c_j$有链接的节点，则社区链接指数的计算公式如下：

$$CCI\left(c_i, c_j\right)=\frac{\left|\left(\Lambda\left(c_i\right) \cup \Gamma\left(c_i\right)\right) \cap\left(\left(\Lambda\left(c_j\right) \cup \Gamma\left(c_j\right)\right)\right|}{\left|\Lambda\left(c_j\right) \cup \Gamma\left(c_i\right)\right| \cdot\left|\Lambda\left(c_j\right) \cup \Gamma\left(c_j\right)\right|} \tag{12-18}$$

基于社区链接指数的链接预测方法计算节点对产生链接的概率时，需要考虑节点局部相似度和社区相似度，可以灵活地结合CN、AA和RA系数等节点相似性度量指标。融合后的相似度计算公式如下：

$$CCI\_CN(x, y)=CN(x, y)+CCI(c(x), c(y)) \tag{12-19}$$

$$CCI\_AA(x, y)=AA(x, y)+CCI(c(x), c(y)) \tag{12-20}$$

$$CCI\_RA(x, y)=RA(x, y)+CCI(c(x), c(y)) \tag{12-21}$$

基于社区链接指数的链接预测方法步骤如下：（1）分别使用CN、AA和RA系数计算节点的局部相似度得分；（2）使用社区划分算法对社区网络进行划分；（3）判定社区网络中的节点信息；（4）找到每个社区节点数α，β；（5）计算每个社区的链接指数$CCI\left(c_i, c_j\right)$；（6）融合CCI和不同节点相似度指标得到最终节点相似度。

该方法融合了社区链接指数和不同的相似性度量方法，使得该方法适应各种不同的网络结构。社区链接指数很好地结合了社区影响因子，最终提升了整体预测精度。引入社区结构信息后，有效解决了经典预测方法网络信息利用率不高的问题，相比经典的预测方法，结合了复杂网络社区结构的预测方法，使得链接预测精度更高。

在癌症研究领域，研究人员发现网络中的癌症生物标志物，并分析这些标志物相关的驱动基因，对了解癌症本身的进展至关重要。由于跨样本的基因表达谱之间存在高度相关性，因此可以使用图论的知识和网络技术来描述它们之间的关系，以表达相关的基因可能形成的复合体、路径和信号回路。此外，将统计分析方法与基因表达模式研究结合，已被广泛应用于各种癌症研究领域。

目前已经有了一些研究旨在从基因共表达网络[1]（Gene Co-expression Networks，GCN）中识别复发模块和一些具有生物学意义的模块。在一个GCN中，节点表示基因，存在连边的节点之间具有明显相似的表达模式。在GCN中存在两种常用的推断边的方法，其中，皮尔森相关系数（Pearson correlation coefficient）是各种研究中最常用的相似性度量方法[2]；另一种方法是互信息，它是一种源于信息论的度量方法[3]，用于测量基因与其他变量之间的非线性关系。此外，还有一些其他的度量方法，如斯皮尔曼秩相关系数、欧氏距离和高斯图形模型等[4][5]。构建共表达网络后，通过一个阈值来控制基因间的生物学相关性。

识别具有密集基因组的相互作用是目前研究的热点。这些高度链接的群体具有更高的组内同质性，被认为是生物学中执行共同任务的重要模块，如共享的调节输入和功能通路等。层次聚类是找出这些类似模块的主要方法[6]，加权基因相关网络分析（Weighted Gene Correlation

---

[1] STUART J M，SEGAL E，KOLLER D，et al. A gene-coexpression network for global discovery of conserved genetic modules [J]. Science，2003，302（5643）：249-255.

[2] WOLFE C J，KOHANE I S，BUTTE A J. Systematic survey reveals general applicability of "guilt-by-association" within gene coexpression networks [J]. BMC Bioinformatics，2005，6（1）：227-236.

[3] BUTTE A J，KOHANE I S. Mutual information relevance networks：functional genomic clustering using pairwise entropy measurements [M]//Biocomputing 2000，1999：418-429.

[4] WEN X L，FUHRMAN S，MICHAELS G S，et al. Large-scale temporal gene expression mapping of central nervous system development [J]. Proceedings of the National Academy of Sciences，1998，95（1）：334-339.

[5] LI H Z，GUI J. Gradient directed regularization for sparse gaussian concentration graphs，with applications to inference of genetic networks [J]. Biostatistics，2006，7（2）：302-317.

[6] LEE H K，HSU A K，SAJDAK J，et al. Coexpression analysis of human genes across many microarray data sets [J]. Genome Research，2004，14（6）：1085-1094.

Network Analysis，WGCNA）是应用层次聚类方法查找模块应用最广泛的软件包[1]。为了找出网络中生物标志物，除了使用GCN，研究人员还使用了蛋白质-蛋白质相互作用（Protein-Protein Interaction，PPI）网络[2][3][4]。虽然PPI网络和GCN本质上都是静态的，但PPI网络可以提供丰富的动态过程信息，如遗传网络对DNA损伤的响应行为、蛋白质亚细胞定位的预测以及蛋白质功能、遗传互作、衰老过程等信息。

社区检测是一种网络科学方法，可以作为一种分析工具来分析各种网络结构，GCN是一种生物网络，可以使用社区划分算法来分析。网络中的社区检测可以看作是识别相关节点的归属集群。Li等人[5]提出了在GCN中寻找社团的MiMod算法，该算法采用了分而治之的策略，运用了双聚类方法。Tripathi等人[6]提出一种自适应的集成方法，使用多个社区检测算法在异构生物网络中寻找疾病模块。Wang等人[7]提出了启发式图聚类算法（Heuristic Graph Clustering Algorithm，HGCA），该算法根据各种

---

[1] ZHANG B，HORVATH S. A general framework for weighted gene co-expression network analysis［J/OL］. Statistical Applications in Genetics and Molecular Biology，2005，4（1）：17（2005-08-12）［2023-05-16］. https：//doi.org/10.2202/1544-6115.1128.

[2] TIMALSINA P，CHARLES K，MONDAL A M. STRING PPI score to characterize protein subnetwork biomarkers for human diseases and pathways［C］// IEEE International Conference on Bioinformatics and Bioengineering. IEEE Computer Society，2014：251-256.

[3] CHARLES K，AFFUL A，MONDAL A M. Protein subnetwork biomarkers for yeast using brute force method［C］// Proceedings of the International Conference on Bioinformatics and Computational Biology（BIOCOMP）. The Steering Committee of The World Congress in Computer Science，Computer Engineering and Applied Computing（WorldComp），2013：218-223.

[4] BETT D K，MONDAL A M. Diffusion kernel to identify missing PPIs in protein network biomarker［C］//International Conference on Bioinformatics and Biomedicine（BIBM）. IEEE，2015：1614-1619.

[5] LI Y，LIU B Q，LI J，et al. Mimod：a new algorithm for mining biological network modules［J］. IEEE Access，2019，7：49492-49503.

[6] TRIPATHI B，PARTHASARATHY S，SINHA H，et al. Adapting community detection algorithms for disease module identification in heterogeneous biological networks［J］. Frontiers in Genetics，2019，10：164-181.

[7] WANG J，LIANG J Y，ZHENG W P，et al. Protein complex detection algorithm based on multiple topological characteristics in PPI networks［J］. Information Sciences，2019，489：78-92.

拓扑特征选择种子节点，并从这些种子节点扩展到蛋白质-蛋白质相互作用网络并形成社区。Couturier等人[1]使用了Louvain算法从5例胶质母细胞瘤患者的scRNA-seq数据中，检测癌症的亚型在多个样本中共同表达的基因更有可能对应官能团。不同类型的癌症具有许多相同的特征[2]，通过分析不同类型癌症[3]的GCN，可以挖掘出与这些共同特征相关的基因。Tanvir等人[4]提出一种新的方法，该方法在构建GCN时引入了皮尔森相关系数作为阈值，识别网络中的保守社区。与其他方法不同的是，他们挖掘出了多种癌症社区，并与其他癌症进行比较分析，在生存分析中他们使用K-means评分集群，避免了传统方法使用GGI评分进行评估存在的可重复性问题。在挖掘出网络中的癌症社区后，首先通过排列试验进一步挖掘其他癌症中保守的群体；然后，使用保守的群体基因作为预后协变量对三种癌症的临床数据进行生存分析；最后，通过癌症生物标志物将癌症患者区分为高风险和低风险人群的社区。实验表明，最终该方法有效地识别出了16个类似的网络生物标志物，这些网络生物标志物的基因列表可以通过从静态表达谱推断伪时间来发现癌症发展的轨迹。

12.6　本章小结

本章介绍了一些基于复杂网络的关系预测方法：传统的基于相似性

---

[1] COUTURIER C P，NADAF J，LI Z，et al. Glioblastoma scRNA-seq shows treatment-induced, immune-dependent increase in mesenchymal cancer cells and structural variants in distal neural stem cells［J］. Neuro-Oncology，2022，24（9）：1494-1508.

[2] HANAHAN D，WEINBERG R A. Hallmarks of cancer：the next generation［J］. Cell，2011，144（5）：646-674.

[3] YANG Y，HAN L，YUAN Y，et al. Gene co-expression network analysis reveals common system-level properties of prognostic genes across cancer types［J/OL］. Nature Communications，2014，5（1）：3231（2014-02-03）［2023-05-16］. https：//doi.org/10.1038/ncomms4231.

[4] TANVIR R B，MAHARJAN M，MONDAL A M. Community based cancer biomarker identification from gene co-expression network［C］// Proceedings of the 10th ACM International Conference on Bioinformatics，Computational Biology and Health Informatics. 2019：545.

度量的链接预测方法，协同过滤的链接预测方法，基于复杂网络社区结构的链接预测方法。同时还介绍了预测方法在癌症领域的应用。

单一地使用相似性度量进行链接预测，虽然算力消耗低，便于理解，但往往预测精度达不到预期效果，因此引入其他的方式去发掘网络结构潜在价值，并充分利用这些价值，才能进一步提高链接预测精度；基于协同过滤的链接预测方法，受到推荐系统协同过滤方法的启发，扩展到链接预测领域，并结合CN方法，有效地弥补了CN预测能力不足的问题；基于复杂网络的链接预测充分利用图的拓扑结构以及节点自身所带的信息来衡量节点之间的关联程度，并发掘出潜在的价值，在研究蛋白质结构、揭示疾病复杂的内部机制、诊断治疗疾病等方面提供支持；基于社区结构和节点拓扑结构的预测方法以及基于社区的链接指数预测方法都引入了复杂网络社区结构，在相似性度量方法的基础上，考虑了社区结构带来的潜在价值，为链接预测提供了很好的思路，引入社区结构度量并结合相似性度量方法，极大地提升链接预测的精度。

第 13 章

总结与展望

过去常常有人说，“21世纪是生命科学的世纪”，然而人类步入21世纪已经有20余年，目前我们还没有看到生物学有类似蒸汽机、电力那样革命性的突破出现。随着计算机科学在近十年间的迅猛发展，不断有新技术涌现，并与其他学科结合形成交叉学科，生物信息学就是这一背景下的产物，2018年出现的AlphaFold就是其中比较有突破性的成果。对此，我们可以预见，单凭对学科自身的研究，生物学很难达到“生命科学的世纪”那样的高度，要实现这一宏伟目标，必须建立在与其他学科的交叉之上，生物信息学就具备这样的潜力，而关联分析是生物信息学中解决核心问题的重要技术和分析方法。本书立足于这样的时代背景，详细介绍了关联分析技术在生物信息学中的应用。本章将对全书内容做总结，并分析目前关联分析技术在生物信息学中应用存在的挑战，以及对未来开展的研究工作进行展望。

13.1　总结

生物信息学研究通常是对异构数据进行分析，采用关联分析的方法从现有的数据和信息中寻找低支持度的判别模式，是未来生物信息学研究的一个方向。针对复杂的生物数据集及其相关问题研究新的关联分析技术，包括与深度学习、图挖掘结合的技术，这些技术的研究将极大地提升关联分析的能力，帮助我们从复杂的生物数据集中发现新的知识，并解决重要的生物信息学问题。

本书简要介绍了生物信息学的概念，详细介绍了关联分析、复杂网络、计算语言学、非编码RNA调控、蛋白质结构预测、基因序列组装和应用、多模态医学影像的融合以及进化计算等内容。其中的关键点如下。

第1章介绍了生物信息学的概念及其发展历程，信息融合与关联分析的概念，并列出了关联分析常用的研究工具。

第2章至第4章主要是关于计算机算法方面的内容。其中，第2章介绍了关联分析的基本概念和算法，包括序列模式挖掘、子图模式挖掘、非频繁模式挖掘、桥接模式挖掘、词向量表示、随机游走、知识推理算法。第3章从图论概念出发，介绍了复杂网络的基本概念、图论的基本概念、主要网络模型、复杂网络的传播动力学、复杂网络的复杂结构以及复杂网络在生物信息学中的应用。第4章将生物序列视为语言，这种思路具有很大吸引力，介绍了计算语言学的基本概念、形式语言理论、生物序列及其关联分析、核酸的结构语言学、生物序列的功能语言学、进化语言学以及计算语言学在生物信息学中的应用。如今，许多研究将语言理论领域的方法应用于生物序列上，未来将不断带来新的应用和突破。

第5章至第10章主要是关于生物学与医学方面的内容。其中，第5章介绍了非编码RNA的概念、功能、分类和结构。第6章介绍了非编码RNA与疾病关系的预测模型。第7章介绍了蛋白质结构、蛋白质数据库、蛋白质结构预测算法以及蛋白质相互作用热点预测算法。由于生命组学技术和真核与原核生物的遗传和表观遗传多样性，对非编码RNA的研究正迅速进入生物大数据时代，生命科学领域正酝酿着现代生命科学及技术方面新的重大突破。第8章介绍了基因序列组装算法及其应用、基因组的比对与组装方法以及组装方法面临的挑战与展望。第9章介绍了生物学通路识别方法和信号通路分析方法，主要包括以下三类：第一类是基于基因功能富集的通路识别，包括基于显著表达分析的通路识别和基于功能类得分的通路识别；第二类是基于网络的通路识别，包括基于通路拓扑结构的通路识别和基于网络拓扑结构的通路识别；第三类是基于个性化分析的通路识别。第10章介绍了多模态医学影像的基本概念以及多模态医学影像的融合方法，包括频率融合、空间融合、决策融合、深度学习融合、混合融合和稀疏表示融合，同时，还介绍了多模态医学影像融合在疾病诊断方面的研究以及多模态医学影像的放射组学。

第11章介绍了常见的进化算法及其在生物学中的应用，包括遗传算法、差分进化算法、蚁群算法、粒子群优化算法、人工蜂群算法和蝙蝠算法。

第12章介绍了基于复杂网络的关系预测方法，包括基于相似性度量的链接预测方法，协同过滤的链接预测方法，引入复杂网络社区结构的链接预测方法。同时还介绍了预测方法在癌症领域的应用。虽然单一使用相似性度量的链接预测方法算力消耗低、方便理解，但预测精度往往达不到预期。

近年来，随着高通量技术的发展，生物数据集呈指数级增长，这对生物信息学数据的存储、管理和分析提出了多重挑战，需要运用更高效的方法来挖掘数据集中的关联规则。关联分析方法已经在生物信息学领域中得到了广泛应用，对该方法的持续研究也有望促进生物信息学的进一步发展。

13.2　展望

关联分析是数据挖掘领域的研究热点及难点，自Agrawal等人开创性地提出此问题之后，关联分析在过去的几十年里取得了丰硕的研究成果，关联分析在理论研究方面已形成完整的体系，在实践和应用方面也不断突破。本书已对生物信息学中的复杂网络、计算语言学和生物序列、非编码RNA、蛋白质、基因序列组装、生物通路识别、多模态医学影像与放射组学等研究方向进行了详细介绍，接下来将分析各研究方向潜在的研究问题并对未来可能的研究工作进行展望。

1.复杂网络

生物信息学领域存在多种复杂的生物网络，例如代谢网络、蛋白质—蛋白质相互作用网络、遗传调控网络、神经元网络、大脑的功能连接网络等。复杂网络的构建是一项非常重要的任务，由于生物数据的来源复杂多样，必须确保生物信息网络的输入一致性和可靠性。目前已有一些计算机算法被开发并以自动化方式从原始生物数据中构建生物网络，但是这些算法创建的网络的质量较差，因此还需要进一步研究高效的算法构建复杂生物网络。

2.计算语言学

关联分析在计算语言学中已经被广泛应用，可以帮助我们挖掘自然语言数据中的潜在关联关系，例如文本分类、情感分析、信息抽取等。然而，目前大多数关联分析技术仅针对单一语言，而对多种语言的关联研究较少，多语言关联分析可以帮助我们更好地理解不同语言之间的共性和差异，从而更好地处理跨语言的自然语言处理任务。随着深度学习在计算语言学中的成功应用，将关联分析技术与深度学习技术结合，可以进一步提高自然语言模型的准确性和效率。此外，目前的大多数关联分析技术都是离线处理的，即对于已有的大规模数据进行分析，实时关联分析可以在数据流传输时实时处理数据，从而能够更好地满足对实时数据分析的需求。

3.非编码RNA与疾病之间的关系

通过计算方法来探索潜在的非编码RNA与疾病之间的关系，可以大大减少生物学实验的时间和资金成本。

目前，大多数计算方法的局限性如下：已知的非编码RNA–疾病关联的数量很少；正负样本不平衡；相似度的计算过于依赖已知的非编码RNA–疾病关联数据，这将不可避免导致偏差；冷启动问题，对于新增的非编码RNA和疾病的关系很难进行关联预测；生物数据融合不够。上述局限性将极大地增加生物学实验的时间和资金成本，因此获得可靠的关联网络对于预测结果非常重要。

非编码RNA与疾病之间的关联主要可以从以下几个方面进行研究：（1）进一步丰富和改进数据库，包括数据集扩展和新工具的开发；（2）开发更合理的特征提取、相似度计算、融合方法以及网络表示方法；（3）进一步优化深度学习方法，并且尝试融入多组学数据，进行更全面的预测分析；（4）根据提取特征，以更合理、更有生物学意义的方式对结果进行解释和分析。

4.蛋白质结构预测

蛋白质的结构预测是一个复杂而困难的问题，现有的预测算法存在着一些缺陷，例如数据量有限、蛋白质结构种类繁多以及算法运行的速度和效率较低等。

关联分析技术可以应用于蛋白质结构预测中，未来可能的研究工作如下：（1）数据集扩充。通过关联分析方法，我们可以对大量的蛋白质序列和结构数据进行分析，挖掘蛋白质序列和结构之间的潜在关联关系，从而帮助我们扩充现有的数据集，提高训练模型的可靠性和泛化性。（2）蛋白质结构多样性的处理。通过关联分析方法，我们可以挖掘出蛋白质序列和结构之间的相互关系，更好地处理结构之间的差异，提高预测模型的准确性。（3）算法优化。关联分析技术可以为蛋白质结构预测算法提供新的优化思路，提高算法的效率。此外，通过关联分析，我们可以发现和利用不同蛋白质之间的联系和规律，从而优化算法，提高对蛋白质结构预测的速度和准确性。

5.基因序列组装

基因序列组装须将实验设计和计算结合在一起才能进行有效的基因组序列组装。现有的基因序列组装算法面临的主要问题如下：（1）质量差异。基因组测序数据质量差异大，不同的数据质量会影响组装算法结果的准确性。（2）基因组重复序列的处理。基因组中存在大量的重复序列，现有的组装算法可能无法很好地处理这些重复序列，导致组装结果出现错误。

关联分析方法可以应用于基因序列组装中来解决这些问题，未来可能的研究工作如下：（1）质量评估和优化。通过关联分析方法，我们可以挖掘基因组测序数据之间的关联性，评估数据质量，并根据质量评估结果进而优化基因序列组装算法。（2）重复序列的处理。通过关联分析技术，我们可以发现基因组中重复序列的特征，优化组装算法，提高组装的准确性和鲁棒性。

6.生物通路识别

生物通路识别是生物信息学研究中的重要方向之一，未来可能的研究问题和工作展望如下：（1）数据集整合和质量评估。不同实验条件下获得的数据可能存在差异，数据质量也可能参差不齐，因此需要对多种数据进行整合和质量评估，关联分析技术可以用于整合多源数据，例如基因表达数据、蛋白质互作网络、基因组序列信息等，以提高生物通路识别的准确性和鲁棒性。（2）深入探索生物通路的结构和功能。应用关联分析技术研究生物通路的结构和功能，例如生物通路中的关键节点、调节因子等，以达到深入地了解生物通路的运作机制和调控机制的目标。（3）多层次信息融合。除了基因和蛋白质信息之外，还有大量的生物信息需要融合，例如代谢产物、表观遗传学等信息，如何将这些信息有效地融合在一起，提高通路识别的准确性和鲁棒性是未来研究的一个重要方向。

7.多模态医学影像

目前，多模态医学影像在临床医学中得到了广泛应用，但仍存在一些问题，包括以下三个方面：（1）数据质量问题。不同来源的医学影像数据可能存在数据质量的差异，包括分辨率、噪声等，这会影响到后续的分析和诊断。（2）数据异构性问题。多模态医学影像数据包括CT、MRI、PET等不同类型的数据，它们的数据格式和数据特征存在很大差异，如何将它们有效地集成起来并进行分析是一个难题。（3）模型可解释性问题。在进行多模态医学影像数据分析时，模型的可解释性是非常重要的，因为医学影像数据分析的结果需要得到医生的认可和理解，而黑箱模型难以解释其内部机理和实现过程。

针对这些问题，可以将关联分析技术应用于多模态医学影像数据的分析和挖掘，可能的研究工作包括：（1）基于关联分析的多模态医学影像数据集成和分析方法的研究。通过挖掘不同影像类型之间的关联关系，实现不同类型影像数据的融合和分析。（2）基于关联分析的多模态医学影像数据降维和特征选择方法的研究。通过挖掘不同类型影像数据之间的关联关系，实现高维数据的降维和关键特征的选择。（3）基于关联分析的多模态医学影像数据模型可解释性研究。通过挖掘模型中不同特征之间的关联关系，提高模型的可解释性和可信度，使医生更加容易理解和接受模型的预测结果。

8.放射组学

尽管放射组学在肿瘤早期诊断、疾病分型和预后评估等方面已取得了很大的进展，但仍然存在一些潜在的问题和挑战：（1）由于不同影像设备和成像参数的不同，导致不同机构、不同设备和不同时间的影像数据之间存在巨大的差异，因此如何解决数据的异质性和提高数据的可重复性仍然是一个挑战。（2）目前的放射组学研究往往只是通过单一的影像模态进行分析，而多模态影像融合的放射组学分析能够提供更加全面和精准的诊断信息，因此如何实现多模态影像数据的有效融合也是一个挑战。（3）由于放射组学研究所涉及的数据量非常大且维度高，如何通过有效的数据降维和特征提取来提高数据的处理效率和准确性，也是放射组学研究的重要课题。

未来，关联分析技术可以为放射组学研究提供更加有效的数据分析和处理方法，进一步提高放射组学在临床应用中的准确性和可靠性。例如，关联分析可以用于探索多模态医学影像之间的相关性，从而实现不同模态影像的有效融合；同时，关联分析还可以用于筛选和提取具有生物学意义的特征，从而进一步提高放射组学研究的精度和可解释性。

参考文献

［1］ LESK A M. Introduction to bioinformatics ［M］. Oxford：Oxford university press，2014：137-214.

［2］ GAUTHIER J，VINCENT A T，CHARETTE S J，et al. A brief history of bioinformatics ［J］. Briefings in Bioinformatics，2019，20（6）：1981-1996.

［3］ OLSSON B，NILSSON P，GAWRONSKA B，et al. An information fusion approach to controlling complexity in bioinformatics research ［C］ // 2005 IEEE Computational Systems Bioinformatics Conference-Workshops（CSBW'05）. IEEE，2005：299-304.

［4］ KARIMIAN M，BEHJATI M，BARATI E，et al. CYP1A1 and GSTs common gene variations and presbycusis risk：a genetic association analysis and a bioinformatics approach ［J］. Environmental Science and Pollution Research，2020，27（34）：42600-42610.

［5］ 陈封能，斯坦巴赫，库玛尔. 数据挖掘导论：完整版 ［M］. 范明，范宏建，等译. 北京：人民邮电出版社，2011：201-303.

［6］ AGRAWAL R，IMIELIŃSKI T，SWAMI A. Mining association rules between sets of items in large databases ［C］ //Proceedings of the 1993 ACM SIGMOD International Conference on Management of Data. 1993：207-216.

［7］ AGRAWAL R，SRIKANT R. Fast algorithms for mining association rules ［C］ //Proceedings of the 20th International Conference on Very Large Data Bases.VLDB，1994，1215：487-499.

［8］韩家炜，坎伯，裴健.数据挖掘：概念与技术（原书第3版）［M］.范明，孟小峰，译.北京：机械工业出版社，2012：157-210.

［9］陶建辉.数据挖掘基础［M］.北京：清华大学出版社，2018：63-88.

［10］SAVASERE A，OMIECINSKI E，NAVATHE S. An efficient algorithm for mining association rules in large databases［C］//Proceedings of the 21st International Conference on Very Large Data Bases. VLDB，1995：432-444.

［11］PARK J S，CHEN M S，YU P S. An effective hash-based algorithm for mining association rules［J］. Acm Sigmod Record，1995，24（2）：175-186.

［12］MANNILA H，TOIVONEN H，VERKAMO A I. Effcient algorithms for discovering association rules［C］//KDD-94：AAAI Workshop on Knowledge Discovery in Databases. AAAI，1994：181-192.

［13］PAWLAK Z，GRZYMALA-BUSSE J，SLOWINSKI R，et al. Rough sets［J］. Communications of the ACM，1995，38（11）：88-95.

［14］FOURNIER-VIGER P，LIN J C W，KIRAN R U，et al. A survey of sequential pattern mining［J］. Data Science and Pattern Recognition，2017，1（1）：54-77.

［15］AGRAWAL R，SRIKANT R. Mining sequential patterns［C］//Proceedings of the eleventh International Conference on Data Engineering. IEEE，1995：3-14.

［16］王虎，丁世飞.序列模式挖掘研究与发展［J］.计算机科学，2009，36（12）：14-17.

［17］ZHANG M H，KAO B，YIP C，et al. A GSP-based efficient algorithm for mining frequent sequences［C］//Proceedings of International Conference on Artificial Intelligence. 2001：497-503.

[18] HAN J W, PEI J, MORTAZVI-ASL B, et a1. FreeSpan: frequent-pattern projected sequential pattern mining [C] //Proceedings of the 6th ACM SIGKDD international conference on Knowledge discovery and data mining. Association Computing for Machinery, 2000: 355-359.

[19] LIN M Y, LEE S Y. Fast discovery of sequential patterns by memory indexing [C] //Proceedings of the 4th International Conference on Data Warehousing and Knowledge Discovery. Berlin Heidelberg: Springer Berlin Heidelberg, 2002: 150-160.

[20] INOKUCHI A, WASHIO T, MOTODA H. An apriori-based algorithm for mining frequent substructures from graph data [C] //Proceedings of the 4th European Conference on Principles of Data Mining and Knowledge Discovery. Berlin Heidelberg: Springer Berlin Heidelberg, 2000: 13-23.

[21] HUAN J, WANG W, PRINS J. Efficient mining of frequent subgraphs in the presence of isomorphism [C] //Third IEEE International Conference on Data Mining. IEEE, 2003: 449-552.

[22] CHEN Q F, LAN C W, CHEN B S, et al. Exploring consensus RNA substructural patterns using subgraph mining [J]. IEEE / ACM Transactions on Computational Biology and Bioinformatics, 2016, 14 (5): 1134-1146.

[23] VANETIK N, GUDES E, SHIMONY S E. Computing frequent graph patterns from semi-structured data [C] //2002 IEEE International Conference on Data Mining. IEEE, 2002: 458-465.

[24] HU H Y, YAN X F, HUANG Y, et a1. Mining coherent dense subgraphs across massive biological networks for functional discovery [J]. Bioinformatics, 2005, 21 (suppl_1): i213-i221.

［25］ FATTA G D， BERTHOLD M R. High performance subgraph mining in molecular compounds ［C］ // International Conference on High Performance Computing and Communications. Berlin Heidelberg： Springer Berlin Heidelberg，2005：866-877.

［26］张伟 . 频繁子图挖掘算法的研究 ［D］. 秦皇岛：燕山大学，2011.

［27］ WASHIO T， MOTODA H. State of the art of graph based data mining ［J］. ACM SIGKDD Explorations Newsletter， 2003， 5 （1）： 59-68.

［28］ COOK D J， HOLDER L B. Substructure discovery using minimum description length and background knowledge ［J］. Journal of Artificial Intelligence Research，1994：231-255.

［29］ KURAMOCHI M， KARYPIS G. Frequent subgraph discovery ［C］ // Proceedings of the 2001 IEEE International Conference on Data Mining. IEEE，2001：313-320.

［30］ YAN X F，HAN J W. Closegraph：mining closed frequent graph patterns ［C］ // Proceedings of the 9th ACM SIGKDD International Conference on Knowledge Discovery and Data Mining. Association Computing for Machinery，2003：286-295.

［31］ SAVASERE A， OMIECINSKI E， NAVATHE S. Mining for strong negative associations in a large database of customer transactions ［C］ // Proceedings of the 14th International Conference on Data Engineering. IEEE，1998：494-502.

［32］ WU X D， ZHANG C Q， ZHANG S C. Mining both positive and negative association rules ［C］ // Proceedings of the 19th International Conference on Machine Learning（ICML’2002）2002：658-665.

［33］ ANTONIE M L，ZAÏANE O R. Mining positive and negative association rules：an approach for confined rules ［C］// European Conference on Principles of Data Mining and Knowledge Discovery. Berlin，Heidelberg：Springer Berlin Heidelberg，2004：27-38.

［34］ ZHANG S C，CHEN F，WU X D，et al. Identifying bridging rules between conceptual clusters ［C］// Proceedings of the 12th ACM SIGKDD International Conference on Knowledge Discovery and Data Mining.Association Computing for Machinery，2006：815-820.

［35］ MIKOLOV T，CHEN K，CORRADO G，et al. Efficient estimation of word representations in vector space ［C］//Proceedings of the International Conference on Learning Representations. ICLR，2013：1-12.

［36］ RUMELHART D E，MCCLELLAND J L，Parallel distributed processing：explorations in the microstructure of cognition ［M］. Cambridge：MIT Press，1986：77-109.

［37］ HUANG F，YATES A. Distributional representations for handling sparsity in supervised sequence-labeling ［C］//Proceedings of the Joint Conference of the 47th Annual Meeting of the ACL and the 4th International Joint Conference on Natural Language Processing of the AFNLP. Association for Computational Linguistics，2009：495-503.

［38］ DAGAN I，PEREIRA F，LEE L.Similarity-based estimation of word cooccurrence probabilities ［C］// Proceedings of the 32nd Annual Meeting on Association for Computational Linguistics. Association for Computational Linguistics，1994：272-278.

［39］ DEERWESTER S，DUMAIS S T，FURNAS G W，et al. Indexing by latent semantic analysis ［J］. Journal of the American Society for Information Science. 1990，41（6）：391-407.

［40］ PENNINGTON J， SOCHER R， MANNING C D. Glove：global vectors for word representation ［C］ // Proceedings of the 2014 Conference on Empirical Methods in Natural Language Processing（EMNLP）. Association for Computational Linguistics，2014：1532-1543.

［41］ MCCANN B， BRADBURY J， XIONG C， et al. Learned in translation：Contextualized word vectors ［C］ // Proceedings of the 31st International conference on Neural Information Processing Systems. Current Association Inc.，2017：6294-6305.

［42］ DEVLIN J，CHANG M W，LEE K，et al. BERT：pretraining of deep bidirectional transformers for language understanding ［C］ // Proceedings of NAACL-HLT. Association for Computational Linguistics，2019：4171-4186.

［43］ PEARSON K. The problem of the random walk ［J］. Nature，1905，72（1865）：342-342.

［44］ PAGE L，BRIN S，MOTWANI R，et al. The PageRank citation ranking：bringing order to the web ［R］. Stanford InfoLab，1999.

［45］ LOVÁSZ L. Random walks on graphs： a survey，combinatorics， paul erdos is eighty ［J］. Lecture Notes in Mathematics，1993，2（1）：1-46.

［46］ BRAND M. A random walks perspective on maximizing satisfaction and profit ［C］ // Proceedings of the 2005 SIAM International Conference on Data Mining. Society for Industrial and Applied Mathematics，2005：12-19.

［47］ XIA F， LIU H F， LEE I， et al. Scientific article recommendation： exploiting common author relations and historical preferences ［J］. IEEE Transactions on Big Data，2016，2（2）：101-112.

［48］ LIU W P，LÜ L Y. Link prediction based on local random walk［J/OL］. Europhysics Letters，2010，89（5）：58007（2010-03-30）［2023-03-25］. https://doi.org/10.1209/0295-5075/89/58007.

［49］ BACKSTROM L，LESKOVEC J. Supervised random walks：predicting and recommending links in social networks［C］//Proceedings of the 4th ACM International Conference on Web Search and Data Mining. Association Computing for Machinery，2011：635-644.

［50］ SINGHAL A. Introducing the knowledge graph：things，not strings［EB / OL］.（2012-05-16）［2023-05-05］. https: // blog. google / products/search/introducing-knowledge-graph-things-not/.

［51］ 官赛萍，靳小龙，贾岩涛，等. 面向知识图谱的知识推理研究进展［J］. 软件学报，2018，29（10）：2966-2994.

［52］ CHEN X J，JIA S B，XIANG Y. A review：knowledge reasoning over knowledge graph［J/OL］. Expert Systems with Applications，2020，141：112948（2020-03）［2023-03-25］. https://doi.org/10.1016/j.eswa.2019.112948.

［53］ SCHOENMACKERS S，DAVIS J，ETZIONI O，et al. Learning first-order horn clauses from web text［C］//Proceedings of the 2010 Conference on Empirical Methods in Natural Language Processing. Association for Computational Linguistics，2010：1088-1098.

［54］ NAKASHOLE N，SOZIO M，SUCHANEK F M，et al. Querytime reasoning in uncertain RDF knowledge bases with soft and hard rules［C］//Proceedings of the 38th International Conference on Very Large Data Bases. VLDB Endowment，2012，884：15-20.

［55］ GALÁRRAGA L A，TEFLIOUDI C，HOSE K，et al. AMIE：association rule mining under incomplete evidence in ontological knowledge bases［C］//Proceedings of the 22nd International Conference on World Wide Web. WWW，2013：413-422.

[56] MITCHELL T, COHEN W, HRUSCHKA E, et al. Never-ending learning [J]. Communications of the ACM, 2018, 61 (5): 103-115.

[57] PAULHEIM H, BIZER C. Improving the quality of linked data using statistical distributions [J]. International Journal on Semantic Web and Information Systems (IJSWIS), 2014, 10 (2): 63-86.

[58] JANG S, MEGAWATI M, CHOI J, et al. Semi-automatic quality assessment of linked data without requiring ontology [C] // Proceedings of the Third NLP and DBpedia Workshop (NLP and DBpedia 2015) co-located with the 14th International Semantic Web Conference 2015 (ISWC 2015). CEUR-WS, 2015: 45-55.

[59] WANG W Y, MAZAITIS K, COHEN W W. Programming with personalized pagerank: a locally groundable first-order probabilistic logic [C] // Proceedings of the 22nd ACM International Conference on Information and Knowledge Management. Association Computing for Machinery, 2013: 2129-2138.

[60] CATHERINE R, COHEN W. Personalized recommendations using knowledge graphs: A probabilistic logic programming approach [C] //Proceedings of the 10th ACM Conference on Recommender Systems. Association Computing for Machinery, 2016: 325-332.

[61] JIANG S P, LOWD D, DOU D J. Learning to refine an automatically extracted knowledge base using markov logic [C] // 2012 IEEE 12th International Conference on Data Mining. IEEE, 2012: 912-917.

[62] CHEN Y, WANG D Z. Knowledge expansion over probabilistic knowledge bases [C] // Proceedings of the 2014 ACM SIGMOD international conference on Management of data. Association Computing for Machinery, 2014: 649-660.

［63］ KUŽELKA O，DAVIS J. Markov logic networks for knowledge base completion：a theoretical analysis under the MCAR assumption［C］// Proceedings of the 35th conference on Uncertainty in Artificial Intelligence. AUAI，2020：1138-1148.

［64］ KIMMIG A，BACH S，BROECHELER M，et al. A short introduction to probabilistic soft logic［C］// Proceedings of the NIPS Workshop on Probabilistic Programming：Foundations and Applications. 2012：1-4.

［65］ NICKEL M，TRESP V，KRIEGEL H P. A three-way model for collective learning on multi-relational data［C］// Proceedings of the 28th International Conference on Machine Learning. ICML，2011：809-816.

［66］ BORDES A，USUNIER N，GARCIA-DURAN A，et al. Translating embeddings for modeling multi-relational data［J］. Advances in Neural Information Processing Systems，2013，2：2787-2795.

［67］ BORDES A，GLOROT X，WESTON J，et al. Joint learning of words and meaning representations for open-text semantic parsing［C］// Artificial Intelligence and Statistics. PMLR，2012：127-135.

［68］ SOCHER R，CHEN D，MANNING C D，et al. Reasoning with neural tensor networks for knowledge base completion［J］. Advances in Neural Information Processing Systems，2013，1：926-935.

［69］ CHEN D Q，SOCHER R，MANNING C D，et al. Learning new facts from knowledge bases with neural tensor networks and semantic word vectors［J / OL］. Computer Science，2013：3618（2013-03-16）［2023-03-25］. https://doi.org/10.48550/arXiv.1301.3618.

［70］ SHI B X，WENINGER T. ProjE：embedding projection for knowledge graph completion［C］// Proceedings of the 31st AAAI Conference on Artificial Intelligence. AAAI，2017，31（1）：1236-1242.

［71］ LIU Q， JIANG H， EVDOKIMOV A， et al. Probabilistic reasoning via deep learning：neural association models ［R/OL］.（2016-08-03）［2023-03-25］. https://doi.org/10.48550/arXiv.1603.07704.

［72］王晓辉，宋学坤.基于知识图谱的网络安全漏洞类型关联分析系统设计［J].电子设计工程，2021，29（17）：85-89.

［73］郭静.基于知识图谱的航空安全事件关联分析方法研究［D].天津：中国民航大学，2020.

［74］李钰.面向自然灾害应急的知识图谱构建与应用：以洪涝灾害为例［D].武汉：武汉大学，2021.

［75］刘冰.基于知识图谱的网络空间资源关联分析技术研究［D].武汉：华中科技大学，2019.

［76］王伟.基于知识图谱的分布式安全事件关联分析技术研究［D].长沙：国防科技大学，2018.

［77］陈锡瑞.基于知识图谱的情报关联分析方法研究［D].哈尔滨：哈尔滨工程大学，2018.

［78］ BONDY J A， MURTY U S R. Graph theory with applications ［M］. London：Macmillan，1976：1-2.

［79］ FELLMANN E A. Leonhard euler ［M］. Berlin： Springer Science and Business Media，2007： 42-54.

［80］ CAUCHY A L. Recherches sur les polyèdres：premier mémoire ［J］. Journal de l’école Polytechnique，1813，9（16）：66-86.

［81］ SYLVESTER J J. Chemistry and algebra ［J］. Nature，1878，17（432）：284.

［82］ ORE O. The four-color problem ［M］. London：Academic Press，2011：75-76.

［83］ BOLLOBÁS B. Extremal graph theory ［M］. Massachusetts：Courier Corporation，2004：1-5.

［84］ HEESCH H. Untersuchungen zum vierfarbenproblem ［M］. Mannheim：Bibliographisches Institut，1969：1-10.

［85］ FONSECA I，GANGBO W. Degree theory in analysis and applications ［M］. Oxford：Oxford University Press，1995：1-5.

［86］ WASSERMAN S，FAUST K. Social network analysis：methods and applications ［M］. Cambridgeshire：Cambridge University Press，1994：1-24.

［87］ LAWLER G F，LIMIC V. Random walk：a modern introduction ［M］. Cambridgeshire：Cambridge University Press，2010：1-10.

［88］ TUTTE W T. Connectivity in graphs ［M］. Toronto：University of Toronto Press，2019：32-53.

［89］ MOHAR B. Some applications of laplace eigenvalues of graphs ［J］. Graph Symmetry: Algebraic Methods and Applications，1997，497（22）：227-275.

［90］ HORVATH S. Weighted network analysis：applications in genomics and systems biology ［M］. Springer Science and Business Media，2011：4-16.

［91］ PALLA G，FARKAS I J，POLLNER P，et al. Directed network modules ［J/OL］. New Journal of Physics，2007，9（6）：186（2007-06-12）［2023-04-10］. https://doi.org/10.1088/1367-2630/9/6/186.

［92］ BRETTO A. Hypergraph theory ［M］. Cham：Springer，2013：1.

［93］ NEWMAN M E J. Models of the small world ［J］. Journal of Statistical Physics，2000，101：819-841.

［94］ BRITTON T，DEIJFEN M，MARTIN-LÖF A. Generating simple random graphs with prescribed degree distribution ［J］. Journal of Statistical Physics，2006，124（6）：1377-1397.

［95］ KLEIN D J. Centrality measure in graphs ［J］. Journal of mathematical chemistry，2010，47（4）：1209-1223.

［96］GUIMERÀ R，NUNE S AMARAL L A. Functional cartography of complex metabolic networks［J］. Nature，2005，433（7028）：895-900.

［97］PEI S，MAKSE H A. Spreading dynamics in complex networks［J/OL］. Journal of Statistical Mechanics：Theory and Experiment，2013，2013（12）：P12002（2013-12-22）［2023-04-10］. https://doi.org/10.1088/1742-5468/2013/12/P12002.

［98］SCHWIKOWSKI B，UETZ P，FIELDS S. A network of protein-protein interactions in yeast［J］. Nature Biotechnology，2000，18（12）：1257-1261.

［99］MILO R，SHEN-ORR S，ITZKOVITZ S，et al. Network motifs：simple building blocks of complex networks［J］. Science，2002，298（5594）：824-827.

［100］KIM J，BATES D G，POSTLETHWAITE I，et al. Robustness analysis of biochemical network models［J］. IEE Proceedings-Systems Biology，2006，153（3）：96-104.

［101］SPORNS O. The human connectome：a complex network［J］. Annals of the New York Academy of Sciences，2011，1224（1）：109-125.

［102］WHITE J G，SOUTHGATE E，THOMSON J N，et al. The structure of the nervous system of the nematode caenorhabditis elegans［J］. Philosphical Transactions of the Royal Society of London，1986，314（1165）：1-340.

［103］NEWMAN E A，ARAQUE A，DUBINSKY J M，et al. The beautiful brain：the drawings of Santiago Ramón y Cajal［M］. New York：Abrams，2017：60-61.

［104］POWER J D，COHEN A L，NELSON S M，et al. Functional network organization of the human brain［J］. Neuron，2011，72（4）：665-678.

[105] POLIS G A，STRONG D R. Food web complexity and community dynamics [J]. The American Naturalist，1996，147 (5)：813-846.

[106] 朱保平，李千目. 形式语言与自动机 [M]. 北京：清华大学出版社，2015：41-46.

[107] 刘颖. 计算语言学 [M]. 北京：清华大学出版社，2002：29-31.

[108] 宗成庆. 统计自然语言处理 [M]. 2版. 北京：清华大学出版社，2013：50-56.

[109] 蒋宗礼，姜守旭. 编译原理 [M]. 北京：高等教育出版社，2010：32-33.

[110] BREJOVÁ B，DIMARCO C，VINAŘ T，et al. Finding patterns in biological sequences [J]. Technical Report，2000：3-49.

[111] BEN-HUR A，BRUTLAG D. Remote homology detection：a motif based approach [J]. Bioinformatics，2003，19 (suppl_1)：i26-i33.

[112] LI Y C，KOROL A B，FAHIMA T，et al. Microsatellites：genomic distribution，putative functions and mutational mechanisms [J]. molecular Ecology，2002，11 (12)：2453-2465.

[113] PEI J，HAN J W，MORTAZAVI-ASL B，et al. Prefixspan：mining sequential patterns efficiently by prefix-projected growth [C] //Proceedings of the 17th International Conference on Data Engineering. IEEE，2001：215-224.

[114] XIONG Y，ZHU Y Y. BioPM：an efficient algorithm for protein motif mining [C] //International Conference on Bioinformatics and Biomedical Engineering，IEEE，2007：394-397.

[115] WANG D，WANG G R，WU Q Q，et al. Finding LPRs in DNA sequence based on a new index SUA [C] //Fifth IEEE Symposium on Bioinformatics and Bioengineering (BIBE' 05). IEEE，2005：281-284.

［116］ KURTZ S，CHOUDHURI J V，OHLEBUSCH E，et al. REPuter：the mani fold applications of repeat analysis on a genomic scale［J］. Nucleic Acids Reseach，2001，29（22）：4633-4642.

［117］ LAWRENCE，ALTSCHUL，WOOTTON，et al. A Gibbs sampler for the detection of subtle motifs in multiple sequences［C］// 1994 Proceedings of the 27th Hawaii International Conference on System Sciences. IEEE，1994，5：245-254.

［118］ ROTH F P，HUGHES J D，ESTEP P W，et al. Finding DNA regulatory motifs within unaligned noncoding sequences clustered by whole-genome mRNA quantitation［J］. Nature Biotechnology，1998，16（10）：939-945.

［119］ CARDON L R，STORMO G D. Expectation maximization algorithm for identifying protein-binding sites with variable lengths from unaligned DNA fragments［J］. Journal of Molecular Biology，1992，223（1）：159-170.

［120］ LIU J S，NEUWALD A F，LAWRENCE C E. Bayesian models for multiple local sequence alignment and gibbs sampling strategies［J］. Journal of the American Statistical Association，1995，90（432）：1156-1170.

［121］ 王禄山，高培基. 生物信息学应用技术［M］. 北京：化学工业出版社，2008：72-74.

［122］ 根井正利，库马. 分子进化与系统发育［M］. 吕宝忠，钟扬，高莉萍，等译. 北京：高等教育出版社，2002：168-189.

［123］ ALTSCHUL S F，GISH W，MILLER W，et al. Basic local alignment search tool［J］. Journal of Molecular Biology，1990，215（3）：403-410.

［124］ GOTOH O. Multiple sequence alignment：algorithms and applications［J］. Advances in Biophysics，1999，36：159-206.

［125］俞士汶.计算语言学概论［M].北京：商务印书馆，2003：173-181.

［126］傅京孙.模式识别及其应用［M].北京：科学出版社，1983：3-4.

［127］POIBEAU T. Machine Translation［M]. Boston：The MIT Press，2017：26-32.

［128］COPELAND B J. The essential turing：seminal writings in computing，logic，philosophy，artificial intelligence，and artificial life plus the secrets of enigma［M]. Oxford：Oxford University Press，2004：48-55.

［129］SEARLS D B. Linguistic approaches to biological sequences［J]. Bioinformatics，1997，13（4）：333-344.

［130］林兹.形式语言与自动机导论：原书第3版［M].孙家骕，等译.北京：机械工业出版社，2005：121-124.

［131］COLLADO-VIDES J. The search for a grammatical theory of gene regulation is formally justified by showing the inadequacy of context-free grammars［J]. Bioinformatics，1991，7（3）：321-326.

［132］谢惠民.复杂性与动力系统［M].上海：上海科技教育出版社，1994：29-35.

［133］唐四薪.随机文法在RNA二级结构预测中的应用研究［D].长沙：中南大学，2006.

［134］ABRAHAMS J P，VAN DEN BERGM，VAN BATENBURG E，et al. Prediction of RNA secondary structure，including pseudoknotting，by computer simulation［J]. Nucleic Acids Research，1990，18（10）：3035-3044.

［135］BRENDEL V，BUSSE H G. Genome structure described by formal languages［J]. Nucleic Acids Research，1984，12（5）：2561-2568.

［136］ CHOMSKY N. Some simple evo devo theses：how true might they be for language ［J］. The Evolution of Language：Biolingustic Perspectives，2010，62：54-62.

［137］ ATKINSON Q D ， GRAY R D. Curious parallels and curious connections：phylogenetic thinking in biology and historical linguistics ［J］. Systematic Biology，2005，54（4）：513-526.

［138］ RITT N. Selfish sounds and linguistic evolution：a darwinian approach to language change ［M］. Cambridgeshire：Cambridge University Press，2004：65-71.

［139］郭俊明，汤华. 非编码RNA与肿瘤［M］. 北京：人民卫生出版社，2014：256.

［140］ LAI E C，TOMANCAK P，WILLIAMS R W，et al. Computational identification of Drosophila microRNA genes ［J / OL］. Genome Biology，2003，4（7）：R42（2003-06-30）［2023-04-10］. https://doi.org/10.1186/gb-2003-4-7-r42.

［141］杨宝峰，王志国. 非编码微小分子RNA与心脏疾病［M］. 北京：人民卫生出版社，2018：112.

［142］ LU T X，ROTHENBERG M E. MicroRNA ［J］. Journal of Allergy and Clinical Immunology，2018，141（4）：1202-1207.

［143］ HIGA R H，TOZZI C L. Prediction of binding hot spot residues by using structural and evolutionary parameters ［J］. Genetics and Molecular Biology，2009，32（3）：626-633.

［144］ JOOSTEN R P，TE BEEK T A H，KRIEGER E，et al. A series of PDB related databases for everyday needs ［J］. Nucleic Acids Research，2010，39（suppl_1）：D411-D419.

［145］ SHINGATE P，MANOHARAN M，SUKHWAL A，et al. ECMIS：computational approach for the identification of hotspots at protein-protein interfaces ［J］. BMC Bioinformatics，2014，15（1）：303-312.

[146] LEE B, RICHARDS F M. The interpretation of protein structures: estimation of static accessibility [J]. Journal of Molecular Biology, 1971, 55 (3): 379-400.

[147] KORTEMME T, KIM D E, BAKER D. Computational alanine scanning of protein-protein interfaces [J]. Science's STKE, 2004, 2004 (219): pl2.

[148] PERRIMAN R, ARES M. Circular mRNA can direct translation of extremely long repeating-sequence proteins in vivo [J]. RNA, 1998, 4 (9): 1047-1054.

[149] YANG Y, ZHAN L L, ZHANG W J, et al. RNA secondary structure in mutually exclusive splicing [J]. Nature Structural and Molecular Biology, 2011, 18 (2): 159-168.

[150] MARTINEZ H M, MAIZEL JR J V, SHAPIRO B A. RNA2D3D: a program for generating, viewing, and comparing 3-dimensional models of RNA [J]. Journal of Biomolecular Structure and Dynamics, 2008, 25 (6): 669-683.

[151] LEI X J, MUDIYANSELAGE T B, ZHANG Y C, et al. A comprehensive survey on computational methods of non-coding RNA and disease association prediction [J/OL]. Briefings in Bioinformatics, 2021, 22 (4): bbaa350 (2021-07) [2023-04-23]. https://doi.org/10.1093/bib/bbaa350.

[152] BREIMAN L. Random forests [J]. Machine Learning, 2001, 45: 5-32.

[153] CHENG J, LI G, CHEN X H . Research on travel time prediction model of freeway based on gradient boosting decision tree [J]. IEEE Access, 2018, 7: 7466-7480.

[154] LE CUN Y, FOGELMAN-SOULIÉ F. Modèles connexionnistes de l'apprentissage [J]. Intellectica, 1987, 2 (1): 114-143.

[155] KIPF T N, WELLING M. Semi-supervised classification with graph convolutional networks [C / OL] // International Conference on Learning Representations. ICLR, 2017: 02907 (2017-02-22) [2023-04-23]. https://doi.org/10.48550/arXiv.1609.02907.

[156] VELICKOVIC P, CUCURULL G, CASANOVA A, et al. Graph attention networks [C/OL] //International Conference on Learning Representations. ICLR, 2018: 10903 (2018-02-04) [2023-04-23]. https://doi.org/10.48550/arXiv.1710.10903.

[157] BAO Z Y, YANG Z, HUANG Z, et al. LncRNADisease 2.0: an updated database of long non-coding RNA-associated diseases [J]. Nucleic Acids Research, 2019, 47 (D1): D1034-D1037.

[158] LAN W, ZHU M R, CHEN Q F, et al. CircR2Cancer: a manually curated database of associations between circRNAs and cancers [J / OL]. Database, 2020, 2020: baaa085 (2020-11-11) [2023-04-23]. https://doi.org/10.1093/database/baaa085.

[159] ROPHINA M, SHARMA D, POOJARY M, et al. Circad: a comprehensive manually curated resource of circular RNA associated with diseases [J/OL]. Database, 2020, 2020: baaa019 (2020-03-27) [2023-04-23]. https://doi.org/10.1093/database/baaa019.

[160] ZHAO Z, WANG K Y, WU F, et al. CircRNA disease: a manually curated database of experimentally supported circRNA-disease associations [J/OL]. Cell Death and Disease, 2018, 9 (5): 475 (2018-04-27) [2023-04-23]. https://doi.org/10.1038/s41419-018-0503-3.

[161] CHEN X. KATZLDA: KATZ measure for the lncRNA-disease association prediction [J/OL]. Scientific Reports, 2015, 5 (1): 16840 (2015-11-18) [2023-04-23]. https://doi.org/10.1038/srep16840.

[162] CHEN Q F, LAI D H, LAN W, et al. ILDMSF: inferring associations between long non-coding RNA and disease based on multi-similarity fusion [J]. IEEE/ACM Transactions on Computational Biology and Bioinformatics, 2019, 18 (3): 1106-1112.

[163] CHEN X, YAN G Y. Novel human lncRNA-disease association inference based on lncRNA expression profiles [J]. Bioinformatics, 2013, 29 (20): 2617-2624.

[164] CHEN X, YAN C C, LUO C, et al. Constructing lncRNA functional similarity network based on lncRNA-disease associations and disease semantic similarity [J/OL]. Scientific Reports, 2015, 5 (1): 11338 (2015-07-10) [2023-04-23]. https://doi.org/10.1038/srep11338.

[165] HUANG Y A, CHEN X, YOU Z H, et al. ILNCSIM: improved lncRNA functional similarity calculation model [J]. Oncotarget, 2016, 7 (18): 25902-25914.

[166] LAN W, WU X M, CHEN Q F, et al. GANLDA: graph attention network for lncRNA-disease associations prediction [J]. Neurocomputing, 2022, 469: 384-393.

[167] LAN W, LAI D H, CHEN Q F, et al. LDICDL: LncRNA-disease association identification based on collaborative deep learning [J]. IEEE/ACM Transactions on Computational Biology and Bioinformatics, 2020, 19 (3): 1715-1723.

[168] CHEN X, LIU M X, YAN G Y, et al. RWRMDA: predicting novel human microRNA-disease associations [J]. Molecular BioSystems, 2012, 8 (10): 2792-2798.

[169] XUAN P, HAN K, GUO Y H, et al. Prediction of potential disease-associated microRNAs based on random walk [J]. Bioinformatics, 2015, 31 (11): 1805-1815.

［170］ SUN D D，LI A，FENG H Q，et al. NTSMDA：prediction of miRNA-disease associations by integrating network topological similarity［J］. Molecular Biosystems，2016，12（7）：2224-2232.

［171］ CHEN X，YAN G Y. Semi-supervised learning for potential human microRNA-disease associations inference［J / OL］. Scientific Reports，2014，4（1）：5501（2014-06-30）［2023-04-23］. https://doi.org/10.1038/srep05501.

［172］ PASQUIER C，GARDÈS J. Prediction of miRNA-disease associations with a vector space model［J/OL］. Scientific Reports，2016，6（1）：27036（2016-06-01）［2023-04-23］. https://doi.org/10.1038/srep27036.

［173］ PENG L，PENG M M，LIAO B，et al. Improved low-rank matrix recovery method for predicting miRNA-disease association［J/OL］. Scientific Reports，2017，7（1）：6007（2017-07-20）［2023-04-23］. https://doi.org/10.1038/s41598-017-06201-3.

［174］ LI J Q，RONG Z H，CHEN X，et al. MCMDA：matrix completion for MiRNA -disease association prediction［J］. Oncotarget，2017，8（13）：21187-21199.

［175］ CHEN X，WU Q F，YAN G Y. RKNNMDA：ranking-based KNN for MiRNA-disease association prediction［J］. RNA Biology，2017，14（7）：952-962.

［176］ LUO J W，XIAO Q，LIANG C，et al. Predicting MicroRNA-disease associations using kronecker regularized least squares based on heterogeneous omics data［J］. IEEE Access，2017，5：2503-2513.

［177］ DING Y L，TIAN L P，LEI X J，et al. Variational graph auto-encoders for miRNA-disease association prediction［J］. Methods，2021，192：25-34.

［178］ ZHANG L，CHEN X，YIN J，et al. Prediction of potential mirna-disease associations through a novel unsupervised deep learning framework with variational autoencoder［J］. Cells，2019，8（9）：1040-1055.

［179］ PENG J J，HUI W W，LI Q Q，et al. A learning-based framework for miRNA-disease association identification using neural networks［J］. Bioinformatics，2019，35（21）：4364-4371.

［180］ LEI X J，ZHANG W X. BRWSP：predicting circRNA-disease associations based on biased random walk to search paths on a multiple heterogeneous network［J / OL］. Complexity，2019，2019：5938035（2019-11-30）［2023-04-23］. https://doi.org/10.1155/2019/5938035.

［181］ LEI X J，BIAN C. Integrating random walk with restart and k-Nearest Neighbor to identify novel circRNA-disease association［J / OL］. Scientific Reports，2020，10（1）：1943（2020-02-06）［2023-04-23］. https://doi.org/10.1038/s41598-020-59040-0.

［182］ FAN C Y，LEI X J，TAN Y. Inferring candidate circRNA-disease associations by bi-random walk based on circRNA regulatory similarity［C］// Proceedings of the 11th International Conference on Aduances in Swarm Intelligence. Springer International Publishing，2020：485-494.

［183］ XIAO Q，LUO J W，DAI J H. Computational prediction of human disease-associated circRNAs based on manifold regularization learning framework［J］. IEEE Journal of Biomedical and Health Informatics，2019，23（6）：2661-2669.

［184］ WEI H，LIU B. iCircDA-MF：identification of circRNA-disease associations based on matrix factorization［J］. Briefings in Bioinformatics，2020，21（4）：1356-1367.

[185] LU C Q, ZENG M, ZHANG F H, et al. Deep matrix factorization improves prediction of human circRNA-disease associations [J]. IEEE Journal of Biomedical and Health Informatics, 2020, 25 (3): 891-899.

[186] WANG L, YOU Z H, LI J Q, et al. IMS-CDA: prediction of CircRNA-disease associations from the integration of multisource similarity information with deep stacked autoencoder model [J]. IEEE Transactions on Cybernetics, 2020, 51 (11): 5522-5531.

[187] YANG J, LEI X J. Predicting circRNA-disease associations based on autoencoder and graph embedding [J]. Information Sciences, 2021, 571: 323-336.

[188] XIAO Q, FU F, YANG Y D, et al. NSL2CD: identifying potential circRNA-disease associations based on network embedding and subspace learning [J/OL]. Briefings in Bioinformatics, 2021, 22 (6): bbab177 (2021-11-01) [2023-04-23]. https://doi.org/10.1093/bib/bbab177.

[189] LAN W, DONG Y, CHEN Q F, et al. KGANCDA: predicting circRNA-disease associations based on knowledge graph attention network [J/OL]. Briefings in Bioinformatics, 2022, 23 (1): bbab494 (2022-01-01) [2023-04-23]. https://doi.org/10.1093/bib/bbab494.

[190] LAN W, DONG Y, CHEN Q F, et al. IGNSCDA: predicting circRNA-disease associations based on improved graph convolutional network and negative sampling [J]. IEEE/ACM Transactions on Computational Biology and Bioinformatics, 2021, 19 (6): 3530-3538.

[191] YAN C, WANG J X, WU F X, et al. DWNN-RLS: regularized least squares method for predicting circRNA-disease associations [J/OL]. BMC Bioinformatics, 2018, 19 (suppl_19): 520 (2018-12-31) [2023-03-25]. https://doi.org/10.1186/s12859-018-2522-6.

[192] BERMAN H, HENRICK K, NAKAMURA H. Announcing the worldwide protein data bank [J]. Nature Structural and Molecular Biology, 2003, 10 (12): 980.

[193] ANDREEVA A, HOWORTH D, CHOTHIA C, et al. SCOP2 prototype: a new approach to protein structure mining [J]. Nucleic Acids Research, 2014, 42 (D1): D310-D314.

[194] ANDREEVA A, KULESHA E, GOUGH J, et al. The SCOP database in 2020: expanded classification of representative family and superfamily domains of known protein structures [J]. Nucleic Acids Research, 2020, 48 (D1): D376-D382.

[195] ORENGO C A, MICHIE A D, JONES S, et al. CATH: a hierarchic classification of protein domain structures [J]. Structure, 1997, 5 (8): 1093-1109.

[196] ZHENG W, ZHANG C X, WU-YUN Q Q G, et al. LOMETS2: improved meta - threading server for fold-recognition and structure-based function annotation for distant-homology proteins [J]. Nucleic Acids Research, 2019, 47 (W1): W429-W436.

[197] WANG S, SUN S Q, LI Z, et al. Accurate de novo prediction of protein contact map by ultra-deep learning model [J / OL]. PLoS Computational Biology, 2017, 13 (1): e1005324 (2017-01-05) [2023-04-23]. https://doi.org/10.1371/journal.pcbi.1005324.

[198] LI Y, HU J, ZHANG C X, et al. ResPRE: high-accuracy protein contact prediction by coupling precision matrix with deep residual neural networks [J]. Bioinformatics, 2019, 35 (22): 4647-4655.

[199] LI Y, ZHANG C X, BELL E W, et al. Deducing high-accuracy protein contact-maps from a triplet of coevolutionary matrices through deep residual convolutional networks [J]. PLoS Computational Biology, 2021, 17 (3): 6507-6528.

［200］ SENIOR A W，EVANS R，JUMPER J，et al. Improved protein structure prediction using potentials from deep learning ［J］. Nature，2020，577（7792）：706-710.

［201］ YANG J，ANISHCHENKO I，PARK H，et al. Improved protein structure prediction using predicted interresidue orientations ［J］. Proceedings of the National Academy of Sciences，2020，117（3）：1496-1503.

［202］ JUMPER J，EVANS R，PRITZEL A，et al. Highly accurate protein structure prediction with AlphaFold ［J］. Nature，2021，596（7873）：583-589.

［203］ JOHNSON L S，EDDY S R，PORTUGALY E. Hidden Markov model speed heuristic and iterative HMM search procedure ［J］. BMC Bioinformatics，2010，11（1）：431-438.

［204］ REMMERT M，BIEGERT A，HAUSER A，et al. HHblits：lightning-fast iterative protein sequence searching by HMM-HMM alignment ［J］. Nature Methods，2012，9（2）：173-175.

［205］ MITCHELL A L，ALMEIDA A，BERACOCHEA M，et al. MGnify：the microbiome analysis resource in 2020 ［J］. Nucleic Acids Research，2020，48（D1）：D570-D578.

［206］ SUZEK B E，WANG Y Q，HUANG H Z，et al. UniRef clusters：a comprehensive and scalable alternative for improving sequence similarity searches ［J］. Bioinformatics，2015，31（6）：926-932.

［207］ MIRDITA M，VON DEN DRIESCH L，GALIEZ C，et al. Uniclust databases of clustered and deeply annotated protein sequences and alignments ［J］. Nucleic Acids Research，2017，45（D1）：D170-D176.

［208］ BAEK M，DIMAIO F，ANISHCHENKO I，et al. Accurate prediction of protein structures and interactions using a three-track neural network ［J］. Science，2021，373（6557）：871-876.

［209］ LIN Z M， AKIN H， RAO R， et al. Evolutionary-scale prediction of atomic-level protein structure with a language model ［J］. Science，2023，379（6637）：1123-1130.

［210］ THORN K S， BOGAN A A. ASEdb：a database of alanine mutations and their effects on the free energy of binding in protein interactions ［J］. Bioinformatics，2001，17（3）：284-285.

［211］ FISCHER T B， ARUNACHALAM K V， BAILEY D， et al. The binding interface database （BID）： a compilation of amino acid hot spots in protein interfaces ［J］. Bioinformatics， 2003， 19 （11）： 1453-1454.

［212］ KUMAR M D S， GROMIHA M M. PINT：protein-protein interactions thermodynamic database ［J］. Nucleic Acids Research， 2006， 34（suppl_1）：D195-D198.

［213］ MOAL I H， FERNÁNDEZ-RECIO J. SKEMPI：a structural kinetic and energetic database of mutant protein interactions and its use in empirical models ［J］. Bioinformatics，2012，28（20）：2600-2607.

［214］ CLACKSON T， WELLS J A. A hot spot of binding energy in a hormone-receptor interface ［J］. Science，1995，267（5196）：383-386.

［215］ LI J Y， LIU Q. "Double water exclusion"： a hypothesis refining the O-ring theory for the hot spots at protein interfaces ［J］. Bioinformatics，2009，25（6）：743-750.

［216］ KAWASHIMA S， KANEHISA M. AAindex：amino acid index database ［J］. Nucleic Acids Research，2000，28（1）：374.

［217］ TUNCBAG N， KESKIN O， GURSOY A. HotPoint：hot spot prediction server for protein interfaces ［J］. Nucleic Acids Research，2010， 38（suppl_2）：W402-W406.

[218] LISE S, ARCHAMBEAU C, PONTIL M, et al. Prediction of hot spot residues at protein-protein interfaces by combining machine learning and energy-based methods [J]. BMC Bioinformatics, 2009, 10 (1): 365-381.

[219] LIANG S, MEROUEH S O, WANG G, et al. Consensus scoring for enriching near - native structures from protein-protein docking decoys [J]. Proteins: Structure, Function, and Bioinformatics, 2009, 75 (2): 397-403.

[220] ASSI S A, TANAKA T, RABBITTS T H, et al. PCRPi: presaging critical residues in protein interfaces, a new computational tool to chart hot spots in protein interfaces [J]. Nucleic Acids Research, 2010, 38 (6): e86.

[221] SANGER F. The croonian lecture, 1975 nucleotide sequences in DNA [J]. Proceedings of the Royal Society of London. Series B, Biological sciences, 1975, 191 (1104): 317-333.

[222] SHABANZADE F, KHATERI M, LIU Z. MR and PET image fusion using nonparametric Bayesian joint dictionary learning [J]. IEEE Sensors Letters, 2019, 3 (7): 1-4.

[223] LANDER E S, WATERMAN M S. Genomic mapping by fingerprinting random clones: a mathematical analysis [J]. Genomics, 1988, 2 (3): 231-239.

[224] MAIER D. The complexity of some problems on subsequences and supersequences [J]. Journal of the Association for Computing Machinery, 1978, 25 (2): 322-336.

[225] NAGARAJAN N, POP M. Parametric complexity of sequence assembly: theory and applications to next generation sequencing [J]. Journal of Computational Biology, 2009, 16 (7): 897-908.

［226］ BHARDWAJ J, NAYAK A. Haar wavelet transform-based optimal Bayesian method for medical image fusion ［J］. Medical and Biological Engineering and Computing, 2020, 58 (10): 2397-2411.

［227］ LIU Y C, SCHMIDT B, MASKELL D L. Parallelized short read assembly of large genomes using de Bruijn graphs ［J］. BMC Bioinformatics, 2011, 12: 354-363.

［228］ MYERS E W. Toward simplifying and accurately formulating fragment assembly ［J］. Journal of Computational Biology, 1995, 2 (2): 275-290.

［229］ WANG Y P, DANG J W, LI Q, et al. Multimodal medical image fusion using fuzzy radial basis function neural networks ［C］ //2007 International Conference on Wavelet Analysis and Pattern Recognition. IEEE, 2007, 2: 778-782.

［230］ KOREN S, WALENZ B P, BERLIN K, et al. Canu: scalable and accurate long-read assembly via adaptive k-mer weighting and repeat separation ［J］. Genome Research, 2017, 27 (5): 722-736.

［231］ YE C X, HILL C M, WU S G, et al. DBG2OLC: efficient assembly of large genomes using long erroneous reads of the third generation sequencing technologies ［J/OL］. Scientific Reports, 2016, 6 (1): 31900 (2016-08-30)［2023-05-05］. https://doi.org/10.1038/srep31900.

［232］ WANG Z B, MA Y D. Medical image fusion using m-PCNN ［J］. Information Fusion, 2008, 9 (2) : 176-185.

［233］ TENG JH, WANG S H, ZHANG J Z, et al. Neuro-fuzzy logic based fusion algorithm of medical images ［C］ // International Congress on Image and Signal Processing. IEEE, 2010, 4: 1552-1556.

［234］ ZERBINO D R, BIRNEY E. Velvet: algorithms for de novo short read assembly using de Bruijn graphs ［J］. Genome Research, 2008, 18 (5): 821-829.

［235］ CHAISSON M J， PEVZNER P A. Short read fragment assembly of bacterial genomes ［J］. Genome Research， 2008， 18 （2）： 324-330.

［236］ OKANOHARA D， SADAKANE K. Practical entropy-compressed rank / select dictionary ［C］ //2007 Proceedings of the Ninth Workshop on Algorithm Engineering and Experiments （ALENEX）. Society for Industrial and Applied Mathematics，2007：60-70.

［237］ SIMPSON J T， DURBIN R. Efficient de novo assembly of large genomes using compressed data structures ［J］. Genome Research， 2012，22（3）：549-556.

［238］ CSÜRÖS M， MILOSAVLJEVIC A. Pooled genomic indexing （PGI）：mathematical analysis and experiment design ［C］ //International Workshop on Algorithms in Bioinformatics. Berlin， Heidelberg： Springer Berlin Heidelberg，2002：10-28.

［239］ BOŽA V，BREJOVÁ B，VINAŘ T. GAML: genome assembly by maximum likelihood ［J］. Algorithms for Molecular Biology，2015， 10 （1）：18-27.

［240］ KOREN S， TREANGEN T J， HILL C M， et al. Automated ensemble assembly and validation of microbial genomes ［J］. BMC Bioinformatics，2014，15（1）：126-134.

［241］ 李木子.一个基因突变让人类更易患癌 ［N］.中国科学报，2022-05-11（2）.

［242］ SUNG B， PRASAD S， YADAV V R， et al. Cancer cell signaling pathways targeted by spice-derived nutraceuticals ［J］. Nutrition and Cancer，2012，64（2）：173-197.

［243］ WANSLEEBEN C， MEIJLINK F. The planar cell polarity pathway in vertebrate development ［J］. Developmental Dynamics， 2011， 240（3）：616-626.

［244］ GANINI C，AMELIO I，BERTOLO R，et al. Global mapping of cancers：the cancer genome atlas and beyond ［J］. Molecular Oncology，2021，15（11）：2823-2840.

［245］ STARK C，BREITKREUTZ B J，REGULY T，et al. BioGRID：a general repository for interaction datasets ［J］. Nucleic Acids Research，2006，34（suppl_1）：D535-D539.

［246］ KANEHISA M，GOTO S. KEGG：kyoto encyclopedia of genes and genomes ［J］. Nucleic Acids Research，2000，28（1）：27-30.

［247］ HONDO F，WERCELENS P，SILVA W D，et al. Data provenance management for bioinformatics workflows using NoSQL database systems in a cloud computing environment ［C］// 2017 IEEE International Conference on Bioinformatics and Biomedicine （BIBM）. IEEE，2017：1929-1934.

［248］ KANG H M，ZAITLEN N A，WADE C M，et al. Efficient control of population structure in model organism association mapping ［J］. Genetics，2008，178（3）：1709-1723.

［249］ YANG J，LEE S H，GODDARD M E，et al. GCTA：a tool for genome-wide complex trait analysis ［J］. The American Journal of Human Genetics，2011，88（1）：76-82.

［250］ ALGAMAL Z Y，LEE M H. High dimensional logistic regression model using adjusted elastic net penalty ［J］. Pakistan Journal of Statistics and Operation Research，2015，11（4）：667-676.

［251］ ZOU H. The adaptive lasso and its oracle properties ［J］. Journal of the American Statistical Association，2006，101（476）：1418-1429.

［252］ KYUNG M，GHOSH M，GILL J，et al. Penalized regression，standard errors，and bayesian lassos ［J］. Bayesian Analysis，2010，5（2）：369-411.

[253] CHO S, KIM H, OH S, et al. Elastic-net regularization approaches for genome-wide association studies of rheumatoid arthritis [C/OL] //BMC proceedings. BioMed Central, 2009, 3 (supple_7): S25 (2009-12-15) [2023-05-05]. https://doi.org/10.1186/1753-6561-3-S7-S25.

[254] XU S. An expectation-maximization algorithm for the Lasso estimation of quantitative trait locus effects [J]. Heredity, 2010, 105 (5): 483-494.

[255] SEGURA V, VILHJÁLMSSON B J, PLATT A, et al. An efficient multi-locus mixed-model approach for genome-wide association studies in structured populations [J]. Nature Genetics, 2012, 44 (7): 825-830.

[256] LI J H, DAS K, FU G F, et al. The bayesian lasso for genome-wide association studies [J]. Bioinformatics, 2011, 27 (4): 516-523.

[257] LEE S H, VAN DER WERF J H J. MTG2: an efficient algorithm for multivariate linear mixed model analysis based on genomic information [J]. Bioinformatics, 2016, 32 (9): 1420-1422.

[258] LIPPERT C, CASALE FP, RAKITSCH B, et al. LIMIX: genetic analysis of multiple traits [J/OL]. BioRxiv, 2014: 003905 (2014-05-21) [2023-05-05]. https://doi.org/10.1101/003905.

[259] MEYER H V, CASALE F P, STEGLE O, et al. LiMMBo: a simple, scalable approach for linear mixed models in high - dimensional genetic association studies [J/OL]. BioRxiv, 2018: 255497 (2018-01-30) [2023-05-05]. https://doi.org/10.1101/255497.

[260] EFRONI S, SCHAEFER C F, BUETOW K H. Identification of key processes underlying cancer phenotypes using biologic pathway analysis [J/OL]. PLoS ONE, 2007, 2 (5): e425 (2007-05-09) [2023-05-05]. https://doi.org/10.1371/journal.pone.0000425.

［261］ AMIROCH S，PRADANA M S，IRAWAN M I，et al. A simple genetic algorithm for optimizing multiple sequence alignment on the spread of the sars epidemic ［J］. The Open Bioinformatics Journal，2019，12（1）：30-39.

［262］ CIRIELLO G，CERAMI E，SANDER C，et al. Mutual exclusivity analysis identifies oncogenic network modules ［J］. Genome Research，2011，22（2）：398-406.

［263］ VANDIN F，UPFAL E，RAPHAEL B J. De novo discovery of mutated driver pathways in cancer ［J］. Genome Research，2012，22（2）：375-385.

［264］ ZHAO J F，ZHANG S H，WU L Y，et al. Efficient methods for identifying mutated driver pathways in cancer ［J］. Bioinformatics，2012，28（22）：2940-2947.

［265］ ZHANG J H，ZHANG S H，WANG Y，et al. Identification of mutated core cancer modules by integrating somatic mutation，copy number variation，and gene expression data ［J/OL］. BMC Systems Biology，2013，7（suppl_2）：S4（2013-10-14）［2023-05-05］. https://doi.org/10.1186/1752-0509-7-S2-S4.

［266］ ZHENG C H，YANG W，CHONG Y W，et al. Identification of mutated driver pathways in cancer using a multi-objective optimization model ［J］. Computers in Biology and Medicine 2016，72：22-29.

［267］ WU J L，CAI Q R，WANG J Y，et al. Identifying mutated driver pathways in cancer by integrating multi-omics data ［J］. Computational Biology and Chemistry，2019，80：159-167.

［268］ STORN R，PRICE K. Differential evolution：a simple and efficient heuristic for global optimization over continuous spaces ［J］. Journal of Global Optimization，1997，11（4）：341-359.

［269］ NERI F，TIRRONEN V. Scale factor local search in differential evolution ［J］. Memetic Computing，2009，1（2）：153-171.

［270］ RAKHSHANI H， IDOUMGHAR L， LEPAGNOT J， et al. Speed up differential evolution for computationally expensive protein structure prediction problems ［J / OL］. Swarm and Evolutionary Computation， 2019， 50： 100493 （2009-01） ［2023-05-05］. https: // hal. science/hal-03489223/document.

［271］ JI J Z， XIAO H H， YANG C C. HFADE-FMD： a hybrid approach of fireworks algorithm and differential evolution strategies for functional module detection in protein-protein interaction networks ［J］. Applied Intelligence， 2021， 51 （2）： 1118-1132.

［272］ ALATAS B， AKIN E， KARCI A. MODENAR： multi-objective differential evolution algorithm for mining numeric association rules ［J］. Applied Soft Computing， 2008， 8 （1）： 646-656.

［273］ DAO P， KIM Y A， WOJTOWICZ D， et al. BeWith： a between-within method to discover relationships between cancer modules via integrated analysis of mutual exclusivity， co -occurrence and functional interactions ［J / OL］. PLoS Computational Biology， 2017， 13 （10） : e1005695 （2017-10-12） ［2023-05-05］. https: // doi. org / 10.1371 / journal. pcbi.1005695.

［274］ SHI J， WALKER M G. Gene set enrichment analysis （GSEA） for interpreting gene expression profiles ［J］. Current Bioinformatics， 2007， 2 （2）： 133-137.

［275］ PERNEGER T V. What's wrong with bonferroni adjustments ［J］. British Medical Journal， 1998， 316 （7139）， 1236-1238.

［276］ BENJAMINI Y. Discovering the false discovery rate ［J］. Journal of the Royal Statistical Society： Series B （Statistical Methodology）， 2010， 72 （4）： 405-416.

[277] FISHER E A, GINSBERG H N. Complexity in the secretory pathway: the assembly and secretion of apolipoprotein b-containing lipoproteins [J]. Journal of Biological Chemistry, 2002, 277 (20): 17377-17380.

[278] KULESHOV M V, JONES M R, ROUILLARD A D, et al. Enrichr: a comprehensive gene set enrichment analysis web server 2016 update [J]. Nucleic Acids Research, 2016, 44 (W1): W90-W97.

[279] KLEINKAUF R, HOUWAART T, BACKOFEN R, et al. antaRNA: Multi-objective inverse folding of pseudoknot RNA using ant-colony optimization [J]. BMC Bioinformatics, 2015, 16 (1): 389-395.

[280] LUSTIG B, BEHRENS J. The Wnt signaling pathway and its role in tumor development [J]. Journal of Cancer Research and Clinical Oncology, 2003, 129 (4): 199-221.

[281] MÁRMOL I, SÁNCHEZ-DE-DIEGO C, DIESTE A P, et al. Colorectal carcinoma: a general overview and future perspectives in colorectal cancer [J]. International Journal of Molecular Sciences, 2017, 18 (1): 197-235.

[282] LI Y M, YANG M, ZHANG Z F. A survey of multi-view representation learning [J]. IEEE Transactions on Knowledge and Data Engineering, 2018, 31 (10): 1863-1883.

[283] QU G H, ZHANG D L, YAN P F. Medical image fusion by wavelet transform modulus maxima [J]. Optics Express, 2001, 9 (4): 184-190.

[284] LIU Y H, YANG J Z, SUN J S. PET/CT medical image fusion algorithm based on multiwavelet transform [C] // 2010 2nd International Conference on Advanced Computer Control. IEEE, 2010, 2: 264-268.

[285] YANG L, GUO B L, NI W. Multimodality medical image fusion based on multiscale geometric analysis of contourlet transform [J]. Neurocomputing, 2008, 72 (1-3): 203-211.

[286] YIN M, LIU X, LIU Y, et al. Medical image fusion with parameter-adaptive pulse coupled neural network in nonsubsampled shearlet transform domain [J]. IEEE Transactions on Instrumentation and Measurement, 2018, 68 (1): 49-64.

[287] ARIF M, WANG G J. Fast curvelet transform through genetic algorithm for multimodal medical image fusion [J]. Soft Computing, 2020, 24: 1815-1836.

[288] BASHIR R, JUNEJO R, QADRI N N, et al. SWT and PCA image fusion methods for multi-modal imagery [J]. Multimedia Tools and Applications, 2019, 78 (2): 1235-1263.

[289] BHARDWAJ J, NAYAK A. Haar wavelet transform-based optimal Bayesian method for medical image fusion [J]. Medical and Biological Engineering and Computing, 2020, 58 (10): 2397-2411.

[290] SIVASANGUMANI S, GOMATHI P S, KALAAVATHI B. Regional firing characteristic of PCNN-based multimodal medical image fusion in NSCT domain [J]. International Journal of Biomedical Engineering and Technology, 2015, 18 (3): 199-209.

[291] LIU Y, CHEN X, CHENG J, et al. A medical image fusion method based on convolutional neural networks [C] // 2017 20th International Conference on Information Fusion (Fusion). IEEE, 2017: 1-7.

[292] HOU R C, ZHOU D M, NIE R C, et al. Brain CT and MRI medical image fusion using convolutional neural networks and a dual-channel spiking cortical model [J]. Medical and Biological Engineering and Computing, 2018, 57 (4): 887-900.

［293］ KAVITHA C T, CHELLAMUTHU C. Medical image fusion based on hybrid intelligence ［J］. Applied Soft Computing, 2014, 20: 83-94.

［294］ RAMLAL S D, SACHDEVA J, AHUJA C K, et al. An improved multimodal medical image fusion scheme based on hybrid combination of nonsubsampled contourlet transform and stationary wavelet transform ［J］. International Journal of Imaging Systems and Technology, 2019, 29（2）: 146-160.

［295］ LEI B Y, CHEN S P, NI D, et al. Discriminative learning for Alzheimer's disease diagnosis via canonical correlation analysis and multimodal fusion ［J］. Frontiers in Aging Neuroscience, 2016, 8（1）: 77-94.

［296］ AHMED O B, BENOIS-PINEAU J, ALLARD M, et al. Recognition of Alzheimer's disease and mild cognitive impairment with multimodal image-derived biomarkers and multiple kernel learning ［J］. Neurocomputing, 2017, 220: 98-110.

［297］ CHAVAN S S, MAHAJAN A, TALBAR S N, et al. Nonsubsampled rotated complex wavelet transform （NSRCxWT） for medical image fusion related to clinical aspects in neurocysticercosis ［J］. Computers in Biology and Medicine, 2016, 81: 64-78.

［298］ ZHANG H, WANG X P, LIU C C, et al. Detection of coronary artery disease using multi-modal feature fusion and hybrid feature selection ［J/OL］. Physiological Measurement, 2020, 41（11）: 115007（2020-12-09）［2023-05-16］. https://doi.org/10.1088/1361-6579/abc323.

［299］ HAMZAH N A, OMAR Z, HANAFI M, et al. Multimodal medical image fusion as a novel approach for aortic annulus sizing ［J］. Cardiovasc Engineering: Technological Advancements, Reviews and Applications, 2020: 101-122.

[300] PICCINELLI M，DAHIYA N，FOLKS R D，et al. Validation of automated biventricular myocardial segmentation from coronary computed tomographic angiography for multimodality image fusion [J / OL]. MedRxiv，2021（2021-03-08）[2023-05-16]. https://doi.org/10.1101/2021.03.08.21252480.

[301] TAKAHASHI S，TAKAHASHI W，TANAKA S，et al. Radiomics Analysis for Glioma Malignancy Evaluation Using Diffusion Kurtosis and Tensor Imaging [J]. International Journal of Radiation Oncology，Biology，Physics，2019，105（4）：784-791.

[302] VAMVAKAS A，WILLIAMS S，THEODOROU K，et al. Imaging biomarker analysis of advanced multiparametric MRI for glioma grading [J]. Physica Medica，2019，60：188-198.

[303] PENG H P，HUO J H，LI B，et al. Predicting isocitrate dehydrogenase（IDH）mutation status in gliomas using multiparameter MRI radiomics features [J]. Journal of Magnetic Resonance Imaging，2021，53（5）：1399-1407.

[304] TAN Y，ZHANG S T，WEI J W，et al. A radiomics nomogram may improve the prediction of IDH genotype for astrocytoma before surgery [J]. European Radiology，2019，29（7）：3325-3337.

[305] JI E P，KIM H S，PARK S Y，et al. Prediction of core signaling pathway by using diffusion and perfusion-based MRI radiomics and next-generation sequencing in isocitrate dehydrogenase wild-type glioblastoma [J]. Radiology，2020，294（2）：388-397.

[306] ZHANG Q，PENG Y S，LIU W，et al. Radiomics based on multimodal MRI for the differential diagnosis of benign and malignant breast lesions [J]. Journal of Magnetic Resonance Imaging，2020，52（2）：596-607.

［307］ LIU Z，LI Z，QU J，et al.Radiomics of multiparametric MRI for pretreatment prediction of pathologic complete response to neoadjuvant chemotherapy in breast cancer：a multicenter study ［J］. Clinical Cancer Research，2019，25（12）：3538-3547.

［308］ QI Y F，ZHANG S T，WEI J W，et al. Multiparametric MRI-based radiomics for prostate cancer screening with PSA in 4-10 ng/mL to Reduce unnecessary biopsies ［J］.Journal of Magnetic Resonance Imaging，2020，51（6）：1890-1899.

［309］ HAN Y Q，CHAI F，WEI J W，et al. Identification of predominant histopathological growth patterns of colorectal liver metastasis by multi-habitat and multi - sequence based radiomics analysis ［J / OL］. Frontiers in Oncology，2020，10：1363（2020-08-14）［2023-05-16］. https://doi.org/10.3389/fonc.2020.01363.

［310］ FANG M J，KAN Y Y，DONG D，et al. Multi-habitat based radiomics for the prediction of treatment response to concurrent chemotherapy and radiation therapy in locally advanced cervical cancer ［J/OL］. Frontiers in Oncology，2020，10：563（2020-05-05）［2023-05-16］. https://doi.org/10.3389/fonc.2020.00563.

［311］ BEIG N，BERA K，PRASANNA P，et al. Radiogenomic-based survival risk stratification of tumor habitat on Gd-T1w MRI is associated with biological processes in glioblastoma ［J］. Clinical Cancer Research，2020，26（8）：1866-1876.

［312］ KANG F K，MU W，GONG J，et al. Integrating manual diagnosis into radiomics for reducing the false positive rate of ^{18}F-FDG PET/CT diagnosis in patients with suspected lung cancer ［J］. European Journal of Nuclear Medicine and Molecular Imaging，2019，46：2770-2779.

［313］ REN C Y，ZHANG J P，QI M，et al. Machine learning based on clinico-biological features integrated ^{18}F-FDG PET / CT radiomics for distinguishing squamous cell carcinoma from adenocarcinoma of lung ［J］. European Journal of Nuclear Medicine and Molecular Imaging，2021，48（5）：1538-1549.

［314］ LV W B，YUAN Q Y，WANG Q S，et al. Radiomics analysis of PET and CT components of PET / CT imaging integrated with clinical parameters：application to prognosis for nasopharyngeal carcinoma ［J］. Molecular Imaging and Biology，2019，21：954-964.

［315］ HAIDER S，MAHAJAN A，ZEEVI T，et al. PET / CT radiomics signature of human papilloma virus association in oropharyngeal squamous cell carcinoma ［J］. European Journal of Nuclear Medicine and Molecular Imaging. 2020，47（13）：2978-2991.

［316］ LOHMANN P，KOCHER M，CECCON G，et al. Combined FET PET/MRI radiomics differentiates radiation injury from recurrent brain metastasis ［J］. Neuroimage：Clinical，2018，20：537-542.

［317］ GIANNINI V，MAZZETTI S，BERTOTTO I，et al. Predicting locally advanced rectal cancer response to neoadjuvant therapy with ^{18}F-FDG PET and MRI radiomics features ［J］. European Journal of Nuclear Medicine and Molecular Imaging，2019，46（4）：878-888.

［318］ UMUTLU L，KIRCHNER J，BRUCKMANN N M，et al. Multiparametric integrated ^{18}F-FDG PET / MRI-based radiomics for breast cancer phenotyping and tumor decoding ［J / OL］. Cancers，2021，13（12）：2928（2021-06-11）［2023-05-16］. https: // doi. org / 10.3390 / cancers13122928.

[319] CHEN L, LIU K F, ZHAO X, et al. Habitat imaging-based ^{18}F-FDG PET / CT radiomics for the preoperative discrimination of non - small cell lung cancer and benign inflammatory diseases [J / OL]. Frontiers in Oncology, 2021, 11: 759897 (2021-10-06) [2023-05-16]. https://doi.org/10.3389/fonc.2021.759897.

[320] YANG X Y, LIU M, REN Y H, et al.Using contrast-enhanced CT and non-contrast -enhanced CT to predict EGFR mutation status in NSCLC patients-a radiomics nomogram analysis [J]. European Radiology, 2022, 32 (4): 2693-2703.

[321] GU D S, HU Y B, HUI D, et al. CT radiomics may predict the grade of pancreatic neuroendocrine tumors: a multicenter study [J]. European Radiology, 2019, 29 (12): 6880-6890.

[322] CHENG J, WEI J W, TONG T, et al. Prediction of histopathologic growth patterns of colorectal liver metastases with a noninvasive imaging method [J]. Annals of Surgical Oncology, 2019, 26 (13): 4587-4598.

[323] CEN C Y, LIU L Y, LI X, et al. Pancreatic ductal adenocarcinoma at CT: a combined nomogram model to preoperatively predict cancer stage and survival outcome [J/OL]. Frontiers in Oncology, 2021, 11: 594510 (2021-05-24) [2023-05-16]. https://doi.org/10.3389/fonc.2021.594510.

[324] LI Z Y, WANG X D, LI M, et al. Multi-modal radiomics model to predict treatment response to neoadjuvant chemotherapy for locally advanced rectal cancer [J]. World Journal of gastroenterology, 2020, 26 (19): 2388-2402.

[325] ZHANG Y Y, HE K, GUO Y, et al. A novel multimodal radiomics model for preoperative prediction of lymphovascular invasion in rectal Cancer [J/OL]. Frontiers in Oncology, 2020, 10: 457 (2020-04-07) [2023-05-16]. https://doi.org/10.3389/fonc.2020.00457.

[326] ZHUANG Z K, LIU Z C, LI J, et al. Radiomic signature of the FOWARC trial predicts pathological response to neoadjuvant treatment in rectal cancer [J/OL]. Journal of Translational Medicine, 2021, 19 (1): 256 (2021-06-10) [2023-05-16]. https://doi.org/10.1186/s12967-021-02919-x.

[327] PAL S K, BANDYOPADHYAY S, RAY S S. Evolutionary computation in bioinformatics: a review [J]. IEEE Transactions on Systems, Man, and Cybernetics, Part C (Applications and Reviews), 2006, 36 (5): 601-615.

[328] ALTMAN R B. Challenges for intelligent systems in biology [J]. IEEE Intelligent Systems, 2001, 16 (6): 14-18.

[329] HASSANIEN A E, AL-SHAMMARI E T, GHALI N I. Computational intelligence techniques in bioinformatics [J]. Computational Biology and Chemistry, 2013, 47: 37-47.

[330] WHITLEY D. A genetic algorithm tutorial [J]. Statistics and Computing, 1994, 4 (2): 65-85.

[331] STORN R, PRICE K. Differential evolution: a simple and efficient heuristic for global optimization over continuous spaces [J]. Journal of Global Optimization, 1997, 11 (4): 341-359.

[332] DORIGO M, STÜTZLE T. Ant colony optimization: overview and recent advances [M]. Cham: Springer, 2019: 311-351.

[333] BANSAL J C, SHARMA H, JADON S S. Artificial bee colony algorithm: a survey [J]. International Journal of Advanced Intelligence Paradigms, 2013, 5 (1-2): 123-159.

［334］ YANG X S， HE X. Bat algorithm: literature review and applications ［J］. International Journal of Bio-inspired Computation，2013，5（3）：141-149.

［335］ BOUSSAÏD I， LEPAGNOT J， SIARRY P. A survey on optimization metaheuristics ［J］. Information Sciences，2013，237：82-117.

［336］ POWERS D M W. Evaluation： from precision， recall and f-factor to ROC， informedness， markedness and correlation ［J］. Journal of Mechine Learning Technologies，2011，2（1）：37-63.

［337］ JING P J， SHEN H B. MACOED： a multi-objective ant colony optimization algorithm for SNP epistasis detection in genome-wide association studies ［J］. Bioinformatics，2015，31（5）：634-641.

［338］ ZAIDMAN D， WOLFSON H J. Pina Colada： peptide-inhibitor ant colony ad-hoc design algorithm ［J］. Bioinformatics，2016，32（15）：2289-2296.

［339］ ZHAN Q， WANG N， JIN S L， et al. ProbPFP： a multiple sequence alignment algorithm combining hidden Markov model optimized by particle swarm optimization with partition function ［J/OL］. BMC Bioinformatics，2019，20（suppl_18）：573（2019-11-25）［2023-05-16］. https://doi.org/10.1186/s12859-019-3132-7.

［340］ YU S C， LI X X， XUE T， et al. Protein structure prediction based on particle swarm optimization and tabu search strategy ［J/OL］. BMC Bioinformatics，2022，23（10）：352（2022-08-23）［2023-05-16］. https://doi.org/10.1186/s12859-022-04888-4.

［341］ HAN F， TANG D， SUN Y W T， et al. A hybrid gene selection method based on gene scoring strategy and improved particle swarm optimization ［J/OL］. BMC Bioinformatics，2019，20（suppl_8）：289（2019-06-10）［2023-05-16］. https://doi.org/10.1186/s12859-019-2773-x.

［342］ HUANG G B，ZHU Q Y，SIEW C K. Extreme learning machine：theory and applications［J］. Neurocomputing，2006，70（1-3）：489-501.

［343］ TROTT O，OLSON A J. Autodock vina：improving the speed and accuracy of docking with a new scoring function，efficient optimization，and multithreading［J］. Journal of Computational Chemistry，2010，31（2）：455-461.

［344］ LI C，LI J X，SUN J，et al. Parallel multi-swarm cooperative particle swarm optimization for protein-ligand docking and virtual screening［J/OL］. BMC Bioinformatics，2022，23（1）：201（2022-05-30）［2023-05-16］. https://doi.org/10.1186/s12859-022-04711-0.

［345］ NG M C K，FONG S，SIU S W I. PSOVina：the hybrid particle swarm optimization algorithm for protein-ligand docking［J/OL］. Journal of Bioinformatics and Computational Biology，2015，13（3）：1541007（2015-03-23）［2023-05-16］. https://doi.org/10.1142/S0219720015410073.

［346］ ZHANG Y Q，LIN M，YANG Y H，et al. A hybrid ensemble and evolutionary algorithm for imbalanced classification and its application on bioinformatics［J/OL］. Computational Biology and Chemistry，2022，98：107646（2022-02 -23）［2023-05-16］. https://doi.org/10.1016/j.compbiolchem.2022.107646.

［347］ CORREA L D L，DORN M. A knowledge-based artificial bee colony algorithm for the 3-D protein structure prediction problem［C］//2018 IEEE Congress on Evolutionary Computation（CEC）. IEEE，2018：1-8.

［348］ KARABOĞA D，ASLAN S，AKSOY A. Finding DNA motifs with collective prallel artificial bee colony algorithm［C］// 2018 International Conference on Artificial Intelligence and Data Processing（IDAP）. IEEE，2018：1-7.

［349］ FERNANDO F，IRAWAN M I，FADLAN A. Bat algorithm for solving molecular docking of alkaloid compound SA2014 towards cyclin D1 protein in cancer ［C/OL］ //Journal of Physics：Conference Series. IOP Publishing，2019，1366（1）：012089（2019-11-07）［2023-05-16］. https://doi.org/10.1088/1742-6596/1366/1/012089.

［350］ RAHMALIA D，HERLAMBANG T. Bat algorithm application for estimating super pairwise alignment parameters on similarity analysis between virus protein sequences ［J］. Jurnal Ilmiah Teknik Elektro Komputer dan Informatika （JITEKI），2020，6（2）：1-10.

［351］ BAHAMISH H A，AL-AIDROOS N M，BORAIK A N. Bat algorithm for protein conformational search ［C］ //2019 First International Conference of Intelligent Computing and Engineering （ICOICE）. IEEE，2019：1-7.

［352］ CHEN J，ZHANG Y，XIA J F. Pairwise biological network alignment based on discrete bat algorithm ［J/OL］. Computational and Mathematical Methods in Medicine，2021，2021：5548993（2021-11-03）［2023-05-16］. https://doi.org/10.1155/2021/5548993.

［353］ HAMBALI M A，OLADELE T O，ADEWOLE K S，et al. Feature selection and computational optimization in high-dimensional microarray cancer datasets via InfoGain-Modified bat algorithm ［J］. Multimedia Tools and Applications，2022，81（25）：36505-36549.

［354］ LIBEN-NOWELL D，KLEINBERG J. The link - prediction problem for social networks ［J］. Journal of the American Society for Information Science and Technology，2007，58（7）：1019-1031.

［355］ NEVILLE J，JENSEN D. Relational dependency networks ［J］. Journal of Machine Learning Research，2007，8（3）：653-692.

［356］ GUIMERÀ R， SALES-PARDO M. Missing and spurious interactions and the reconstruction of complex networks ［J］. Proceedings of the National Academy of Sciences，2009，106（52）：22073-22078.

［357］ GHASEMIAN A， HOSSEINMARDI H， GALSTYAN A， et al. Stacking models for nearly optimal link prediction in complex networks ［J］. Proceedings of the National Academy of Sciences，2020，117（38）：23393-23400.

［358］ LEICHT E A， HOLME P， NEWMAN M E J. Vertex similarity in networks ［J/OL］. Physical Review E，2006，73（2）：026120（2006-02-17）［2023-05-16］. https://doi.org/10.1103/PhysRevE.73.026120.

［359］ MARTÍNEZ V， BERZAL F， CUBERO J C. A survey of link prediction in complex networks ［J］. ACM Computing Surveys（CSUR），2016，49（4）：1-33.

［360］ RESNICK P， LACOVO N， SUCHAK M，et al. Grouplens：an open architecture for collaborative filtering of netnews ［C］ //Proceedings of the 1994 ACM International Conference on Computer Supported Cooperative Work. ACM，1994：175-186.

［361］ FORTUNATO S， HRIC D. Community detection in networks：a user guide ［J］. Physics Reports，2016，659：1-44.

［362］ STUART J M， SEGAL E， KOLLER D， et al. A gene-coexpression network for global discovery of conserved genetic modules ［J］. Science，2003，302（5643）：249-255.

［363］ WOLFE C J， KOHANE I S， BUTTE A J. Systematic survey reveals general applicability of “guilt-by-association” within gene coexpression networks ［J］. BMC Bioinformatics，2005，6（1）：227-236.

［364］ BUTTE A J， KOHANE I S. Mutual information relevance networks： functional genomic clustering using pairwise entropy measurements ［M］ //Biocomputing 2000，1999：418-429.

[365] WEN X L, FUHRMAN S, MICHAELS G S, et al. Large-scale temporal gene expression mapping of central nervous system development [J]. Proceedings of the National Academy of Sciences, 1998, 95 (1): 334-339.

[366] LI H Z, GUI J. Gradient directed regularization for sparse gaussian concentration graphs, with applications to inference of genetic networks [J]. Biostatistics, 2006, 7 (2): 302-317.

[367] LEE H K, HSU A K, SAJDAK J, et al. Coexpression analysis of human genes across many microarray data sets [J]. Genome Research, 2004, 14 (6): 1085-1094.

[368] ZHANG B, HORVATH S. A general framework for weighted gene co-expression network analysis [J / OL]. Statistical Applications in Genetics and Molecular Biology, 2005, 4 (1): 17 (2005-08-12) [2023-05-16]. https://doi.org/10.2202/1544-6115.1128.

[369] TIMALSINA P, CHARLES K, MONDAL A M. STRING PPI score to characterize protein subnetwork biomarkers for human diseases and pathways [C] // IEEE International Conference on Bioinformatics and Bioengineering. IEEE Computer Society, 2014: 251-256.

[370] CHARLES K, AFFUL A, MONDAL A M. Protein subnetwork biomarkers for yeast using brute force method [C] // Proceedings of the International Conference on Bioinformatics and Computational Biology (BIOCOMP). The Steering Committee of The World Congress in Computer Science, Computer Engineering and Applied Computing (WorldComp), 2013: 218-223.

[371] BETT D K, MONDAL A M. Diffusion kernel to identify missing PPIs in protein network biomarker [C] // International Conference on Bioinformatics and Biomedicine (BIBM). IEEE, 2015: 1614-1619.

［372］ LI Y，LIU B Q，LI J，et al. Mimod：a new algorithm for mining biological network modules ［J］. IEEE Access，2019，7：49492-49503.

［373］ TRIPATHI B，PARTHASARATHY S，SINHA H，et al. Adapting community detection algorithms for disease module identification in heterogeneous biological networks ［J］. Frontiers in Genetics，2019，10：164-181.

［374］ WANG J，LIANG J Y，ZHENG W P，et al. Protein complex detection algorithm based on multiple topological characteristics in PPI networks ［J］. Information Sciences，2019，489：78-92.

［375］ HANAHAN D，WEINBERG R A. Hallmarks of cancer：the next generation ［J］. Cell，2011，144（5）：646-674.

［376］ YANG Y，HAN L，YUAN Y，et al. Gene co-expression network analysis reveals common system-level properties of prognostic genes across cancer types ［J/OL］. Nature Communications，2014，5（1）：3231（2014-02-03）［2023-05-16］. https://doi.org/10.1038/ncomms4231.

［377］ TANVIR R B，MAHARJAN M，MONDAL A M. Community based cancer biomarker identification from gene co-expression network ［C］ // Proceedings of the 10th ACM International Conference on Bioinformatics，Computational Biology and Health Informatics. 2019：545.

名词解释

1.统计学方法：运用统计学工具进行数据分析的方法。

2.自然语言处理：运用计算机对人类自然语言进行分析的过程。即在人工智能中，使计算机能接受、理解和处理自然语言，还能对自然语言进行信息加工的过程。

3. BERT：谷歌公司推出的一个基于变换模型（Transformer）的语言模型。

4.监督学习：利用标记数据训练模型，进而进行推理的机器学习任务。

5.异构数据：不同种类、不同版本或不同数据之间具有不同结构的数据。

6.深度学习：在神经网络的基础之上发展而来的一种技术，通过组合低层特征形成更加抽象的高层表示属性类别或特征，以发现数据的分布式特征表示。

7.图挖掘：以图数据为目标数据的数据挖掘过程。

8.频繁项集：在给定的事务中频繁出现的项集。

9.哈希：把任意长度的输入通过散列算法变换成固定长度的输出，是一个压缩映射的过程。

10.剪枝：在树（或其他结构）上搜索时把那些已证明不是解的节点一整枝地剪去，以缩小搜索范围。

11.数据倾斜：指在并行处理的数据集中，某一部分的数据显著多于其他部分的情况，会使得该部分的处理速度成为整个数据集处理速度的瓶颈。

12. 图同构：描述的是图论中，两个图之间的完全等价关系。

13. 最小描述长度原则：将奥卡姆剃刀形式化后的一种信息论领域运用。其主要观点为在多种存放资料的假设中，应选择资料压缩效果最佳的那个假设。

14. 奇异值分解：线性代数中一种重要的矩阵分解方法，在信号处理、统计学等领域有重要应用。

15. 隐含狄利克雷分布：一种概率主题模型，可以按照概率分布的形式给出文档集中每篇文档的主题，同时它是一种无监督学习算法，在训练时不需要手工标注的训练集，仅仅需要文档集和指定数量的主题。

16. 连通性：给定一个图 G，若对于图 G 中任意两个节点 s 和 t ，在图 G 中有从节点 s 到 t 的路径，则称图 G 是连通的。

17. 割集：也称截集或截止集，它是导致顶上事件发生的基本事件的集合。也就是说，如果事故树中一组基本事件的发生，能够造成顶上事件发生，那么这组基本事件就叫割集。引起顶上事件发生的基本事件的最低限度集合叫最小割集。

18. 拉普拉斯矩阵：又名导纳矩阵，在图论中，定义为图的度矩阵与图的邻接矩阵的差。

19. 右偏分布：右偏分布说明有极大值，因大部分数据靠左而极大值远离数据群孤立于右，类似于正态分布向右拉长，呈右偏。

20. 代谢网络：由代谢物和代谢反应组成的网络。代谢物（底物和产物）是网络节点，代谢反应中底物生成产物的关系表示为有向边。此外，代谢网络可以包含代谢反应方程式和催化代谢反应的酶信息等。

21. 蛋白质家族：从同一祖先进化而来，具有相似的氨基酸序列、三维结构及生物学功能的一组蛋白质。

22. 保守序列：在进化过程中，核酸或蛋白质分子中不变或变化不大的核苷酸或氨基酸序列。

23. 调控元件：指在基因周围能与转录因子结合而影响转录水平的非编码DNA序列。调控元件主要包括启动子、增强子、终止子、衰减子、绝缘子、沉默子和反义子等。

24. 同源序列：具有生物同源性的序列。DNA、RNA或蛋白质序列之间由于在演化历程中存在共同祖先而产生生物同源性。两个DNA片段从共同的祖先DNA演化而来可分为三种情况，包括物种形成事件（直系同源），片段重复事件（旁系同源），或者基因横向转移事件（异源同源）。

25. 依存分析：基于依存文法的句法分析。分析结果为句子中词语间依存关系组成的依存树。

26. 短语结构树：基于短语结构文法得到的自然语言或形式语言句子结构的树状表示。叶子结点与终极符号对应，其他结点与非终极符号对应。

27. 基元：在语言学领域中，指语言中最基本的单元，如词素或音素。

28. 茎环结构：茎环指一种分子内碱基配对方式，这种通过碱基配对形成的结构，可发生于单链DNA，但在RNA分子中更为常见。当形成的循环较小时，也称为发夹（hairpin）或发夹环。

29. 假结结构：是一类RNA三级结构。假结结构包含至少两个茎环结构。其中，一个茎环结构的茎的一半插入另一个茎环结构的茎结构中。假结结构折叠成类似于绳结的三维结构，但却并不是真正的拓扑学的结构。

30. 实体语法系统：针对生物复杂系统研究而提出的一种形式语法系统，用五元组（VN，VT，F，P，S）表示，其中各项分别为非末端字符集、末端字符集、操作子集、规则集和初始字符。

31. 模因：模因理论中文化传递的基本单位，其在诸如语言、观念、信仰、行为方式等文明传播更替过程中的地位，与基因在生物繁衍更替及进化过程中的地位相类似。

32. H3K4me3：中文名为组蛋白第三亚基四号赖氨酸的三甲基化，由一个特定的组蛋白赖氨酸甲基转移酶（HMT），将三甲基团转移到组蛋白3上。在表观遗传研究中，H3K4me3通常作为一个组蛋白密码或组蛋白标识来识别基因启动子。

33. HOTAIR：一种长链非编码RNA，与肿瘤发生密切相关。

34. RNase R：一种核糖核酸外切酶，广泛应用于环状RNA的鉴定。

35. GIP：一种常用的相似度计算方法。

36. 异构网络：包含多种实体、关系和类型的网络。

37. 非负矩阵分解：一种矩阵分解方法，将非负的大矩阵分解成两个非负的小矩阵。

38. 置信度：又称“置信系数”，即被估计的总体参数落在置信区间内的概率，用以说明置信区间的可靠程度。

39. 氨基酸：构成蛋白质的基本单位。

40. 二肽：两个氨基酸脱水缩合形成的化合物。

41. 多肽：三个或三个以上氨基酸脱水缩合形成的化合物。

42. 氨基酸残基：氨基酸脱水缩合构成蛋白质后剩余的部分。

43. 蛋白质折叠：从氨基酸序列到蛋白质，获得其功能性结构和构象的过程。

44. 结构域：蛋白质多肽链内一段类似球形的、结构和功能都具有相对独立性的折叠区。是介于二级结构与三级结构之间的一个层次，是蛋白质三级结构的基本单位。

45. 全局距离检验（GDT）：衡量两个蛋白质结构之间相似性的指标，这两个蛋白质结构具有已知氨基酸的对应关系（如相同的氨基酸序列）。传统的GDT分数根据α碳原子计算，结果是百分比形式，范围从0到100%。一般来说，GDT分数越高，模型越接近给定的参考结构。

46. 蛋白质热点：指蛋白质与蛋白质相互作用过程中，贡献了大部分结合自由能的残基。

47. 读长：一次测序能够完成的DNA片段的核苷酸数。

48. 鸟枪法测序：又叫霰弹枪测序，首先利用物理方法（如剪切力、超声波等）或酶化学方法（如限制性内切核酸酶）将生物细胞染色体DNA切割成基因水平的许多片段；然后将这些片段与适当的载体结合；接着将重组DNA转入受体菌扩增，获得无性繁殖的基因文库；最后结合筛选方法，从众多的转化子菌株中选出含有某一基因的菌株，从中将重组的DNA分离、回收。这种方法应用基因工程技术分离目标基因，其特点是绕过直接分离基因的难关，在基因组DNA文库中筛选出目的基因，可类比于利用“霰弹射击”原理去“命中”某个基因。

49. 局部最优：指对于一个问题的解在一定范围或区域内最优，或者说解决问题或达成目标的手段在一定范围或限制内最优。

50. k-mers：在生物信息学中，k-mers是包含在生物序列中的长度为k的子序列。

51. Indel：Insertion 和 Deletion的简写，即插入与删除。

52. 序列删除：基因组某个位置上的碱基序列的消失。

53. 序列插入：基因组某个位置上的碱基序列的增加。

54. 序列在基因组上的散在重复：基因组多个位置上某一种碱基序列模式的多次出现。

55. 序列串联重复：基因组某个位置上的某一种碱基序列模式连续重复出现。

56. 序列倒置：基因组某个位置上的碱基序列的反向处理。

57. 序列易位：基因组某个位置上的碱基序列移动到另一位置。

58. 序列倒置重复：基因组某个位置上的碱基序列被反向后在另一位置重复出现。

59. 突变基因：发生了基因突变的基因叫做突变基因，它可能突然地出现祖先从未有的新性状。

60. 驱动突变：使肿瘤细胞具有选择性生长优势的基因突变被称为“驱动突变”，对肿瘤的增值扩散具有重要的影响。

61. 乘客突变：功能上为中性，不被选择，不参与癌变过程，有如“过客”的突变，被称为乘客突变。

62. 驱动基因：导致癌症发生的突变基因，它在癌症的发生和发展中起重要作用。

63. 驱动通路：癌症细胞中的驱动基因集合。

64. 互斥度：在驱动通路中，仅有一个基因发生突变的患者数量。驱动通路中的一个驱动基因的突变都会导致癌症发生。

65. 单癌种研究：使用一种类型的癌症数据进行研究。

66. 单驱动通路：一组具有确定特征的驱动基因集合。

67. 协同通路：多个通路组合协同参与细胞过程。

68. 种群：在一定时间和空间范围内生活着的能相互杂交的个体群。是物种的基本结构单元，也是物种存在的具体形式。在遗传学中被称为“群体”。

69. NP-hard问题：给定一个问题A，如果任何NP问题均在多项式时间多一归约、对数空间多一归约或多项式时间图灵归约下归约于A，那么称A是一个NP-hard问题。

70. 多序列比对：三个或以上序列之间的比对，目的是找到它们的相同和不同之处。

71. 单核苷酸多态性：基因组特定位点上单个核苷酸改变导致的DNA序列多态性。是人类遗传变异中最常见的一种方式。在基因组上发生的单核苷酸多态性变异可以对基因表达和蛋白质功能产生影响，并与疾病的发生和发展相关。

72. TSP：即“旅行商问题”，一种组合优化问题，假设一个旅行商人穿越若干城市最后返回出发地，要求在城市间确定一条路径使得旅行商人的总距离和路费最小。此问题在运筹学与理论计算机科学中具有广泛应用。

73. 无标度网络：连接度分布符合幂律定律的网络。

资 源 库

1.Python:https://www.python.org.

2.R:https://www.r-project.org.

3.Orange:https://orangedatamining.com.

4.NumPy:https://numpy.org.

5.Matplotlib:https://matplotlib.org.

6.YAGO知识图谱:https://www.mpi-inf.mpg.de/departments/databases-and-information-systems/research/yago-naga/yago.

7.DBpedia知识图谱:https://www.dbpedia.org.

8.Freebase知识图谱:https://www.npmjs.com/package/freebase.

9.Wikidata知识图谱:https://dumps.wikimedia.org/wikidatawiki.

10.Circular RNA Interactome:https://circinteractome.irp.nia.nih.gov.

11.RNAInter:http://www.rnainter.org.

12.Foldalign:https://rth.dk/resources/foldalign.

13.Dynalig:https://rna.urmc.rochester.edu/RNAstructureWeb/Servers/dynalign/dynalign.html.

14.Alifold:http://rna.tbi.univie.ac.at/cgi-bin/RNAWebSuite/RNAalifold.cgi.

15.MARNA:http://rna.informatik.uni-freiburg.de/MARNA/Input.jsp.

16.RNAfold:http://rna.tbi.univie.ac.at/cgi-bin/RNAWebSuite/RNAfold.cgi.

17.RNAshapes:http://bibiserv.techfak.uni-bielefeld.de/rnashapes.

18.RNAstructure:http://bibiserv.techfak.uni-bielefeld.de/rnashapes.

19.NAST:https://simtk.org/projects/nast.

20.iFoldRNA:https://dokhlab.med.psu.edu/ifoldrna/#/submit.

21.BARNACLE:https://www.bcgsc.ca/resources/software/barnacle.

22.CG:https://simtk.org/projects/cgmodel.

23. RNA2D3D: https://mybiosoftware.com/rna2d3d-5-7-0-conversion-rna-2d-structures-3d-3d-modeling.html.

24.Vfold:http://rna.physics.missouri.edu.

25.LncRNADisease:http://www.rnanut.net/lncrnadisease.

26.RNADisease v4.0:http://www.rnadisease.org.

27.TANRIC:http://bioinformatics.mdanderson.org/main/TANRIC:Overview.

28.MiR2Disease:http://www.mir2disease.org.

29.HMDD:http://www.cuilab.cn/hmdd.

30.CircR2Disease:http://bioinfo.snnu.edu.cn/CircR2Disease.

31.circR2Cancer:http://www.biobdlab.cn:8000.

32.Circad:http://clingen.igib.res.in/circad.

33.circRNADisease:http://cgga.org.cn:9091/circRNADisease.

34.蛋白质结构数据库PDB:https://www.wwpdb.org.

35.蛋白质结构分类数据库SCOP:https://scop.mrc-lmb.cam.ac.uk.

36.蛋白质结构分类数据库CATH:https://www.cathdb.info.

37.AlphaFold蛋白质结构数据库:https://alphafold.ebi.ac.uk.

38.蛋白质序列和功能信息数据库UniRef:https://www.uniprot.org.

39.聚类和深度注释的蛋白质序列和比对数据库Uniclust:https://uniclust.mmseqs.com.

40.TCGA:https://portal.gdc.cancer.gov.

41.COSMIC:https://cancer.sanger.ac.uk/cosmic.

42.MutaGene:https://www.ncbi.nlm.nih.gov/research/mutagene.

43.BioGRID:https://thebiogrid.org.
44.STRING:https://string-db.org.
45.GCTA:http://cnsgenomics.com/software/gcta.
46.FarmCPU:http://www.zzlab.net/FarmCPU.
47.SPIA:www.bioconductor.org/packages/release/bioc/html/SPIA.html.
48.PathOlogist:ftp://ftp1.nci.nih.gov/pub/pathologist.
49.AutoDock Vina:https://vina.scripps.edu.
50.AutoDock:https://autodock.scripps.edu.
51.NetworkX:https://networkx.org.
52.iGraph:https://igraph.org.

后 记

本专著的完成，得益于众多人士的专业、耐心、无私和辛勤付出。他们努力保证了本书的顺利出版。首先，我要向我的父母表达深深的感激，他们始终支持并鼓励我。同时，感谢我的妻子，她的无穷智慧和无尽的耐心给予我强大的动力。

在过去的几年中，我有幸得到众多导师和合作者的指导和帮助。他们的悉心鼓励和帮助使我得以完成本书的撰写。在此，特别感谢悉尼科技大学的张成奇教授、广西师范大学的张师超教授、桂林航天工业学院的吴尽昭教授、莱斯特大学的周挥宇教授、比勒费尔德大学的金耀初教授、迪肯大学的李罡教授、格里菲斯大学的潘世瑞教授、中国科学院深圳先进技术研究院的潘毅教授以及四川大学的沈百荣教授。

我要衷心感谢施普林格·自然集团的编辑朱伟博士和总经理Anil Chandy女士，以及广西教育出版社的副总编辑廖民锂先生和编辑张振华先生的邀请，让我有机会编写这本书。特别是在项目历时超过预期的情况下，他们仍对我保持耐心和支持。特别感谢朱伟博士，他全力以赴地确保我按照计划完成本书，并对书籍的设计和内容提出了许多有益的建议。同时，廖民锂先生和张振华先生在编辑校对文本、组织中文版出版以及在我准备和撰写专著过程中，给予了许多有建设性的意见。此外，我要感谢广西教育出版社和施普林格的所有审稿人和其他工作人员，他们为此付出的努力和提供的帮助，使本书得以顺利完成。

我要感谢我的母校以及曾工作或学习过的各个机构，包括广西师范大学、悉尼科技大学、迪肯大学、拉筹伯大学、广西大学、香港城市大学和莫纳什大学。特别感谢白硕教授和王驹教授，他们在我学术生涯的初期给予了我启蒙。此外，我要感谢刘丽女士在我于澳大利亚攻读博士学位期间给予的关心和鼓励。同时，特别感谢广西大学的陈保善教授和罗廷荣教授、广西科学院的元昌安教授、南宁师范大学的侯代忠教授，他们对我的研究给予了宝贵的指导和无私的帮助。

虽然无法逐一感谢所有在本书写作过程中帮助过我的人，但我还是要特别感谢我的团队所提供的帮助和技术支持，包括兰伟博士、刘志先博士、曹俊月博士，以及我的博士研究生黄丽宇、廖南清、姚顺晗、何泽华，硕士研究生乔雨露、潘海明、郝鑫坤、杜晓敬、刘春雨、王一铭、韩宗钊、谢泽、张鸿宇、李春灵、何乃旭、刘名扬、莫少聪、余谦、李世源、邱俊铼、黄元详等。他们在文献综述、算法编程和实验方面给予了大力支持。

本书的研究工作得到了中国国家自然科学基金项目（项目批准号：61963004）的部分资助。同时，广西科技基地和人才专项项目（编号：2023AC1022）也为本书的研究提供了资助。

陈庆锋

2023年11月7日